21世纪普通高校计算机公共课程规划教材

计算机基础

黄永才 主编

徐雪东 刘立君 谭炳菊 王雷 副主编

清华大学出版社

北京

内容简介

本书从实用、易学的角度出发，介绍了计算机的常用基础知识，主要内容包括计算机软、硬件基础知识，Windows Vista 操作系统，办公软件 Word 2007 和 Excel 2007，网络基础与 Internet 应用，以及病毒查杀、文件压缩等常用工具软件的使用。

本书可作为普通高校非计算机专业计算机基础课程的教材或参考书，还可作为计算机应用技术人员及计算机爱好者的自学参考书。

图书在版编目（CIP）数据

计算机基础/黄永才主编. —北京：清华大学出版社，2010.2
（21 世纪普通高校计算机公共课程规划教材）
ISBN 978-7-302-20389-6

Ⅰ. ①计…　Ⅱ. ①黄…　Ⅲ. ①电子计算机－基本知识　Ⅳ. ①TP3

中国版本图书馆 CIP 数据核字(2010)第 009318 号

责任编辑：梁　颖　赵晓宁
责任校对：焦丽丽
责任印制：孟凡玉
出版发行：清华大学出版社　　　**地　址**：北京清华大学学研大厦 A 座
http://www.tup.com.cn　　　**邮　编**：100084
社　总　机：010-62770175　　　**邮　购**：010-62786544
投稿与读者服务：010-62776969，c-service@tup.tsinghua.edu.cn
质　量　反　馈：010-62772015，zhiliang@tup.tsinghua.edu.cn
印 装 者：北京市清华园胶印厂
经　销：全国新华书店
开　本：185×260　**印　张**：18.75　**字　数**：454 千字
版　次：2010 年 2 月第 1 版　　**印　次**：2010 年 2 月第 1 次印刷
印　数：1～4000
定　价：28.00 元

本书如存在文字不清、漏印、缺页、倒页、脱页等印装质量问题，请与清华大学出版社出版部联系调换。联系电话：(010)62770177 转 3103　　产品编号：031587-01

出版说明

随着我国改革开放的进一步深化，高等教育也得到了快速发展，各地高校紧密结合地方经济建设发展需要，科学运用市场调节机制，加大了使用信息科学等现代科学技术提升、改造传统学科专业的投入力度，通过教育改革合理调整和配置了教育资源，优化了传统学科专业，积极为地方经济建设输送人才，为我国经济社会的快速、健康和可持续发展以及高等教育自身的改革发展做出了巨大贡献。但是，高等教育质量还需要进一步提高以适应经济社会发展的需要，不少高校的专业设置和结构不尽合理，教师队伍整体素质亟待提高，人才培养模式、教学内容和方法需要进一步转变，学生的实践能力和创新精神亟待加强。

教育部一直十分重视高等教育质量工作。2007 年 1 月，教育部下发了《关于实施高等学校本科教学质量与教学改革工程的意见》，计划实施“高等学校本科教学质量与教学改革工程（简称‘质量工程’）”，通过专业结构调整、课程教材建设、实践教学改革、教学团队建设等多项内容，进一步深化高等学校教学改革，提高人才培养的能力和水平，更好地满足经济社会发展对高素质人才的需要。在贯彻和落实教育部“质量工程”的过程中，各地高校发挥师资力量强、办学经验丰富、教学资源充裕等优势，对其特色专业及特色课程（群）加以规划、整理和总结，更新教学内容、改革课程体系，建设了一大批内容新、体系新、方法新、手段新的特色课程。在此基础上，经教育部相关教学指导委员会专家的指导和建议，清华大学出版社在多个领域精选各高校的特色课程，分别规划出版系列教材，以配合“质量工程”的实施，满足各高校教学质量和教学改革的需要。

本系列教材立足于计算机公共课程领域，以公共基础课为主、专业基础课为辅，横向满足高校多层次教学的需要。在规划过程中体现了如下一些基本原则和特点。

（1）面向多层次、多学科专业，强调计算机在各专业中的应用。教材内容坚持基本理论适度，反映各层次对基本理论和原理的需求，同时加强实践和应用环节。

（2）反映教学需要，促进教学发展。教材要适应多样化的教学需要，正确把握教学内容和课程体系的改革方向，在选择教材内容和编写体系时注意体现素质教育、创新能力与实践能力的培养，为学生知识、能力、素质协调发展创造条件。

（3）实施精品战略，突出重点，保证质量。规划教材把重点放在公共基础课和专业基础课的教材建设上；特别注意选择并安排一部分原来基础比较好的优秀教材或讲义修订再版，逐步形成精品教材；提倡并鼓励编写体现教学质量和教学改革成果的教材。

（4）主张一纲多本，合理配套。基础课和专业基础课教材配套，同一门课程有针对不同层次、面向不同专业的多本具有各自内容特点的教材。处理好教材统一性与多样化，基本教材与辅助教材、教学参考书，文字教材与软件教材的关系，实现教材系列资源配套。

(5) 依靠专家，择优选用。在制定教材规划时要依靠各课程专家在调查研究本课程教材建设现状的基础上提出规划选题。在落实主编人选时，要引入竞争机制，通过申报、评审确定主题。书稿完成后要认真实行审稿程序，确保出书质量。

繁荣教材出版事业，提高教材质量的关键是教师。建立一支高水平教材编写梯队才能保证教材的编写质量和建设力度，希望有志于教材建设的教师能够加入到我们的编写队伍中来。

21世纪普通高校计算机公共课程规划教材编委会

联系人：梁颖 liangying@tup. tsinghua. edu. cn

前 言

随着计算机技术的迅猛发展，计算机的应用已经渗透到日常生活中的各行各业。计算机已经成为人们日常生活中必不可少的工具，熟练使用计算机是每个现代人必备的技能。

本书从教学实际需求出发，合理安排知识结构，从零开始、由浅入深、循序渐进地讲解计算机的基础知识和基本技能。为了反映计算机的最新发展，本书的内容选取比较新。操作系统是 Windows Vista，字处理软件是 Word 2007，电子表格是 Excel 2007，各种常用工具软件也都采用当前较新版本。

本书共分为 6 章，主要内容如下：

第 1 章介绍了计算机的基础知识，包括计算机的发展、特点和分类、计算机的系统构成和计算机中数制的表示方法。

第 2 章介绍中文版 Windows Vista 操作系统的基础知识及基本操作，包括 Windows Vista 操作系统的概念、文件和文件夹的管理、Windows Vista 的桌面设置、个性化设置以及 Windows Vista 自带的实用程序。

第 3 章介绍 Word 2007 文字处理系统的使用，主要包括 Word 2007 的基本操作、文档的创建和编辑、格式化文本和段落、图文混排以及文档的美化等内容。

第 4 章介绍使用 Excel 2007 创建电子表格的方法，主要包括 Excel 2007 的基本操作、编辑与格式化工作表、管理数据以及使用图表显示工作表中数据的方法。

第 5 章介绍网络基础及 Internet 的基本应用，包括网络的基础知识、使用 IE 浏览网页、电子邮件的使用、资源下载等。

第 6 章介绍计算机常用工具软件，包括计算机病毒查杀工具、文件压缩工具、图像浏览工具、汉化翻译工具、文件传输工具、即时通信工具等实用工具软件。

本书图文并茂，条理清晰，通俗易懂，内容丰富，在讲解每个知识点时都配有相应的实例，方便读者上机实践。同时在难以理解和掌握的内容上给出相关提示，让读者能够快速地提高操作技能。此外本书配有电子教案，以满足广大教师进行多媒体教学的需要。

本书由黄永才任主编，徐雪东、刘立君、谭炳菊、王雷任副主编。其中大部分书稿由刘立君和徐雪东编写。本书编者均系多年从事教学工作的一线教师，有着丰富的教学实践经验，语言使用规范，教材内容组织合理，符合教学规律。本书在编写过程中，得到了沈阳大学继续教育学院卜颖院长及相关领导的大力支持，在此一并表示感谢。

由于时间仓促及作者水平有限，书中疏漏之处在所难免，欢迎广大读者批评指正。

编　者

2009 年 10 月

目 录

第1章 计算机基础知识

1.1 计算机概述

计算机是人类历史上伟大的发明之一，它的历史不过短短的60多年，却已经渗透到人类社会的各个领域，在人们的生产、生活中发挥着巨大的作用。

1.1.1 计算机的发展

世界上第一台电子数字式计算机于1946年2月15日在美国宾夕法尼亚大学正式投入运行，名字叫电子数值积分计算机（Electronic Numerical Integrator and Computer，ENIAC），如图1.1所示。

图1.1 世界上第一台电子计算机

这台机器被安装在一排2.75米高的金属柜里，使用了17 000多个真空电子管，耗电174千瓦，占地170平方米，重达30吨，每秒钟可进行5000次加法运算，可以在千分之三秒时间内做完两个10位数乘法。虽然它的功能还比不上今天最普通的一台微型计算机，但是在当时它的运算速度可以说是奇迹，并且运算的精确度和准确度也是史无前例的。ENIAC奠定了电子计算机的发展基础，开辟了计算机科学技术的新纪元。有人将其称为人类第三次产业革命开始的标志。

从第一台电子计算机诞生至今，依据计算机所采用的电子器件的不同，计算机的发展可划分为4个时代：电子管时代、晶体管时代、中小规模集成电路时代、大规模/超大规模集成电路计算机时代。

1. 第一代计算机——电子管计算机(1946—1955)

第一代计算机采用的主要逻辑元件是电子管,主存储器开始时采用水银延迟线,后来采用磁鼓磁芯存储器,外存储器一般采用磁带。软件方面用机器语言和汇编语言编写程序,但还没有操作系统。这一时期计算机的特点是体积庞大、运算速度低、成本高、耗电量高、可靠性差、维护困难。这个时期的计算机主要用于军事和科学研究领域的科学计算。

2. 第二代计算机——晶体管计算机(1955—1965)

第二代计算机采用的主要逻辑元件是晶体管,主存储器采用磁芯存储器,存储器采用磁带和磁盘。软件方面有了FORTRAN、COBOL和ALGOL等高级程序设计语言,并开始使用操作系统。这一时期的计算机,速度达到每秒几十万次,体积减小、重量减轻、耗电量减少、可靠性增强。这时,计算机的应用已由军事和科学计算领域扩展到数据处理和事务处理。

3. 第三代计算机——集成电路计算机(1965—1970)

第三代计算机采用集成电路代替了分立元件,用半导体存储器代替了磁芯存储器,存储器使用磁盘。软件方面操作系统进一步完善,高级语言数量增多。这一时期计算机的速度达到每秒几百万次,计算机的体积、重量进一步减小,可靠性有了进一步提高。这时,计算机主要用于科学计算、数据处理以及过程控制。

4. 第四代计算机——大规模/超大规模集成电路计算机(1971年至今)

第四代计算机是从1971年开始,至今仍在继续发展。第四代计算机逻辑元件采用大规模、超大规模集成电路,主存储器使用半导体存储器,外存储器采用大容量的软硬磁盘,并引入光盘。软件方面操作系统不断发展和完善,数据库管理系统进一步发展。这一时期,数据通信、计算机网络已有很大发展,微型计算机迅速普及,遍及全球。计算机的运算速度达到几百万亿次,体积、重量及功耗进一步减小,存储容量、可靠性等又有了大幅度提高。这是计算机发展最快的一个时期,目前计算机朝着巨型化、微型化、网络化、智能化、多媒体化等方向发展。

5. 新一代计算机

从20世纪80年代开始,日本、美国以及欧洲共同体都相继开展了新一代计算机(FGCS)的研究。新一代计算机是把信息采集、存储、处理、通信和人工智能结合在一起的计算机系统,也就是说新一代计算机由处理数据信息为主,转向处理知识信息为主,如获取、表达、存储及应用知识等,并有推理、联想、学习和解释等人工智能方面的能力,能帮助人类开拓未知的领域和获得新的知识。

1.1.2 计算机的特点

计算机之所以广泛普及,并得以飞速的发展,是因为计算机本身具有诸多的特点,具体表现在如下几个方面。

1. 运算速度快

计算机运算速度是计算机最重要的性能指标之一,现代计算机的处理速度可以达到每秒几十万亿次到几百万亿次。

2. 运算精度高

数据的运算精度主要取决于计算机的字长,可以通过增加字长来提高数值运算的精度,字长越长，运算精度越高。

3. 强大的存储能力

计算机具有完善的存储系统，可以存储大量的数据，包括大量数字、文字、图像、声音等各种信息。

4. 逻辑判断能力

计算机具有逻辑判断能力，能够实现判断和推理，并能根据判断结果执行相应命令或操作，可以解决复杂的问题。

5. 自动功能

计算机内部的操作和控制是根据预先编制的程序自动运行的，一般不需要人工干预，除非程序本身要求用人机对话方式去完成特定的工作。

1.1.3 计算机的应用

随着计算机的广泛普及和快速发展，计算机已成为一种不可缺少的信息处理工具，使其在科研、生产、军事及生活等领域得到广泛应用，概括起来有以下几个主要方面。

1. 科学计算

科学计算是计算机应用的一个重要领域，在科学研究与工程设计中经常会遇到大量复杂的数值计算，如航天飞机轨道计算、天气预报计算、石油勘探和桥梁设计等领域都存在复杂的数学问题，利用计算机采用数值方法进行计算可以很好地解决这类问题。没有快速精确的计算机计算，就不可能有今天快速发展的尖端科学技术。

2. 信息处理

信息处理是目前计算机应用最广泛的领域，信息处理已广泛地应用于办公自动化、计算机辅助管理与决策、情报检索、图书管理、电影电视动画设计、会计电算化等行业，信息处理极大地提高了各行业的工作效率和管理水平。

3. 实时控制

实时控制系统指计算机能及时采集检测数据，按最优方案对动态过程实现自动控制。以计算机为中心的控制系统被广泛地用于操作复杂或危险的场合，如太空飞船、航天飞机、卫星的发射和飞行控制等。

4. 计算机辅助系统

计算机辅助系统包括计算机辅助设计、计算机辅助制造、计算机辅助教学等内容，计算机辅助设计(Computer Aided Design，CAD)是用计算机帮助人们进行产品和工程设计，计算机辅助制造(Computer Aided Manufacture，CAM)是使用计算机进行生产设备的控制、操作和管理。计算机辅助教学(Computer Aided Instruction，CAI)是利用计算机系统使用课件来进行教学。课件可以用制作工具或高级语言来开发制作，它使教学更生动形象，学生更方便地从课件中学到所需要的知识。

5. 人工智能

人工智能(Artificial Intelligence，AI)用计算机来模拟人的思维，如判断、推理等智能活动，使计算机具有自适应学习和逻辑推理的功能，将人脑进行的演绎推理的思维过程、规则和采取的策略、技巧等编制成算法程序，形成计算机存储的公理和规则，自动进行求解。

6. 计算机网络通信

计算机网络通信是目前计算机应用最为广泛的一个方面，世界上许多国家和地区的计算机网络已经与国际互联网(Internet)相连，形成全球性的网络系统。我国已经在科研、金融、邮电、教育、政府部门等多个领域建立了计算机网络。使用计算机网络可以方便地和世界各地的朋友交流，获得世界各地的信息。

1.2 数据在计算机内的表示

在现实社会中，信息的一般表现形态为数据、文本、声音和图像。在计算机中，无论何种信息，它们的表现形式都是0、1数据，即二进制数。

计算机中采用二进制数是由计算机所使用的元器件性质决定的，计算机中用低电位表示数码0，高电位表示数码1。在计算机中采用二进制数据，具有运算简单、电路实现方便、成本低廉等优点。

1.2.1 计算机中的常用数制

数制也称计数制，是用一组固定的符号和统一的规则来表示数值的方法。现实生活中使用的是十进制数，计算机中使用的都是二进制数，有时也会使用八进制和十六进制数。

1. 十进制

十进制数有0～9共10个数码，十进制数的进位规则为"逢十进一"。

2. 二进制

二进制是计算机采用的数制，二进制数只有即0和1两个数码，进位规则为"逢二进一"。

3. 八进制

八进制数有0～7共8个数码，进位规则为"逢八进一"。由于$8=2^3$，因此1位八进制数对应3位二进制数。

4. 十六进制

十六进制数有16个数码，常用的阿拉伯数字0～9只有10个数码，另外使用A～F表示其余6个数码。十六进制数进位规则为"逢十六进一"。由于$16=2^4$，因此1位十六进制数对应4位二进制数。

二进制数较长，书写时常常采用八进制数或十六进制数表示。例如，二进制数10110011B写成八进制数是263O，写成十六进制数是C3H。有时也用下标来表示数的进制，如$(10110011)_2=(263)_8=(C3)_{16}$。

1.2.2 不同数制之间的转换

1. 二进制数转换为十进制数

要将二进制数转换为十进制数只需要将二进制数按权展开，然后相加即可。二进制数按权展开可以表示为：

$$(B)_2 = B_{n-1}\times 2^{n-1} + B_{n-2}\times 2^{n-2} + \cdots + B_1\times 2^1 + B_0\times 2^0 + B_{-1}\times 2^{-1} + \cdots + B_{-m}\times 2^{-m}$$

$$= \sum_{i=-m}^{n-1} B_i \times 2^i$$

其中，B 为任意一个二进制数，m 和 n 为正整数，分别表示小数点右边和左边的位数，i 为数位序数，B_i 表示第 i 位上的数码(数字)。

每种进制数中包含的数码个数称为基数，如二进制数的基数为 2。以基数为底数，位序数为指数的幂称为某一数位的权，如 2^i 表示二进制数中第 i 位的权。

【例 1.1】 把 $(1011.011)_2$ 转换成十进制数。

$$\begin{aligned}(1011.011)_2 &= 1\times2^3+0\times2^2+1\times2^1+1\times2^0+0\times2^{-1}+1\times2^{-2}+1\times2^{-3}\\ &= 8+0+2+1+0+0.25+0.125=11.375\end{aligned}$$

2. 十进制数转化成二进制数

十进制数转化成二进制数时要把整数部分和小数部分分别进行转换，然后再合并成一个数。

(1) 整数部分：十进制整数转化成二进制整数采用的方法是"除 2 取余"。即在一个十进制数中反复进行除以 2 和保留余数的操作，直到商为 0 结束，得到的余数即为二进制数各位的数码。

【例 1.2】 将十进制数 25 转换为二进制数。

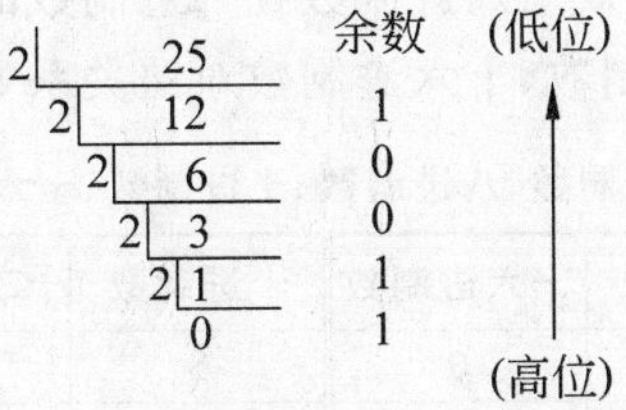

除法	余数	
2 | 25		(低位)
2 | 12	1	↑
2 | 6	0	
2 | 3	0	
2 | 1	1	
0	1	(高位)

得到 $(25)_{10}=(11001)_2$。

这里最先得到的余数是最低位，最后得到的余数是最高位。

(2) 小数部分：十进制小数转化成二进制小数采用的方法是"乘 2 取整"。即在一个十进制小数中反复进行乘以 2 和保留整数的操作，直到余数为 0 结束，得到的整数即为二进制数各位的数码。有些小数乘 2 始终结果不为 0，可以取近似值，达到所需精度即可。

【例 1.3】 将十进制数 0.3125 转换成二进制数。

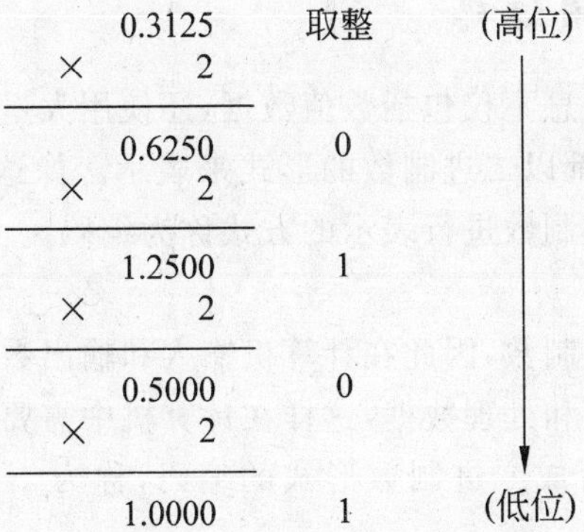

乘法	取整	
0.3125 × 2		(高位)
0.6250 × 2	0	↓
1.2500 × 2	1	
0.5000 × 2	0	
1.0000	1	(低位)

得到 $(0.3125)_{10}=(0.0101)_2$。

这里先得到的整数是最高位，最后得到的整数是最低位。

3. 二进制数与八进制数、十六进制数的相互转换

二进制数转化成八进制数是将二进制数从小数点开始分别向左(对二进制整数)或向右

(对二进制小数)每3位组成一组,不足3位补0。然后将3位二进制数写成对应的八进制数即可。

【例1.4】 将二进制数$(10110001.111)_2$转换成八进制数。

$$\frac{010}{2}\ \frac{110}{6}\ \frac{001.}{1.}\ \frac{111}{7}$$

即二进制数10110001.111转换成八进制数结果为261.7。反过来,将每位八进制数分别用3位二进制数表示,就可完成八进制数到二进制数的转换。

二进制数转化成十六进制数是将二进制数从小数点开始分别向左(对二进制整数)或向右(对二进制小数)每4位组成一组,不足4位补零。然后将4位二进制数写成对应的十六进制数即可。

【例1.5】 将二进制数(10110001.111)2转换成十六进制数。

$$\frac{1011}{B}\ \frac{0001.}{1.}\ \frac{1110}{E}$$

即二进制数10110001.111转换成十六进制数结果为$B1.E$。反过来,将每位十六进制数分别用4位二进制数表示,就可完成十六进制数到二进制数的转换。

二进制数、八进制数、十进制数、十六进制数对照关系如表1.1所示。

表1.1 二进制数、八进制数、十进制数、十六进制数对照表

十进制数	二进制数	八进制数	十六进制数	十进制数	二进制数	八进制数	十六进制数
0	000	0	0	8	1000	10	8
1	001	1	1	9	1001	11	9
2	010	2	2	10	1010	12	A
3	011	3	3	11	1011	13	B
4	100	4	4	12	1100	14	C
5	101	5	5	13	1101	15	D
6	110	6	6	14	1110	16	E
7	111	7	7	15	1111	17	F

1.2.3 计算机中常用编码

计算机中经常处理的信息不仅包括数值数据,还使用大量的非数值型数据,如字符和汉字等,这些数据在计算机中都以二进制数的形式来表示。像这样将输入到计算机中的各种数值和非数值型数据用二进制数进行表示的方式称为编码。

1. BCD码

人们通常习惯采用十进制数,因此在计算机输入和输出数据时也采用十进制数,而计算机内部多采用二进制数表示和处理数据,这样在计算机中需要把十进制数转换为二进制数。把十进制数的每一位分别写成二进制数形式的编码,称为二-十进制编码,即BCD(Binary Coded Decimal)码。

2. ASCII码

ASCII码(American Standard Code for Information Interchange)是美国信息交换标准代码的简称。标准ASCII码为7位二进制编码,计算机中采用一个字节(8位二进制数)表示一个ASCII码,其中最高位为0,低7位为ASCII编码。7位二进制数可表示128个不同的字符，其中包括大小写英文字母、数字、标点符号和控制符。

表 1.2　ASCII 码表

低四位 $B_3B_2B_1B_0$	高三位 $B_6B_5B_4$							
	000	001	010	011	100	101	110	111
0000	NUL	DLE	SP	0	@	P	`	p
0001	SOH	DC1	!	1	A	Q	a	q
0010	STX	DC2	“	2	B	R	b	r
0011	ETX	DC3	#	3	C	S	c	s
0100	EOT	DC4	$	4	D	T	d	t
0101	ENQ	ANK	%	5	E	U	e	u
0110	ACK	SYN	&	6	F	V	f	v
0111	BEL	ETB	‘	7	G	W	g	w
1000	BS	CAN	(	8	H	X	h	x
1001	HT	EM	)	9	I	Y	i	y
1010	LF	SUB	*	:	J	Z	j	z
1011	VT	ESC	+	;	K	[	k	{
1100	FF	FS	,	<	L	\	l	|
1101	CR	GS	—	=	M	]	m	}
1110	SO	RS	.	>	N	↑	n	~
1111	SI	US	/	?	O	↓	o	DEL

3. 汉字编码

在使用计算机进行信息处理时要遇到大量汉字，由于汉字是图形文字，字的数目众多，形状和笔画差异很大，因此需要有多种编码解决汉字的输入、存储、显示和打印等问题。

1) 汉字的国标码

1980 年国家标准局颁布了《信息交换用汉字编码字符集——基本集》，即国家标准 GB2312-80 方案，简称国标码。其中，共收集了汉字、字母、数字和符号共 7445 个，汉字 6763 个。在此标准中，每个汉字采用两个字节(共 16 位)表示，两个字节的最高位均置为 0。

2) 汉字的机内码

汉字的机内码是在计算机系统内部进行数据的存储、处理和传输过程中使用的代码，机内码也用两个字节表示一个汉字，两个字节的最高位均置为 1。

3) 汉字的输入码

汉字的输入码又称外码，是为了将汉字通过键盘输入计算机而设计的代码。汉字输入码方案很多，其表示形式大多为字母、数字或符号。输入码的长度也不同，多数为 4 个字母。外码可分为数字编码、拼音编码、字形编码和音形编码等，其中拼音编码是根据汉字读音输入汉字，如智能 ABC、全拼等都是拼音编码，字形编码是根据汉字笔画输入汉字，五笔字型是最典型的字形编码。

4) 汉字的字形码

汉字输入后，在计算机中采用两个字节的内码进行存储、识别、检索，但显示和输出汉字却不能直接采用内码，因为显示和输出主要是针对人的，在计算机屏幕上显示和打印机打印出来汉字必须和日常接触的汉字相同。

汉字字形码是汉字字库中存储的汉字字形的信息，用于汉字的显示和打印。汉字字形码分为点阵编码和矢量编码，图 1.2 所示是汉字字形点阵，这是一个 16 点阵的汉字，将一个汉字分为 16 行 16 列，每个格的信息要用一位二进制码表示，有点的用 1 表示，没有点的用 0 表示。这样从上到下每一行需要 16 位二进制数，占两个字节，如第一行的点阵编码是 0008H，描述整个汉字需要 32 个字节的存储空间。

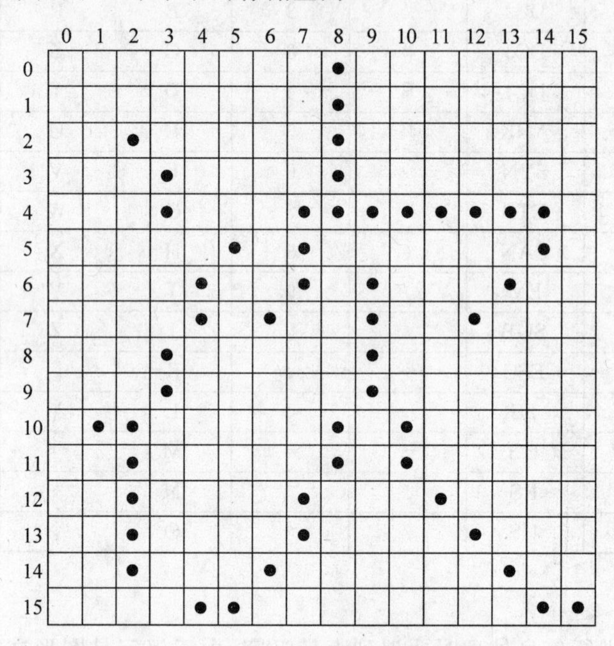

图 1.2　16 点阵汉字字形

不同字体的汉字有不同的字库，如宋体、楷体、黑体各对应不同的字库。输出汉字时，先根据汉字内码从字库中提取汉字的字形数据，然后根据字形数据显示和打印汉字。

1.3　计算机系统的组成

计算机系统由硬件系统和软件系统两部分组成。计算机硬件，指计算机系统中由电子线路和各种机电设备组成的设备实体，是那些看得见摸得着的部件，如主机、输入输出设备等。计算机软件，指为运行、维护、管理、应用计算机所编制的所有程序以及一些说明这些程序的有关资料的总和。

在计算机技术的发展进程中，硬件的发展为软件提供了良好的环境；而软件的发展又对硬件系统提出了新的要求，促进了硬件的发展，两者相辅相成、互相依赖。

1.3.1　计算机硬件系统

计算机由运算器、控制器、存储器、输入设备和输出设备 5 大部分组成。它的基本结构如图 1.3 所示。

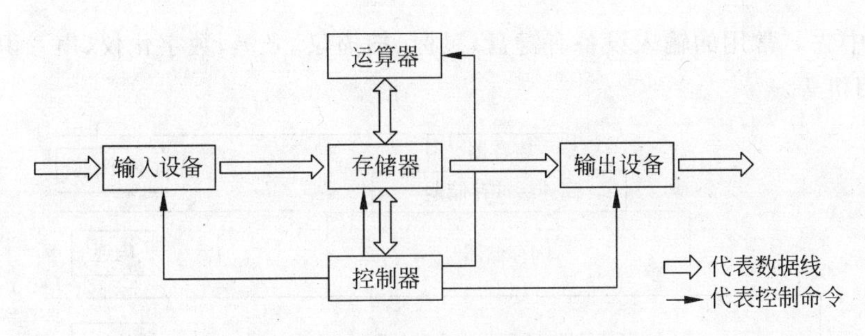

图 1.3 计算机基本结构示意图

1. 运算器

运算器也称算术逻辑单元(Arithmetic Logical Unit,ALU),功能就是在控制器的控制下,由存储器中取出数据,进行算术运算和逻辑运算,并把结果送到存储器中。计算机中的任何数据处理都是在运算器中进行的。

2. 控制器

控制器由指令寄存器、指令译码器、程序计数器和操作控制器组成。控制器是计算机的控制中心,它的基本功能是按程序计数器所指出的指令地址从内存中取出一条指令,并对指令进行分析,根据指令的功能向有关部件发出控制命令,控制执行指令的操作。计算机就是这样按照事先存储在计算机中的指令组成的程序完成各项操作的。

3. 存储器

存储器是存放程序和数据的部件,是计算机的记忆装置。存储器用于存放计算机进行信息处理所必需的数据。存储器中含有大量的存储单元,每个存储单元可以存放 8 位二进制信息,占用 1 字节(Byte,B),存储器的容量以字节为基本单位。为了存取存储单元的内容,用存储单元的地址来标识存储单元,CPU 按地址来存取存储器中的数据。

存储器的容量指存储器中所包含的字节总数,通常用 KB、MB、GB 来表示。其中:

1KB(千字节)=1024B(字节)

1MB(兆字节)=1024KB(千字节)

1GB(吉字节)=1024MB(兆字节)

计算机的存储结构分为三级,从内至外依次为高速缓冲存储器、内存储器(也称主存储器)和外存储器(也称辅助存储器)。高速缓冲存储器简称 Cache,位于 CPU 内,存储容量很小,只有十几兆字节,读写速度比内存更快。当 CPU 向内存中写入或读出数据时,这个数据也被存储进 Cache 中。当 CPU 再次需要这些数据时,CPU 就从 Cache 读取数据,而不是访问较慢的内存,当然,如需要的数据在 Cache 中没有,CPU 会再去读取内存中的数据。内存储器容量和速度介于高速缓冲存储器和外存之间,容量可以达到几千兆字节,直接为 CPU 提供数据和指令。外存储器容量最大,容量是内存容量的几百倍,计算机中几乎所有的程序和数据都存放在外存储器中,但是外存储器的速度很慢。三级存储结构从内至外容量越来越大,速度越来越慢,三级存储层次结构如图 1.4 所示。内存插在主机板上,称为内连,外部存储器通过各种接口连接到主机板,称为外接。

4. 输入设备

输入设备用来接收用户输入的数据、程序,并转换为计算机能够识别接受的形式,输入到内存储器中去。常用的输入设备有键盘、鼠标、扫描仪、光笔、数字化仪、声音识别系统、触摸屏、数码相机等。

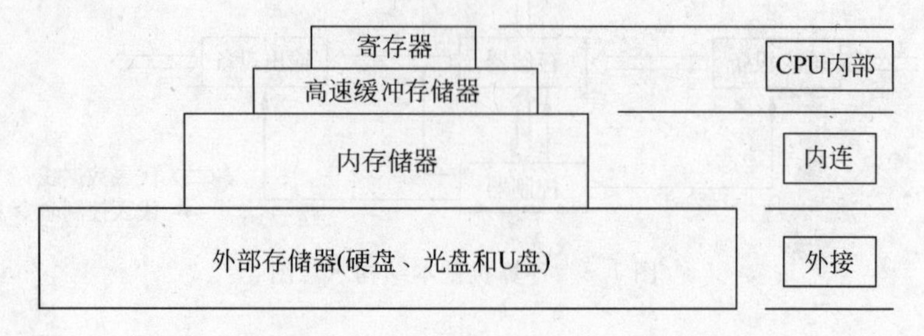

图 1.4　存储器系统的层次结构

5. 输出设备

输出设备用于将存储在计算机内部的信息转换成人们能接受的形式。常见的输出设备有显示器、打印机、绘图仪等。

1.3.2　计算机软件系统

软件是计算机系统运行、维护以及程序开发所需要的程序集合。计算机的软件非常丰富,通常将计算机软件分为系统软件和应用软件两大类。

1. 系统软件

系统软件是计算机系统的必备软件。系统软件管理、监控和维护计算机资源,它支持应用软件的运行。系统软件通常指操作系统、各种计算机语言编译程序、数据库管理系统、网络系统等。

1）操作系统

操作系统是最重要的系统软件,是最底层软件,是对计算机硬件、软件资源进行管理、调度、控制和运行的一组程序,是用户与计算机的接口,用户通过操作系统可以方便地操作计算机,而不必过问计算机硬件,图 1.5 所示是操作系统和软硬件的关系。

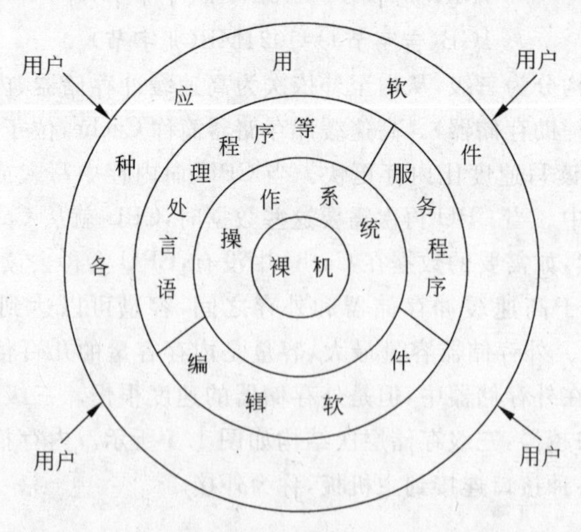

图 1.5　操作系统与软硬件及用户的关系

2）计算机语言

计算机语言是程序设计的工具，因此又称为程序设计语言。程序设计语言一般分为机器语言、汇编语言和高级语言三类。高级语言是应用最广泛的语言，采用接近自然语言的字符和表达形式按照一定的语法规则来编写程序的语言，使程序员可以完全不需要直接与计算机的硬件打交道。高级语言编写的程序可在不同的计算机系统上运行。高级语言又分为面向过程和面向对象两种，最具有代表性的面向过程的语言是C语言，目前C语言在计算机教学中仍被广泛采用，但在程序设计过程中使用不多；程序设计过程中使用最多的是面向对象的程序设计语言，如Java、C++等。

3）数据库管理系统

信息管理是计算机应用的一个重要领域，信息管理的核心就是数据库管理系统。数据库管理系统的主要功能包括数据库的定义、数据库的运行控制和数据库的访问等。常用大型数据库管理系统有Oracle、Sybase、MS SQL Server等。

2. 应用软件

应用软件是指除了系统软件以外的所有软件，它是用户利用计算机及其提供的系统软件为解决各种实际问题而编制的计算机程序。例如，办公自动化软件Word和Excel，动画软件Flash、聊天软件QQ、多媒体播放软件、下载软件等各种工具软件均属于应用软件，还有像图书馆管理系统、学生管理系统、销售管理系统、财务管理系统等专用软件也属于应用软件。

1.4 微型计算机主要配置

微型计算机体积小，便于携带，价格低廉，而且功能上能够满足普通单位和家庭的需要，是目前应用最广泛的机型。微型计算机常用的有台式计算机，还有体积更小的笔记本电脑，如图1.6所示。

图1.6 微型计算机

微型计算机硬件结构如图1.7所示。

1.4.1 主机

通常把CPU、内存、总线、输入输出接口构成的子系统称为主机。主机中包含除输入输出设备及外存储器以外的所有部件，是一个能够独立工作的系统。

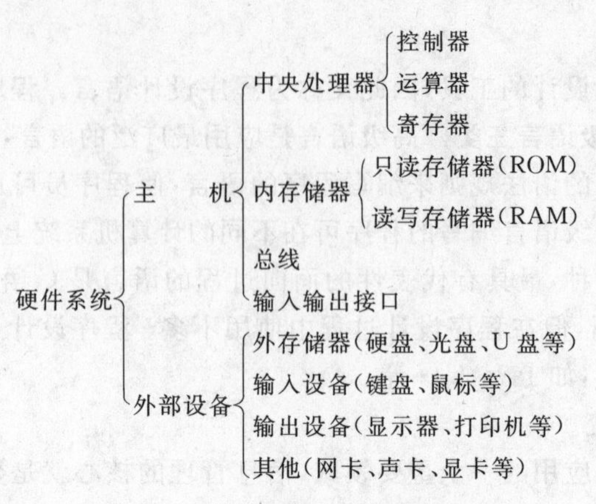

图 1.7 微型计算机硬件基本组成

1. CPU

中央处理器(Central Processor Unit,CPU)主要包括运算器和控制器两大部件,是计算机的核心部件。CPU是一个体积不大但集成度非常高、功能强大的芯片,也称微处理器。计算机的所有操作都受CPU控制,相当于计算机系统的"司令部",所以它的品质直接影响着整个计算机系统的性能。平常所说的Pentium、Pentium Ⅱ、Pentium Ⅲ、Pentium Ⅳ指不同型号的CPU。目前两大CPU生产厂商是Intel公司和AMD公司。

描述CPU性能的主要技术指标有主频、字长和高速缓冲存储器容量等。主频是计算机的频率,它在很大程度上决定着计算机的运算速度,主频越高,运算速度越快。字长指CPU一次处理二进制数的位数,常见字长有32位和64位,字长越长,CPU速度越快。高速缓冲存储器是比内存速度更快的存储器,用来保存CPU最常用数据。分为一级缓存和二级缓存,通常两级缓存都位于CPU内部,高速缓冲存储器容量越大,CPU速度越快。

英特尔酷睿2至尊四核处理器QX9770的主频已达3.2GHz,字长64位,二级高速缓存已达到12MB,如图1.8所示。

2. 内存

内存储器能和CPU直接交换数据,它的品质直接影响着整个计算机系统的性能。内存储器容量越大,计算机的速度越快。内存储器由半导体器件构成,包括随机存取存储器(Random Access Memory,RAM)和只读存储器(Read Only Memory,ROM)。

RAM有两个特点,一个特点是可读写性,就是说对RAM既可以读,又可以写。读操作时不破坏内存已有内容,写操作时才改变已有内容。另一个特点是易失性,掉电时所存的数据全部丢失,因此计算机每次启动时都要对RAM重新配置。通常所说内存指的就是RAM,内存条如图1.9所示,其容量有1GB、2GB等。

ROM用于存放计算机的基本程序和数据,掉电时存放的信息不丢失。通常只能从ROM中读出数据,在特定的情况下才可以写入数据。

3. 主板

主板也称系统板,是一块印刷电路板,它为所有硬件提供了接口或插槽,计算机通过主板把CPU和其他硬件连接成一个完整的系统,实现各部分之间数据的传输和协同工作。

主板上排列了许许多多的电容、电阻等电子元件,以及供安装内存、显卡、CPU等部件的插槽,还有数据线接口、USB接口等。电脑运行时对系统内存、存储设备和其他I/O设备的操控都必须通过主板来完成，因此计算机的整体运行速度和稳定性在相当程度上取决于主板的性能，如图 1.10 所示。

图 1.8　CPU　　　　图 1.9　内存

图 1.10　主板

4. 板卡

当主机与外部设备交换数据时，通常需要一些专用的设备把两者连接起来，这类连接的设备就是板卡，下面介绍一些常见的板卡。

1）显示适配卡

显示适配卡，简称显卡，一般被插在主板的扩展槽内，通过总线与 CPU 相连。当 CPU 要显示图形的时候，首先将信号送至显卡，由显卡的图形处理芯片把它们翻译成显示器能够识别的数据格式，并通过显卡后面的接口和显示电缆传给显示器。显示器的显示方式是由显卡来控制的。显卡必须有显示存储器（VRAM），显示存储器越大，显示卡所能显示的色彩越丰富，显示效果越好。

2）声卡

声卡（Sound Card）也叫音频卡，是多媒体技术中最基本的组成部分，是实现声波信号和数字信号相互转换的一种硬件。声卡的基本功能是把来自话筒、磁带等的模拟音频信号转换成数字音频信号传入计算机，并把计算机上的数字音频信号转换成模拟音频信号输出到耳机、扬声器等音响设备。

3）网卡

网卡也称网络接口卡(Network Interface Card,NIC)，它把计算机中的信息转换成适合在网络上传输的信息，并按照一定的规则在计算机和网络之间收发这些信息。目前最常用的是以太网网卡，按传输速度划分，可分为10M以太网卡，10/100M自适应以太网网卡以及1000M以太网网卡三种，应用最广泛的是10/100M自适应网卡。

1.4.2 外设

1. 键盘和鼠标

键盘是计算机中最常用的输入设备，用于文字信息的输入。

鼠标是另一种常用的输入设备，可以对当前屏幕上的光标进行定位，并通过按键和滚轮装置对光标所在位置的屏幕元素进行操作，鼠标器操作简便、高效，多用于Windows操作系统环境，如图1.11所示。

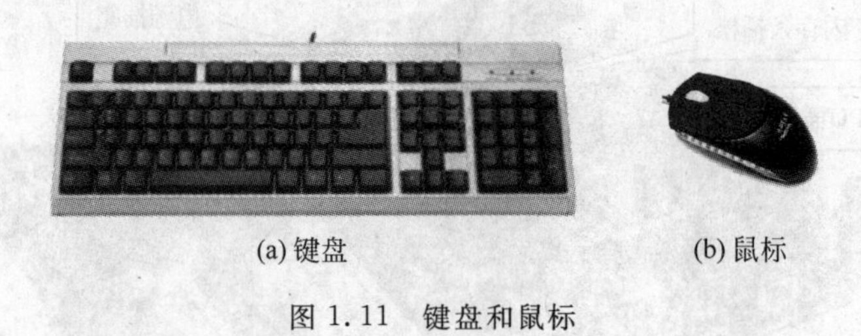

(a) 键盘　　(b) 鼠标

图1.11　键盘和鼠标

2. 显示器

显示器是最主要的输出设备，用户可以通过显示器方便的观察输入输出信息，它由一根视频电缆与主机内的显卡相连。目前常用的显示器有CRT显示器和LCD显示器两类。图1.12是两种显示器的示例图。

CRT显示器全名是阴极射线管显示器，它的价格相对较低，显示色彩美观，但是体积大；LCD显示器即液晶显示器，体积小，重量轻，价格相对较高。

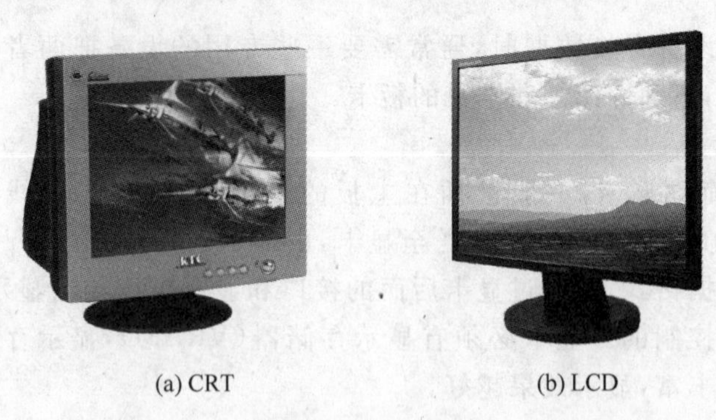

(a) CRT　　(b) LCD

图1.12　显示器

分辨率是显示器的一个重要性能指标，指的是屏幕上所能显示的基本像素点的最大数目，一般把它分解成水平分辨率和垂直分辨率。例如，某显示器的分辨率为1680×1240，即表示该显示器的每行可显示1680个点，而在垂直方向上每屏可显示1240根扫描线。

3. 打印机

打印机用于把计算机内的信息输出到纸上，它通过一根电缆与主机后面的打印机接口相连。打印机有三种类型：针式打印机、喷墨打印机和激光打印机，其性能是逐级递增的。针式打印机的特点是耗材(色带)便宜且更换容易，打印时噪音大。喷墨打印机耗材(墨水)昂贵，打印噪音小，速度快。激光打印机与喷墨打印机类似，但造价高。目前广泛应用的是激光打印机，如图 1.13 所示。

图 1.13　激光打印机

4. 外存储器

在计算机系统中，外存储器一般用于大量数据和程序的长期存储，常用的有硬盘、光盘、U 盘等。

1) 硬盘

硬盘是微型计算机中最重要的外部存储设备，由一个或多个铝制、玻璃制的碟片组成。这些碟片外覆盖有铁磁性材料。绝大多数硬盘都是固定硬盘，被永久性地密封固定在硬盘驱动器中。硬盘的存储容量很大。选购硬盘时主要考虑的是硬盘的容量，现在通常选购 200GB 以上硬盘；其次考虑硬盘速度，硬盘速度指的是硬盘马达的转速，常用硬盘的转速是 7200 转/分，如图 1.14 所示。

硬盘通常固定在机箱内部，拆装很不方便，移动硬盘很好地解决了这个问题。移动硬盘大多使用 USB 接口，拆装方便，容量也达到上百兆字节，体积又比较小，应用较广泛。

2) 光盘驱动器和光盘

光盘驱动器简称光驱，是专门用来读取光盘信息的设备。根据光盘存储技术，光驱分为只读光盘驱动器(CD-ROM)、可写光盘驱动器(CD-R)、可擦写光盘驱动器(CD-RW)、DVD 只读光盘驱动器(DVD-ROM)和 DVD 可擦写光盘驱动器(DVD-R/RW)等。光驱的技术指标主要有两个：速度和缓存容量。速度一般以倍速为单位，单倍速的速度是 150KB/s，光驱的速度以此为基准，如 56 倍速即表示光驱的速度是基准速度的 56 倍。CD-ROM 速度通常是 60 倍速，DVD-ROM 速度通常是 16 倍速，如图 1.15 所示。

图 1.14　硬盘

图 1.15　DVD 光驱

光盘通常是在聚碳酸酯基片上覆以极薄的铝膜形成的，是多媒体数据的重要载体，具有容量大，易保存，携带方便等特点。光盘的直径有 12cm 和 8cm 两种，厚度有 1mm 和 1.2mm 两种。

光盘的种类和驱动器种类相对应，分为只读光盘(CD-ROM)、可写光盘(CD-R)、可擦写光盘(CD-RW)、DVD 只读光盘(DVD-ROM)和 DVD 可擦写光盘(DVD-R/RW)等。只读光盘(CD-ROM)在制作时已由厂家写入了数据,并永久保留在光盘上,其存储容量通常是 650MB。可写光盘(CD-R)的数据可以由用户一次写入,写入后可以读出,但不可以修改。可擦写光盘(CD-RW)像磁盘一样,可以多次重复擦写。

DVD(Digital Video Disc)是一种能存储高质量视频、音频信号和超大容量数据的新一代光盘媒体介质,开始用于存储一种压缩格式的影视信息,现在也用于存储计算机数据。通常一片光盘可存储 4.7GB 以上的数据。DVD 光盘分为只读光盘(DVD-ROM)和可擦写光盘(DVD-RW)等类型。

3) U 盘存储器

U 盘是目前常用的外部存储器,采用一种可读写、非易失的半导体存储器——闪速存储器作为存储媒介,通过通用串行总线接口(USB)与主机相连。目前闪存可擦写次数都在 100 万次以上,数据至少可以保存 10 年,存取速度也比较快。一般的容量是 1GB、4GB、8GB 等,人们通常可以用 U 盘复制一个文件到另外一台计算机,也可以使用 U 盘备份数据。U 盘体积特别小,携带方便,存储容量也很大,价格便宜,应用特别广泛,如图 1.16 所示。

图 1.16　U 盘

第2章 Windows Vista 操作系统

Windows Vista 是微软公司推出的操作系统。不管是界面还是功能，Windows Vista 都发生了巨大的变化。界面使用了 Windows Aero 特效，加强了多媒体功能和系统的安全保护功能，提供了全新的 IE 浏览器和更强大的图片管理功能，还新增了边栏、UAC 用户账户控制、家长控制等功能。Windows Vista 给 Windows 的新老用户带来了全新的感觉。

2.1 Windows Vista 快速上手

2.1.1 Windows Vista 桌面简介

按下主机箱上的电源按钮启动 Windows Vista，启动成功后进入如图 2.1 所示的桌面。

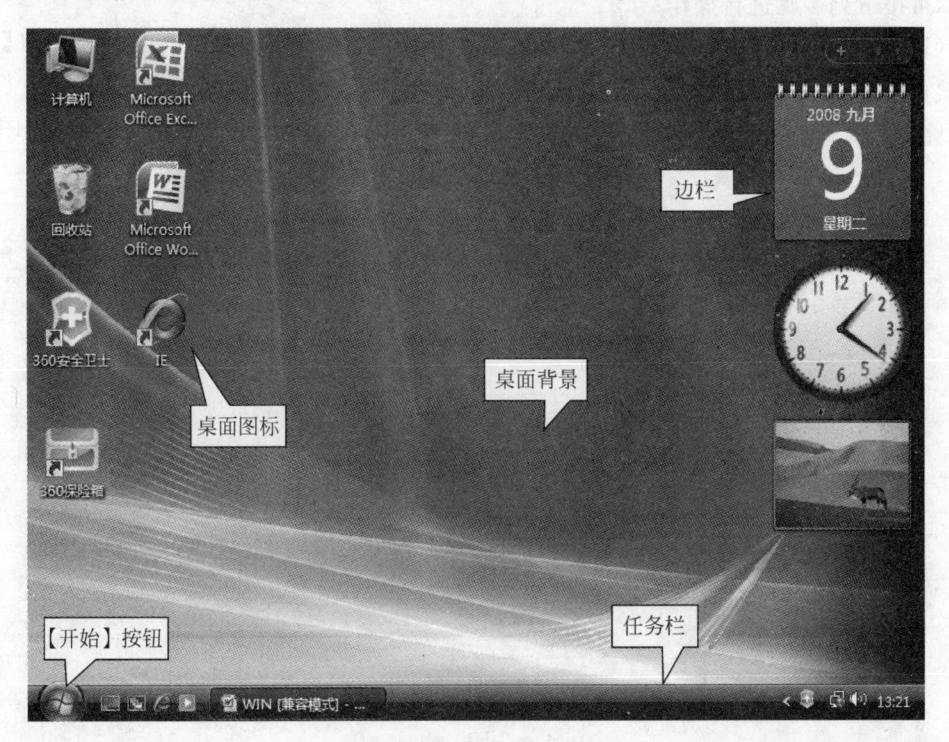

图 2.1 Windows Vista 的桌面

- 桌面背景：桌面背景即图 2.1 中所示的背景图片，用户可以设置为自己喜欢的图片。
- 桌面图标：图标由一个具有代表性的小图片和简短的说明文字组成，双击图标可以打开窗口或启动应用程序。

- 【开始】按钮：单击【开始】按钮可弹出【开始】菜单，通过【开始】菜单可以启动程序、打开用户文件夹或进行文件搜索等操作。
- 任务栏：任务栏是位于桌面底端的长条形区域，当在 Windows Vista 中打开多个窗口或启动多个程序后，会在任务栏中显示相应的任务按钮。单击某个任务按钮即可切换到相应的窗口或程序。
- Windows 边栏：在 Windows 边栏中可以放置一些实用的小工具，如日期、时间、幻灯片或实时动态信息等，这是 Windows Vista 的新增功能。

2.1.2 桌面图标

在 Windows Vista 桌面上通常会有【回收站】、【计算机】等图标，用户可根据需要在桌面上自行添加常用图标，也可删除不必要的图标，另外还可以对图标进行隐藏、排列和修改等一系列操作。

1. 建立桌面图标

图标分为系统图标和快捷方式图标两类，不同类型的图标采用不同的方法建立。

1) 建立系统图标

Windows Vista 安装完成后，桌面只有【回收站】图标，如果需要将常用系统图标添加到桌面，可按下列步骤进行操作：

(1) 在桌面空白处单击鼠标右键，在弹出的快捷菜单中选择【个性化】命令，打开【个性化】窗口。

(2) 单击左上角的【更改桌面图标】超链接，弹出【桌面图标设置】对话框，如图 2.2 所示。

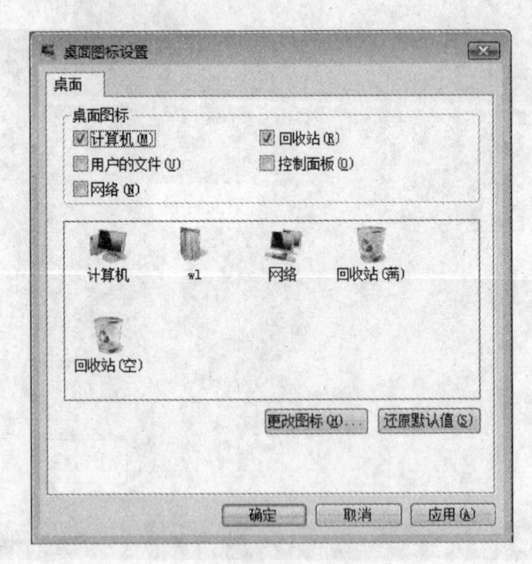

图 2.2　桌面图标设置

(3) 在【桌面图标设置】对话框中选择常用的系统图标，例如【计算机】，单击【应用】或【确定】按钮，图标添加成功。

2）建立应用程序快捷方式图标

应用程序安装完毕后，如果桌面上没有相应的快捷方式图标，通常可以在【开始】菜单中找到相应的菜单项。下面通过【开始】菜单在桌面上建立 Microsoft Office Word 2007 快捷方式图标，如图 2.3 所示，操作步骤如下：

(1) 选择【开始】→【所有程序】→Microsoft Office→Microsoft Office Word 2007 命令。

(2) 单击鼠标右键，弹出快捷菜单，选择【发送到】→【桌面快捷方式】，新建立的图标便出现在桌面上了。

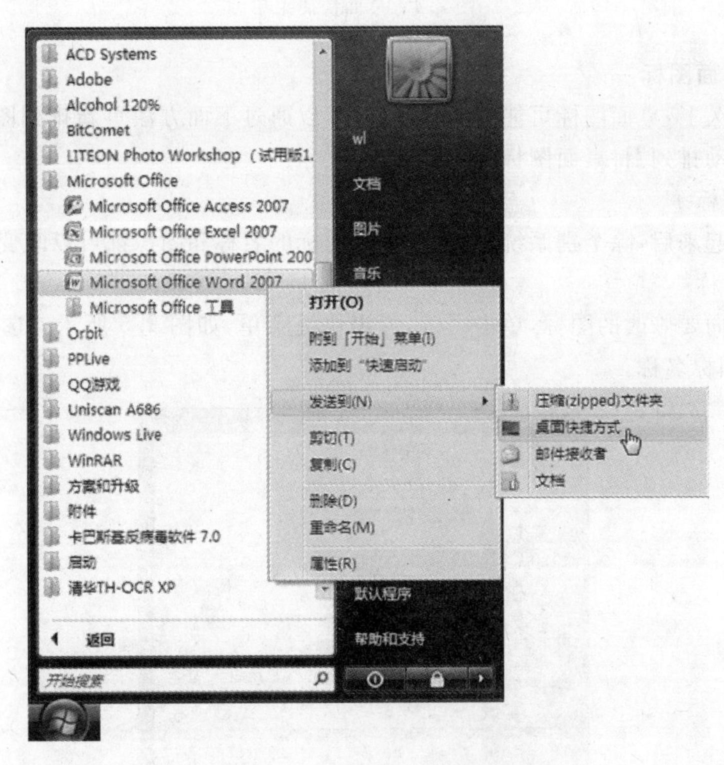

图 2.3　建立桌面快捷方式

2. 图标大小的修改

与以前的系统相比，Windows Vista 在图标操作方面增加了一项新功能，即可以选择桌面图标的显示方式。

在桌面任意空白区域单击鼠标右键，弹出快捷菜单，如图 2.4 所示。指向【查看】命令，打开其子菜单，其中有【大图标】、【中等图标】和【经典图标】，用户可以根据需要，选择图标大小。

3. 隐藏桌面图标

有时不希望看到桌面上的图标，可以将图标隐藏起来。如图 2.4 所示，选择【显示桌面图标】命令，图标消失。重复执行此操作，图标恢复显示。

注意：此命令前的选中 ✓ 标志决定了桌面图标是否隐藏。

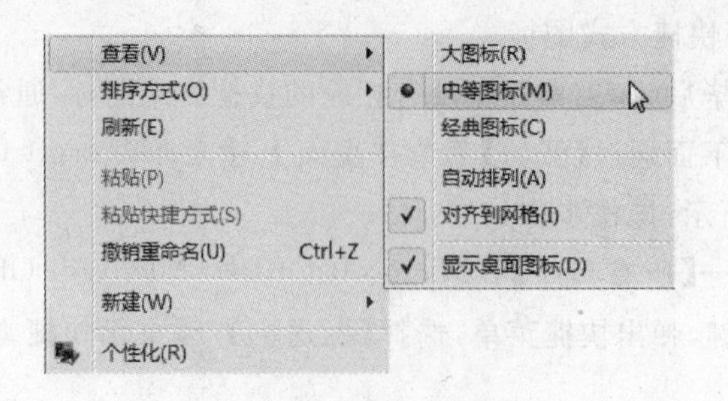

图 2.4　桌面快捷菜单

4. 排列桌面图标

系统使用久了，桌面图标可能会变得凌乱，可以通过下面方法重新排列图标。如图 2.4 所示，选择【自动排列】将桌面图标排列整齐。

5. 修改图标

图标建立起来后，除个别系统图标外，多数图标的名称和图像都可以改变。

1) 修改名称

将鼠标指向要修改的图标，单击右键，弹出快捷菜单，如图 2.5 所示。选择【重命名】命令，即可修改图标名称。

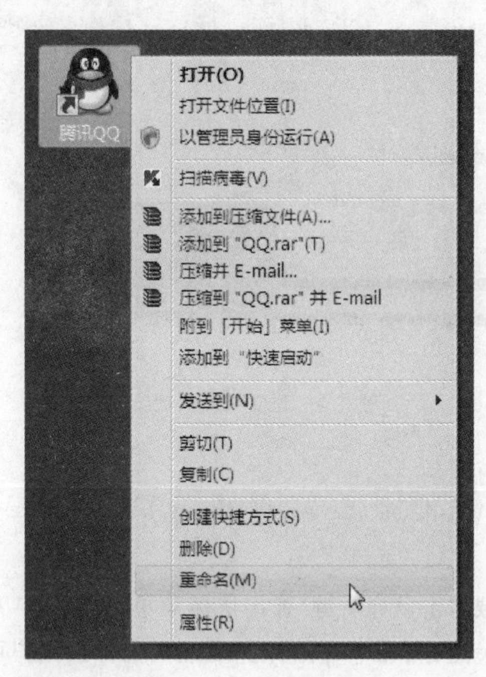

图 2.5　修改名称

2) 更改图标

在图 2.5 所示的快捷菜单中，选择【属性】命令，弹出【属性】对话框，如图 2.6 所示。单击【更改图标】按钮，出现【更改图标】对话框，在列表中选择一个图标，单击【确定】按钮，完成图标修改。

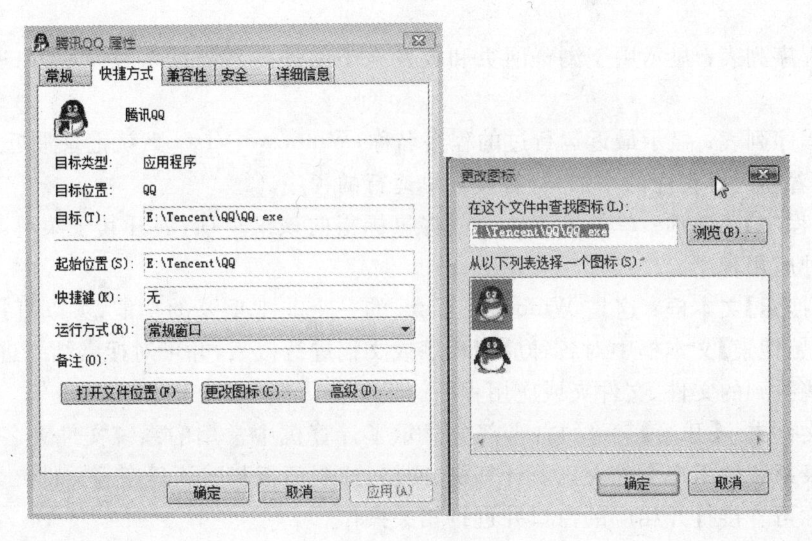

图 2.6　更改图标

2.1.3　开始菜单

【开始】菜单的使用频率非常高，各种应用程序的启动及计算机的设置都可以通过【开始】菜单来完成。单击桌面左下角的 按钮，弹出【开始】菜单。

1.【开始】菜单结构

【开始】菜单由程序列表、系统文件夹、【所有程序】菜单、搜索文本框及关机状态按钮等组成，其中程序列表分为默认程序列表和动态程序列表，如图 2.7 所示。

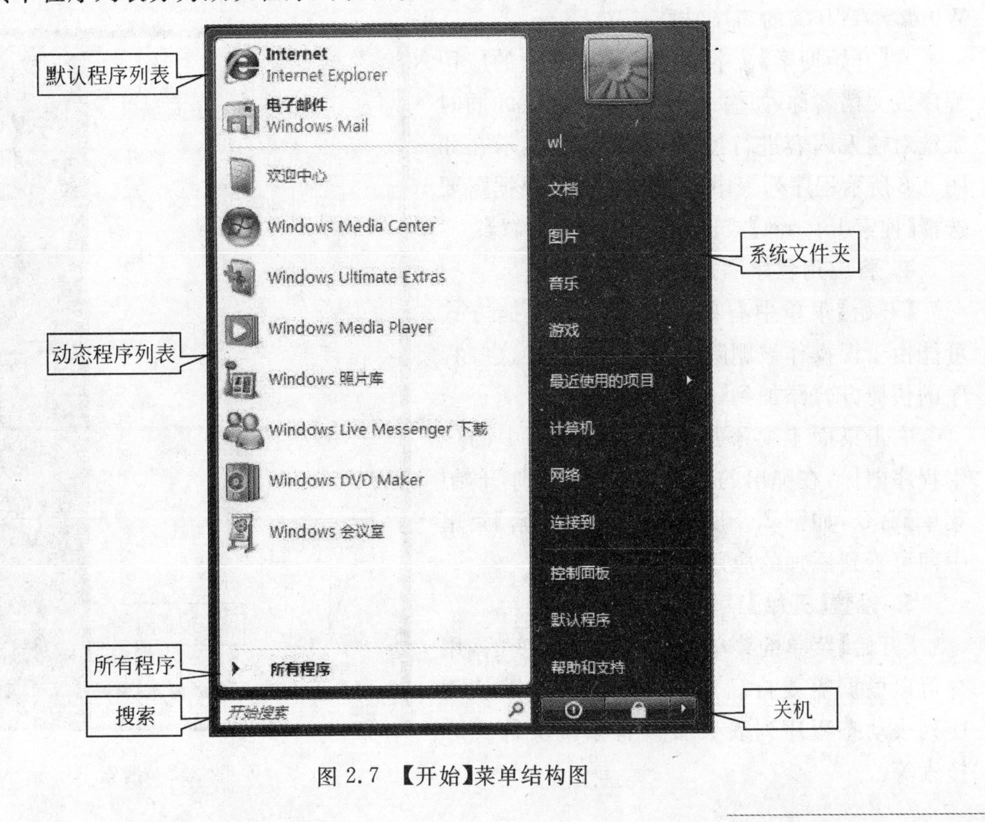

图 2.7　【开始】菜单结构图

默认程序列表：显示用于浏览网页和收发电子邮件的系统默认程序，可以通过设置进行更改。

动态程序列表：显示最近运行过的程序名称，Windows Vista 默认记录最近运行过的 9 个程序，随着新运行程序的增加，将替换较早运行的程序。

【所有程序】菜单项：单击该菜单项或将鼠标指向该菜单项，展开其子菜单。可以从这里启动各种应用程序。

【开始搜索】文本框：这是 Windows Vista 的一个非常重要的功能，可以直接在【开始】菜单的【开始搜索】文本框中对各种应用程序或文档进行搜索，并可对搜索结果进行查看，进而打开某些找到的文件、文件夹或应用程序。

系统文件夹：【开始】菜单的右半部分显示了计算机中常用的系统文件夹名称，主要包括当前登录系统的用户文件夹以及计算机、网络、控制面板和默认程序等文件夹。单击这些文件夹名称可直接打开相应的窗口并进行相关操作。

关机状态按钮组：这部分按钮主要用来改变计算机的当前状态，例如使计算机进入休眠或锁定状态、切换或注销当前登录的用户以及关闭或重新启动计算机等功能。

2. 在【开始】菜单中启动应用程序

【开始】菜单最主要功能之一就是启动应用程序，下面以【扫雷】游戏为例说明启动过程。

单击按钮，在弹出的【开始】菜单中依次单击【所有程序】→【游戏】→【扫雷】，打开扫雷游戏窗口。

3. 在【开始】菜单中进行搜索

使用【开始】菜单中的【开始搜索】文本框，可以查找所需要的应用程序或文档，这是 Windows Vista 的新增功能。

在【开始搜索】文本框中输入要搜索的应用程序或文档名称，如输入“记事本”，输入的同时系统对输入内容进行搜索，搜索结果显示在如图 2.8 所示程序列表中。用户也可以根据需要选择【搜索 Internet】或选择【搜索所有位置】。

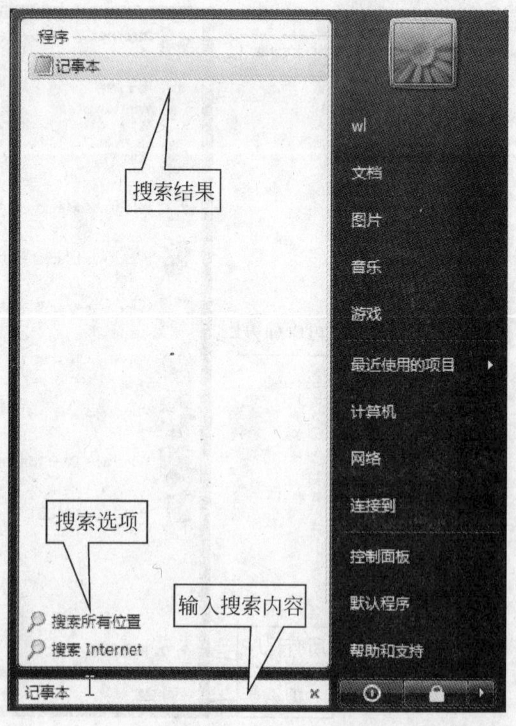

图 2.8 搜索

4. 将应用程序添加到【开始】菜单

【开始】菜单中有些应用程序的快捷方式可能由于误操作被删除了，用户可以将这些程序的快捷方式添加到【开始】菜单中。

右击桌面上要添加到【开始】菜单中的应用程序图标，在弹出的菜单中选择【附到『开始』菜单】命令，如图 2.9 所示，这样在【开始】菜单中即可看到添加的应用程序快捷方式。

5. 设置【开始】菜单

【开始】菜单的菜单项不是固定不变的，用户可以根据需要自己定义。可以改变默认程序列表动态程序列表数目设置系统文件夹和搜索等。

右击按钮弹出快捷菜单，选择【属性】命令，打开如图 2.10 所示【任务栏和『开始』菜单属性】对话框。在【『开始』菜单】选项卡上可以设置【开始】菜单的样式、显示最近打开的程序列表和文件列表，还可以单击自定义按钮，进入如图 2.11 所示的【自定义『开始』菜单】对话框，对【开始】菜单进行详细设置。

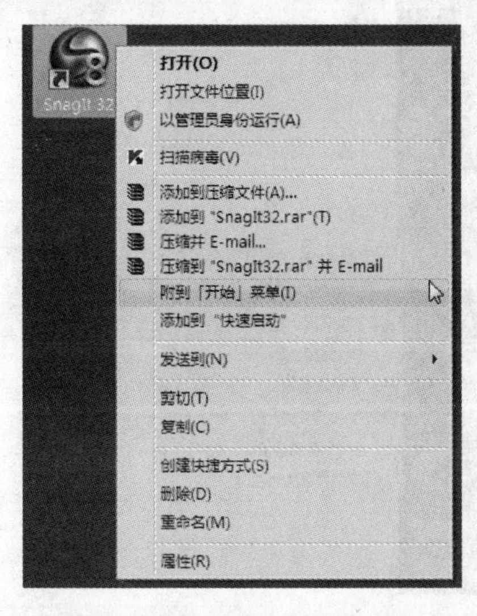

图 2.9 将应用程序添加到【开始】菜单

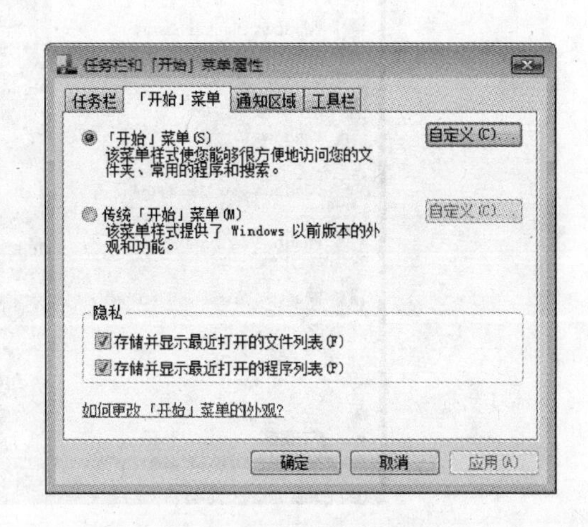

图 2.10 【开始】菜单属性

在【自定义『开始』菜单】对话框中，可以设置系统文件夹区域的显示内容和显示方式、选择是否显示默认程序列表、动态程序列表显示的程序数目，还可以单击【使用默认设置】按钮，恢复系统的初始设置。图 2.11 中看到【计算机】下面有 3 个单选按钮，【不显示此项目】、【显示为菜单】和【显示为链接】。图 2.8 即为【显示为链接】的显示效果，图 2.12 则是【显示为菜单】的显示效果，选择【不显示此项目】时，【计算机】这项将不在【开始】菜单中显示。

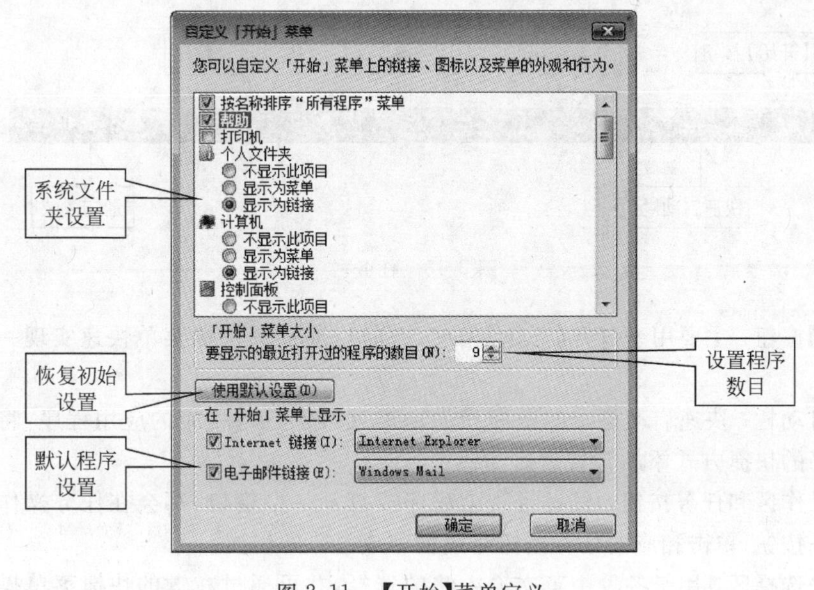

图 2.11 【开始】菜单定义

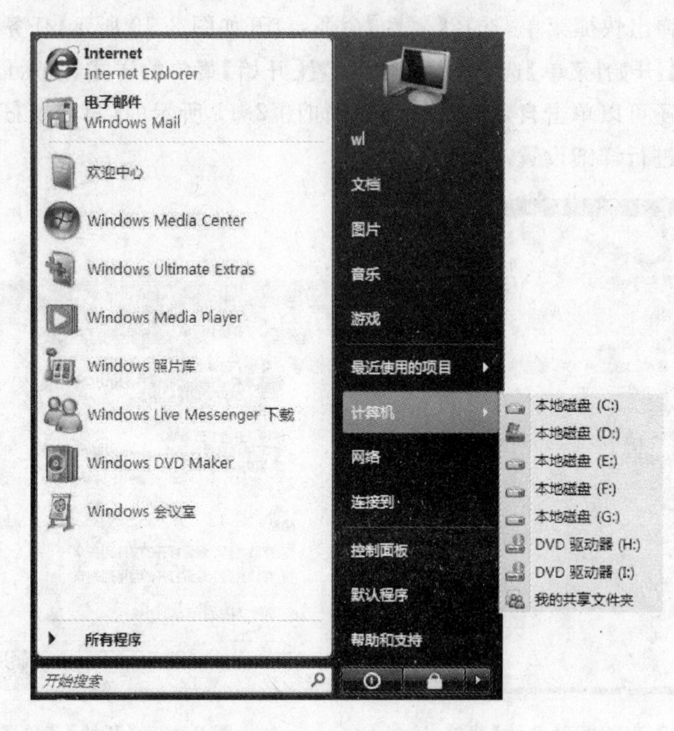

图 2.12 【计算机】项目设置为"显示为菜单"后的效果

2.1.4 任务栏

任务栏通常位于桌面的底部，主要用于在多个任务之间进行切换。

1. 任务栏结构

任务栏由【开始】按钮、快速启动栏、任务操作区、输入法选择区和通知区域组成，如图 2.13 所示。

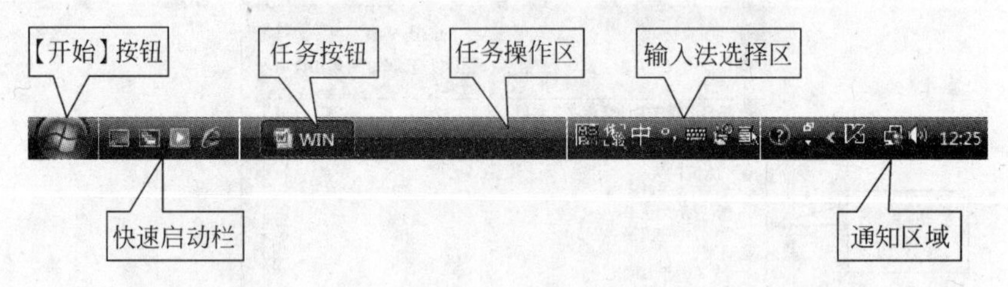

图 2.13 任务栏

【开始】按钮：主要用于打开【开始】菜单，有时也通过其快捷菜单快速实现一些最常用任务。

快速启动栏：快速启动栏上的图标只需单击就可以启动相应的应用程序，将一些经常使用的程序的快捷方式添加到快速启动栏中。

任务操作区和任务按钮：每运行一个程序或打开一个窗口，都会在任务操作区中显示相应的任务按钮，单击相应的任务按钮完成程序或窗口的切换。

输入法选择区：用于各种中英文输入法的选择，并可通过右键的快捷菜单操作实现输入法的添加或删除。

通知区域：用于显示某些特定应用正在进行的活动状态，如扬声器音量、时钟、网络连接状态等。根据状态的不同，还会显示打印信息、USB设备连接信息、系统更新信息等。

注意：该区域的图标也都是可以操作的，均通过这些图标的右键快捷菜单来完成。

2. 任务栏的设置

右击按钮弹出快捷菜单，选择【属性】命令，打开【任务栏和『开始』菜单】属性设置对话框。单击【任务栏】选项卡，如图2.14所示，可对任务栏进行设置。

1）设置任务栏

【任务栏】选项卡用于设置任务栏是否锁定、任务栏是否自动隐藏、快速启动栏是显示还是隐藏等多项内容。要进行某项设置时，单击该选项前复选框即可。下面对常用的几项进行说明：

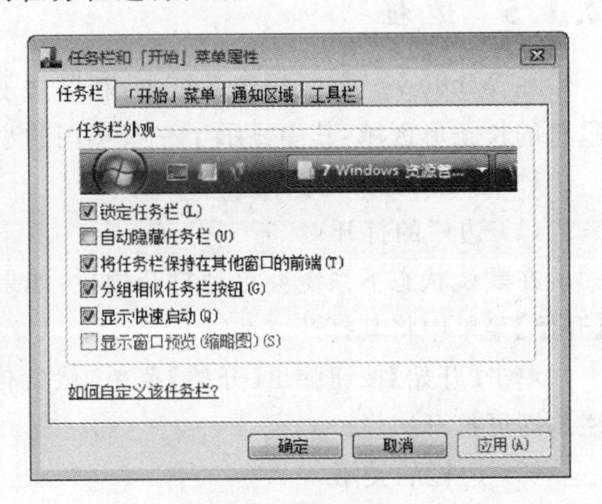

图2.14 任务栏设置

【锁定任务栏】：选择此项时任务栏大小和位置不能改变，如需要调整任务栏大小或改变任务栏的位置，必须取消选择此项。

【自动隐藏任务栏】：选择此项后，任务栏通常不显示，当光标移动到任务栏区域时任务栏才显示出来。

【显示快速启动】：选择此选项时任务栏上显示快速启动栏，否则不显示。

2）设置通知区域

【通知区域】选项卡用于设置在通知区域将显示的系统图标，如音量、时钟、网络连接状态等。可通过点选【隐藏不经常使用的图标】复选项，将不经常使用的图标隐藏起来。

3）设置工具栏

【工具栏】选项卡用于对任务栏上各个工具栏的显示或隐藏进行设置，通常只选中【快速启动】选项，此时任务栏只有【快速启动】一个工具栏。如果选择了桌面、地址、链接等项内容，任务栏上将有多个工具栏。

3. 调整任务栏的位置和大小

任务栏的位置和大小是可以调整的。如果要对任务栏的大小和位置进行调整，首先必须取消对任务栏的锁定。

1）调整任务栏位置

任务栏默认位于桌面的底部，可以根据需要将任务栏放置到桌面的顶部、左侧和右侧，具体操作如下：

单击任务栏空白处并按住左键向桌面的顶部拖曳，当在顶部出现边框时释放左键，任务栏被移动到桌面顶部。将任务栏放在桌面左侧和右侧的方法与此相同。

2）调整任务栏大小

调整任务栏大小时先将光标移到任务栏外边框上，当鼠标指针变成“↕”时按住鼠标左键并拖曳到希望的大小后释放鼠标。任务栏最大可以调整到桌面的二分之一。

4. 在快速启动栏添加程序图标

在Windows Vista中的快速启动栏中默认有【显示桌面】和【在窗口之间切换】两个图

标，单击这些图标可以进行相关操作。对于一些经常使用的图标用户可以自己添加到快速启动栏中，具体的添加方法有以下两种：

① 在桌面或【开始】菜单中右击欲添加的程序图标，在弹出的快捷菜单中选择【添加到『快速启动』】命令，这样程序就添加到快速启动栏。

② 单击要添加的程序图标，拖曳到快速启动栏后释放鼠标。

2.1.5 边栏

在 Windows Vista 操作系统中，新增加了边栏功能。边栏默认显示在桌面右侧，是一个垂直的长条形区域，其中显示了一些实用的小工具，如时钟、图片、日历等。

1. 边栏的打开与关闭

(1) 边栏的打开

在默认状态下系统会自动打开边栏，如果没有选择自动打开或已经将边栏关闭，可以在【开始】菜单中将其打开。

单击【开始】按钮弹出【开始】菜单，然后依次单击【所有程序】→【附件】→【Windows 边栏】，即可打开边栏。

(2) 边栏的关闭

不希望显示边栏时可以将其关闭，具体方法如下：

① 右击通知区域中的【Windows 边栏】图标，在弹出的菜单中选择【退出】命令，即可将 Windows 边栏关闭。

② 由于 Windows 边栏是随系统默认启动的，因此上面讲的方法只能暂时关闭 Windows 边栏。要永久关闭 Windows 边栏，可以右击通知区域中的【Windows 边栏】图标，在弹出的快捷菜单中选择【属性】命令，弹出如图 2.15 所示的【Windows 边栏属性】对话框，

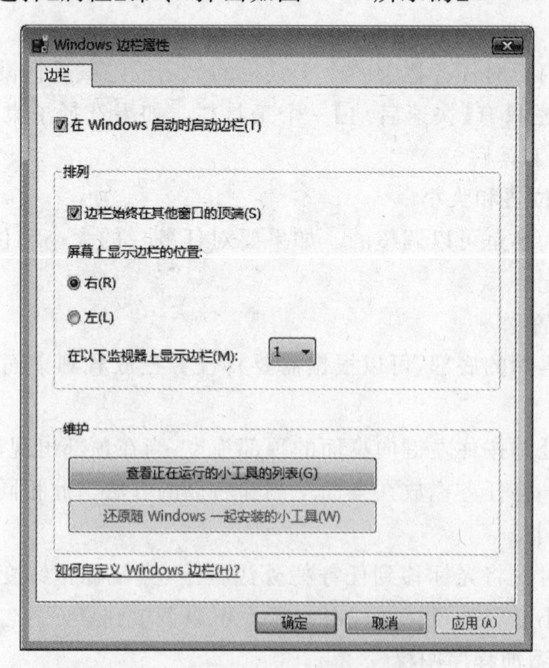

图 2.15 【Windows 边栏属性】对话框

单击【在 Windows 启动时启动边栏】前面的方框，取消选中此项，单击【确定】按钮，以后启动 Windows Vista 时边栏不再启动。

2. 边栏的设置

边栏的设置在【Windows 边栏属性】对话框中实现。如图 2.15 所示，可以设置边栏显示位置、自动启动等，还可以查看正在运行的小工具。

【在 Windows 启动时启动边栏】：选中此项后每次 Windows Vista 启动时，会同时启动边栏。

【边栏始终在其他窗口的顶端】：选中此项后边栏将一直处于可见状态，否则边栏会被应用程序窗口覆盖。

【屏幕上显示边栏的位置】：边栏可以显示在屏幕的左边或右边，默认显示在右边，边栏的大小不能改变。

3. 添加或移出边栏中的小工具

边栏启动后，边栏中可以看到时钟、图片和 RSS 源三个系统默认小工具，用户可根据需要添加或删除小工具。

(1) 边栏中的小工具

系统提供了很多小工具，有日历、时钟等，如图 2.16 所示。

- 【CPU 仪表盘】：用来监视计算机 CPU 和内存的使用情况。
- 【便笺】：用来记录一些简短的信息。
- 【股票】：在连接到网络后，可以查看股票行情。
- 【幻灯片放映】：用来播放 Windows Vista 照片库中的图片。
- 【货币】：连接到互联网后，可以显示各种货币兑换价。
- 【联系人】：用于显示“通讯本”中的联系人信息。
- 【日历】【时间】【天气】：这三项可以显示当前的日期、时间和天气情况，天气功能需要连接到互联网后才可以使用。
- 【图片拼图】：小游戏。
- 【源标题】：订阅的 RSS 源，单击某个源，可以直接查看相关信息，此功能需要连接到互联网。

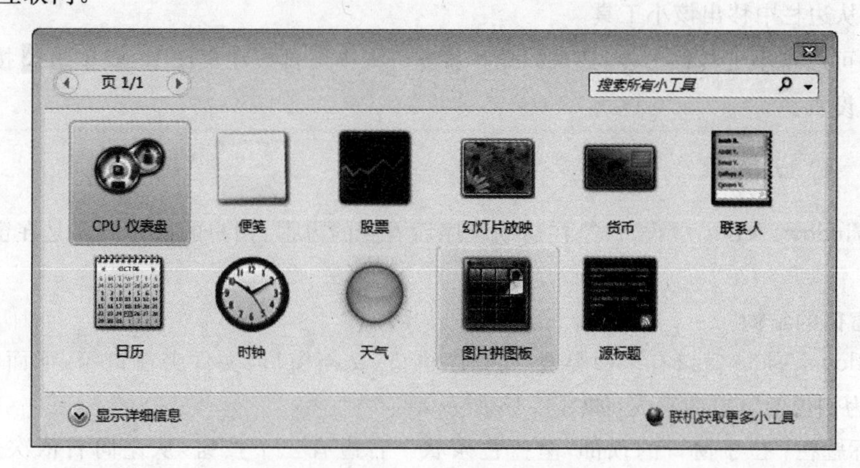

图 2.16 边栏中的小工具

如果用户还想获得更多的小工具，可以单击图 2.16 中右下角的【联机获取更多小工具】，在随后打开的网站中下载。

(2) 向边栏中添加小工具

如果需要使用更多的小工具，可按下列步骤操作：

① 右击边栏空白处，在出现的快捷菜单中单击【添加小工具】命令，打开如图 2.16 所示对话框。

② 在图 2.16 中，双击需要添加的小工具，小工具便被添加到边栏中。

(3) 从边栏中移出小工具

当边栏中的小工具太多，或用户不再使用某项小工具时，可以将其从边栏中移出。这里说的移出并不是将小工具删除，只是不显示在边栏中。如果以后还想使用此项小工具，可以按照添加小工具的方法重新添加。

移出小工具的方法有多种，下面是两种常用的方法：

① 右击欲移出的小工具，弹出如图 2.17 所示快捷菜单，单击【关闭小工具】，即可从边栏中移出该小工具。

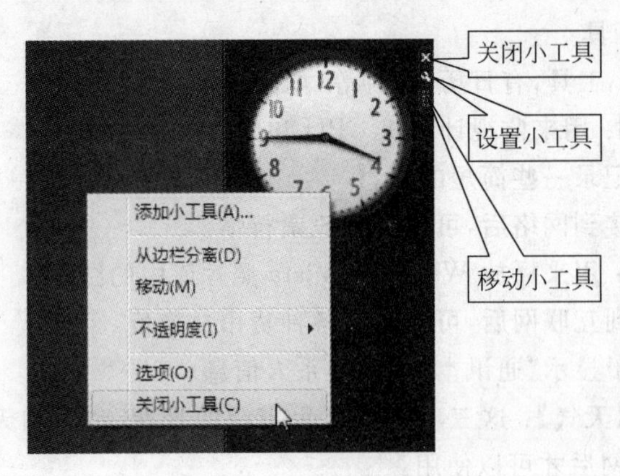

图 2.17　小工具快捷菜单

② 将光标移动到小工具上，如图 2.17 所示，每个小工具右上角显示有三个按钮，单击■按钮，从边栏中移出该小工具。

除了可以将小工具移出外，还可以单击■按钮将小工具放在桌面上，或单击■按钮对小工具进行设置。

2.1.6　窗口操作

在 Windows Vista 中，窗口是在启动程序后看到的方框，用户的操作大多是在窗口中进行的。

1. 窗口的结构

Windows Vista 窗口有多种类型，如程序窗口、文档窗口、文件夹窗口等，下面以【计算机】窗口为例说明窗口的组成，如图 2.18 所示。

- 标题栏：位于窗口的顶部，呈蓝色条状。右边有三个按钮，从左向右依次是【最小化】按钮、【最大化】/【还原】按钮、【关闭】按钮。

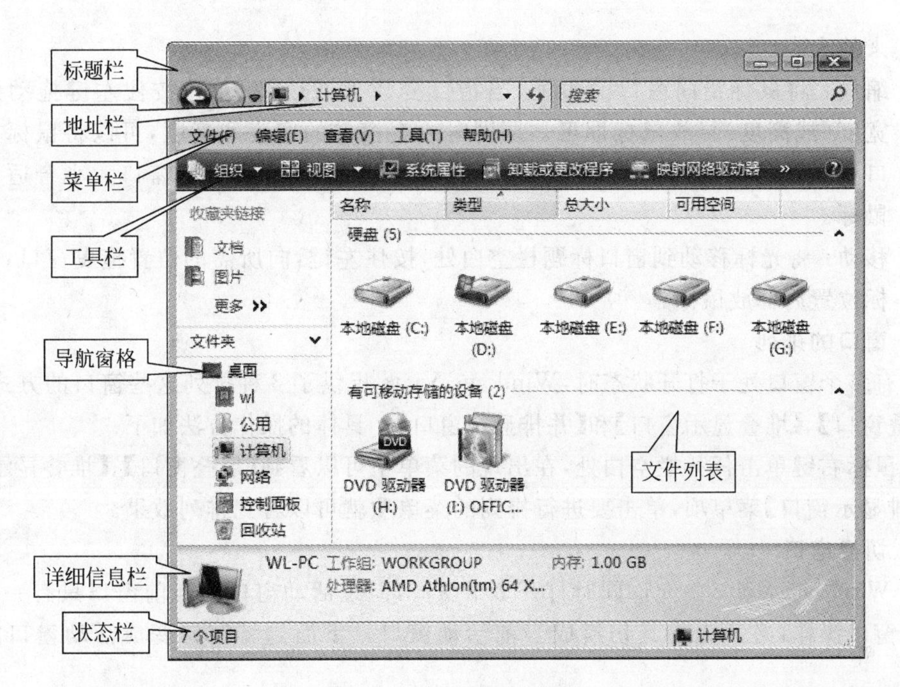

图 2.18 窗口的结构

- 地址栏：位于标题栏的下面，将用户当前的位置显示为以箭头分隔的一系列链接。使用地址栏可以清晰地看到用户在计算机或网络上的当前位置。通过在地址栏中输入或单击新位置，可以更改用户的当前位置。
- 菜单栏：由一系列的菜单项组成，每个菜单项包含若干条命令，这些命令主要用于对窗口主体中所显示的对象进行操作。不同窗口的菜单栏也有所不同。
- 工具栏：由一些按钮或图标组成，通常显示在地址栏下方，表示当前窗口中可以执行的任务。工具栏按钮通常提供的是最常用菜单命令的快捷访问方式。
- 导航窗格：位于文件夹窗口的左侧，列出了计算机中全部可用项目，可以帮助用户快速地定位所需目标。导航窗格以树状结构给出了文件夹列表。
- 文件列表：用于显示具体内容，如文件、文件夹、打印机、磁盘等。
- 详细信息栏：用于显示选中对象的信息。对于刚打开的【计算机】窗口，通常显示计算机中 CPU、内存、工作组及计算机名称等信息。
- 状态栏：位于窗口的底部，用于显示有关操作的状态及提示等信息。

2. 窗口的基本操作

窗口的基本操作主要包括打开、关闭、最小化、最大化/还原、移动和缩放等。

- 打开：双击想要打开的文件或应用程序图标即可打开该窗口。
- 关闭：单击窗口标题栏中的【关闭】按钮，窗口即被关闭。
- 最大化：单击窗口标题栏中的【最大化】按钮，窗口就会占据整个屏幕。
- 最小化：单击窗口标题栏中的【最小化】按钮，窗口就会被缩小到任务栏中，成为一个任务按钮。
- 还原：在窗口最大化状态时，单击窗口标题栏中的【还原】按钮，窗口就会还原为原来的大小。

- 缩放：将鼠标指向窗口的边框，当指针变成↕或↔箭头后，按住左键拖动到所需宽度(或高度)释放鼠标即可。要同时改变窗口的宽度和高度，可以将鼠标指向窗口角上，当指针变成倾斜箭头后，按住左键斜向拖曳鼠标，待窗口大小合适后释放鼠标。
- 移动：将光标移动到窗口标题栏空白处，按住左键，向所需的位置拖曳窗口，到达目标位置后释放鼠标。

3. 窗口的排列

当有多个窗口处于打开状态时，Windows Vista 提供了 3 种排列这些窗口的方式，分别是【层叠窗口】、【堆叠显示窗口】和【并排显示窗口】。具体的操作方法如下：

用鼠标右键单击任务栏空白处，在出现的菜单中可以看到【层叠窗口】、【堆叠显示窗口】和【并排显示窗口】菜单项，单击要进行排列的菜单项就可以看到排列效果。

4. 切换窗口

在 Windows Vista 中允许同时打开多个窗口，但是活动窗口即当前窗口只有一个。要对某个窗口操作，必须先将其切换成当前活动窗口。下面是将窗口变成活动窗口的几种方法：

(1) 要切换的窗口显示在桌面且部分可见单击窗口中任意位置即可将其变成当前活动窗口。

(2) 单击任务栏上相应的窗口任务按钮，该窗口还原至原始大小并且变成当前活动窗口。

(3) 单击快速启动栏的按钮，弹出如图 2.19 所示窗口切换列表，单击要切换到的窗口图标即可。

图 2.19　窗口切换列表

5. 从任务栏中关闭窗口

从任务栏中关闭窗口，是对任务栏中相应的窗口任务按钮进行操作。此操作一共有三种方式，下面分别进行介绍。

1) 关闭单独的窗口

在任务栏中右击要关闭的窗口对应的任务按钮，在出现的快捷菜单中单击【关闭】命令。

2) 关闭组窗口

如果用户启动了“分组相似任务栏按钮”，那么可以关闭组里的所有窗口。右击任务栏中欲关闭的组，单击【关闭组】命令。

3) 关闭组中的某一个窗口

如果用户只想关闭组中的某一个窗口，可以通过下面的步骤进行。单击要关闭组窗口的任务栏按钮，随后将看到组中所有窗口的任务栏按钮。用右键单击要关闭窗口的任务栏按钮，在出现的快捷菜单中单击【关闭】命令。

2.1.7　对话框

Windows 操作系统中，有一种与窗口相似的界面，称为对话框。对话框用于与用户和程序之间的信息交流。

1. 对话框的结构

对话框与窗口结构有些相似，一般包含标题栏、选项卡、文本框、列表和按钮等几部分，下面以图 2.20 所示的【日期和时间】设置对话框为例说明对话框的组成。

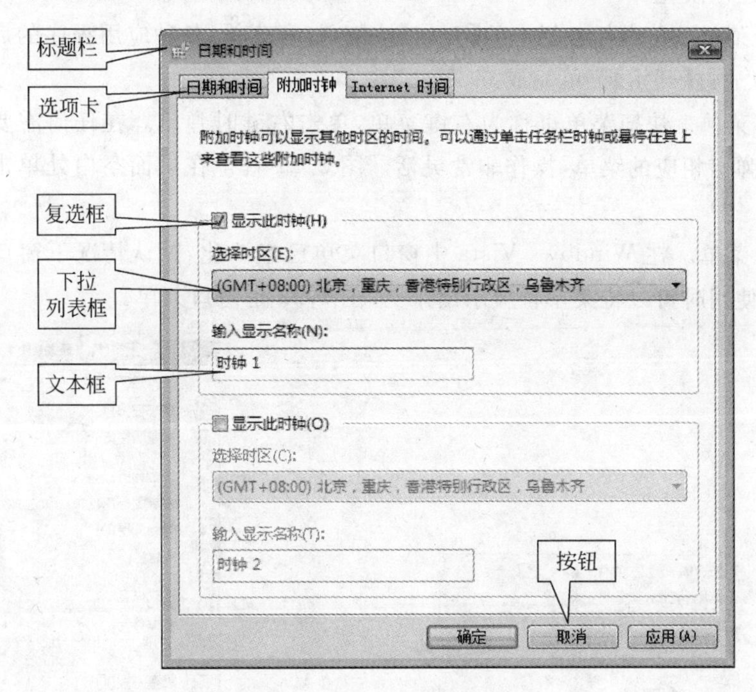

图 2.20 【日期和时间】对话框

- 标题栏：位于窗口的顶部，呈蓝色条状。左侧是对话框名称，右侧有一个关闭按钮。
- 选项卡：系统中复杂一些的对话框都是由几个选项卡组成，并且每个选项卡上都注明了名称，选项卡用于在这些页面中切换。
- 按钮：用于在对话框中执行命令，单击按钮即可执行对应的功能。
- 文本框：用户输入和修改文本信息的区域。
- 下拉列表框：通过下拉按钮显示选项，用户可以选择其中的选项。
- 复选框：标记为一个小方框 ▢，后面有相关文字说明。选中后变成 ☑，可以选择任意多个复选框。

2. 对话框与窗口的区别

对话框与窗口虽然结构有些类似，但是在操作和功能上有些区别。

(1) 对话框没有最大化、最小化按钮，不能改变大小，只能移动位置。

(2) 对话框主要用于应用程序等待用户提供必要的信息，以便进行进一步的操作。在用户单击【确定】按钮前，应用程序将一直处于等待状态，无法进行其他操作，而在窗口中不是这样的操作方式。

2.1.8 菜单

菜单是 Windows 界面的重要组成部分，菜单上汇集了应用程序的所有命令，使用菜单操作是 Windows 中最基本的操作。

1. 菜单的种类

Windows Vista 中有开始菜单、快捷菜单和窗口菜单，其中开始菜单和快捷菜单使用较多，窗口菜单逐渐淡化。

(1) 开始菜单。单击任务栏上的【开始】按钮，打开菜单，各种应用程序的启动及计算机的设置都可以通过【开始】菜单完成。

(2) 快捷菜单。快捷菜单也称为右键菜单，单击右键时弹出。在任何需要的地方单击右键，都可以弹出相应的菜单，操作非常灵活。图 2.21 就是在桌面空白处单击右键时弹出的快捷菜单。

(3) 窗口菜单。在 Windows Vista 中窗口菜单已经淡化，默认情况下窗口菜单总是隐藏起来，需要使用时可以将菜单栏显示出来，如图 2.22 是窗口菜单。

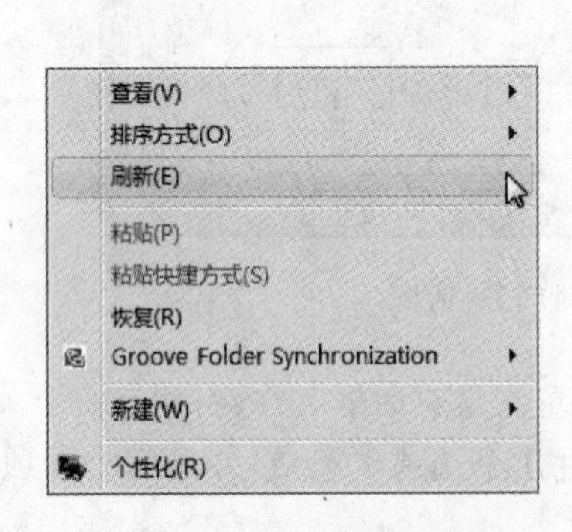

图 2.21　桌面快捷菜单

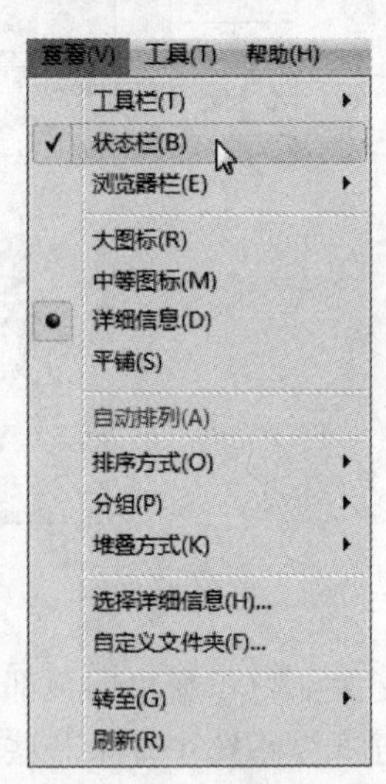

图 2.22　窗口菜单

2. 菜单中的约定

菜单上除了各菜单项的名称外，还有一些记号，这些记号在 Windows 中约定的含义如下：

(1) 灰色菜单。在当前状态下不具备执行该命令的条件，不能执行。如图 2.22 所示的【自动排列】命令就不能执行。

(2) 菜单项旁边带下划线的字母，称为热键。如图 2.22 所示的【大图标(R)】选项中的字母"R"就是热键，激活菜单后按字母 R 键就以"大图标"方式显示当前窗口中的内容。

(3) 有些菜单项右侧有组合键，称为快捷键。使用快捷键可以用键盘进行快速操作，而不需要激活菜单。例如在【计算机】窗口中同时按下键盘上的 Alt＋F4 键，可以快速关闭当前窗口。

(4) 菜单项右侧的省略号"…"，表示选择该菜单项后，将打开一个对话框。单击如图 2.22 所示的【自定义文件夹…】命令就会打开一个对话框。

(5) 菜单项右侧的“▶”标记，表示选择该选项将会弹出下级子菜单。单击图 2.22 中的【浏览器栏】命令，将弹出下级子菜单。

(6) 菜单项前面有“✔”标记，表示该命令当前处于选中状态。如某菜单项前带有“✔”，则单击后该标记消失，取消选中状态，再次单击该菜单项可重新选中。在一组菜单项中可以有多项被选中，称为多选项。图 2.22 中的【状态栏】已处于选中状态。

(7) 菜单项前面有“●”标记，表示该项当前处于选中状态。●是单选项标记，在一组相关的菜单项中，选中某一项后，同时取消以前选中的其他选项。图 2.22 中选中了【详细信息】菜单项，表示窗口中的对象以【详细信息】的形式显示。

2.1.9 Windows Vista 的退出

1. 关机

当用户不再使用计算机时，应关闭所有应用程序和窗口，按照图 2.23 所示方法，单击【开始】菜单右下角的▶按钮，在弹出的菜单中选择【关机】命令，正常退出 Windows Vista 操作系统。

2. 重新启动

当计算机安装了新的软硬件或修改了系统的重要设置时，需要重新启动计算机。按照图 2.23 所示方法，单击【重新启动】命令将重新启动计算机。

图 2.23 【开始】菜单关机列表

3. 休眠

休眠是比待机功耗更低的节能模式，休眠时计算机所有硬件停止运行。当用户长时间不使用计算机时，按照图 2.23 所示方法，单击【休眠】命令即进入休眠状态。计算机处于休眠状态时，基本不耗电。欲从休眠中恢复，可按机箱上的电源按钮，但速度非常快。

4. 睡眠

睡眠是计算机的一种低功耗节能模式。它与休眠的区别是睡眠时只有硬盘停止运行，CPU 和内存正常工作。按照图 2.23 所示方法，单击【睡眠】命令即进入睡眠状态，计算机处于睡眠状态耗电量低，按下键盘任意键就可以从睡眠中恢复。

5. 锁定

锁定后计算机无法使用，程序暂时停止运行。只有重新输入登录密码才能继续操作。按照图 2.23 所示方法，单击【锁定】命令或单击【开始】菜单中的按钮，计算机即进入锁定状态。

6. 注销

注销指退出当前用户运行的所有程序，但并不退出 Windows 操作系统，当系统重新返回登录状态时，可选择其他账户登录。此命令主要用于多个用户共用同一台计算机的情况。按照图 2.23 所示方法，单击【注销】命令，注销当前用户。

7. 切换用户

切换用户时不必将用户运行的程序关闭，就能切换到另一个用户。按照图 2.23 所示的方法，单击【切换用户】命令，选择新登录用户后输入账户和密码，以新用户身份使用此系统。

2.2 Windows Vista 的文件操作

无论在 Windows Vista 中启动程序或打开窗口，从根本上说都是在对文件或文件夹进行操作，文件和文件夹的操作是 Windows Vista 中最重要的内容之一。

2.2.1 文件和文件夹

1. 文件

文件是一组相关数据的集合，通常由用户赋予一定的名称并存储在外存储器（硬盘、光盘、U 盘）上，它可以是可执行文件，也可以是用户创建的文本文档、电子表格、数字图片、歌曲等。通常把文件按用途、使用方法等划分成不同的类型，并用不同的图标或文件扩展名表示不同类型的文件。只要看文件图标或扩展名，便可以知道文件的类型和打开方式。

对文件的操作是通过文件名来实现的，文件名通常由主文件名和扩展名两部分组成，中间用“.”分隔开。一般情况下，主文件名用来标识文件，扩展名用来表示文件的类型。表 2.1 列出了一些常见的文件类型。

表 2.1 文件类型对照表

扩展名	图标	文件类型	扩展名	图标	文件类型
doc、docx		Word 文档文件	html、htm、Asp		网页文件
exe		可执行文件	rar、zip		压缩文件
bmp、jpg、jpeg		图像文件	txt		文本文件
mp3、wav		音频文件	xls、xlsx		Excel 文件
wmv、avi		视频文件	dll		动态链接库文件

2. 文件夹

当磁盘上的文件较多时，通常用文件夹对这些文件进行管理，把文件按用途或类型分别放到不同的文件夹中，以便使用时能迅速找到。文件夹可以根据需要在磁盘或文件夹中任意创建，数量不限。那些被其他文件夹所包含的文件夹通常称为子文件夹。Windows Vista 中常见的文件夹图标如图 2.24 所示。

图 2.24 文件夹图标

3. 路径

文件是存放在某个磁盘的某个文件夹之中，通常用文件路径来表示文件的存储位置。文件路径的表示形式有两种：传统的表现形式是使用反斜杠来分隔路径中的磁盘或文件夹，例如“C:\ Documents\ 教案.doc”表示文件“教案.doc”保存在 C 盘的 Documents 文件夹中。在 Windows Vista 中有时还使用下面的形式表示文件的路径：“本地磁盘(E:) ▸ Program Files ▸ Internet Explore ▸”表示当前文件是存储在 E 盘 Program Files 文件夹下的 Internet Explore 子文件夹中。反斜杠“\”或级联三角“▸”称为分隔符。反斜杠主要用于路径的输入，而级联三角主要用于路径的显示。

2.2.2 文件和文件夹的基本操作

在 Windows 中，文件和文件夹的操作主要包括文件及文件夹的查看、创建、复制、移动、删除、重命名等。通常把那些正在被查看、创建、删除或重命名的文件或文件夹所在的位置称为当前位置、当前文件夹或当前磁盘。文件和文件夹的这些基本操作通常都在【资源管理器】中完成，下面先简要介绍资源管理器窗口的结构及使用。

1. 资源管理器

单击【开始】→【所有程序】→【附件】→【Windows 资源管理器】，打开【资源管理器】窗口，如图 2.25 所示。资源管理器窗口由地址栏、工具栏、导航窗格、文件列表区等几部分组成。

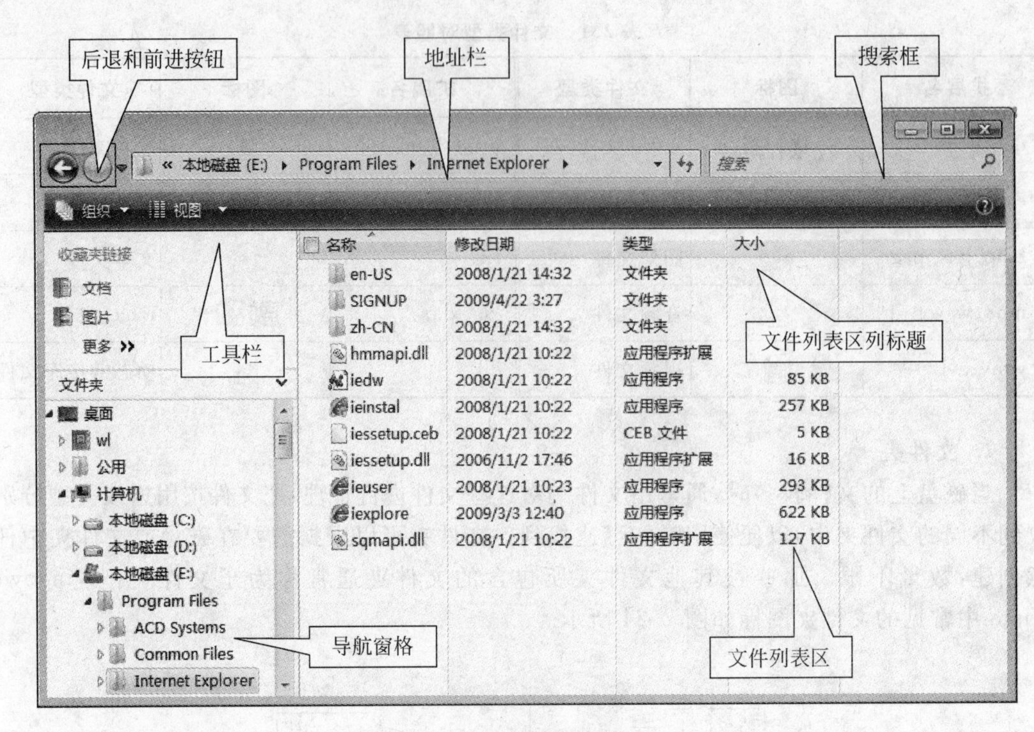

图 2.25 【资源管理器】窗口

默认情况下,【资源管理器】窗口中有些区域没有被显示出来,用户可以根据需要进行设置。单击工具栏上 组织 按钮,在展开的菜单中选择【布局】命令,如图 2.26 所示。在这里可以选择显示菜单栏、详细信息面板、预览窗格和导航窗格,也可以再次选择,取消这些窗格的显示。

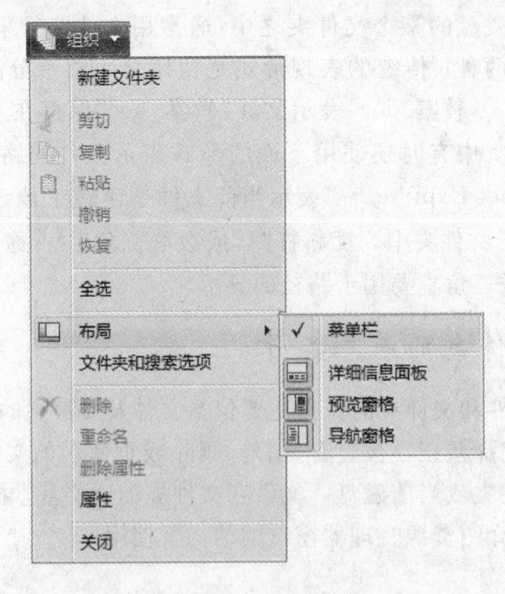

图 2.26 【布局】菜单

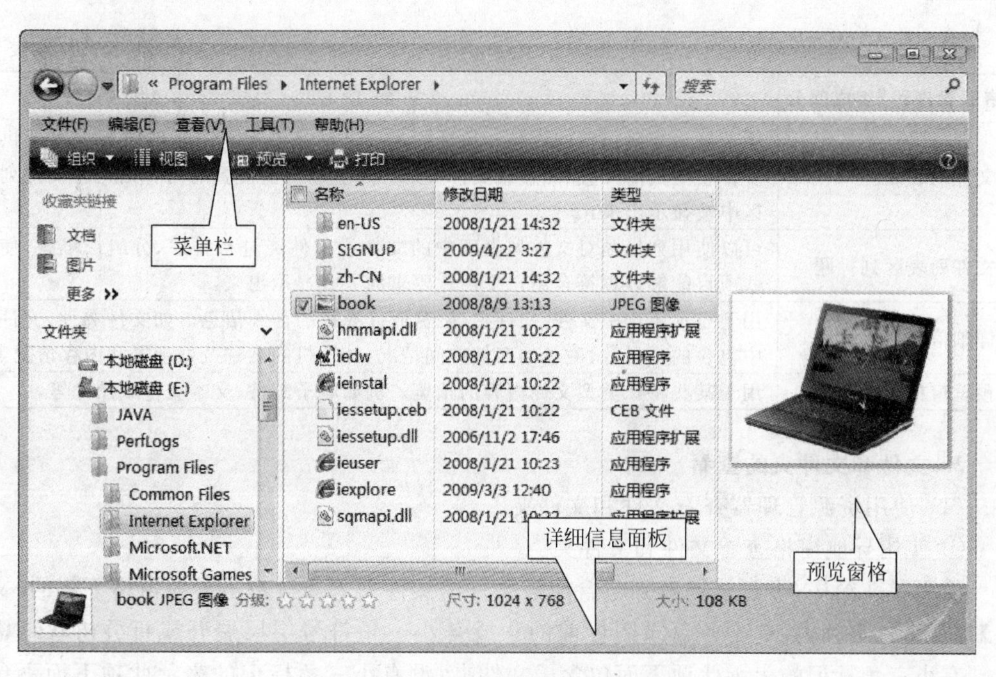

图 2.27 完整的【资源管理器】窗口

【资源管理器】窗口各部分功能如表 2.2 所示。

表 2.2 【资源管理器】功能

【资源管理器】组成部分	主要功能
地址栏	地址栏通常显示的是当前文件或文件夹的存储路径。如果用户知道某个文件或文件夹的存储路径，可在地址栏中输入该路径，敲 Enter 键确认后，该路径中最右侧的文件夹将切换为当前文件夹。用户也可以直接单击此存储路径中的某个文件夹或磁盘等项目，直接切换到希望的位置。还可以单击存储路径中某个级联三角▶分隔符，在展开的菜单中选择相应的子文件夹，实现当前文件夹的切换。
【后退】和【前进】按钮	使用【后退】和【前进】按钮可以在已查看过的磁盘或文件夹队列前后逐个切换，改变当前磁盘或文件夹。用户还可以通过单击这两个按钮右侧的"▼"按钮，在下拉出来的文件夹或磁盘中选择，来改变当前磁盘或文件夹。
搜索框	在搜索框中键入字、词或短语，可在当前位置及子文件夹中查找所需要的文件或文件夹。当用户开始键入关键字时，搜索工作便开始执行。随着关键字的输入，在文件列表区中会显示与之相匹配的结果，输入的关键字越完整，搜索结果越精确。
工具栏	执行常见任务，如更改文件和文件夹的显示方式、执行文件的一些基本操作、改变资源管理器窗口的布局等。工具栏的按钮会因被操作的对象不同而不同。
导航窗格	用于目标位置的快速定位及切换。它被分割成上下两部分。下部的文件夹区域以可折叠的树形列表的方式列出了此计算机中的全部可用项目。展开并浏览各个项目(文件夹、磁盘或计算机等)，找到目标后单击此目标项目，便将此项目切换为当前位置。导航窗格的上半部分收藏了几个最常用的文件夹，供用户直接单击访问。

续表

【资源管理器】组成部分	主要功能
文件列表区	用于显示当前位置的内容。地址栏、【后退】和【前进】按钮、导航窗格等提供了多种改变当前位置（磁盘或文件夹）的方式，而当前位置的内容则是在文件列表区中被显示出来。
文件列表区列标题	可以使用列标题对文件列表区中的文件或文件夹进行排序、分组或堆叠，使这些项目能够以更符合用户个性化要求的方式显示出来。
详细信息面板	用于显示所选中文件、文件夹、磁盘或计算机的详细信息。如文件属性、文件夹中包含的项目数、磁盘的存储空间情况、计算机的名称及处理器和内存情况等。
预览窗格	用于某些特殊类型文件内容的预览。例如电子邮件、文本文件或图片等。

2. 文件和文件夹的查看

(1) 使用资源管理器查看文件和文件夹

① 使用导航窗格查看文件和文件夹。

使用导航窗格，可直接导航到包含所需文件的文件夹。通过单击导航窗格下部的【文件夹】打开文件夹列表，单击各目录图标前的 ▷ 或 ◢ 小三角符号层层展开或折叠树状结构目录。有小三角标记的表示此项下面包含子文件夹，没有小三角标记的表示此项下面不包含子文件夹。标记 ▷ 表示该文件夹处于折叠状态，标记 ◢ 表示此文件夹处于展开状态。

在导航窗格中单击欲浏览的文件夹，在文件夹列表中可看到该文件夹中包含的子文件夹和文件。

② 使用地址栏查看文件和文件夹。

地址栏显示当前文件夹的路径，文件列表区则显示当前文件夹中所包含的文件和子文件夹。通过在地址栏中键入新路径，可以更改当前文件夹。

要切换到当前地址栏中可见位置的某个子文件夹，只需单击地址栏中相应位置右侧的下拉按钮，再从列表中选择新的位置。如图 2.28 中所示 Internet Explorer 为当前文件夹，单击 Program Files 右侧的下拉按钮从列表中选择新的文件夹作为当前文件夹。

③ 使用搜索框查看文件和文件夹。

在开始搜索前，首先要选择搜索范围，搜索只在当前位置进行。在搜索框中开始键入关键字时，搜索就开始进行，在文件列表中显示搜索到的文件或文件夹。

(2) 文件和文件夹的视图

查看文件和文件夹时，可以根据不同的需要，以不同的视图方式查看。如图 2.29 所示，可以选择【超大图标】、【大图标】、【中等图标】、【小图标】、【列表】、【详细信息】和【平铺】视图方式。操作方法有如下两种：

① 右击窗口空白处，在弹出的快捷菜单中选择【查看】命令，在其子菜单中选择所需的查看方式。

② 在工具栏上单击 视图 ▾ 按钮右侧的下拉按钮，拖曳菜单左侧的滑块选择相应的查看方式。图 2.30 所示为【大图标】视图方式。

(3) 文件和文件夹的排序

Windows Vista 中可以将文件和文件夹按一定规律排列，也可以按照某些要求选择相关文件进行显示。

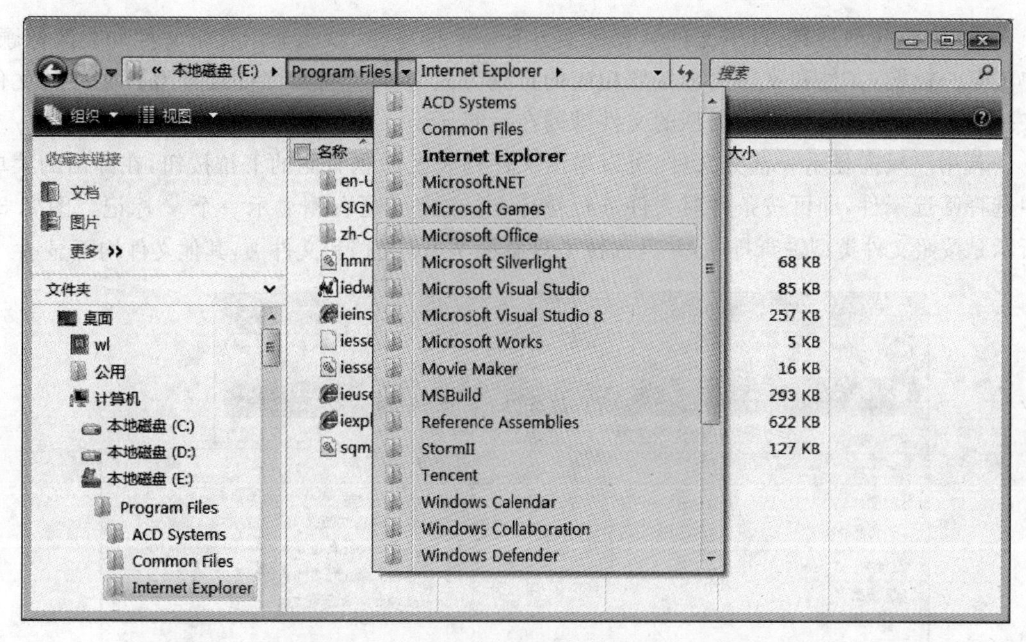

图 2.28　地址栏展开

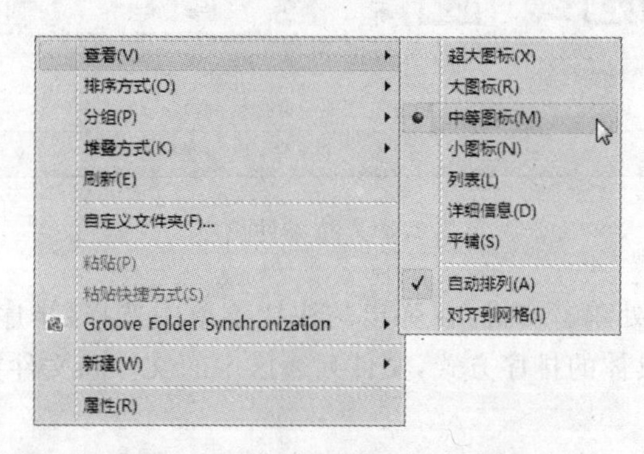

图 2.29　查看文件和文件夹菜单

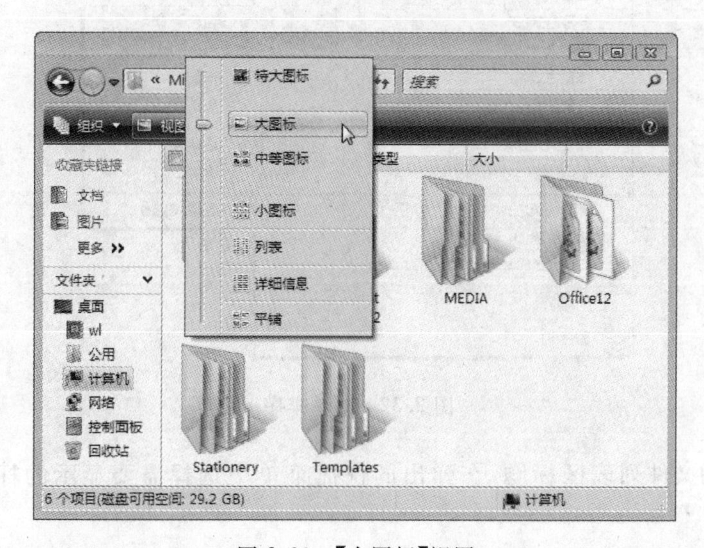

图 2.30　【大图标】视图

在【资源管理器】窗口中文件列表区上方有一个排序栏，默认显示几个文件列表区标题。单击某一标题，文件和文件夹即按照相应的排列方式显示。例如，单击【类型】，文件和文件夹按照类型进行排列，相同类型的文件排列在一起显示。

若用户只需显示一部分文件，可以单击文件列表区标题右侧的下拉按钮，在弹出的菜单中选择筛选条件，即可按条件对文件进行排序，并在此标题右侧显示一个✓标记。图 2.31 所示是按照文件类型进行排序，并且选择了只显示 Word 文档和文件夹，其他文件均不显示。

图 2.31　按条件排序

也可以在窗口空白处单击右键，在弹出的快捷菜单中选择【排序方式】命令，如图 2.32 所示，在子菜单中选择具体的排序方式，文件列表区中的文件和文件夹即按照选定的排序方式显示。

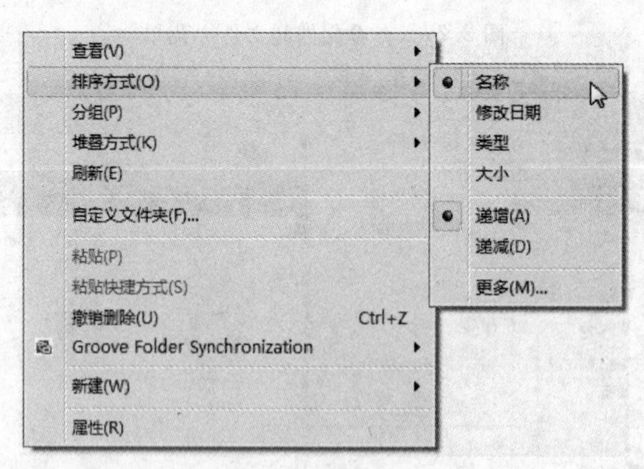

图 2.32　菜单排序

右击图中的文件列表区标题，在弹出的快捷菜单中选择需要显示的标题，如图 2.33 所示。

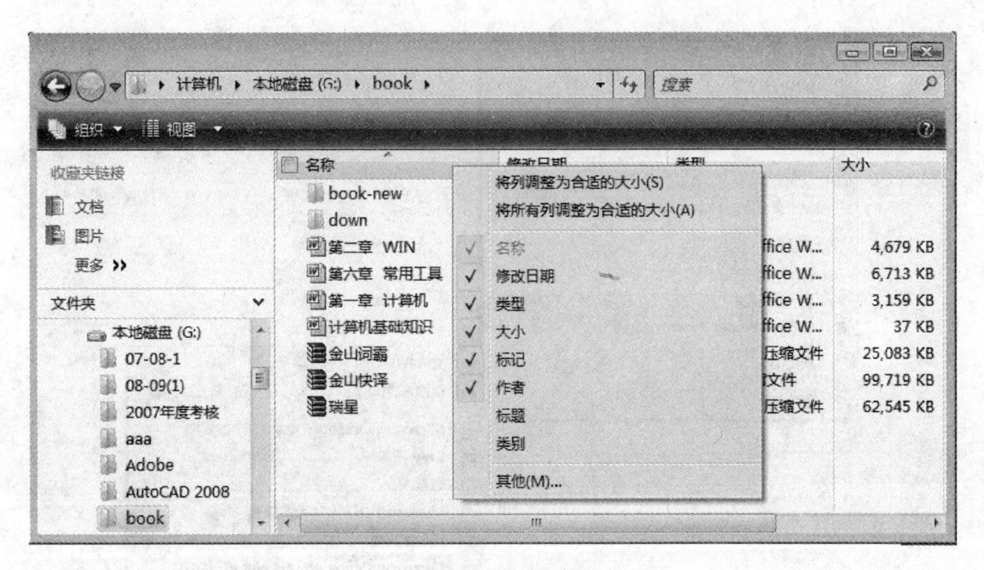

图 2.33 设置排序标题

3. 文件和文件夹的创建

在使用计算机过程中，为了更方便地应用和管理文件，用户可以根据需要自己创建文件和文件夹。

(1) 创建文件

文件通常在应用程序中创建，启动应用程序同时新建一个相应的应用程序文档。例如启动写字板应用程序同时打开了一个写字板文档。也可以采用下面创建文件夹的方法创建文件，选择相应的文件类型即可。

(2) 创建文件夹

创建文件夹的操作步骤如下：

① 打开【资源管理器】窗口，选择要创建文件夹的磁盘或文件夹。

② 在文件列表区右击，在弹出的快捷菜单中选择【新建】→【文件夹】，如图 2.34 所示，即可新建一个文件夹。系统默认的新文件夹名称为【新建文件夹】。

③ 在新建文件夹文本框中输入文件夹的名称，按 Enter 键完成文件夹的创建。

4. 选定文件和文件夹

在对文件或文件夹进行操作时，首先要确定操作对象，即选定文件或文件夹。在 Windows Vista 系统中，可以选定任意多个文件或文件夹。文件和文件夹的操作都是在【资源管理器】中进行的。

(1) 传统的选择方法

① 单个文件或文件夹的选定：单击文件或文件夹即可选中该对象。

② 多个相邻文件或文件夹的选定：按 Shift 键并保持，单击首尾两个文件或文件夹。

③ 多个不相邻文件或文件夹的选定：按 Ctrl 键并保持，逐个单击各个文件或文件夹。

④ 反向选定：若只有少数文件或文件夹不想选择，可以先选定这几个文件或文件夹，然后选择【编辑】→【反向选择】。

⑤ 全部选定：选择【编辑】→【全部选定】或按 Ctrl+A 键。

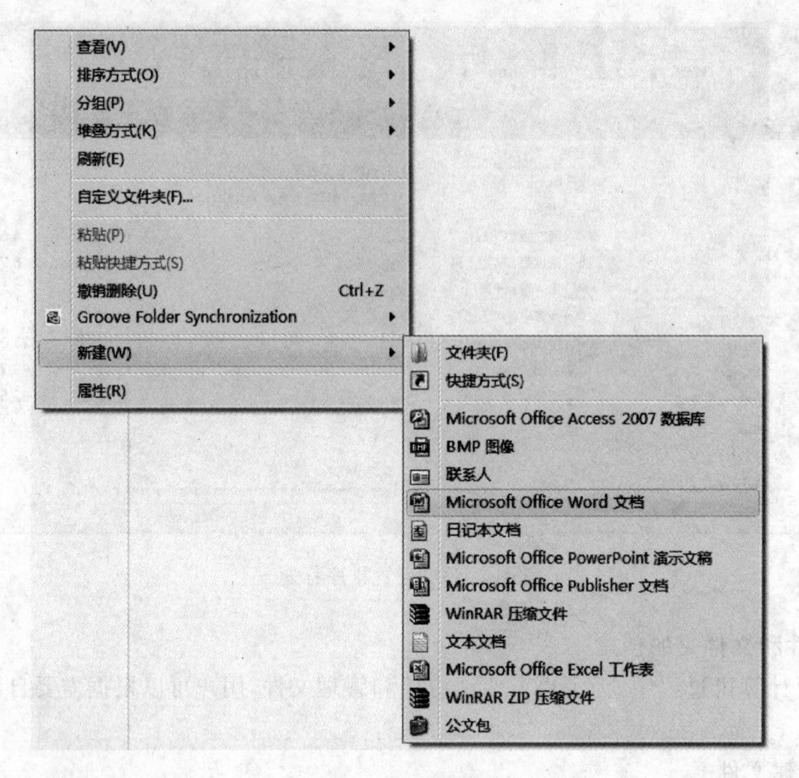

图 2.34 【新建】菜单

(2) Windows Vista 中新的选择方法

Windows Vista 中新的选择方法是在文件或文件夹旁边显示复选框,通过单击复选框来选择文件。具体方法如下:

① 在工具栏上单击 组织 ▼ 按钮,在弹出的菜单中选择【文件夹和搜索选项】命令,弹出【文件夹选项】对话框。

② 单击【查看】选项卡,选中【使用复选框以选择项】复选框,如图 2.35 所示。单击【确定】按钮。

③ 将鼠标指向某个文件或文件夹图标时,图标的左上角会显示一个复选框,单击该复选框可选中该文件或文件夹,如图 2.36 所示。

5. 文件和文件夹的复制

有时需要对计算机中的文件或文件夹建立备份,以便在出现问题进行恢复,这时可以通过文件和文件夹的复制完成备份。可以使用菜单或鼠标进行文件和文件夹的复制。

(1) 使用快捷菜单

① 选定要复制的文件或文件夹。

② 右击选定的文件或文件夹,在弹出的快捷菜单中选择【复制】命令,如图 2.37 所示。

③ 选择目标文件夹,在文件列表区空白处右击鼠标,在弹出的快捷菜单中选择【粘贴】命令,完成复制操作。

(2) 使用鼠标拖拖曳

① 在同一磁盘的不同文件夹之间复制:选定文件和文件夹,按 Ctrl 键并保持,再用鼠

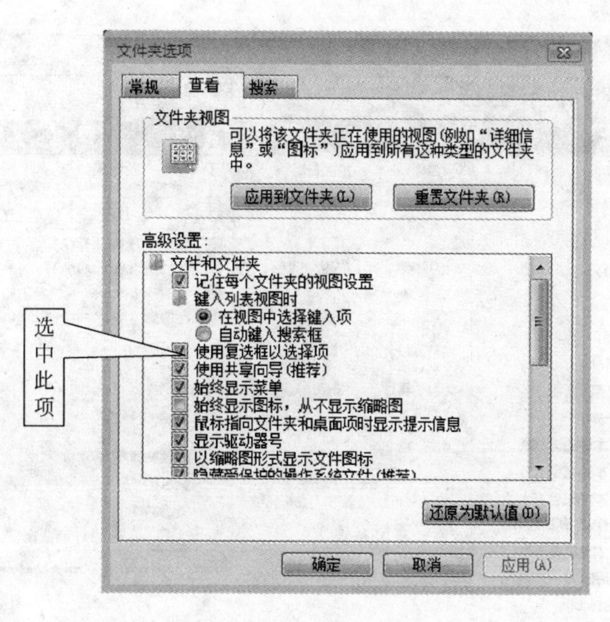

图 2.35　文件夹选项

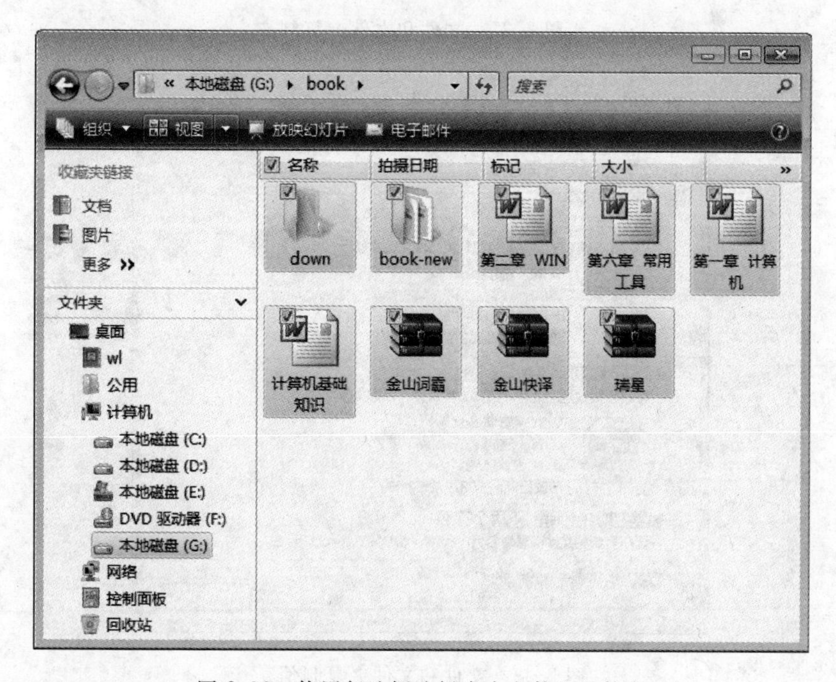

图 2.36　使用复选框选择多个文件和文件夹

标拖曳到目标文件夹，完成文件和文件夹的复制。

② 在不同磁盘之间复制：选定文件和文件夹后，用鼠标拖曳该对象到目标文件夹，同样可实现文件和文件夹的复制。

在文件和文件夹复制过程中，若目标位置有相同的文件或文件夹，将出现如图 2.38 所示对话框。此时可以根据需要单击不同选项，完成复制操作。

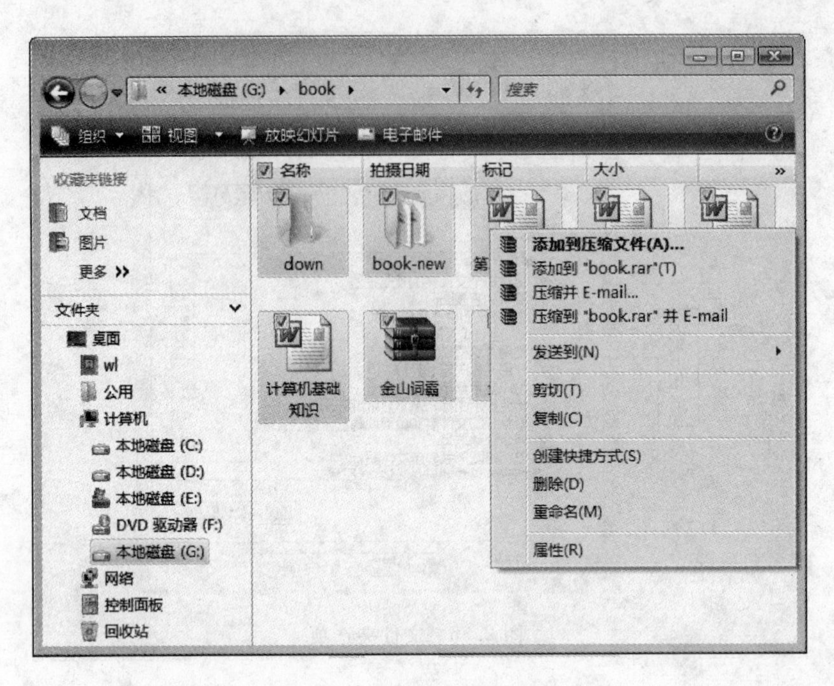

图 2.37　文件和文件夹复制

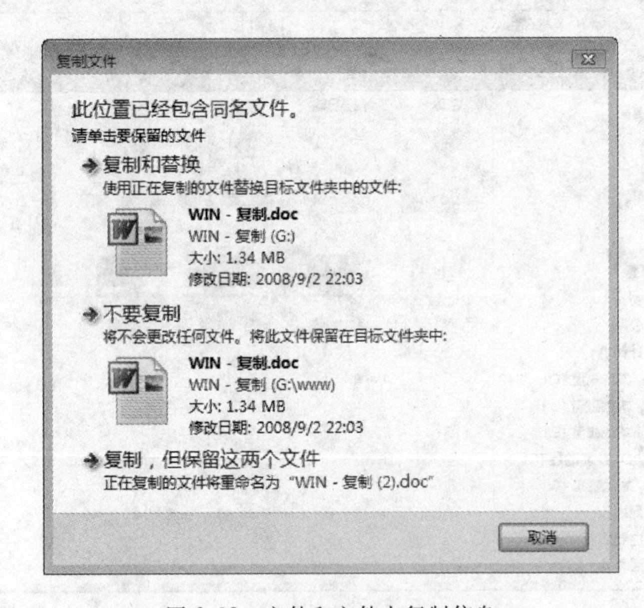

图 2.38　文件和文件夹复制信息

6. 文件和文件夹的移动

移动文件或文件夹是将当前位置的文件或文件夹移到其他位置，移动后原来位置的文件或文件夹自动删除。可以使用菜单或鼠标移动文件和文件夹。

(1) 使用快捷菜单

① 选定要移动的文件或文件夹。

② 右击选定的文件或文件夹，在弹出的快捷菜单中选择【剪切】命令，参见图 2.37。

③ 选择目标文件夹，在文件列表区中空白处单击右键，在弹出的快捷菜单中选择【粘贴】命令，完成移动操作。

(2) 使用鼠标拖曳

① 在同一磁盘的不同文件夹之间移动：选定文件和文件夹后用鼠标拖曳该对象到目标文件夹，完成移动操作。

② 在不同磁盘之间移动：选定文件和文件夹，按 Shift 键并保持，再用鼠标拖曳该对象到目标文件夹，实现移动操作。

7. 文件和文件夹的重命名

文件和文件夹的名称可根据需要修改，修改方法如下：

(1) 右击欲重命名的文件或文件夹，在弹出的快捷菜单中，选择【重命名】命令，参见图 2.37。

(2) 输入新的名称，按 Enter 键完成文件或文件夹的重命名。

也可以一次重命名多个文件。若对相同类型的文件命名相同的名称，则每个文件都将具有相同的名称，后面跟有不同的序号，如"重命名文件(2)"和"重命名文件(3)"等，这一功能可用来对相关的项进行分组。选定要重命名的所有文件，然后按照与重命名单个文件相同的步骤进行操作，每个文件都将使用相同的新名称保存，不同的序号将自动添加到每个文件名的末尾。

8. 文件和文件夹的删除

删除文件或文件夹是将计算机中不再需要的文件和文件夹删除。删除后的文件和文件夹被放入【回收站】中，以后可将其还原到原来位置，也可以彻底删除。删除文件和文件夹的具体操作如下：

(1) 使用快捷菜单

① 在【资源管理器】中选定要删除的文件和文件夹。

② 右击选定的文件和文件夹，在弹出的快捷菜单中选择【删除】命令。

③ 弹出文件和文件夹删除对话框，如图 2.39 所示。

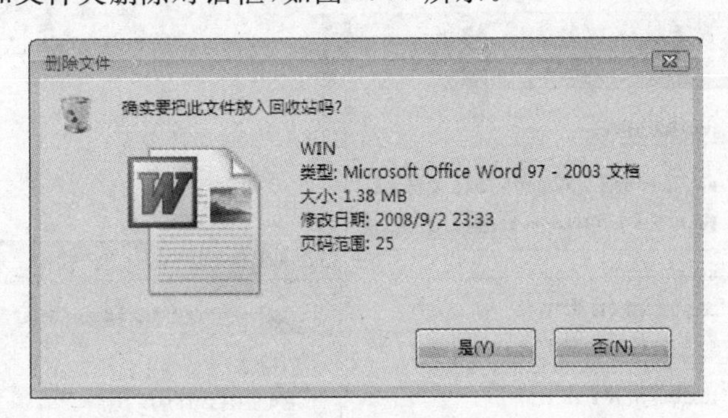

图 2.39　文件或文件夹删除

④ 单击【是】按钮，将被删除文件和文件夹放入【回收站】中；单击【否】按钮，取消删除操作。

(2) 使用鼠标拖曳

将要删除的对象用鼠标拖曳到【回收站】中，这时弹出如图 2.39 所示对话框，单击【是】

按钮完成删除删除。

注意：

(1) 从网络位置、可移动媒体(U盘、可移动硬盘等)删除文件和文件夹或被删除文件和文件夹的大小超过【回收站】空间的大小时，被删除对象将不被放入【回收站】中，而是直接被永久删除，不能还原。

(2) 若在删除文件和文件夹同时按Shift键，系统将弹出永久删除对话框，如单击【是】按钮，将永久删除该文件和文件夹。

9. 还原被删除的文件和文件夹

【回收站】是Windows Vista系统用来存储删除文件的场所。文件或文件夹进行了删除操作后，并没有真正删除，只是加上了删除标记，被转移到【回收站】中，用户可以根据需要在【回收站】中进行相应操作。

若要还原所有文件和文件夹，在【回收站】窗口中单击工具栏上的 还原所有项目 按钮。若要还原某一文件或文件夹，先单击选定该文件或文件夹，然后单击 还原此项目，文件和文件夹将被还原到计算机中的原始位置。

10. 文件和文件夹的彻底删除

执行文件和文件夹的删除操作后，文件和文件夹只是被移到【回收站】中，并没有真正从硬盘中删除。要彻底删除文件和文件夹，还需要在【回收站】中再一次删除文件和文件夹。

若要删除【回收站】中所有文件，则在工具栏中单击 清空回收站 按钮；若要删除某个文件或文件夹，右击欲删除的文件或文件夹，在弹出的快捷菜单中选择【删除】命令，文件即被删除。

11. 文件和文件夹的属性设置

设置文件或文件夹的属性，需右击该文件或文件夹，在弹出的快捷菜单中选择【属性】命令，打开文件或文件夹属性对话框。图2.40所示是“计算机基础知识”文件的属性对话框。在这里可以看到文件或文件夹的名称、存储位置、大小及创建时间等一些基本信息。另外还可以看到只读和隐藏两种属性。

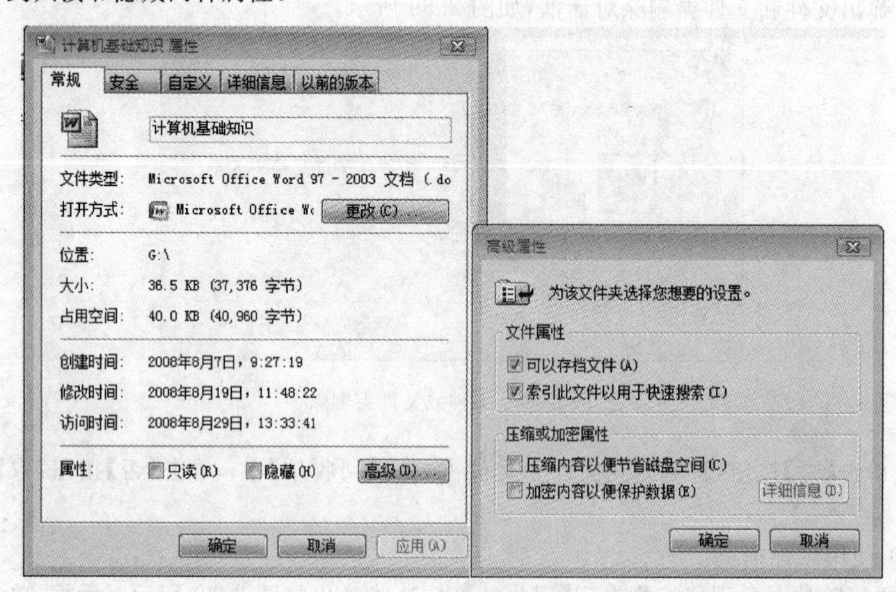

图2.40 文件属性对话框

(1) 设置文件或文件夹的属性

只读：文件或文件夹设置为只读属性后，只允许查看文件内容，不允许对文件进行修改。

隐藏：文件或文件夹设置为隐藏属性后，通常状态下在【资源管理器】窗口中不显示该文件或文件夹，只有在选中【显示隐藏的文件和文件夹】后，隐藏文件才显示出来。

设置属性时只需要单击相应属性前的复选框，再单击【确定】按钮即可。若需要设置压缩、加密等其他属性，可单击【高级】按钮进行进一步操作。

(2) 取消文件或文件夹的属性

要取消文件或文件夹的只读属性，只需将文件或文件夹属性对话框中只读属性前面复选框的 ✔ 取消，然后单击【确定】按钮。

要取消文件或文件夹的隐藏属性，必须先将具有隐藏属性的文件或文件夹显示出来，因为通常情况下具有隐藏属性的文件或文件夹是不显示的。具体操作如下：

① 在【资源管理器】窗口中单击 组织 ▾ 按钮，在弹出的菜单中选择【文件夹和搜索选项】命令，出现如图 2.41 所示对话框。

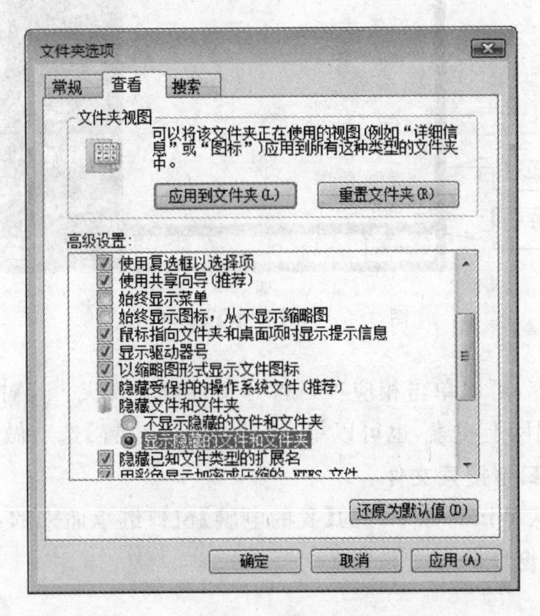

图 2.41 文件夹选项

② 单击【查看】选项卡，在高级设置中选中【显示隐藏的文件和文件夹】，单击【确定】按钮，这时所有文件或文件夹都显示在【资源管理器】窗口中。

③ 将文件或文件夹属性对话框中隐藏属性复选框前面的 ✔ 取消，单击【确定】按钮。文件的隐藏属性被取消。

2.2.3 文件和文件夹的搜索

若用户不知道文件或文件夹保存的位置，可以使用 Windows Vista 的搜索功能查找文件或文件夹。Windows Vista 在【开始】菜单和【计算机】窗口中都提供了搜索功能。

1. 在【开始】菜单中搜索文件

单击【开始】按钮，打开【开始】菜单，在搜索栏中输入要搜索的内容，输入完成即显示搜索结果，如图 2.42 所示。

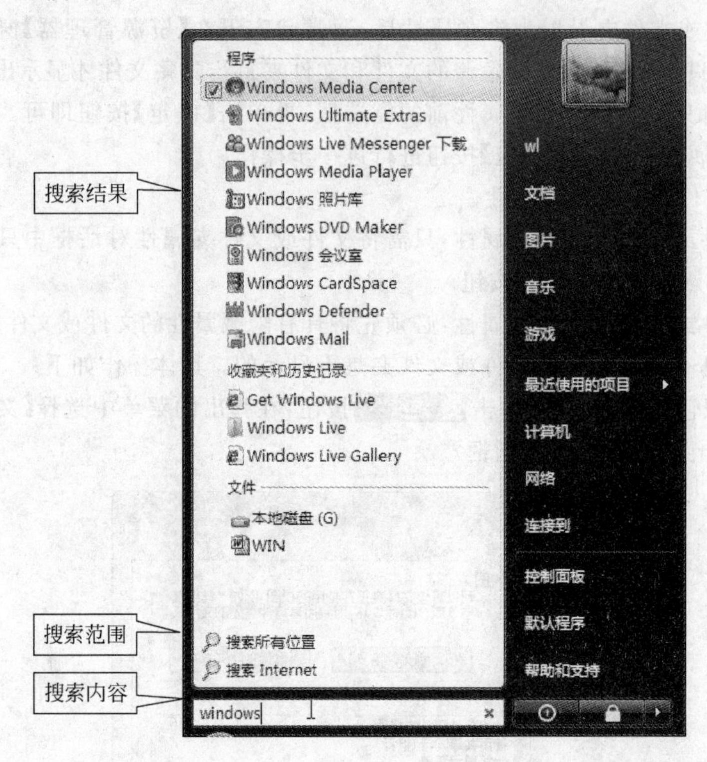

图 2.42　在【开始】菜单搜索

若搜索到相关内容，可以单击相应项目打开文件或文件夹；若对搜索结果不满意，可以单击【搜索 Internet】到网上搜索，也可以单击【搜索所有位置】选项做进一步搜索。

2. 在【计算机】窗口中搜索文件

【计算机】窗口是从 Windows XP 的【我的电脑】窗口继承而来的，可以看成是【资源管理器】窗口中的一个特殊窗口。

(1) 搜索文件

① 选择【开始】→【计算机】命令，打开【计算机】窗口。

② 选择工具栏上【组织】→【布局】→【搜索窗格】命令，可以在【计算机】窗口上方看到搜索窗格。

③ 选择【高级搜索】扩展按钮，展开搜索窗格，如图 2.43 所示。

④ 在搜索窗格中输入查找范围、条件、文件类型等，单击【搜索】按钮开始查找。

(2) 保存搜索结果

对于要重复进行的搜索，可将第一次的搜索结果保存以便重复使用。具体操作如下：

① 单击工具栏中的 保存搜索 按钮，弹出【另存为】对话框。

② 系统默认的文件名是搜索条件，用户可以自己确定搜索的名称。

③ 系统默认地保存位置是用户个人文件夹中的搜索文件夹，若要改变默认的保存位

置，单击【浏览文件夹】按钮，设置好后单击【保存】按钮将搜索结果保存。

④ 需要使用搜索时，只要双击搜索名称，即可显示搜索结果。保存的搜索结果可以像文件一样进行相应操作。

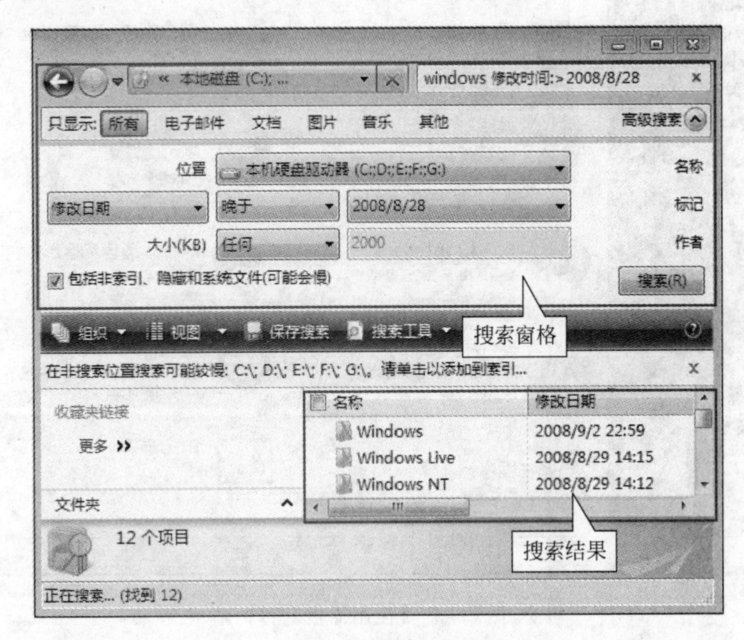

图 2.43 【计算机】窗口搜索

2.3 Windows Vista 的系统设置

在使用 Windows Vista 时，用户可以通过各种设置改变系统状态，这些设置工作均可在【控制面板】中完成。

选择【开始】→【控制面板】命令，打开【控制面板】窗口，如图 2.44 所示。可以对系统、安全、网络和 Internet、硬件和软件以及外观等进行设置。

2.3.1 个性化设置

个性化设置对计算机的颜色、声音、桌面背景、屏幕保护程序、字体大小、用户账户图片和主题进行修改，还可以决定在 Windows 边栏上显示的小工具。

通常用下面两种方法进入【个性化】界面，一种是单击【控制面板】窗口，选择【外观和个性化】→【个性化】；另一种是在桌面空白处单击右键，在弹出的快捷菜单中选择【个性化】命令，都会出现如图 2.45 所示界面。

1. 设置桌面背景

(1) 在图 2.45 中单击【桌面背景】超链接，进入图 2.46 所示桌面背景设置界面。

(2) 单击【位置】下拉列表，选择存放背景图片的位置。

(3) 在下面的图片列表框中选择一个要使用的图片，然后在【应该如何定位图片】栏中选择希望的使用的方式。通常选择【适应屏幕】，使图片自动调整到桌面大小。单击【确定】按钮，使设置生效。

图 2.44 【控制面板】窗口

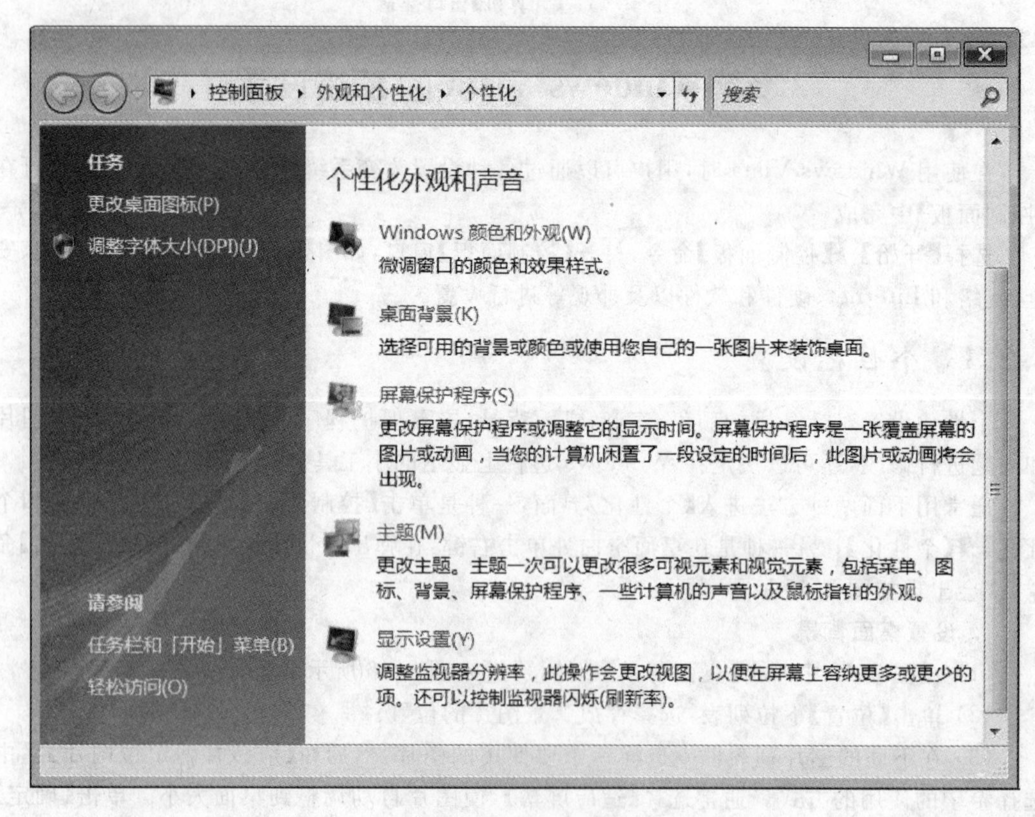

图 2.45 个性化设置界面

图 2.46 设置桌面背景

2. 屏幕保护程序设置

(1) 在图 2.45 中单击【屏幕保护程序】超链接，打开如图 2.47 所示的对话框。

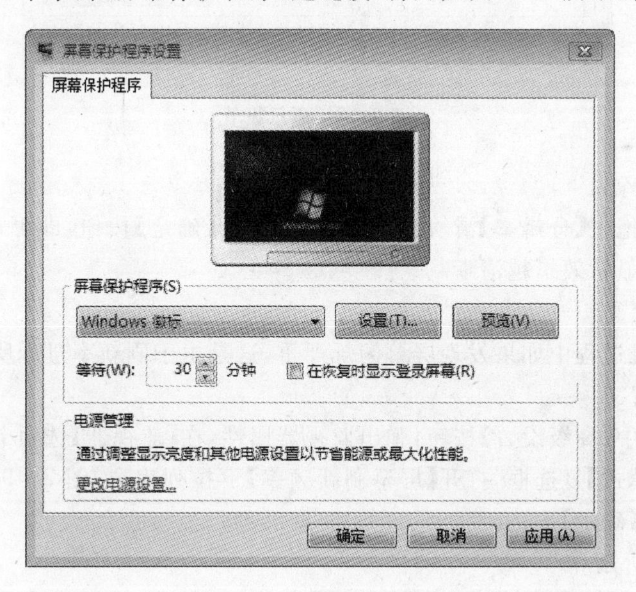

图 2.47 设置屏幕保护

(2) 单击【屏幕保护程序】下拉列表，选择想要使用的屏幕保护动画。有些屏幕保护动画还可以单击【设置】按钮，对动画进行设置。单击【预览】按钮，可以察看设置的效果。

(3) 在【等待】后面的输入框中设置一个时间值，此时间值表示进入屏幕保护状态前的等待时间长度。

(4) 单击【确定】按钮，完成屏幕保护程序设置。若选中【在恢复时显示登录屏幕】复选框,则在恢复屏幕前需重新登录 Windows Vista。

3. 显示器的设置

显示器是计算机系统必备的输出设备,合理设置显示器可以得到良好的视觉效果。影响显示效果的主要有颜色、分辨率、刷新率等。

(1) 颜色设置

单击图 2.45 中的【显示设置】超链接,打开【显示设置】对话框,单击颜色下面的下拉列表框,对显示器的颜色进行设置。例如,图 2.48 中所示的【最高(32 位)】,色彩最丰富。

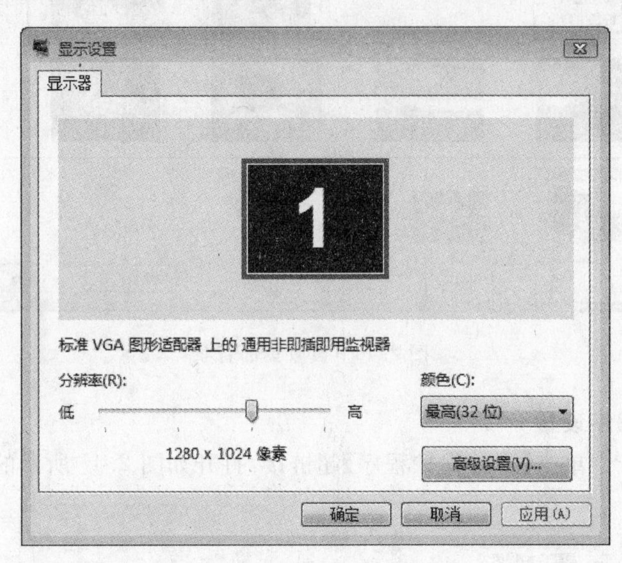

图 2.48　显示设置

(2) 分辨率设置

在图 2.48 中拖曳【分辨率】滑块到指定位置,单击【确定】按钮,即可调整显示器的分辨率。分辨率越高,显示效果越清晰。

(3) 刷新率设置

在使用计算机过程中如果发现屏幕闪烁严重,这是由于刷新率过低所致,用户可以根据需要重新进行设置。

单击图 2.48 中【高级设置】按钮,弹出监视器属性,在【监视器】选项卡中选中【隐藏该监视器无法显示的模式】复选框,打开【屏幕刷新频率】下拉列表,如图 2.49 所示,在列表中选择最大频率,单击【确定】按钮。

4. 设置窗口外观

通过外观设置,可以改变 Windows Vista 中对话框、活动窗口、非活动窗口的颜色、样式、文本的外观等内容。

单击图 2.45 中的【Windows 颜色和外观】超链接,打开【外观设置】对话框,如图 2.50 所示。在颜色方案中选择一种方案,如选择【Windows Vista 基本】选项,观察上面预览区域中对话框、当前窗口及非当前窗口的变化,满意后单击【确定】按钮。如果想进一步修改,可以单击【效果】和【高级】按钮,进行不同的设置。

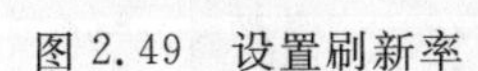

图 2.49 设置刷新率

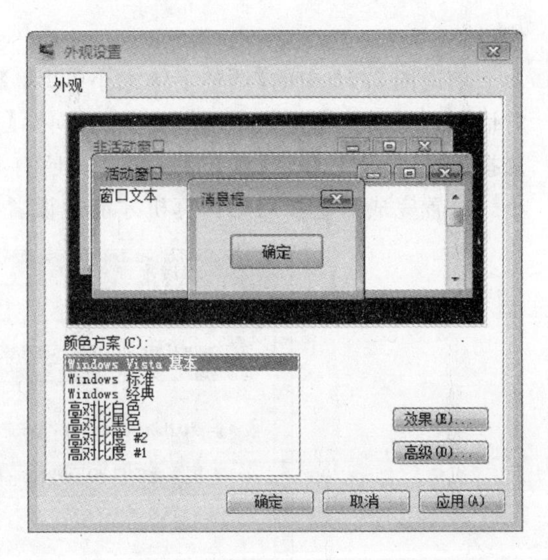

图 2.50 【外观设置】对话框

5. 设置主题

主题是可视元素的集合,可以影响窗口、图标、字体和颜色的样式,在某些情况下还可能会影响声音。选择不同的主题,可以改变 Windows Vista 中的菜单、图标等很多视觉因素。

单击图 2.45 中的【主题】超链接,打开【主题设置】对话框,如图 2.51 所示。单击【主题】下拉列表,选择要使用的主题后单击【确定】按钮。这时可以看到任务栏、【开始】菜单、桌面背景等都发生了变化。

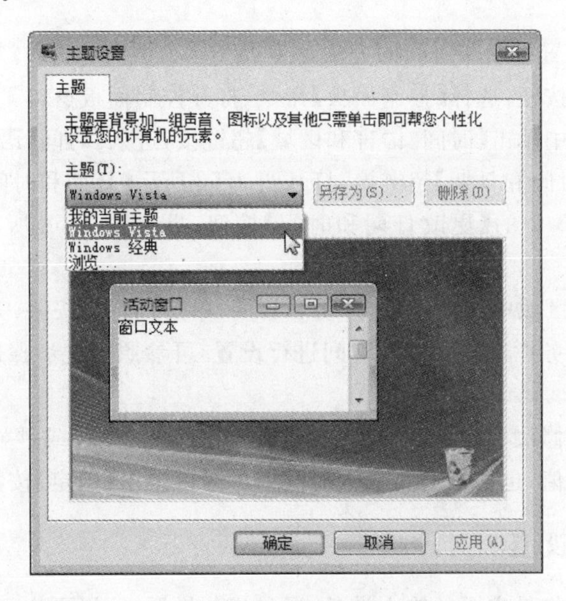

图 2.51 【主题设置】对话框

6. 设置字体的大小

通过增加每英寸点数(DPI) 比例来放大屏幕上的文本、图标以及其他项目,从而使其更易于查看。减小 DPI 比例以缩小屏幕上的文本及其他项目,从而使屏幕可以容纳更多信息。

单击图 2.45 中的【调整字体大小(DPI)】超链接，打开如图 2.52 所示的【DPI 缩放比例】对话框。对话框中提供了两种比例的字体，【默认比例】是通常使用的大小，若将文字放大，选择【更大比例】，单击【确定】按钮。若还有其他需要，可以单击【自定义】按钮设置字体大小。设置完成后重新启动计算机才能使设置生效。

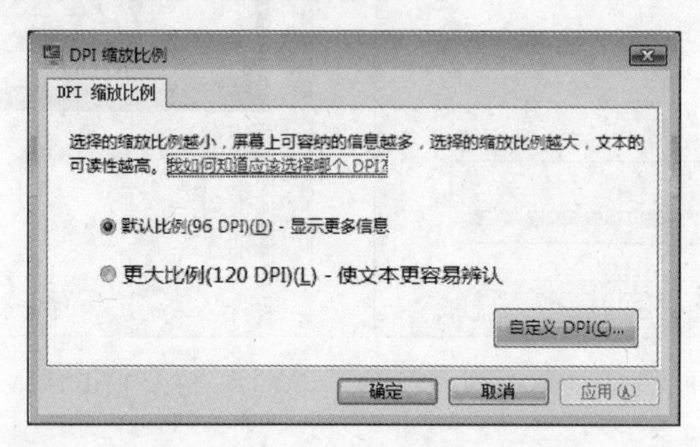

图 2.52 设置字体大小

2.3.2 日期和时间设置

系统在边栏和任务栏的通知区域都显示日期和时间，有时计算机的日期和时间可能会有偏差，需要重新进行设置。

1. 日期的设置

使用控制面板设置日期和时间的方法如下：

(1) 单击【开始】按钮，选择【控制面板】命令，打开控制面板窗口。

(2) 在控制面板中单击【时间、语言和区域】超链接，进入【时间、语言和区域】窗口。

(3) 单击【设置时间和日期】超链接，打开图 2.53 所示【日期和时间】对话框。

(4) 单击图 2.53 中的【更改日期和时间】按钮，进入图 2.54 所示【日期和时间设置】界面。

(5) 在日期修改区域中选择年份、月份和日期，单击【确定】按钮，完成日期的修改。

也可通过单击任务栏通知区域的时间进行设置，可参照上述步骤进行操作。

2. 时间的设置

在时间修改区域修改小时、分钟、秒时，先要点击小时、分钟或秒显示区域，单击上下箭头来增加或减少该数值，也可以直接输入时间值。最后单击【确定】按钮，完成时间的修改。

2.3.3 鼠标的设置

鼠标是计算机操作最主要的输入设备，通过优化设置，可以更加方便用户的使用。

在【控制面板】窗口中，双击【鼠标】选项，打开【鼠标属性】对话框，如图 2.55 所示，鼠标的所有属性都可以在此进行设置。

1. 交换鼠标左右键

通常使用鼠标都是右手习惯的鼠标，若想修改为左手习惯的鼠标，可以进行如下操作：

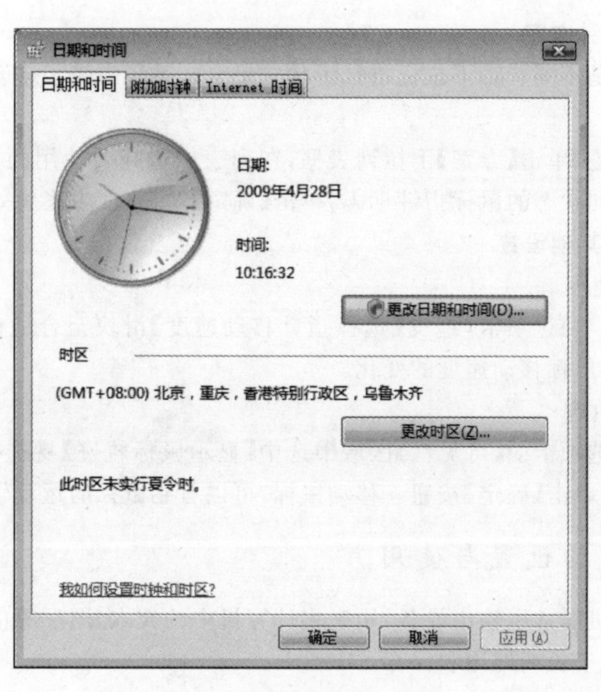

图 2.53　修改日期和时间

图 2.54　设置日期和时间

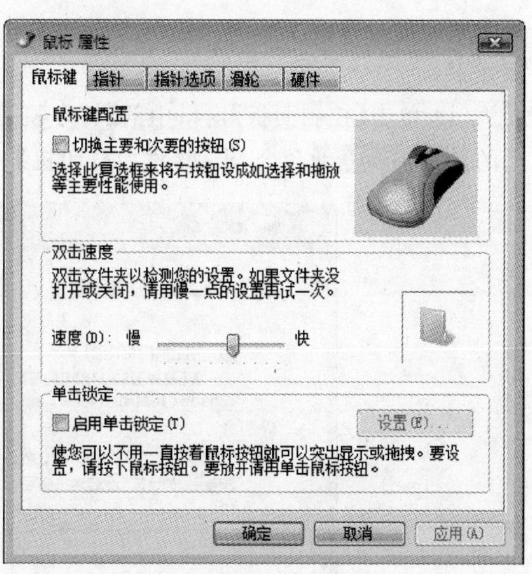

图 2.55　鼠标属性

在【鼠标键】选项卡中，选中【切换主要和次要的按钮】复选框，单击【确定】按钮，实现了左手习惯鼠标和右手习惯鼠标的切换。

2. 设置双击速度

在【鼠标键】选项卡中，将【双击速度】区域中的【速度】滑块拖曳至合适位置，然后双击滑块旁边的文件夹，测试所做的设置是否合适。测试合适后单击【确定】按钮。

3. 设置鼠标指针方案

鼠标指针方案是不同状态下鼠标指针形状的集合。系统自带了多套这样的方案供用户选择。

选中【指针】标签，单击【方案】下拉列表框，在列表中选择要使用的方案，在自定义区域将看到该方案中不同状态的鼠标指针标志，单击【确定】按钮，使方案生效。

4. 鼠标指针的其他设置

(1) 鼠标移动速度

切换至【指针选项】选项卡，拖曳【选择指针移动速度】滑块至合适位置，单击【确定】按钮。移动鼠标，观察鼠标移动速度的变化。

(2) 鼠标移动轨迹

在【指针选项】选项卡的【可见性】区域中选中【显示鼠标轨迹】复选框，然后拖曳滑块设置鼠标轨迹的长短，单击【确定】按钮。移动鼠标，可以看到鼠标的运动轨迹。

2.3.4 打印机的设置与使用

打印机是计算机的常用输出设备，用来将计算机中的文本、图形等信息输出到纸张和投影胶片等介质上，便于长期使用和保存。

1. 安装打印机驱动程序

将打印机连接到本地计算机上后，还需安装打印驱动程序。Windows 是通过打印驱动程序来驱使打印机工作的。使用添加打印机向导可以方便地安装打印机驱动程序，操作步骤如下：

(1) 单击【控制面板】窗口中的【打印机】超链接，在打开的【打印机】窗口中单击工具栏上的 添加打印机 命令，出现【添加打印机】对话框如图 2.56 所示。

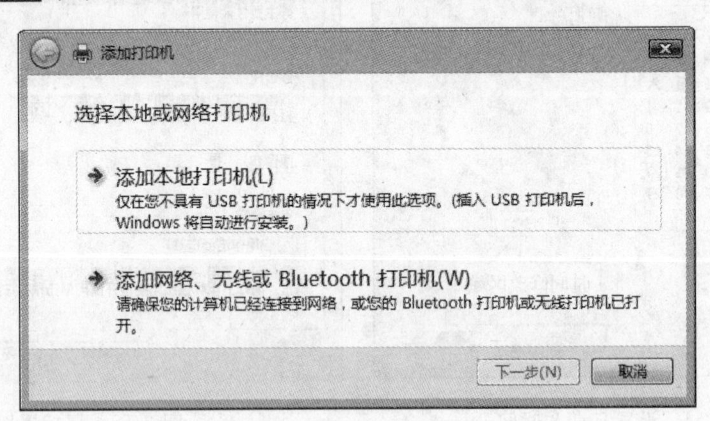

图 2.56 添加打印机

(2) 在【选择本地或网络打印机】界面中，单击【添加本地打印机】选项，如图 2.57 所示。

(3) 在【选择打印机端口】界面中，单击【使用现有的端口】单选按钮，单击右侧的下拉按钮，选择打印机端口，单击【下一步】按钮，出现如图 2.58 所示界面。

(4) 在【安装打印机驱动程序】界面中选择连接到计算机上的打印机的硬件制造商和打印机型号，以确保打印机硬件与即将安装的驱动程序一致。在【厂商】列表框中选择正确的厂商名，在【打印机】列表框中选择正确的打印机型号，单击【下一步】按钮，开始安装打印机驱动程序。

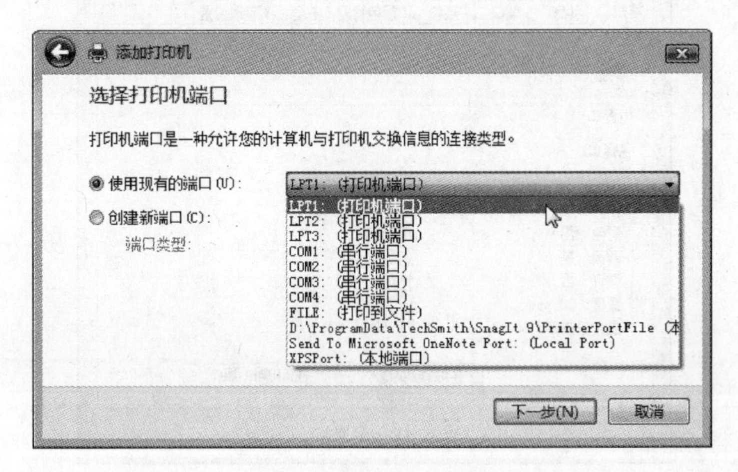

图 2.57　选择打印机端口

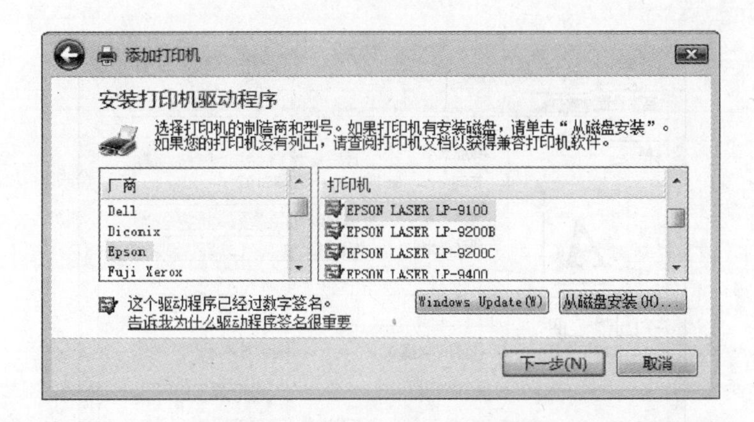

图 2.58　安装打印机驱动程序

(5) 在接下来出现的对话框中输入打印机名称。默认名称是打印机型号，如果需要修改可以重新输入。选中【设置为默认打印机】选项，然后单击【下一步】按钮，自动进行打印机驱动程序的安装。

(6) 打印机驱动程序安装后，对话框中提示已经成功安装打印机。可以单击【打印测试页】按钮，进行打印机测试。最后单击【完成】按钮，完成打印机的安装。

2. 设置打印机属性

安装完打印机后，有时还需要进行相关设置，以便能更好地使用打印机。打印机的相关设置在打印机属性窗口中完成。

单击【控制面板】窗口中的【打印机】图标，在【打印机】窗口中，右击新安装的打印机图标，在弹出的快捷菜单中选择【属性】选项，打开打印机属性设置对话框，如图 2.59 所示。在【常规】选项卡中，可以修改打印机名称，查看打印机的功能设置。如果需要设定打印机默认的纸张、纸张来源、打印份数等，可以单击【打印首选项】按钮，打开打印首选项对话框，可以选择纸张大小、打印方向、纸张来源、纸张类型、打印份数等，如图 2.60 所示。

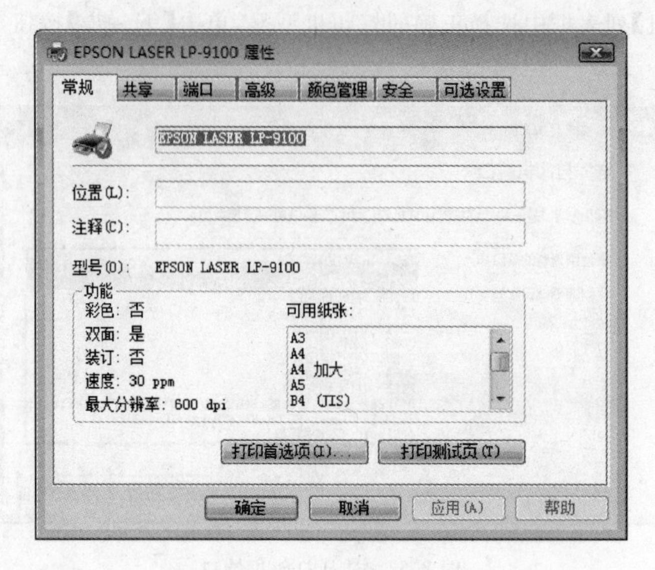

图 2.59 打印机属性

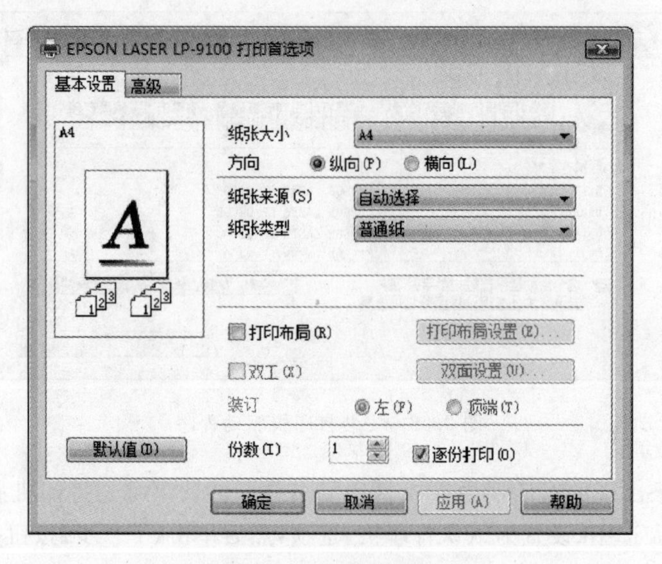

图 2.60 打印首选页

3. 使用打印机

在能够使用打印机对数据进行打印的环境中,通常设有【打印】按钮。选好打印内容,做好打印设置后,单击此按钮即开始打印操作。

在 Windows Vista 操作系统中,文档、图片等各种文件可以直接打印,不需要在软件中打开。下面以图片和 Word 文档为例,简介这些文件的打印操作过程。

(1) 打印图片

右击需要打印的图片文件,在弹出的快捷菜单中选择【打印】命令,打开【打印图片】对话框,如图 2.61 所示。在这里设置打印选项和打印布局后,单击【打印】按钮即开始打印图片。如需打印多张图片,可以首先选择多个图片文件,再打印即可。

图 2.61　打印图片

(2) 打印 Word 文档

右击需要打印的 Word 文档文件，在弹出的快捷菜单中选择【打印】命令，这时文档被自动打开并进行打印，如图 2.62 所示。打印完成后，文档自动关闭。

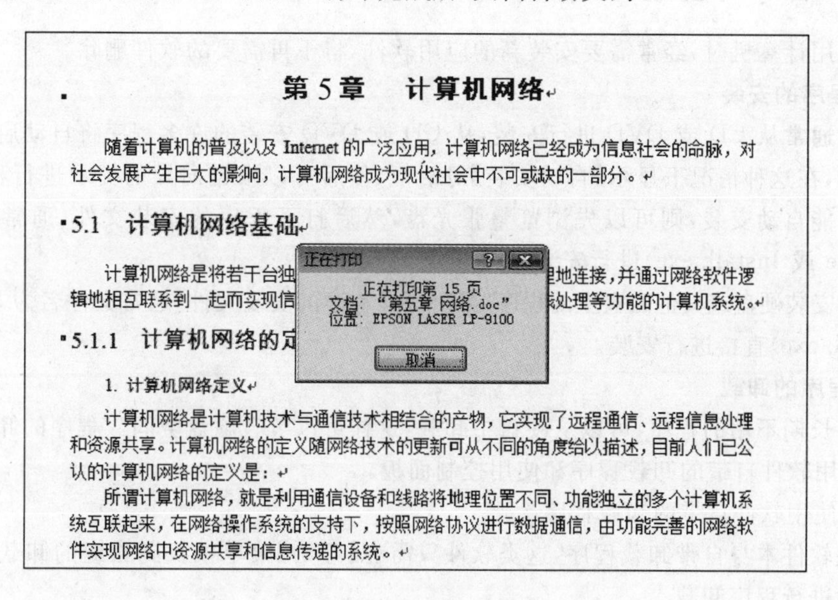

第 5 章　计算机网络

随着计算机的普及以及 Internet 的广泛应用，计算机网络已经成为信息社会的命脉，对社会发展产生巨大的影响，计算机网络成为现代社会中不可或缺的一部分。

5.1　计算机网络基础

计算机网络是将若干台独……理地连接，并通过网络软件逻辑地相互联系到一起而实现信……成处理等功能的计算机系统。

5.1.1　计算机网络的定……

1. 计算机网络定义

计算机网络是计算机技术与通信技术相结合的产物，它实现了远程通信、远程信息处理和资源共享。计算机网络的定义随网络技术的更新可从不同的角度给以描述，目前人们已公认的计算机网络的定义是：

所谓计算机网络，就是利用通信设备和线路将地理位置不同、功能独立的多个计算机系统互联起来，在网络操作系统的支持下，按照网络协议进行数据通信，由功能完善的网络软件实现网络中资源共享和信息传递的系统。

图 2.62　打印 Word 文档

4. 查看和管理打印队列

在使用打印机打印文件时，打印文件将作为一个任务被列入到打印队列中。开始打印后，在任务栏通知区域出现🖨图标，双击此图标打开如图 2.63 所示的打印队列窗口。窗口中显示当前任务和等待打印的任务，当前任务打印完成后开始下一个任务。

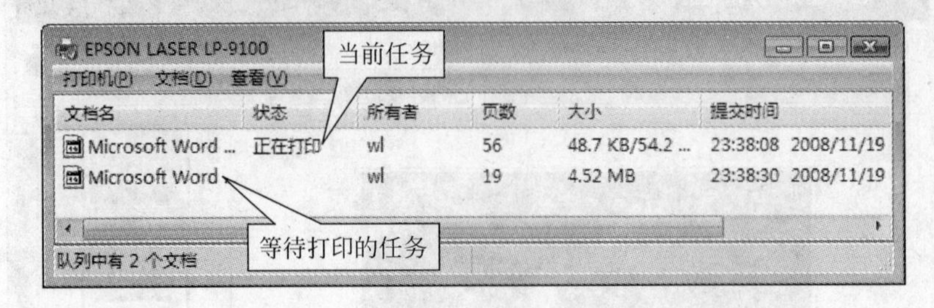

图 2.63　打印队列

若想终止打印队列中的某项任务，右击需要取消的任务，如图 2.64 所示。在弹出的快捷菜单中选择【取消】命令。

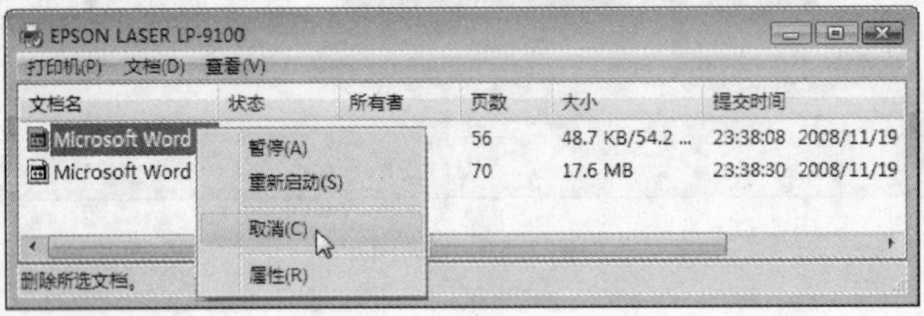

图 2.64　取消打印任务

2.3.5　程序的安装与删除

在使用计算机时，经常需要安装新的应用软件，将不再需要的软件删除。

1. 程序的安装

程序通常从 CD 或 DVD 进行安装，从 CD 或 DVD 安装的许多程序将自动启动程序的安装向导，在这种情况下显示【自动安装】对话框，然后可以根据向导的提示进行程序安装。若程序不能自动安装，则可以先浏览整张光盘，然后打开程序的安装文件(通常文件名为 Setup. exe 或 Install. exe)进行安装。

若是安装硬盘或其他磁盘上的程序，可以打开程序的安装文件(通常文件名为 Setup. exe 或 Install. exe)直接进行安装。

2. 程序的卸载

对于长期不用的程序，可以从硬盘中卸载，这样可以节省磁盘空间。程序的卸载有两种方法：使用软件自带的卸载程序和使用控制面板。

(1) 使用软件自带的卸载程序

一般软件本身自带卸载程序，这类软件只需在【开始】菜单中找到相应的卸载程序运行即可自动进行程序卸载。

(2) 使用控制面板

如果软件本身不带卸载程序，这时需要使用控制面板进行卸载。在【控制面板】中双击【卸载程序】图标，进入如图 2.65 所示的【卸载或更改程序】界面。选择需要卸载的程序，单

击 卸载/更改 按钮执行程序卸载。

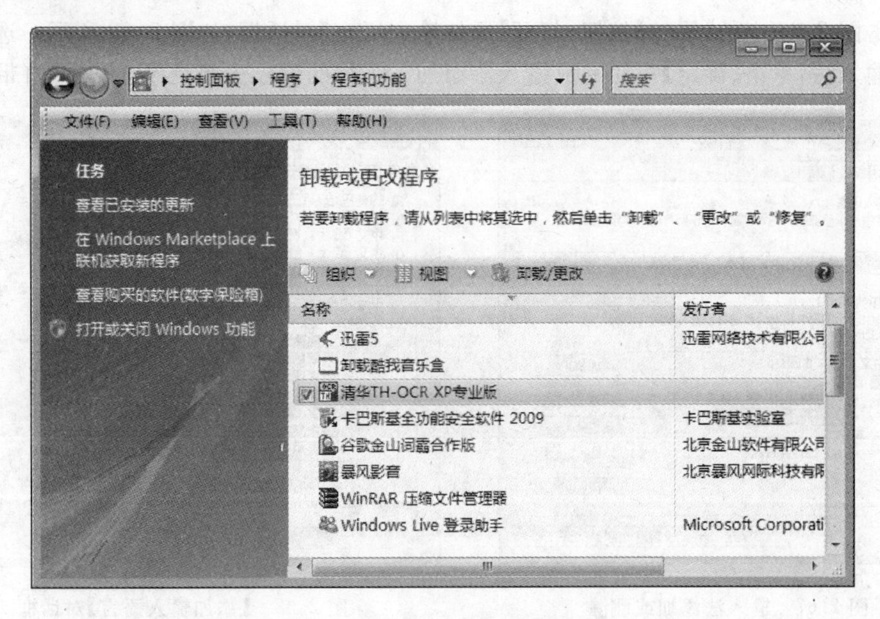

图 2.65　卸载或更改程序界面

2.3.6　输入法设置

通过设置输入法，使用户输入文字更方便、速度更快。输入法的设置包括输入法的添加和删除，以及对快捷键的设置。

1. 输入法的添加和删除

在 Windows Vista 安装完成后，系统默认的输入法只有【微软拼音】输入法，若想使用其他输入法，需用户自行添加。

在【控制面板】窗口中双击【更改键盘或其他输入法】图标，打开【区域和语言选项】对话框，如图 2.66 所示。切换至【键盘和语言】选项卡，单击【更改键盘】按钮，打开【文本服务和输入语言】对话框，可以对输入法进行添加和删除，如图 2.67 所示。

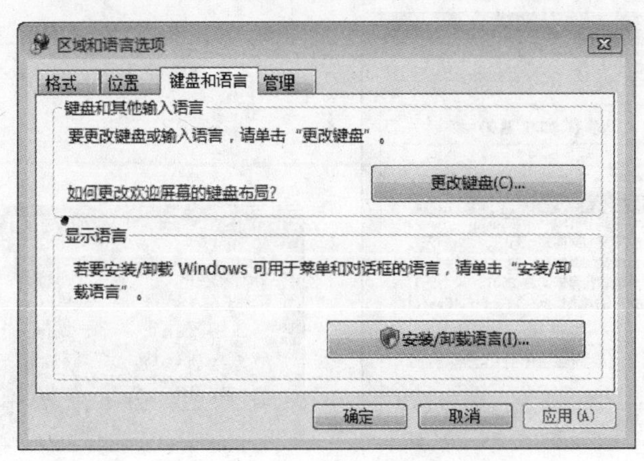

图 2.66　【区域和语言选项】对话框

(1) 输入法的添加

单击图 2.67 中的【添加】按钮，打开【添加输入语言】对话框，如图 2.68 所示。选择需要添加的输入法，单击【确定】按钮完成输入法添加。添加的输入法都是 Windows 自带的。

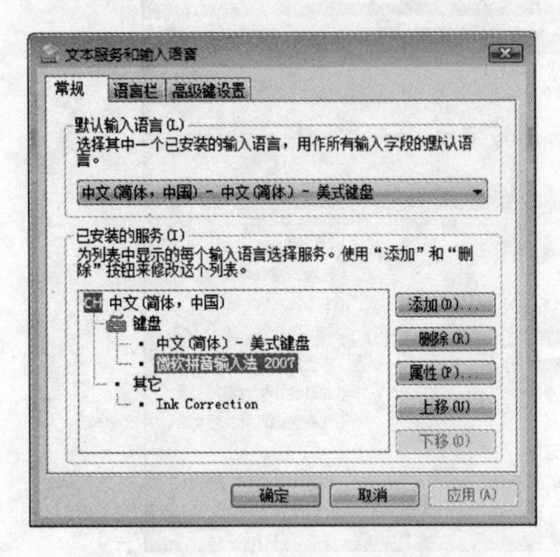

图 2.67　输入法添加或删除

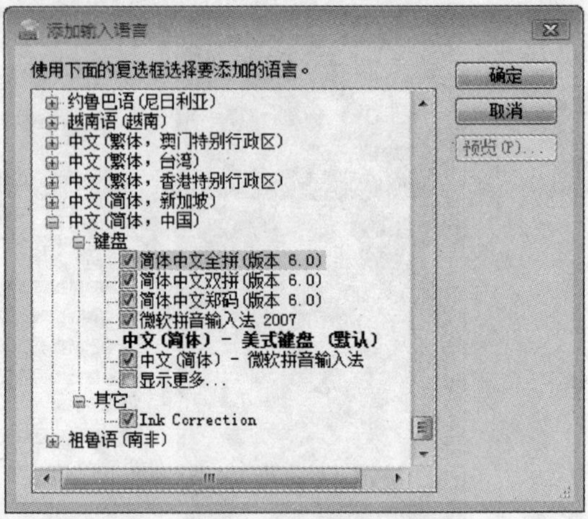

图 2.68　【添加输入语言】对话框

(2) 输入法的删除

在图 2.67 中选择要删除的输入法，单击【删除】按钮，然后单击【确定】按钮即可将选中的输入法删除。需要时，被删除的输入法还可以依照前面所述再重新添加。

2. 设置输入法快捷键

在使用输入法进行文字录入时，除了可以通过鼠标单击任务栏上的【语言栏】进行输入法切换外，还可以通过快捷键来切换。用户可以根据需要设置快捷键，设置方法如下：

(1) 在【文本服务和输入语言】对话框中选择【高级键设置】选项卡，如图 2.69 所示。

(2) 在列表框中选择要设置快捷键的选项，单击【更改按键顺序】按钮，打开图 2.70 所示对话框。

(3) 在打开的对话框中选择相应选项，单击【确定】按钮完成快捷键设置。

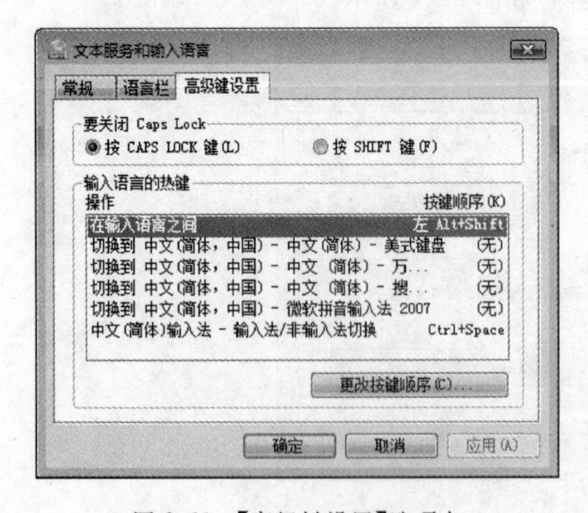

图 2.69　【高级键设置】选项卡

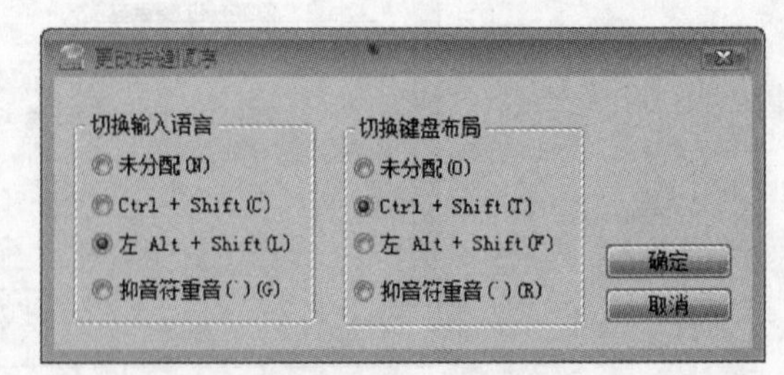

图 2.70　更改按键

2.3.7 设置用户账户

Windows Vista 是一个真正的多用户操作系统，允许系统管理员设置多个用户账户，并赋予每个用户不同的权限，从而使各用户在使用同一台计算机时可以做到互不干扰。

1. Windows Vista 中的用户账户类型

账户是 Windows 用户在计算机上所拥有的用户权限的信息集合，用户账户记录用户名、密码以及一个标识该账户的唯一编号。Windows Vista 有三种账户类型，每种账户类型为用户提供不同的权限级别。

(1) 标准账户

标准账户是日常使用计算机时使用的账户，标准用户账户可以使用计算机的大多数功能，但是无法安装或卸载软件和硬件，也无法删除计算机运行所必需的文件或更改计算机上会影响其他用户的设置。如果使用的是标准账户，则有些程序可能不能使用。

(2) 管理员账户

管理员账户对计算机拥有最高的控制权限，并且应该仅在必要时才使用此账户。管理员账户可以更改安全设置、安装软件和硬件，访问计算机上的所有文件。管理员还可以对其他用户账户进行更改。

安装 Windows Vista 时创建的用户账户是管理员账户，完成计算机设置后，建议使用标准用户账户进行日常的计算机使用，使用标准用户账户比使用管理员账户更安全。

(3) 来宾账户

来宾账户主要供需要临时访问计算机的用户使用，来宾账户通常没有启用，必须首先启用来宾账户然后才可以使用。来宾账户允许使用计算机，但没有访问个人文件的权限。

2. 创建用户账户

只有管理员账户才有创建新用户账户的权限，因此创建新的用户账户时必须以管理员账户登录。下面以创建一个名称为 Mary 的新账户为例说明创建过程，具体操作步骤如下：

(1) 单击【开始】按钮，从弹出的【开始】菜单中选择【控制面板】命令，打开【控制面板】窗口。

(2) 单击【控制面板】窗口中的【添加或删除用户账户】超链接，出现如图 2.71 所示的管理账户界面。

图 2.71　管理账户

(3) 单击【创建一个新账户】超链接,进入如图 2.72 所示的创建新账户界面。在文本框中输入用户名,选择账户类型,再单击【创建账户】按钮完成账户创建。这时在窗口中可以看到新创建的【Mary 标准账户】,如图 2.73 所示。

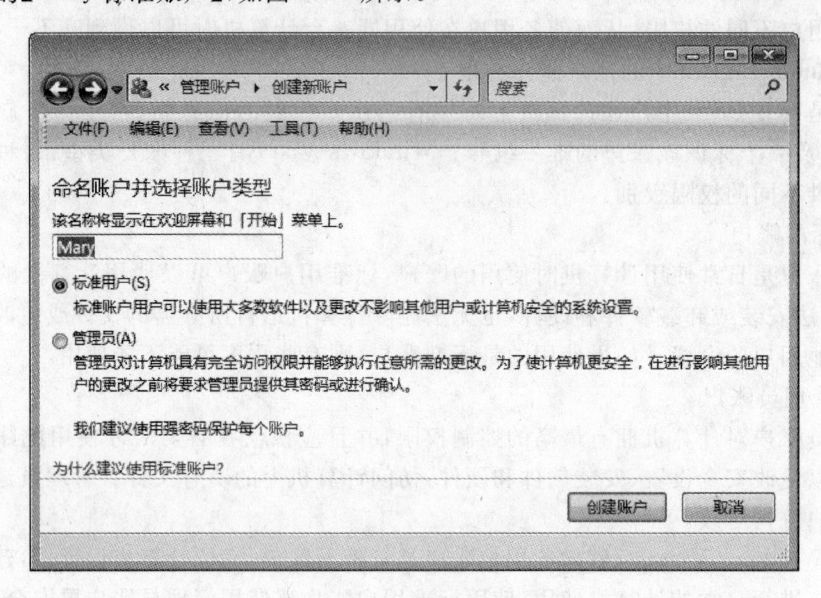

图 2.72 创建新账户

图 2.73 显示新创建账户

3. 更改用户账户设置

创建新的用户账户后,可以对账户的属性进行修改。在图 2.73 中单击 Mary 账户,进入图 2.74 所示的更改账户界面。

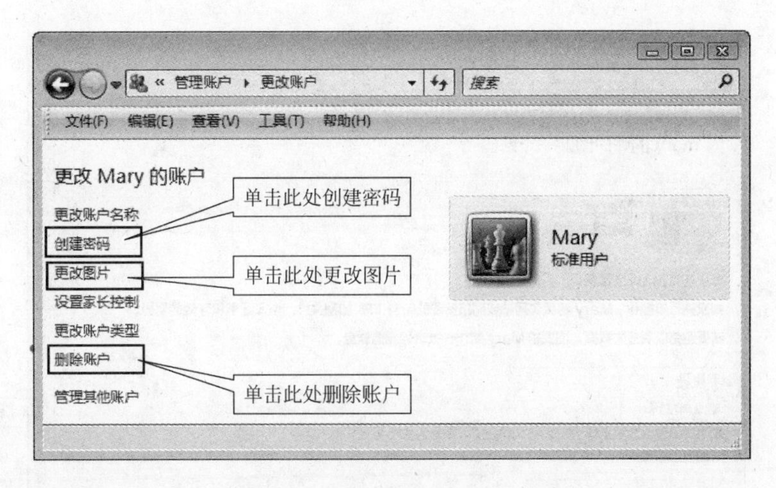

图 2.74 更改账户

在这里可以更改账户的用户名称、用户图片、账户类型,创建密码。下面只对账户的图片进行更改,并为账户创建密码。

(1) 更改账户图片

① 单击图 2.74 中的【更改图片】超链接,出现图 2.75 所示的更改账户图片界面。

图 2.75 更改账户图片

② 选择一幅喜欢的图片,单击【更改图片】按钮,完成图片更改。

(2) 创建账户密码

创建账户后,还要设置账户密码,这样才能保护账户的安全。

① 单击图 2.74 中的【创建密码】超链接,进入图 2.76 所示的创建密码界面。

② 在【新密码】文本框中输入密码,在【确认新密码】文本框中再次输入新密码。

③ 在【输入密码提示】文本框中输入提示问题,单击【创建密码】按钮完成密码创建。

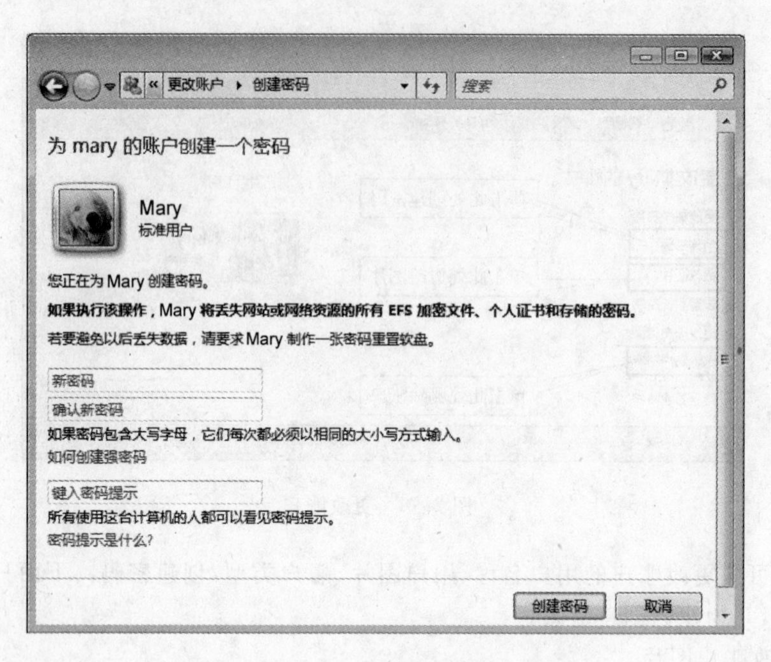

图 2.76　创建账户密码

4. 删除用户账户

删除用户账户与创建新用户账户相似，是只有管理员用户才可以进行的操作。下面将创建的 Mary 用户删除。

(1) 在图 2.74 所示的更改账户界面中单击【删除账户】超链接，进入删除账户界面。

(2) 在删除账户界面中单击【删除文件】按钮，如图 2.77 所示。

图 2.77　删除账户

(3) 在进入界面中单击【删除账户】按钮，完成账户的删除。

2.4　系统的管理与维护

Windows Vista 提供了许多工具来维护系统，以保证数据不丢失，使计算机始终处于良好运行状态。

2.4.1 磁盘的管理和维护

磁盘是计算机主要的外部存储设备，通常情况下各种软件和文件都是保存在磁盘上的。只有合理地使用和维护它，才能使计算机始终处于良好的运行状态。目前软磁盘已经很少使用，下面以硬盘为例介绍磁盘的管理和维护。

1. 格式化磁盘

硬盘在使用前需要进行格式化。格式化磁盘是指使用某种文件系统配置磁盘，以便Windows能够在磁盘上存储信息。格式化会擦除硬盘上现有的全部数据，如果格式化带有文件的硬盘，这些文件将全部被删除。

在【计算机】窗口中选择要进行格式化操作的磁盘，单击【文件】→【格式化】或右击要进行格式化操作的磁盘，在弹出的快捷菜单中选择【格式化】命令，弹出【格式化】对话框，如图2.78所示。在【文件系统】下拉列表选择一个希望的文件系统，卷标等其他内容通常使用系统的默认值，然后单击【开始】按钮格式化该磁盘。

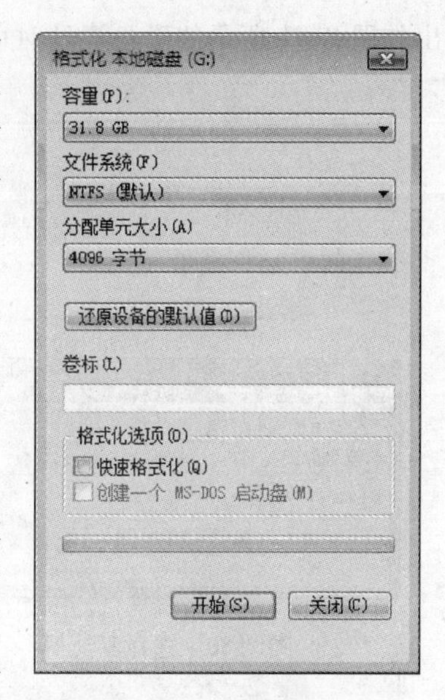

图2.78 磁盘格式化

【快速格式化】是在硬盘上创建新的文件分配表，但不完全覆盖或擦除磁盘数据，普通格式化要完全擦除硬盘上现存的所有数据，故速度会慢一些。

2. 磁盘碎片整理

硬盘经过长期使用后，会出现很多零散的空间和磁盘碎片，使用磁盘碎片整理程序可以重新排列硬盘上的数据并重新组合碎片文件，合并可用空间，达到提高运行速度的目的。在Windows Vista中，磁盘碎片整理程序会按计划运行，因此通常不手动执行该程序。进行磁盘碎片整理的操作方法如下：

(1) 选择【开始】→【所有程序】→【附件】→【系统工具】→【磁盘碎片整理程序】命令，弹出如图2.79所示磁盘整理对话框。

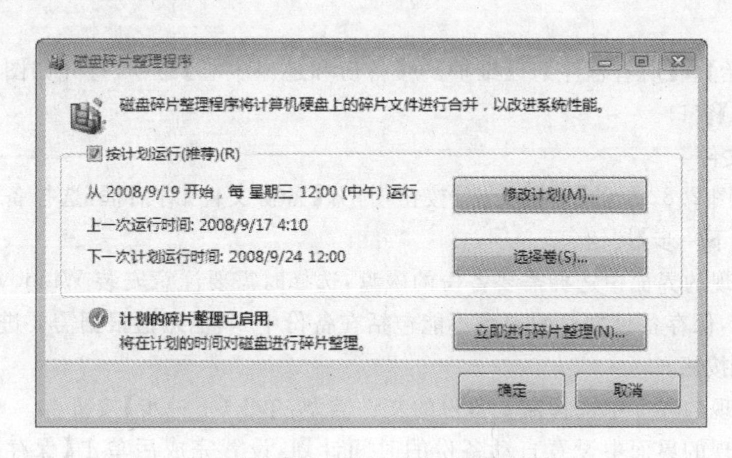

图2.79 【磁盘碎片整理程序】对话框

(2) 这里可以选择计算机是否自动在计划时间对磁盘碎片进行整理。若需要设置自动整理的周期和时间,可以单击【修改计划】按钮。

(3) 如果想立即开始整理,单击【立即进行碎片整理】按钮。

3. 磁盘清理

要减少硬盘上不需要的文件数量,以释放磁盘空间并让计算机运行得更快,可使用磁盘清理。该程序可删除临时文件、清空回收站并删除各种冗余的系统文件等。

(1) 选择【开始】→【所有程序】→【附件】→【系统工具】→【磁盘清理】命令,弹出磁盘清理选项对话框。单击【仅我的文件】按钮,弹出如图 2.80 所示对话框。

(2) 单击【驱动器】下拉列表框,选择需要进行磁盘清理的驱动器,单击【确定】按钮,弹出如图 2.81 所示的磁盘清理对话框。

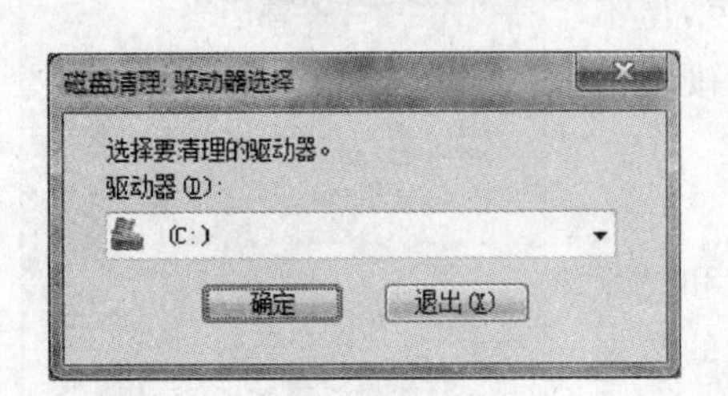

图 2.80 选择驱动器

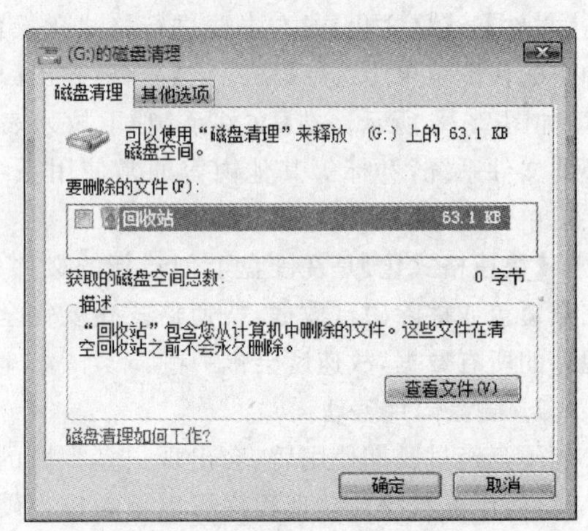

图 2.81 清理磁盘

(3) 选择磁盘清理对象,单击【确定】按钮,进行磁盘清理。

2.4.2 数据的备份与还原

为了防止数据丢失或损坏,需要经常对重要数据进行备份,在发生意外时可以通过备份来进行恢复。

选择【开始】→【所有程序】→【维护】→【备份和还原中心】命令,打开如图 2.82 所示【备份和还原中心】窗口。

1. 备份文件

(1) 单击图 2.82 中的【备份文件】按钮,打开【备份文件】对话框,选择备份文件保存位置,然后单击【下一步】按钮。

(2) 在出现的界面中选择需要备份的磁盘,选择时需要注意安装 Windows 的磁盘始终包括在备份中,保存备份文件的磁盘不能包括在备份中,其他磁盘根据需要进行选择。然后单击【下一步】按钮。

(3) 在出现的界面中选择需要备份的文件类型,单击【下一步】按钮。

(4) 在出现的界面中设置自动备份的时间计划,设置完成后单击【保存备份并开始备份】按钮开始备份。

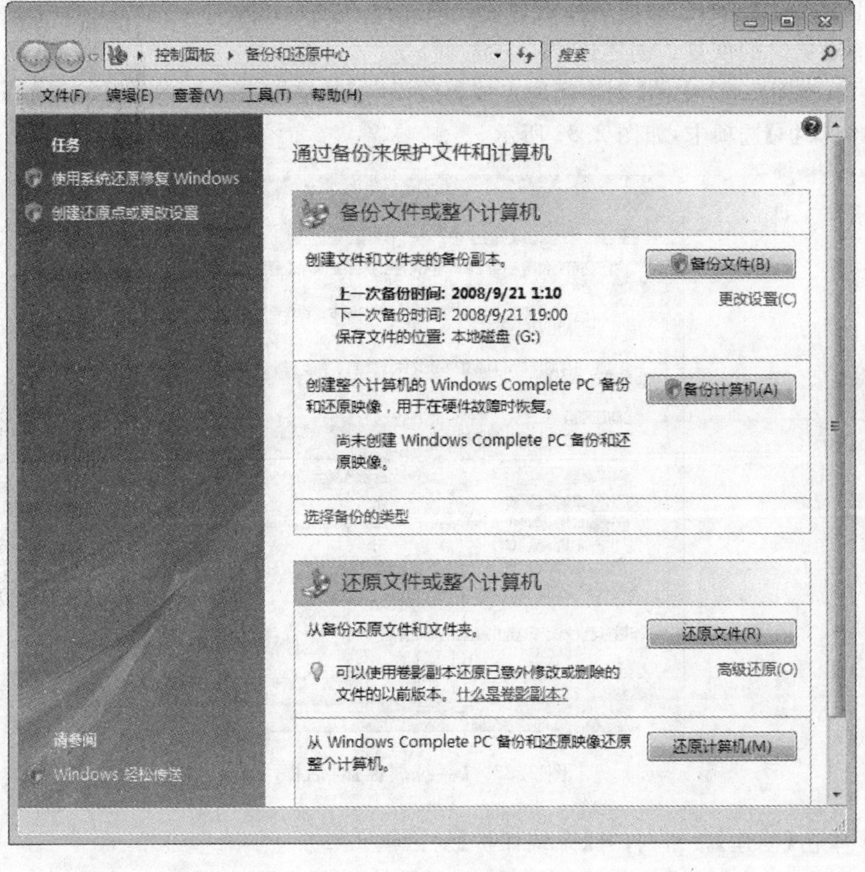

图 2.82　备份和还原中心

备份完成后，打开保存备份的磁盘可以看到以当前登录的用户名作为名称的文件夹，此文件夹就是保存备份文件的文件夹。

2. 还原文件

(1) 单击图 2.82 中的【还原文件】按钮，打开【还原文件】对话框，选择还原文件来源，然后单击【下一步】按钮。

(2) 在出现的界面中单击【添加文件】或【添加文件夹】按钮，选择需要还原的文件或文件夹，单击【下一步】按钮。

(3) 在出现的界面中选择还原文件保存的位置，然后单击【开始还原】按钮，即可将文件还原到指定位置。

3. 更改备份设置

单击图 2.82 所示备份文件区域的【更改设置】超链接，在打开的【备份状态和配置】对话框中，单击【更改备份设置】命令，此时进入【备份文件】对话框，按照备份文件的方法进行操作重新对备份进行设置。

4、创建还原点

还原点是在某一时刻给 Windows 操作系统做一个标记，同时记录下系统此时的状态，日后有必要时，可以将系统还原到此时记录下的状态。系统还原点可以多次建立，各个还原点之间不会产生影响，还原时可以选择合适的还原点进行还原。还原点主要用于 Windows 操作系统出错时的恢复。创建还原点方法如下：

(1) 单击图 2.82 中的【创建还原点或更改设置】超链接，在弹出的【系统属性】对话框中选择【系统保护】选项卡，如图 2.83 所示。

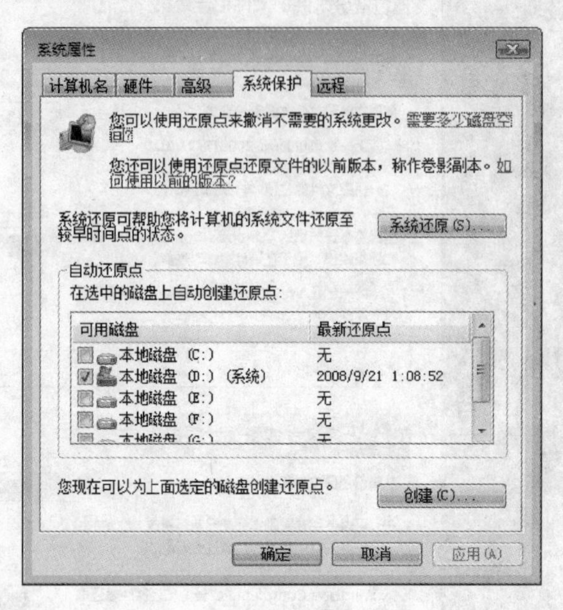

图 2.83 【系统属性】对话框

(2) 单击【创建】按钮，打开【系统保护】对话框。

(3) 在【系统保护】对话框中输入还原点的名称，单击【创建】按钮，即可完成还原点的创建。

5. 使用还原点还原系统

(1) 单击图 2.82 中的【使用系统还原修复 Windows】超链接，打开【系统还原】对话框，单击【选择另一还原点】选项，单击【下一步】按钮。

(2) 在出现的界面中选择系统还原点，然后单击【下一步】按钮。

(3) 在出现的界面中单击【完成】按钮完成系统的还原。

6. 备份计算机

Windows Vista 提供了备份整个计算机的功能，即对计算机中全部数据进行备份，之前安装的所有程序在恢复后无需重新安装即可直接使用。这是最好的备份方法，这种备份方法需要有足够的磁盘空间。

(1) 单击图 2.82 中的【备份计算机】按钮，弹出【Windows Complete PC 备份】对话框。

(2) 在打开的对话框中选择备份文件保存位置，可以保存在硬盘或光盘上，然后单击【下一步】按钮。

(3) 在进入的界面中单击【开始备份】按钮开始备份。

7. 还原计算机

对计算机进行整机恢复时，需要退出当前 Windows Vista，在 Windows 恢复环境中进行。

(1) 将 Windows Vista 系统盘放入光盘驱动器中，在开机时按 Del 进入 BIOS 设置界面，将光盘驱动器设置为第一启动设备，保存设置后重新启动计算机。单击图 2.82 中【还原计算机】按钮，进行 Windows 恢复。

(2) 在【系统恢复选项】对话框中单击【Windows Complete PC 还原】项，计算机开始搜索备份文件所在的磁盘位置。

(3) 选择以前保存的整机备份文件及将要还原的磁盘，单击【完成】按钮，在弹出的对话框中单击【确定】按钮开始整机恢复。

2.4.3 系统安全

由于计算机网络的广泛普及以及软件本身难免存在的漏洞，计算机的安全经常受到病毒和黑客的威胁。在 Windows Vista 中加强了系统的安全性，提供了很多安全防护工具，包括 Windows 安全中心、Windows 防火墙、Windows Defender 恶意软件防护程序、Windows Update 系统升级程序等。

双击【控制面板】中的【安全】图标，打开计算机【安全】窗口，如图 2.84 所示。在这里可以对计算机的安全工具进行设置。

图 2.84 安全窗口

1. 安全中心

Windows 安全中心用于显示并设置计算机各种安全工具的状态，包括防火墙、Windows 自动更新、恶意软件防护程序及 Internet 安全设置。如果 Windows 检测到这些安全基础中的任何一个存在问题，则安全中心将显示一个通知，并且将在通知区域中放置一个图标。单击通知或双击安全中心图标便可打开安全中心,并获取有关如何解决该问题的信息。

2. Windows 防火墙

防火墙有助于防止黑客或恶意软件通过网络或 Internet 入侵计算机,防火墙还有助于阻止计算机向其他计算机发送恶意软件。Windows 会检查计算机是否已受到软件防火墙的保护,如果防火墙处于关闭状态,安全中心会发出通知。

3. Windows Update

当自动更新处于启动状态时,Windows 可以例行检查适用于计算机的更新,并自动安装这些更新。可以使用安全中心确保【自动更新】已启用。若已关闭更新,安全中心会发出通知,在通知区域中放置一个 Windows 安全警报图标。

4. Windows Defender

恶意软件防护程序可保护计算机免受病毒、间谍软件和其他安全威胁的侵害。安全中心会检查计算机使用的是否是最新的反间谍软件和防病毒软件。如果已关闭防病毒或反间谍软件,或软件已过期,则安全中心将发出通知,并且在通知区域中放置 Windows 安全警报图标。

另外,Windows 还会经常检查 Internet 安全设置和用户账户控制设置,以确保已将它们设置在推荐的级别。

2.5 Windows Vista 的实用程序

Windows 不仅为各种软硬件提供了一个工作的平台,而且其自身也附带了一些功能强大的实用程序。如记事本、写字板、计算器、录音机、日历、画图、截图工具、屏幕键盘等。

2.5.1 画图

Windows Vista 附带的【画图】实用程序用于图片处理,包括绘制、调色和编辑图片等。

1. 绘制图形

选择【开始】→【所有程序】→【附件】→【画图】命令,启动【画图】实用程序。如图 2.85 所示,窗口中有菜单栏、颜色框、颜料盒、工具箱、选项框和绘图区域等。

工具箱:各种绘图工具的集合,使用这些工具创建徒手画或向图片中添加各种形状。

选项框:位于工具箱下面,通过选项框更改某些绘图工具绘图的方式,如设置工具刷的粗细以及绘制的形状是加边框还是实心等。

颜色框:显示多种颜色供颜料盒进行选择,自定义各种颜色。

颜料盒:指出当前的前景颜色和背景颜色。若要用选定的前景颜色绘图,则按下鼠标左键并拖曳。若要用选定的背景颜色绘图,则需按下鼠标右键并拖曳。若要更改前景颜色,单击颜色框中选定的颜色方块。若要更改背景颜色,右击颜色框中选定的颜色方块。若要配制新颜色,双击颜色框中任意一个颜色方块,然后单击【规定自定义颜色】按钮。

菜单栏:包括画图实用软件的全部功能。

绘图区域:在这里用户可以画图、编辑图片。

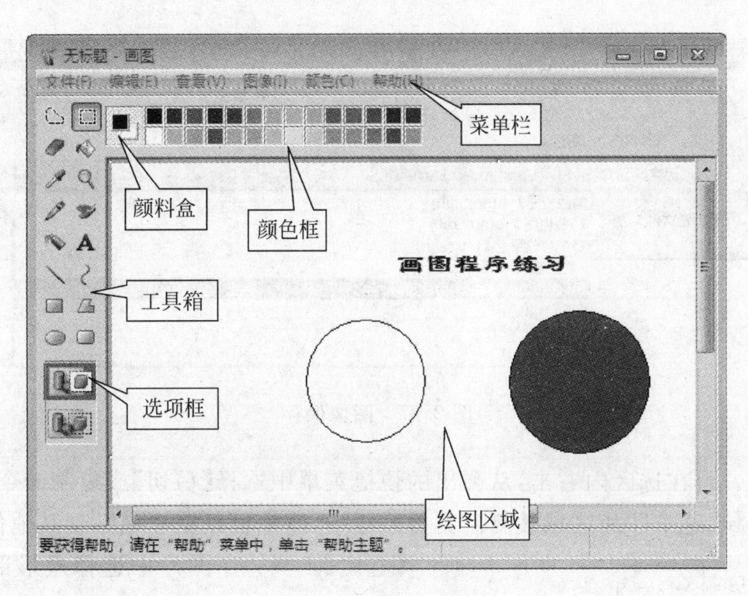

图 2.85 画图窗口

下面通过绘制图 2.85 所示的图形，介绍画图软件的操作方法：

(1) 启动【画图】实用软件，自动打开一个新文档。

(2) 选择菜单栏的【图像】→【属性】命令，打开图像属性设置对话框，如图 2.86 所示。在此设置绘图区域的尺寸和颜色。

(3) 单击工具箱的【文本】工具 A，然后单击绘图区域中想要输入文字的位置，出现文本编辑框和文本工具栏。在文本编辑框中输入文字“画图程序练习”，在文本工具栏中设置字体和字号，单击绘图区域，完成文字输入。

(4) 单击工具箱【椭圆】工具，在绘图区域拖曳鼠标，直到图形大小适中为止。用此方法在绘图区域画两个圆。

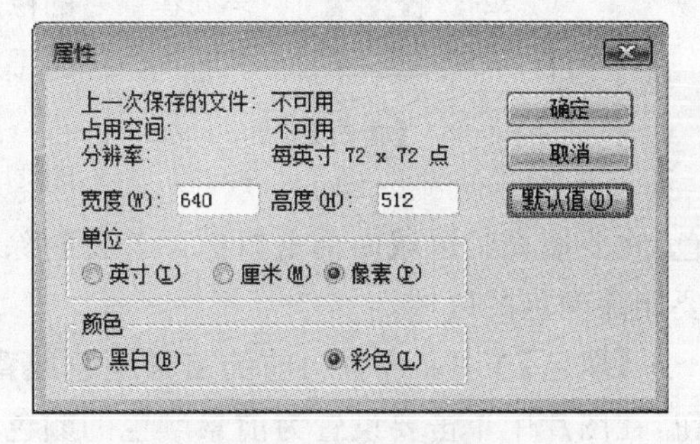

图 2.86 图像属性

(5)用鼠标在颜色框中单击红色，这时颜料盒的前景色为红色，在工具箱中单击【用颜色填充】工具项，单击绘图区域中右侧的圆形区域，圆形用红色填充，完成图形绘制。

(6) 选择菜单栏的【文件】→【保存】命令，打开图像保存对话框，如图 2.87 所示。选择文件保存位置，在【文件名】文本框中输入文件名“画图练习”，单击【保存类型】下拉列表框选择文件的保存类型，单击【保存】按钮将文件存盘。以后使用此文件时右击文件图标，在弹出的快捷菜单中选择【打开方式】命令，然后选择合适的应用软件打开。

画图工具箱提供了 16 种画图工具，如图 2.88 所示。下面分别介绍每种工具的用途和使用方法。

【任意形状的裁剪】工具：对图片进行任意形状的选取。单击此工具按钮，在绘图区域沿着裁剪图案的边缘按下左键并移动，直到将要选取的图案全部圈定后再释放鼠标，这时会

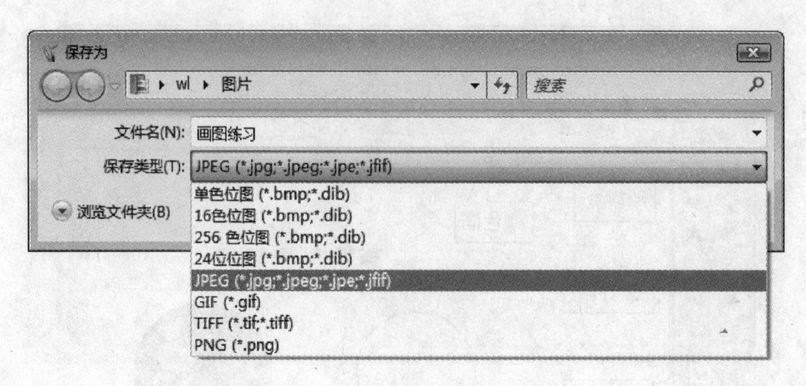

图 2.87　图像保存

出现虚框选区。可在选区内右击，从弹出的快捷菜单中选择【剪切】或复制命令，剪切或复制选定的图片区域，这个图片区域被复制到剪贴板中，将来可以把它粘贴到其他位置。

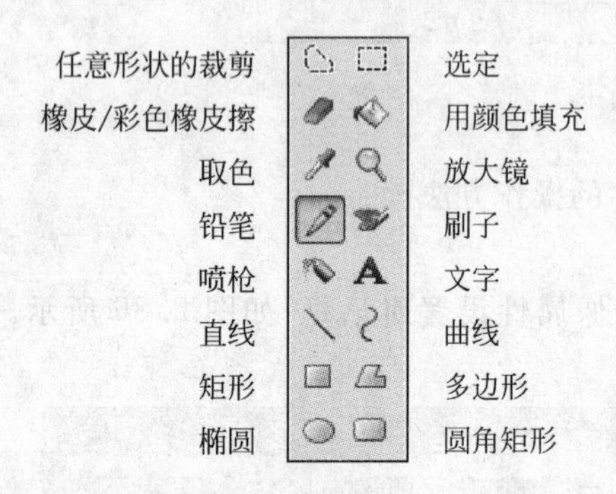

图 2.88　【画图】工具

【选定】工具：在图片中选择矩形部分。单击此工具按钮，在工具箱正下方的选项框中单击背景样式。拖动光标指针，选择要处理的图片部分。用户可对选中范围内的对象进行复制、剪切、删除等操作。

【橡皮】工具：擦除绘图中不需要的部分，用户可根据要擦除的对象范围的大小利用选项框来选择合适的橡皮擦。橡皮的颜色为当前背景颜色，也就是说，橡皮工具擦除后的地方将用背景颜色填充。

【用颜色填充】工具：用颜色填充整个图片或封闭图形。单击此工具按钮，再在颜色框中单击某种颜色，在要填充的区域内单击鼠标。若要删除该颜色，并且将其替换为背景颜色，可右键单击要删除颜色的区域。

【取色】工具：设置当前的前景颜色或背景颜色，但颜色取自绘图区域。单击此工具按钮，在图片中单击要设置为前景颜色的颜色，或右键单击要设置为背景颜色的颜色。当用户需要对两个对象进行相同颜色填充，而这时前景色、背景色已经改变，可采用此工具，能保证其颜色的绝对相同。

【放大镜】工具：放大图片。选择此工具按钮，绘图区域会出现一个矩形选区，单击即可放大整个图片。也可以在选择此工具后，在选项框中拖曳滑块进行放大。若要返回到正常视图，可在选项框中拖曳移动滑块缩小。

【铅笔】工具：绘制细的、任意形状的直线或曲线。单击此工具按钮，接着在颜色框中单击某种颜色，然后按住左键并拖曳鼠标开始画线。若要使用背景颜色画线，需按住右键并拖曳鼠标画线。

【刷子】工具：绘制较粗的任意形状的线条或曲线。单击此工具按钮，接着在工具箱的正下方单击形状，在颜料盒中选中颜色，按住左键并拖曳鼠标开始画线。若要使用背景颜色绘制，需按住右键并拖曳鼠标画线。

【喷枪】工具：使用喷枪工具能产生喷绘的效果。选择好颜色后，单击此按钮，即可进行喷绘，在喷绘点上停留的时间越久，其浓度越大，反之浓度越小。单击左键用前景色喷绘，单击右键用背景色喷绘。

【文本】工具：在图形中加入文字。单击此工具按钮，在绘图区域确定文字位置后单击鼠标，出现文本编辑框，即可输入文字。利用弹出的【文本】对话框设置文字的字体、字形、字号等。

【直线】工具：直线线条的绘制。先选择所需要的颜色，然后单击直线工具按钮，在选项框中选择合适的宽度，在画线开始处按住鼠标并拖曳至所需要的位置再松开，即可得到需要的直线。如在拖曳的过程中同时按住 Shift 键，可以画出水平线、垂直线或与水平线成 45°的线条。按住鼠标右键拖曳时用使用背景色进行画线。

【曲线】工具：绘制平滑曲线。单击此工具按钮，接着在工具箱正下方的选项框中单击线宽，在颜料盒中单击某种颜色，按住鼠标并拖曳绘制直线，然后在图片中单击希望曲线弧分布的区域，拖曳鼠标调节曲线。

【矩形】工具、【椭圆】工具、【圆角矩形】工具：这 3 种工具的应用基本相同，当单击工具按钮后，在画布上直接拖曳光标即可拉出相应的图形。在其选项框中有 3 种选项，分别为以前景色为边框的图形、以前景色为边框背景色填充的图形、以前景色填充没有边框的图形。在拖曳鼠标的同时按住 Shift 键，可以分别得到正方形、圆、正圆角矩形。

【多边形】工具：绘制有任意数量边的多边形。单击此工具按钮，接着在颜色框中单击某种颜色，然后在工具箱正下方的选项框中单击多边形样式。若要绘制多边形，可拖曳鼠标画一条直线，然后在希望其他边出现的每个位置单击，完成后双击。若要创建 45°或 90°角的边，则在创建边时按住 Shift 键。

2. 图像处理

画图程序不仅能绘制图形，还能对照片等已有图像进行简单处理。利用菜单栏中的图像菜单，可以实现对图像的处理。

(1) 选择【图像】→【翻转 / 旋转】命令，打开【翻转和旋转】对话框，其中有三个单选按钮：【水平翻转】、【垂直翻转】和【按一定角度旋转】，用户可以根据需要进行选择。

(2) 选择【图像】→【调整大小 / 扭曲】命令，打开【调整大小和扭曲】对话框，有【重新调整大小】和【扭曲】两个选项组，用户可以选择水平和垂直方向拉伸的比例和扭曲的角度。

(3) 选择【图像】→【反色】命令，可以看到颜色转换为相反的颜色。例如，图像黑色部分转换成白色，白色转换成黑色。

(4) 选择【图像】→【属性】命令，打开【属性】对话框，可以设置文件的属性，包括保存的时间、大小、分辨率以及画布的高度、宽度等，用户还可以选择彩色或黑白方式显示图片。

3. 颜色的编辑

在生活中，颜色是多种多样的，在颜料盒中提供的色彩也许远远不能满足用户的需要，因此【颜色】菜单中为用户提供了选择的空间。选择【颜色】→【编辑颜色】命令，弹出【编辑颜色】对话框，用户可以在【基本颜色】选项组中进行色彩的选择，也可以单击【规定自定义颜色】按钮自己定义颜色，再添加到【自定义颜色】选项组中。

当用户的一幅作品完成后，可以设置为墙纸，还可以打印输出，具体的操作都是在【文件】菜单中实现的，用户可以直接选择相关的命令根据提示进行操作。

2.5.2 截图工具

截图工具是 Windows Vista 中新出现的一个工具，通过该工具可以捕获屏幕上显示的全部或部分内容。并保存为图片文件，以供在其他软件中使用。

单击【开始】按钮，在弹出的【开始】菜单中依次单击【所有程序】→【附件】→【截图工具】命令，打开截图工具窗口，如图 2.89 所示。

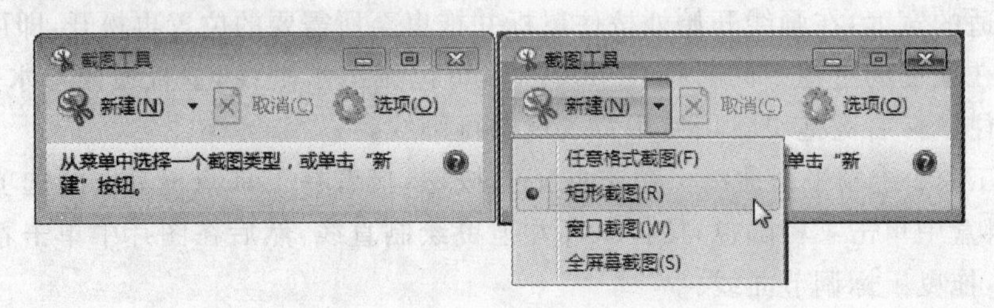

图 2.89 【截图工具】命令

1. 图形截取

单击【新建】按钮旁的下拉按钮，弹出下拉菜单，菜单中有四种截图方式可以选择。

(1) 矩形截图

在图 2.89 的【新建】菜单中选择【矩形截图】命令后，整个屏幕变成透明的灰白色，鼠标变成╋状态。用户可以在屏幕上任意位置按住鼠标左键并拖动鼠标，随后将看到一个红色的矩形框，在红色矩形框内的部分就是将被截取的图片内容。完成区域选取后松开鼠标，【截图工具】进入如图 2.90 所示的界面，在该界面中可以看到新截取的图形。

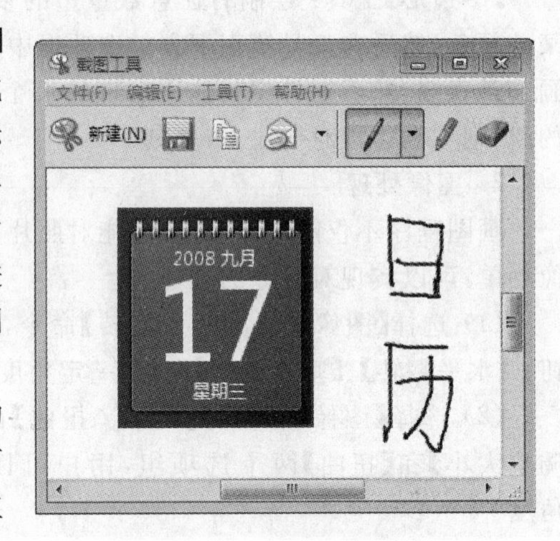

图 2.90 截图查看界面

若用户感觉满意，可以通过单击窗口上方的【文件】→【另存为】命令进行保存；若不满意可以单击【文件】→【新建截图】命令或直接单击工具栏上【新建】按钮，退出该界面后重新截取。如果必要，用户可以使用工具栏中的"笔"工具，给图片添加注释。

(2) 窗口截图

在图 2.89 的【新建】菜单中选择【窗口截图】命令后，移动鼠标到需要截取的窗口上，随后窗口周围出现红色边框，单击该窗口，在截图查看界面中可以看到被截取的窗口图像。

(3) 全屏幕截图

在图 2.89 的【新建】菜单中选择【全屏幕截图】命令后，整个屏幕被立刻截取并在截图查看界面中显示出来。

(4) 任意格式截图

在截图时，往往需要截取一些不规则的图片，这同样可以通过截图工具来进行。

在图 2.89 的【新建】菜单中选择【任意格式截图】命令后鼠标会变成一把剪刀，此时用户按住左健，画出需要截取的图像范围后再松开鼠标进行截取。在完成截取操作后，在截图查看界面中可看到新截取下来的图形。

2. 隐藏截图边线

默认设置下，【截图工具】窗口查看界面中显示的图片周围会有红色的边线，用户可以通过设置来隐藏该边线。

在【截图工具】窗口中单击【选项】按钮，弹出【截图工具选项】对话框。取消图 2.91 中对【捕获截图后显示选择笔墨】项的选择或在笔墨颜色右侧的下拉列表中选择【白色】选项，单击【确定】按钮，完成设置。以后再进行截图时，在截图查看界面中将看不到图片边线。

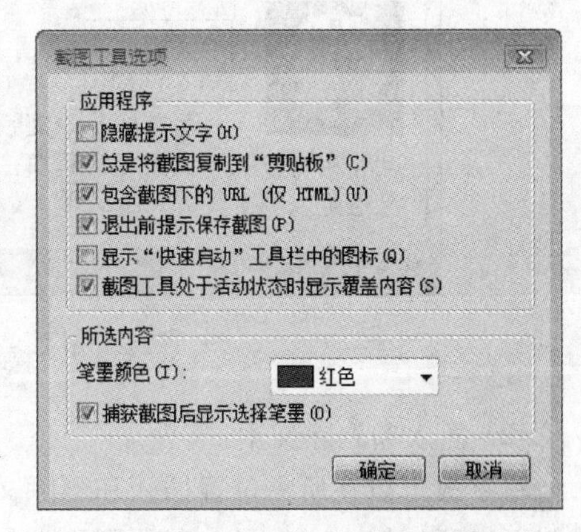

图 2.91 【截图工具选项】对话框

3. 截图的编辑

当用户完成截图后，可以通过【截图工具】窗口截图查看界面顶部的编辑工具对图片进行简单的编辑。

(1) 笔的使用

该工具可以在截图旁边添加注释，也可以根据需要画一些简单图形。笔的颜色可以自行选择，单击工具栏右侧的下拉按钮将看到有多种可选颜色，若在被选颜色中没有需要的颜色，可以单击【自定义】命令，打开【自定义】对话框进行设置。

(2) 荧光笔的使用

工具栏中的第二个工具是荧光笔，其使用方法和笔的用法一样，只是画出的线条要粗许多，并且无法设置颜色

(3) 橡皮擦

该工具可以擦掉使用笔和荧光笔画出的线条。

2.5.3 写字板

写字板是 Windows Vista 自带的文本编辑工具，可以用来创建、编辑、查看和打印文本文档。不仅可以对中英文文本进行编辑，而且还可以插入图片等，进行图文混排。

1. 启动写字板

选择【开始】→【所有程序】→【附件】→【写字板】命令，打开写字板窗口，窗口中有一个闪烁的光标，此处不仅可以输入文本，还可以插入图片，如图 2.92 所示。在写字板中输入内容时无须按 Enter 键换行，写字板会自动换行。开始新的段落时，需按 Enter 键。

2. 编辑文档

(1) 选择文本

对文档中的文本进行某些操作时，需要先选择文本。若要选择文本，先将鼠标指针定位到需要开始选择的位置的左侧，然后按住鼠标左键并在要选择的文本上进行拖曳，此时选定文本的背景色会改变。完成选择之后，释放鼠标。

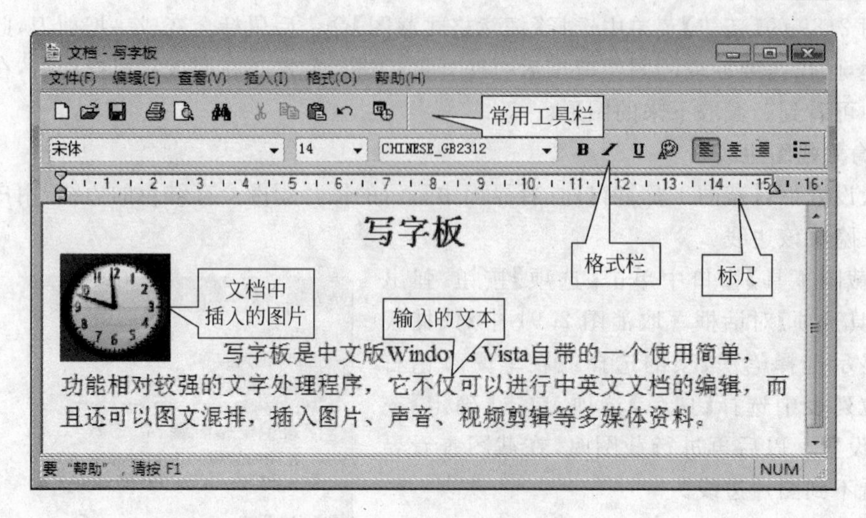

图 2.92 【写字板】窗口

(2) 插入和删除文本

写字板可以在所需位置插入和删除文本。若要插入文本，先单击要插入文本的位置，接着就可以开始键入文本了。若要删除文本，先选择要删除的文本，然后按 Delete 键。

(3) 复制文本

复制文本时首先用拖曳的方式选定要复制的文本，选择【编辑】→【复制】命令，然后单击文本的目标位置，选择【编辑】→【粘贴】命令完成文本复制，这时目标处可以看到文本，原始文本保留。

(4) 移动文本

移动文本时首先选择要移动的文本，选择【编辑】→【剪切】命令，然后单击文本的目标位置，选择【编辑】→【粘贴】命令完成文本移动，这时目标处可以看到文本，原始文本不保留。

3. 格式化文档

格式化文档是设置文档中文本的显示方式和排列方式。写字板可以更改文档的格式，可以选择不同的字体、字形和字的大小，也可以使文本变为希望的任何颜色，还可以更改文档的对齐方式。

4. 保存文档

完成文档的输入、编辑和排版后，需要将文档保存，以便进行下一步操作。选择【文件】→【保存】命令，在弹出的对话框中选择文件保存位置、输入文件名，单击【保存】按钮，将文档保存。

通常情况下都使用 Microsoft Word 进行文字处理，只有在没安装 Microsoft Office 时才使用"写字板"。

2.5.4 记事本

记事本是 Windows Vista 自带的文本编辑工具，用于纯文本文档的编辑，功能比较简单，适于编写一些篇幅短小、不需要复杂格式的文件，其文件的扩展名为.txt。

选择【开始】→【所有程序】→【附件】→【记事本】命令，打开记事本窗口，窗口中有一个闪烁的光标，此处可以输入文本，如图 2.93 所示。

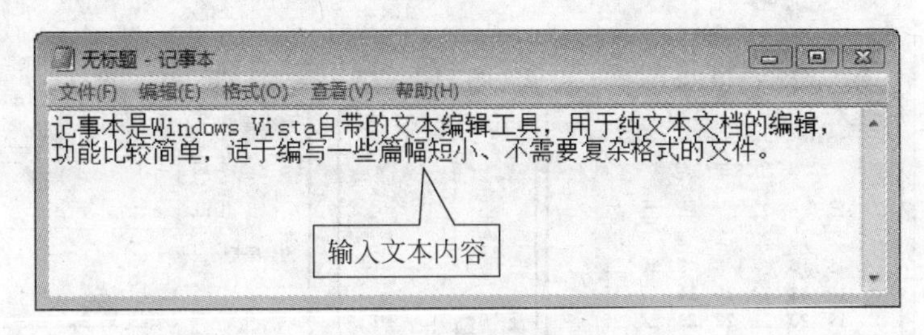

图 2.93 【记事本】窗口

1. 自动换行

记事本默认状态下不能自动换行，输入内容在超过记事本窗口的显示范围时将无法显示，此时选择【格式】→【自动换行】命令，即可按记事本窗口当前宽度自动换行显示文本内容。

2. 设置文本的字体格式

记事本中字体格式是统一的，即所有的文本字体和大小均相同。

选择【格式】→【字体】命令，弹出【字体】对话框，在这里可以进行字体、字形和字号的设置。

文本的编辑操作与写字板中相同，在此不作说明。如需要可参阅写字板部分。

2.5.5 日历

Windows Vista 中提供了日历功能，它能帮助用户掌握时间的安排，并在约定的事情发生前给出提示，以避免耽误重要事情。

选择【开始】→【所有程序】→【Windows 日历】命令，启动 Windows 日历程序，如图 2.94 所示。窗口中划分为导航窗格、约会窗格和详细信息窗格三部分。其中，导航窗格又划分成日期面板、日历面板、任务面板三个区域。

1. 创建日历

启动 Windows 日历后，默认以当前登录的用户名创建了一个日历。如果多人使用同一用户名登录，可以根据需要创建自己的日历。Windows 把不同用户的日历用不同颜色加以区别。

在菜单栏选择【文件】→【新建日历】命令，在日历面板中会显示一个名为【新建日历】的日历，重新命名后按 Enter 键完成新建日历。以后想查看相关内容时，只需选择自己的日历，约会窗格和详细信息窗格中即会显示出相关的信息。

可以根据需要将约会窗格设置为不同的视图方式，以每时、每天、每周、每月等视图方式显示。设置时单击工具栏上 视图 按钮右侧的下拉按钮，在弹出的菜单中选择相应命令，约会窗格便会以不同的方式显示已创建的约会。

2. 创建约会

将某个具体时间要进行的活动创建为约会，在预定时刻到来之际进行提醒。

(1) 在日历面板中选择要创建约会的日历，在菜单栏上选择【文件】→【新建约会】命令或在工具栏上单击 新建约会 按钮创建约会。

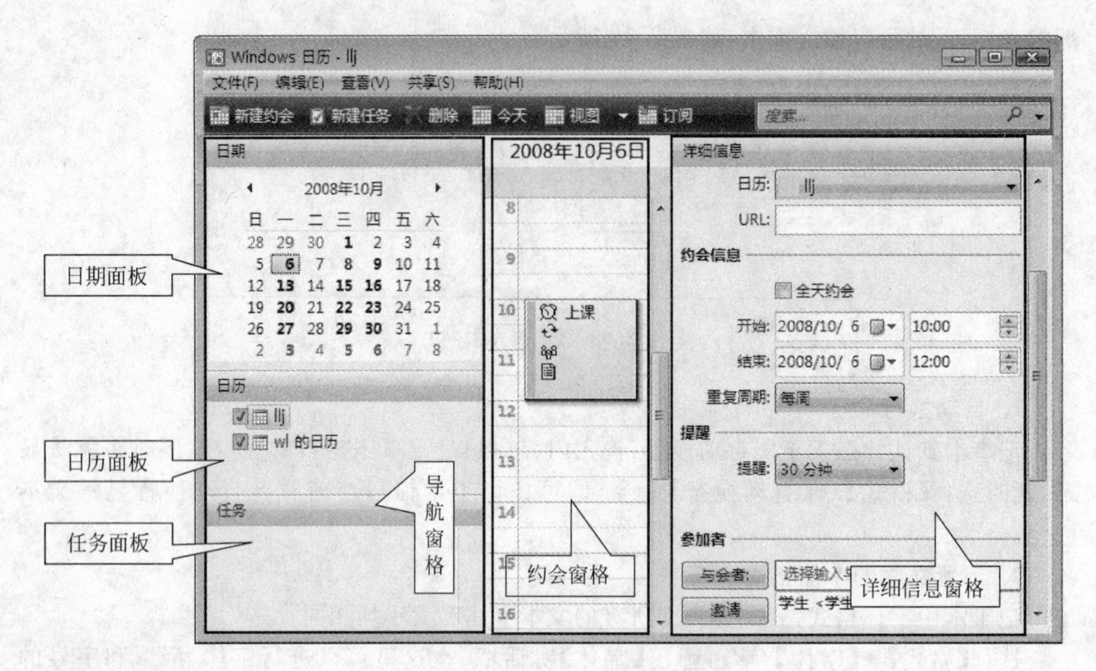

图 2.94 【Windows 日历】对话框

(2) 在约会窗格中输入新建约会的名称,详细信息窗格中输入约会信息,包括时间、重复周期、提醒及参加者等内容,输入时约会窗格中的约会图标也会发生相应变化,而且日期面板中相应日期加粗。

(3) 完成约会的创建后,到了设置的时间时桌面上会弹出提示信息窗口。

3. 创建任务

若要进行长时间活动,例如连续几天开会或做一项工作,则可以创建为任务,并且可以设置提醒功能。

(1) 在日历面板中选择要创建任务的日历,在菜单栏上选择【文件】→【新建任务】命令或在工具栏上单击 新建任务 按钮创建任务。

(2) 在任务面板中新建的任务名称处输入任务名称,按 Enter 键。

(3) 在详细信息窗格中输入任务信息,参见图 2.94。包括时间、提醒及优先级等内容,完成任务创建。

创建了约会和任务后,在指定的时间就会弹出相应提示窗口,发出提示信息,以便按时参加预定的活动。

2.5.6 屏幕键盘

如果计算机的物理键盘突然出现故障,无法正常使用,可以使用屏幕键盘代替物理键盘输入数据。屏幕键盘显示一个带有所有标准键的可视化键盘。

选择【开始】→【所有程序】→【附件】→【轻松访问】→【屏幕键盘】命令,启动屏幕键盘程序,如图 2.95 所示。

这时可以通过单击屏幕键盘的按键图标来输入文本,屏幕键盘可以用来输入字母、数字和一些简单符号。

图 2.95 【屏幕键盘】命令

如果看不清屏幕键盘的数字和字母，可以选择屏幕键盘窗口中菜单栏上【设置】→【字体】命令，在【字体】对话框中选择适当的选项，使屏幕键盘看起来更清晰、舒适。

第3章 Word 2007 的使用

3.1 Word 2007 入门

Word 2007 是微软公司最新推出的办公自动化系列软件 Office 2007 的重要组件之一。Word 2007 在原有版本的基础上又增加了许多新功能，最显著的变化就是其全新的用户界面：以往的传统工具栏和下拉菜单没有了，取而代之的是几个简单的选项卡。几乎所有经常执行的功能按钮都合理地安排在各个选项卡中。除了性能增强、界面优化外，Word 2007 另一个重要的改变就是文件格式的变化。

3.1.1 Word 2007 的启动和退出

1. 启动 Word 2007

安装 Office 2007 后，各组件的快捷方式自动加入【开始】菜单中的程序组中。启动 Word 2007 与启动其他应用程序的方法相同，下面介绍两种比较常用的方法。

(1) 最常用的方法是从【开始】菜单中启动，操作方法如下：选择【开始】→【所有程序】→Microsoft Office→Microsoft Word 2007 命令，如图 3.1 所示。Word 2007 启动后自动创建一个空白文档。

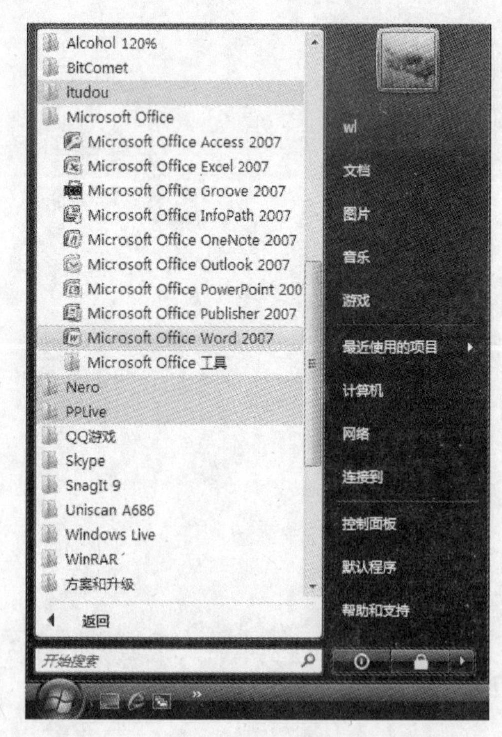

图 3.1 启动 Word 2007

(2) 可以通过已有的文档启动 Word 2007。在【计算机】窗口相应的文件夹中找到需要编辑的 Word 文档并双击，系统自动启动 Word 2007 并打开相应的文档。

当然，如果已经在桌面上创建了 Word 2007 的快捷方式图标，那么直接在桌面上双击该快捷方式图标即可启动 Word 2007。

2. 退出 Word 2007

退出 Word 2007 可以选择下述方法之一：

(1) 单击 Word 窗口右上角的【关闭】按钮 ×。

(2) 单击 Word 窗口左上角的 Office 按钮，从弹出的菜单中选择【关闭】项。

(3) 单击 Word 窗口左上角的 Office 按钮,从弹出的菜单中选择【退出 Word】项。

(4) 按 Alt+F4 键。

注意:【关闭】指关闭当前窗口所对应的文档,而【退出 Word】则会退出整个 Word 2007 程序。如果正在编辑的文档没有保存,在关闭或退出之前系统将提示用户是否要保存文档。关于【保存】文档的内容,将在 3.2.3 节中具体介绍。

3.1.2 Word 2007 的窗口界面

启动 Word 2007 后,其窗口如图 3.2 所示。

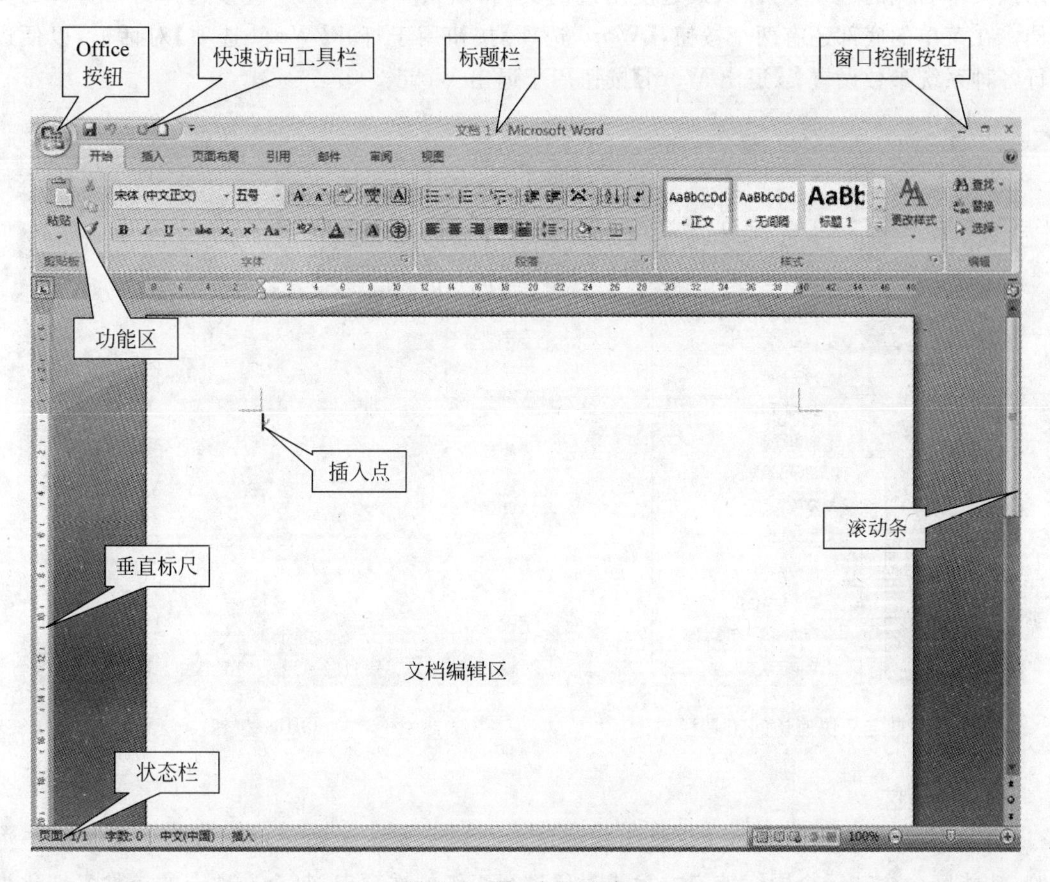

图 3.2 Word 2007 窗口

与 Word 的早期版本相比,Word 2007 的界面有了重大的变化,其主要特点是:使用面板标签式的功能区来使软件更简单易用,命令更容易找到。总的来说,Word 2007 的窗口主要包括标题栏、快速访问工具栏、Office 按钮、窗口控制按钮、功能区、标尺、文档编辑区、状态栏等部分。

1. 标题栏

标题栏位于 Word 2007 窗口顶部,包括当前正在编辑的文档名称、控制按钮等。可以使用控制按钮来最小化、最大化(还原)或关闭 Word 2007 当前文档窗口。

2. 快速访问工具栏

默认情况下,快速访问工具栏位于 Word 窗口的顶部、标题栏左侧。使用该工具栏,可以快速访问最常使用的命令，如【保存】、【撤销】、【重复(恢复)】等。可以将其他命令按钮添加到【快速访问工具栏】上，也可以删除【快速访问工具栏】上不需要显示的命令按钮。单击【快速访问工具栏】右侧的【自定义快速访问工具栏】按钮，弹出其下拉菜单，其中列出了一些可以直接添加的按钮，如【新建】、【打开】等，只需要直接单击要添加的命令即可，如图 3.3 所示。

3. Office 按钮

Microsoft Office 按钮位于 Word 窗口的左上角，单击该按钮，将出现如图 3.4 所示的菜单。利用该菜单左侧的选项，可以进行新建文档、打开文档、发布文档等系统文件操作；利用该菜单右侧的选项，可以从最近使用过的文档(默认为 17 个)中直接选择需要打开的文档。在菜单的底部还有两个按钮，【Word 选项】按钮用于打开【Word 选项】对话框，以便进行各种系统参数设置；【退出 Word】按钮用于退出 Word 2007。

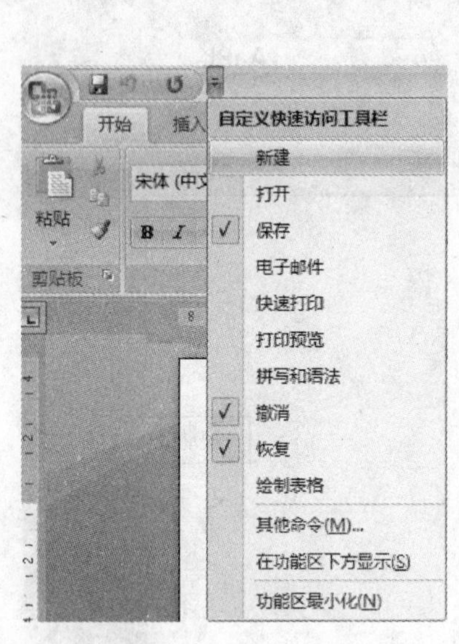

图 3.3　自定义快速访问工具栏

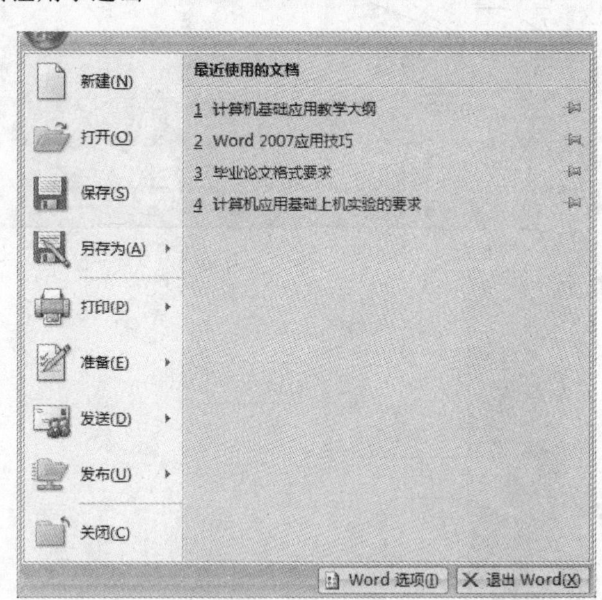

图 3.4　Office 按钮

4. 功能区

Word 2007 界面最大的变化是用功能区替代原来版本的菜单和工具栏。为了便于浏览，功能区包含若干个围绕特定方案或对象进行组织的选项卡，每个选项卡的控件又细化为几个组，如图 3.5 所示。

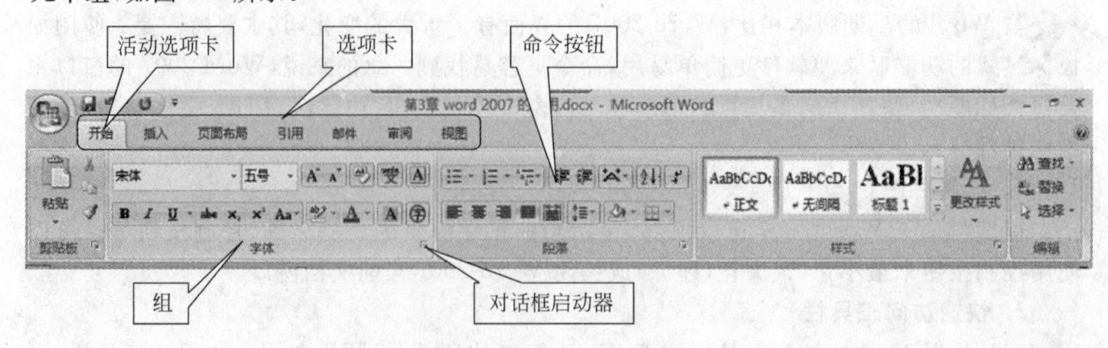

图 3.5　Word 的功能区

功能区能够比菜单和工具栏承载更加丰富的内容,包括按钮和对话框的内容。

(1) 选项卡:在顶部有若干个基本选项卡(相当于原来版本的菜单),每个选项卡代表一个活动区域。

(2) 上下文选项卡:用于快速操作页面上当前选定的对象(如表格、图片等)。在编辑区中选中某种对象时,相关的上下文选项卡会以强调文字的颜色出现在标准选项卡的右侧。例如,当选中编辑区中的图片对象时,将自动出现【格式】选项卡,如图 3.6 所示。

图 3.6　上下文选项卡

(3) 组:每个选项卡都包含若干个组,这些组将相关命令按钮显示在一起。

(4) 命令按钮:用于执行一个命令或显示一个命令菜单。

(5) 对话框启动器:在某些组的右下角。单击该图标,将打开相应的对话框或任务窗格,并在其中提供了与该组相关的详细设置选项。图 3.7 显示了在图 3.5 上单击【字体】组右侧的【对话框启动器】按钮后出现的【字体】对话框。

(6) 显示或隐藏功能区:功能区占用了编辑区的部分空间,为了扩展编辑区,可以将其隐藏。如果要临时隐藏功能区,只需双击活动选项卡,功能区就会消失,只保留选项卡的名称,从而显示更多文档内容,如图 3.8 所示。如果要再次查看所有命令,只需再次双击活动选项卡,功能区就又会重新显示。除此之外,也可以单击快速访问工具栏右侧的自定义快速访问工具栏按钮,从出现的下拉菜单中选择或取消选择【功能区最小化】选项来隐藏或显示功能区。

5. 标尺

标尺分为水平标尺和垂直标尺,分别位于功能区的下方和窗口的左侧。Word 2007 默认情况下是没有启用标尺的,这主要是为了提供更多的空间用于版面排版。如果要显示出标尺,可单击垂直滚动条上方的标尺标记,如果再单击,则又会隐藏标尺,如图 3.9 所示。

图 3.7 【字体】对话框

图 3.8 隐藏功能区后的 Word 窗口

6. 文档编辑区及插入点

Word 窗口界面中部最大的区域即为文档编辑区，见图 3.2。文字的录入、对象的插入等都是在这个区域进行的。在文档编辑区中有一条不停闪烁的黑色竖线，该标记称为“插入点”或“光标”，它指定了文字录入、对象插入的位置。

图 3.9　标尺标记

7. 滚动条

当 Word 窗口不能完全显示所有文档内容时，在编辑区的底部和右侧就会出现滚动条。通过拖动滚动条，可以方便地在窗口中上、下、左、右移动来查看编辑区中的内容。

单击垂直滚动条顶端和底部的上、下滚动图标或空白区域，编辑区中的内容将上、下滚动；单击水平滚动条左、右两侧的滚动图标或空白区域，窗口中的内容将左、右移动。

8. 状态栏

Word 2007 窗口界面的底部有一个很实用的状态栏，不但显示页码、字数统计、拼写和语法检查、当前所用语言、插入/改写状态等信息，还提供一组视图快捷方式按钮、显示比例和缩放滑块等，如图 3.10 所示。

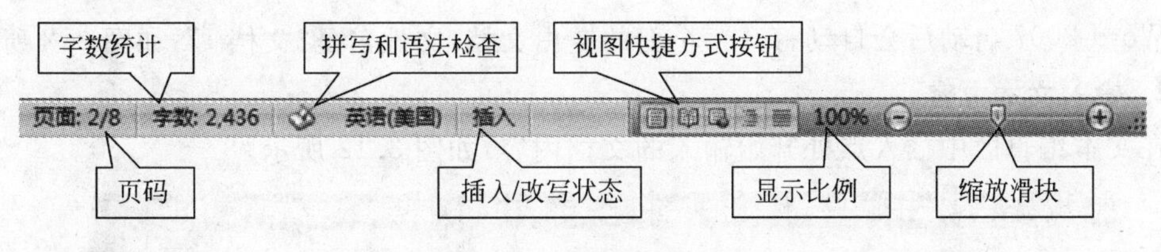

图 3.10　默认的状态栏

1) 页面

页面后面显示的分数，分子表示当前页，分母表示总页数。如 2/8 表示当前页为第 2 页，文档总共有 8 页。

2) 字数

显示了文档一共有多少字。

3) 拼写和语法检查

拼写和语法检查功能是用来检查文档中的拼写错误和语法错误的。在 Word 2007 中，拼写错误会标记红色波浪线来提醒用户，而语法错误会标记绿色波浪线来提醒用户。

4) 插入/改写状态

默认情况下，编辑状态处于【插入】状态。状态栏上显示的是【插入】两个字，表示当前输

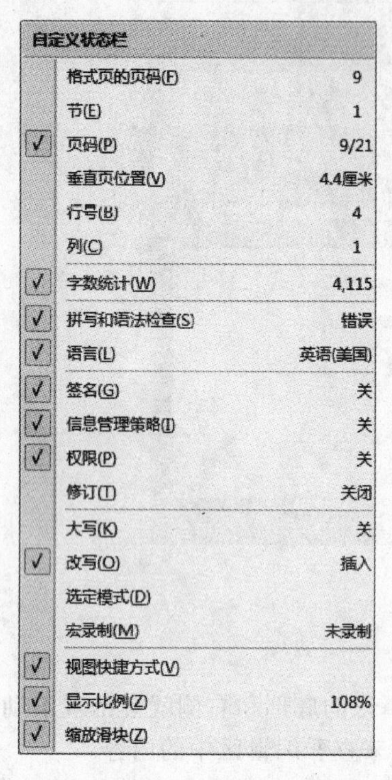

图 3.11　右击状态栏弹出的快捷菜单

入处于插入字符状态；使用鼠标单击【插入】后变为【改写】状态，当前输入处于改写状态，状态栏上显示的是【改写】两个字，输入的字符会把后面的字符改写掉。

5）视图快捷方式按钮

显示当前文档所使用的视图方式，也可通过单击来选择自己所需的视图方式。Word 2007 提供了 5 种不同的视图，即页面视图、阅读版式视图、Web 版式视图、大纲视图和普通视图，有关视图的内容会在 3.4.1 小节中介绍。

6）显示比例

显示比例用于调整文档页面的大小，不影响实际的打印效果。显示比例上的百分数显示了当前文档的缩放级别，单击【放大】按钮⊕或【缩小】按钮⊖，或直接拖动【缩放滑块】，都可以改变当前文档的显示比例。

当然状态栏上的内容也可以自定义，方法是右击状态栏，从弹出的快捷菜单中选择所需的选项，如图 3.11 所示。

3.1.3　Word 2007 的简单应用

创建一个 Word 文档大致有如下几个步骤。

1. 建立新文档

Word 2007 启动后会自动打开一个新的空白文档，文件名是“文档 1”，如图 3.2 所示。

2. 输入文本内容

在文本编辑区中插入点处开始输入的文档内容，如图 3.12 所示。

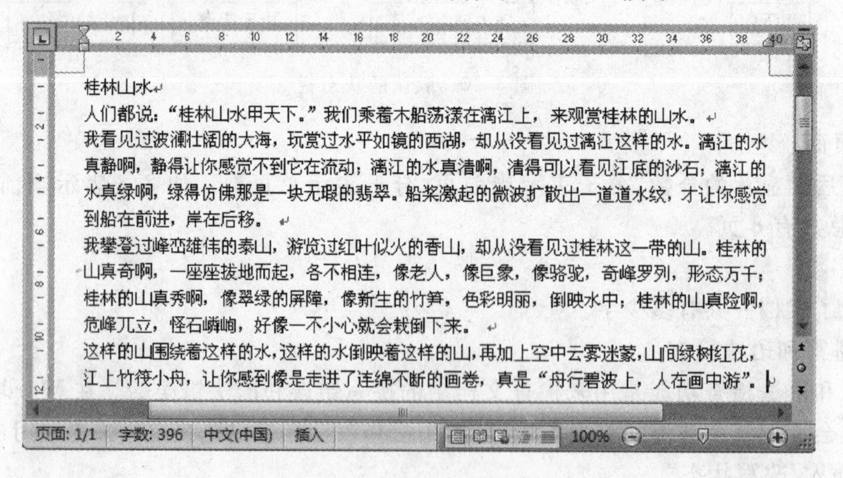

图 3.12　输入的文档内容

3. 编辑文本

在输入文本的过程中或结束后，都可对文本内容进行编辑，包括修改、删除、移动和复制等操作。

4. 格式设置

文档的格式设置包括字符格式的设置和段落格式的设置。

1）设置字符格式

(1) 选定文档中的第一行即文档的题目：将鼠标指向"桂"字的左侧，然后按住鼠标左键拖曳至"水"字后松开，结果如图 3.13 所示。

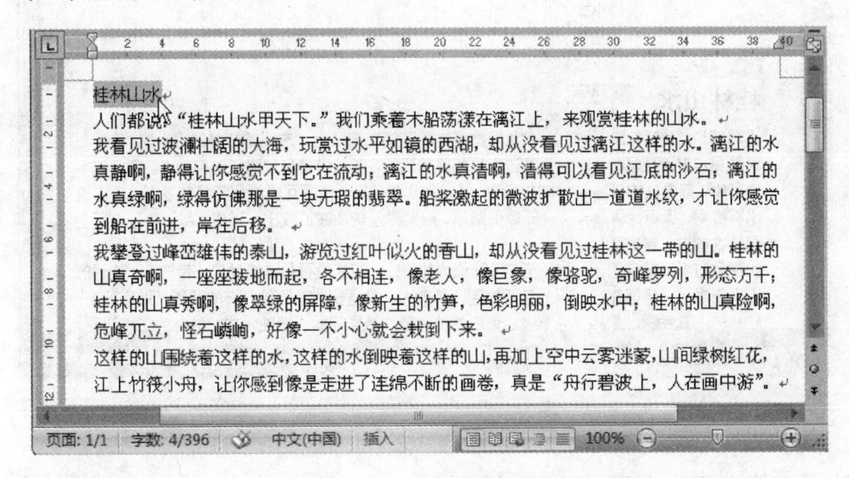

图 3.13　选定文档题目

(2) 单击【开始】选项卡【字体】组中的字体下拉按钮，在下拉菜单中单击其中的【黑体】选项，如图 3.14 所示。

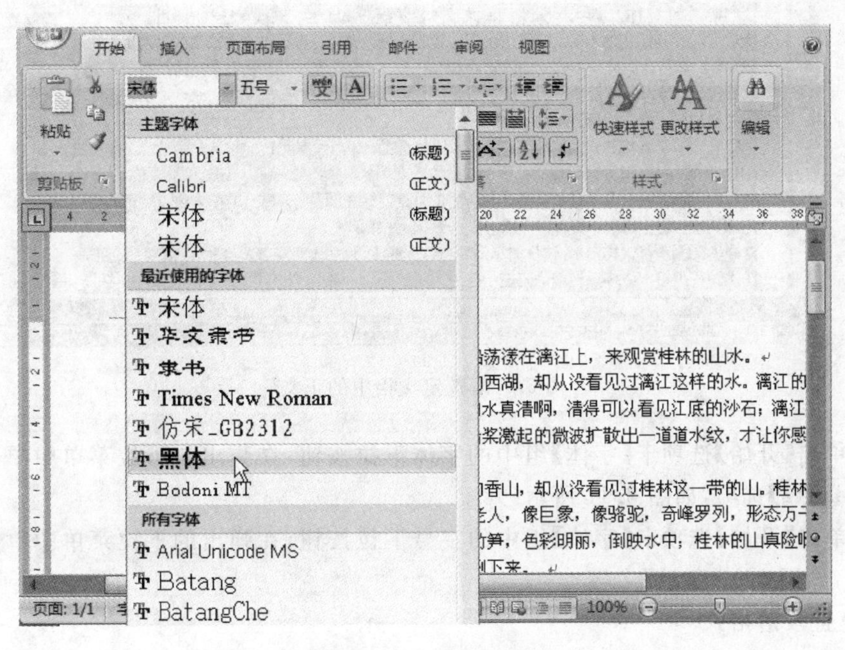

图 3.14　选择字体为黑体

(3) 单击【开始】选项卡【字体】组中的字号下拉按钮，在弹出的下拉菜单中单击其中的【三号】选项，如图 3.15 所示。

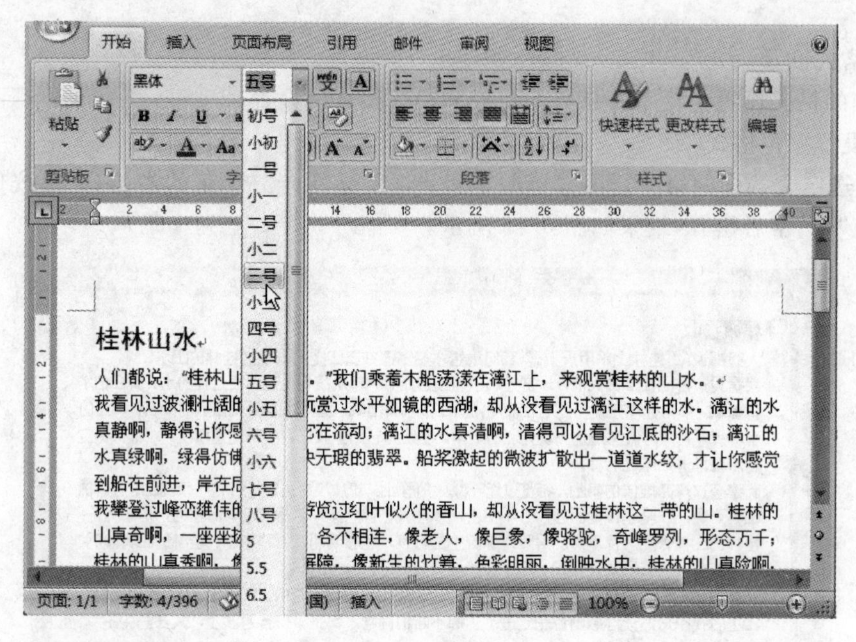

图 3.15 选择字号为三号

(4) 选择文档中正文内容，如图 3.16 所示。

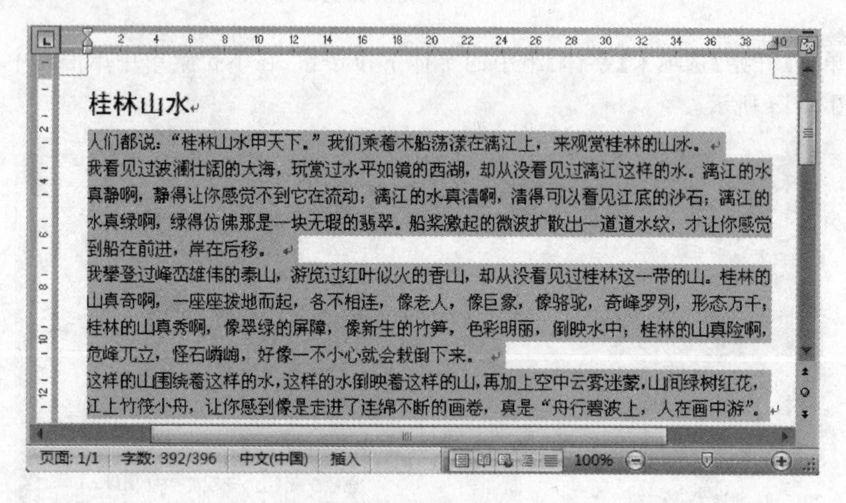

图 3.16 选定文档中的正文

(5) 单击【开始】选项卡【字体】组中的字体下拉按钮，在弹出的下拉菜单中单击其中的【仿宋_GB2312】选项，如图 3.17 所示。

(6) 单击【开始】选项卡【字体】组中的字号下拉按钮，在弹出的下拉菜单中单击其中的【小四】项，如图 3.18 所示。

2) 设置段落格式

(1) 同设置字符格式一样，先选定文档中的第一行即文档题目。

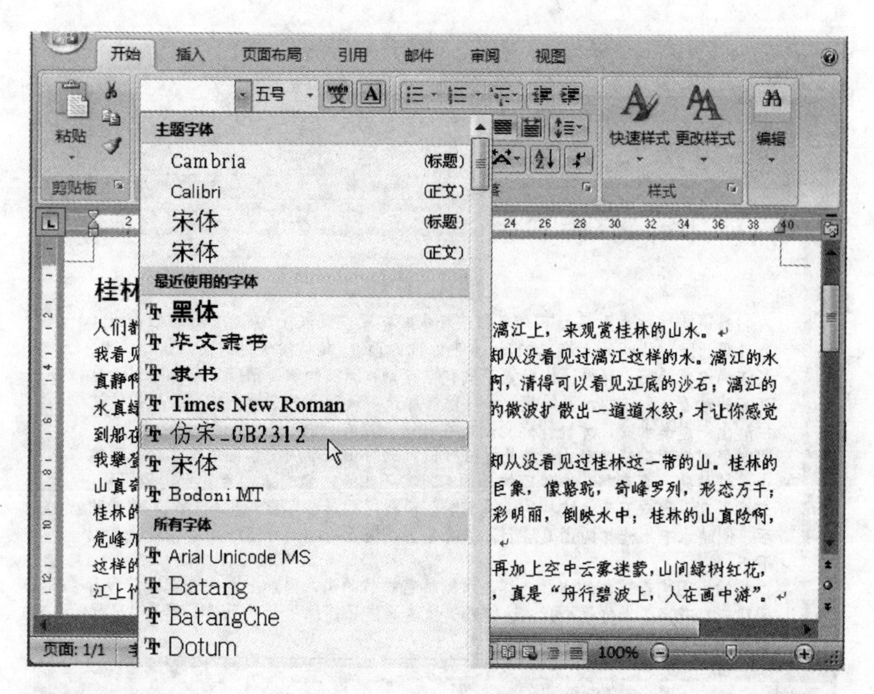

图 3.17　选择字体为仿宋

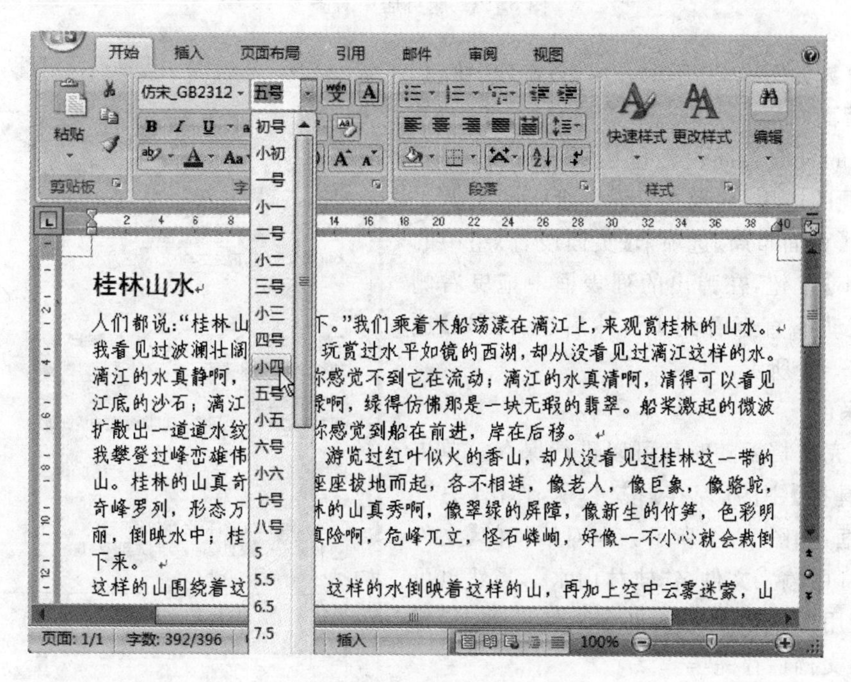

图 3.18　选择字号为小四

(2) 单击【开始】选项卡【段落】组中对齐方式的【居中对齐】按钮，如图 3.19 所示。

(3) 选定文档中的正文内容。

(4) 单击【开始】选项卡【段落】组右下角的对话框启动器，打开【段落】对话框。在段落对话框的【缩进】栏中单击【特殊格式】下拉列表框，选择【首行缩进】选项，并设置首行缩进值

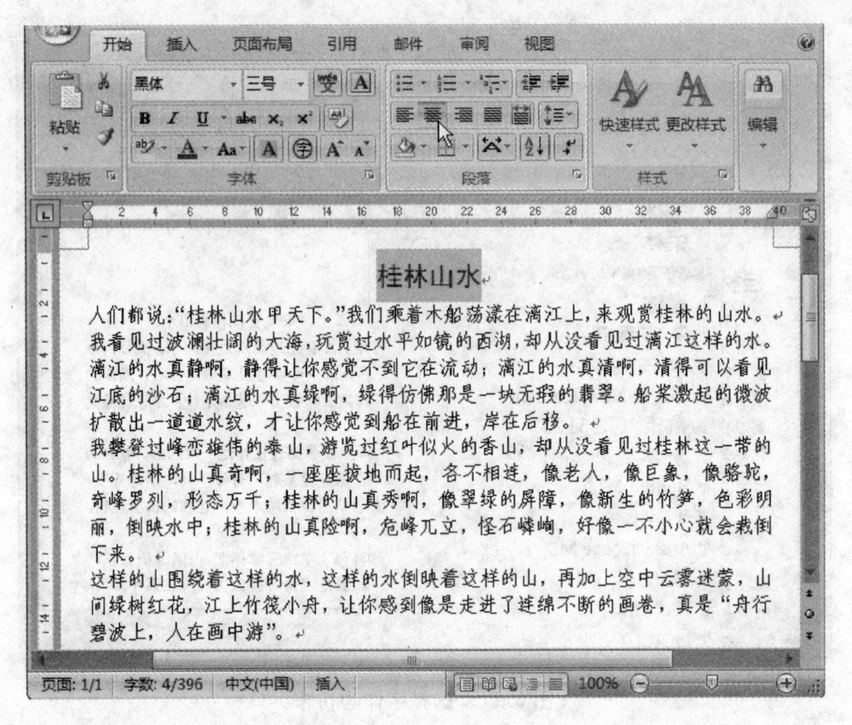

图 3.19 题目居中对齐

为【2 字符】,如图 3.20 所示。单击【确定】按钮。

5. 页面布局

文档的页面布局设计包括页面设置、页面背景、主题的应用等,现在只设置纸张的大小。

单击【页面布局】选项卡【页面设置】组中的【纸张大小】按钮,在弹出的列表框中拖曳右侧的垂直滚动条直至看到 B5,然后选择【B5】选项,如图 3.21 所示。

6. 保存

建立完文档后随时都可以进行保存。单击【快捷工具栏】中的【保存】按钮,弹出【另存为】对话框,如图 3.22 所示。在对话框的【文件名】文本框中输入文件名"桂林山水",当然也可以直接使用系统默认的文件名。然后单击【保存】按钮,文档保存完毕。

7. 打印预览及打印

在打印之前一般都要先进行预览,预览没有问题了再进行打印。

选择【Office 按钮】→【打印】→【打印预览】命令,进入打印预览窗口界面,如图 3.23 所示。

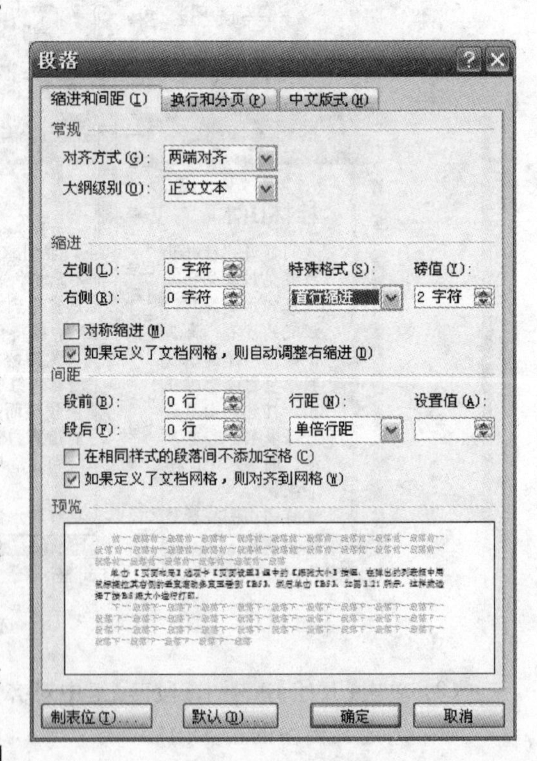

图 3.20 【段落】对话框

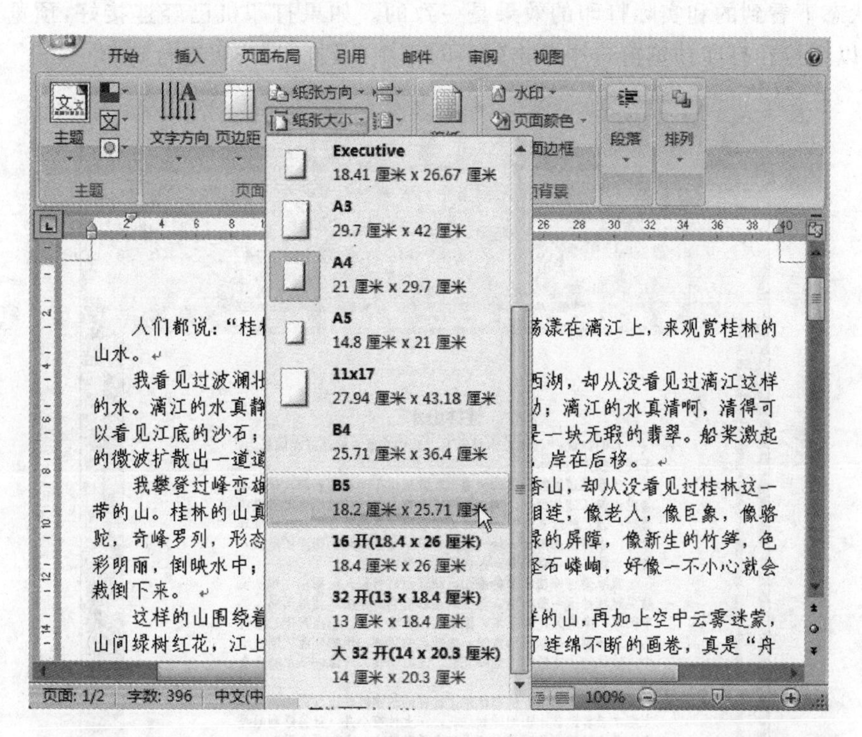

图 3.21　设置纸张大小为 B5

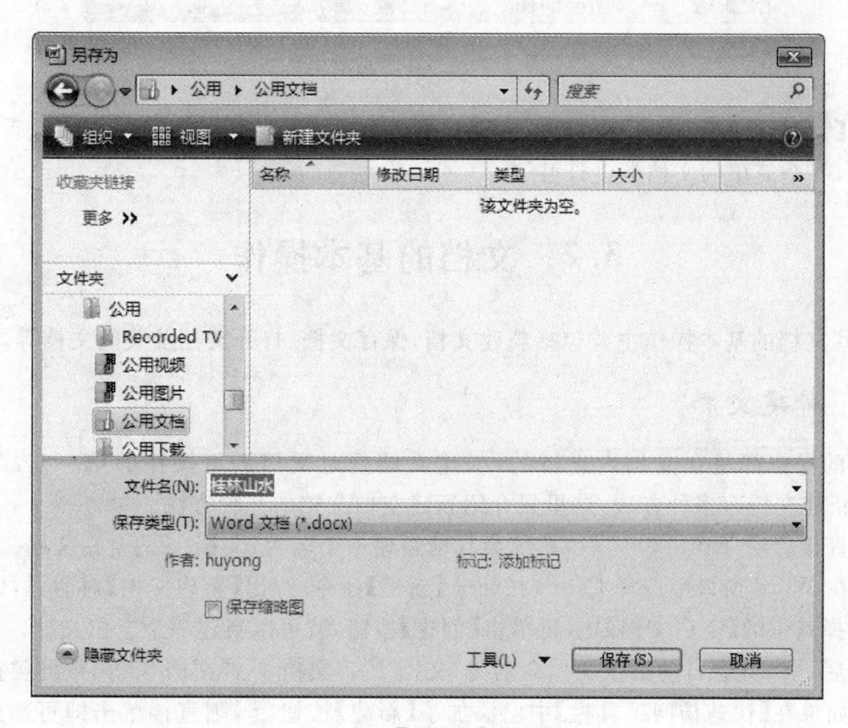

图 3.22　【另存为】对话框

在预览状态下看到的和实际打印的效果是一致的。如果打印机已经连接好，预览也没有问题，就可以直接在打印预览窗口中单击【打印】组中的【打印】按钮进行打印了。

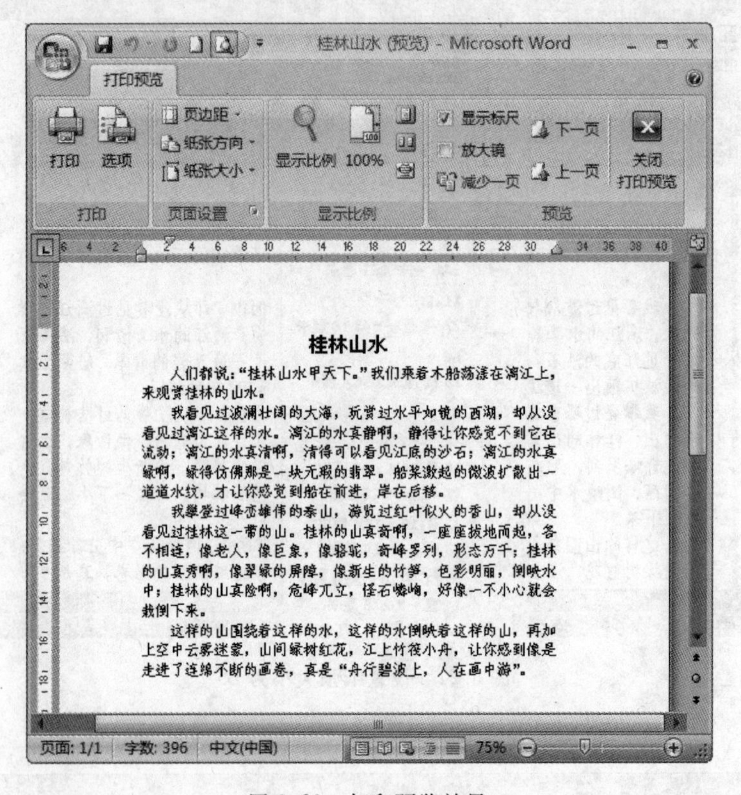

图 3.23 打印预览效果

单击【关闭打印预览】按钮可以返回正常编辑窗口。

这样，一个简单的文档就设计好了。

3.2 文档的基本操作

Word 文档的基本操作主要包括新建文档、保存文档、打开文档及关闭文档等。

3.2.1 新建文档

用户的操作都是在文档内进行的，新建文档是对文档进行操作的第一步。在 Word 2007 中，新建文档有多种方法，这里只介绍新建空白文档的几种方法。

(1) 直接启动 Word 2007 后，系统会自动新建一个名为"文档 1"的空白文档。

(2) 在 Word 窗口中选择 Office 按钮→【新建】命令，弹出【新建文档】对话框，如图 3.24 所示。选择其中的【空白文档】项，再单击【创建】按钮，就可以新建一个空白文档。每次新建空白文档后，Word 会自动给该文档命名为"文档 1"、"文档 2"、"文档 3"等，依此类推。

(3) 如果在【快速访问工具栏】中已添加了【新建】按钮，则直接单击即可新建一个空白文档。

(4) 在 Word 文档编辑状态下，按 Ctrl+N 键，也可以新建空白文档。

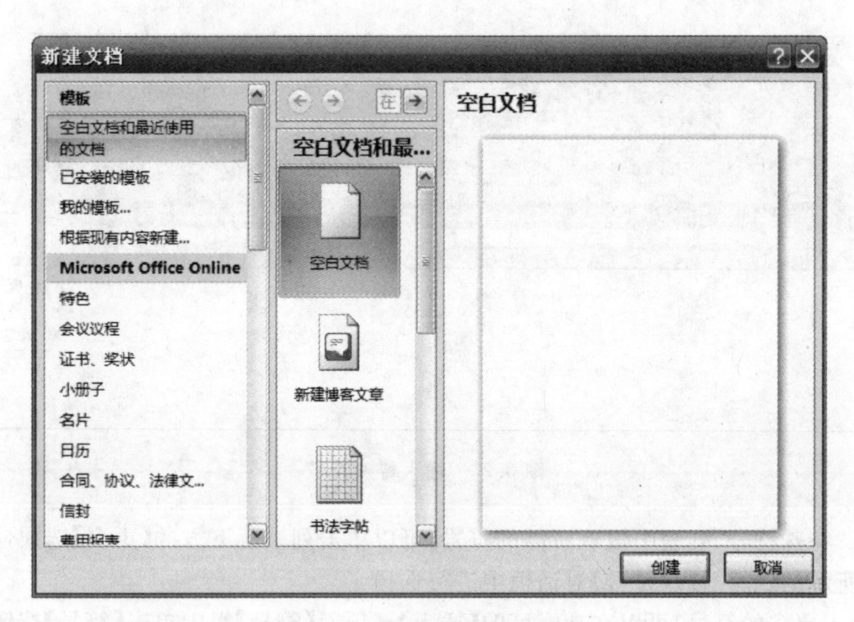

图 3.24 【新建文档】对话框

3.2.2 录入文本

创建新文档后，就可以选择合适的输入法输入文档的内容，并对其进行编辑操作。

1. 输入文本

当新建一个文档后，在文档的开始位置将出现一个闪烁的光标，称为“插入点”。每录入一个文字，插入点都会自动后移，录入的文字出现在插入点前。当录入的文字超过右边界时，Word 会自动换行，插入点移到下一行开头。当输入内容超过一页后，光标将自动转移到下一页的开始位置。

在文本输入过程中，如果不小心输错了，可将插入点定位在出错的文本处，按 Delete 键删除插入点之后的字符，或按 Backspace 键删除插入点前面的字符，然后输入正确的文字。当然，也可以通过单击状态栏上的【插入】按钮或按 Insert 键在“插入”与“改写”之间进行切换，进入“改写”状态后，用正确的文本覆盖出错的文本。

在 Word 中输入的文本会根据默认或设置的页面尺寸自动换行并对齐，只有在一个段落结束或需要增加一个空行时，才按 Enter 键。也就是说，按 Enter 键，将在插入点的下一行创建一个新的段落，并在上一个段落结尾处显示段落标记符号“↵”。段落标记符号只是个控制符号，在打印时并不显示。

注意：按下空格键会在插入点处插入一个空格符号，但其大小则由当前输入法的全角半角状态而定。

2. 输入符号

使用键盘可以输入一些常见的符号，如“@，《，》，“，”，等，但有些符号如希腊字符、数字符号等，不能用键盘直接输入。这时，可以利用 Word 提供的插入符号和特殊字符功能。

在功能区单击【插入】选项卡，然后在【特殊符号】组中单击所需的符号，就能直接将其输入到插入点处。如果【特殊符号】组中没有需要的符号，可以单击【符号】按钮，从出现的特殊符号列表中选择。如图 3.25 所示，输入“※”号，只需在特殊符号列表中选择“※”号即可。

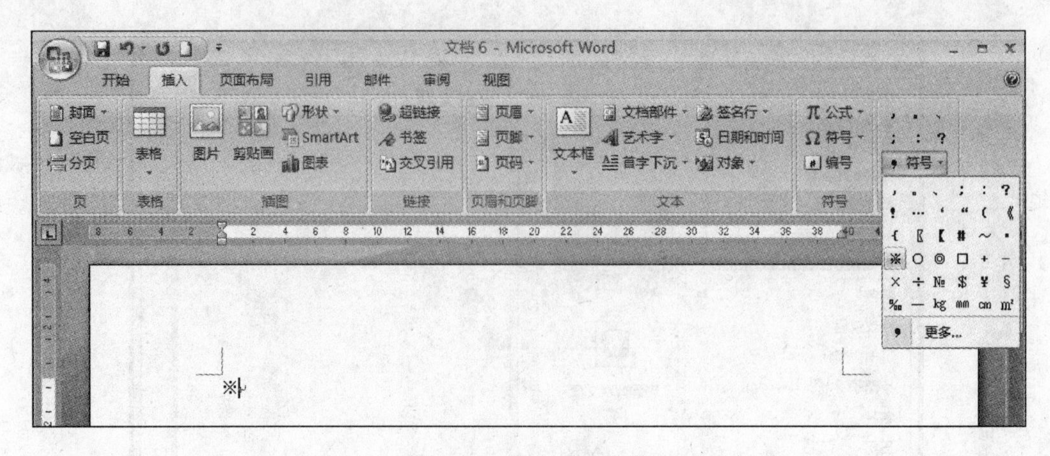

图 3.25　输入特殊符号

如果“特殊符号”列表中没有所需的符号，可以单击列表区下方的【更多】选项，在出现如图 3.26 所示的【插入特殊符号】对话框中进行选择。

要输入更多的符号，可以在功能区的【插入】选项卡【符号】组中单击【符号】按钮，在出现的【符号】下拉列表中选择，如图 3.27 所示。如果【符号】下拉列表中仍然没有需要的符号，还可以单击其下方的【其他符号】选项，在出现的【符号】对话框中列出了某种字体的全部符号，如图 3.28 所示为【普通文本】的符号列表，选中一种符号后单击【插入】按钮即可。

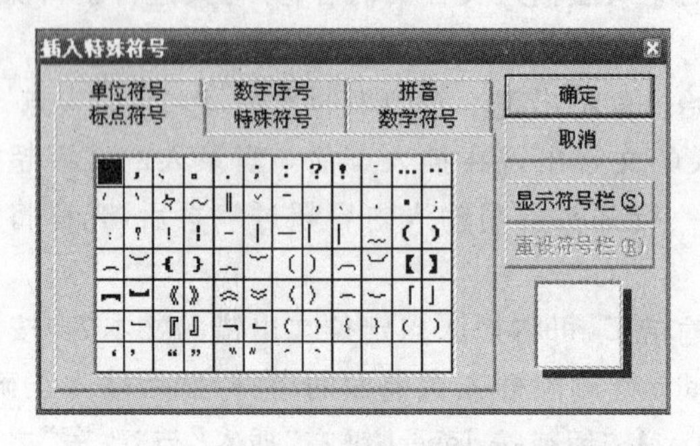

图 3.26　【插入特殊符号】对话框

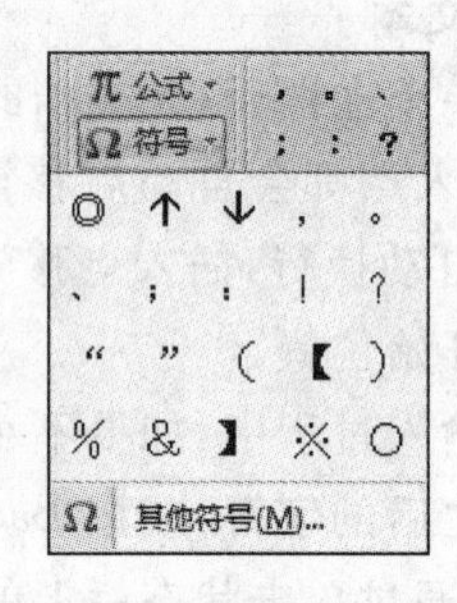

图 3.27　【符号】下拉列表

图 3.28　【符号】对话框

3. 插入日期与时间

Word 2007 提供了当前日期的快速输入法。例如，今天是 2008 年 8 月 8 日，则在文档中输入“2008 年”并按 Enter 键后，将自动输入“2008 年 8 月 8 日星期五”。

除此之外，还可以使用【插入】选项卡中的【日期和时间】按钮来插入当前的日期与时间。具体方法如下：

(1) 在文本编辑区中将插入点移到要插入日期或时间的位置上。

(2) 单击功能区中的【插入】选项卡。

(3) 单击【文本】组中的【日期和时间】按钮，如图 3.29 所示。

(4) 在出现的【日期和时间】对话框的【可用格式】列表框中选择所需的格式，如图 3.30 所示。

(5) 单击【确定】按钮，即可在插入点插入当前日期和时间。

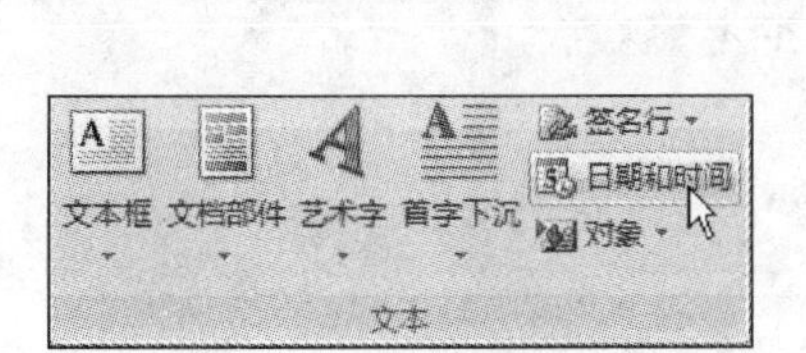

图 3.29 【日期和时间】按钮

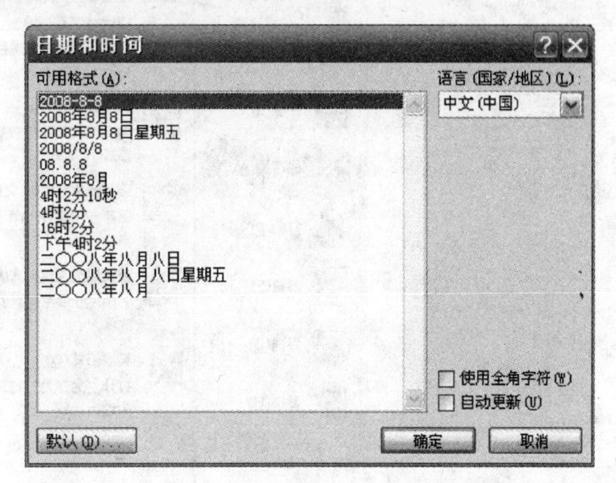

图 3.30 【日期和时间】对话框

3.2.3 保存文档

当正在编辑某个 Word 文档时，如果计算机突然死机、停电等非正常关闭的情况，文档中的信息可能会丢失，因此，为了保护劳动成果，及时保存文档十分重要。

1. 保存新建的文档

如果要对新建的文档进行保存即首次保存时，可单击【快速访问工具栏】上【保存】按钮 ，或选择 Office 按钮→【保存】命令，或按 Ctrl+S 键，都会打开【另存为】对话框，如图 3.22 所示。

1) 保存位置

如果要将文档保存到其他文件夹而不是当前文件夹，可以在地址栏或左侧的导航栏中选择其他文件夹。如果要保存到新文件夹中，需单击【新建文件夹】按钮。

2) 文件名

Word 2007 默认文件名为文档中首段落中的文字，可以对其进行修改或为文档输入新名字。

3) 保存类型

Word 2007 默认保存类型为 Word 文档，即扩展名为.docx 的文档文件。可根据需要在【保存类型】下拉列表中选择其他文件类型。

选择好保存位置、输入文件名并选择好文件类型后，单击【保存】按钮即完成对文档的保存。

2. 保存已保存过的文档

对已保存过的文档进行保存，操作方法与保存新建文档相同，系统会按照原有的位置、名称及格式进行保存，不再出现【另存为】对话框。

3. 另存为其他文档

如果要将当前文档另外保存一份或保存成其他格式，可以单击【Office 按钮】，在弹出的菜单中选择【另存为】选项，在【另存为】的下级菜单中根据需要选择要保存的文档格式，如图 3.31 所示。

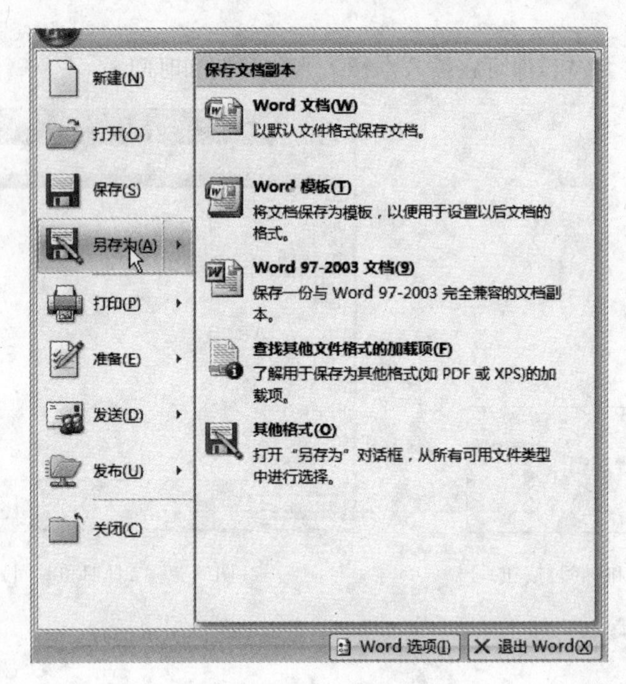

图 3.31 【另存为】菜单

1）另存备份

选择 Office 按钮→【另存为】→【Word 文档】命令，在弹出的【另存为】对话框中，可以将当前文档以其他名称保存或另外保存在其他位置上，这样可以防止覆盖原始文档。

2）另存为 Word 97-2003 格式

选择 Office 按钮→【另存为】→【Word 97-2003 文档】命令，在弹出的【另存为】对话框中，可以将文档保存为兼容格式，即文件扩展名为.doc，该类型文档能直接在早期版本的 Word 中打开。使用早期版本 Word 的用户要打开 Word 2007 以默认文件格式保存的文档，需要安装适用于 Word 2007 的 Office 兼容包才能完全打开。

3）其他格式

选择 Office 按钮→【另存为】→【其他格式】命令，在弹出的【另存为】对话框中单击【保存类型】下拉按钮，可以从所有可用的文件类型中选择需要的文档格式进行保存，如图 3.32 所示。

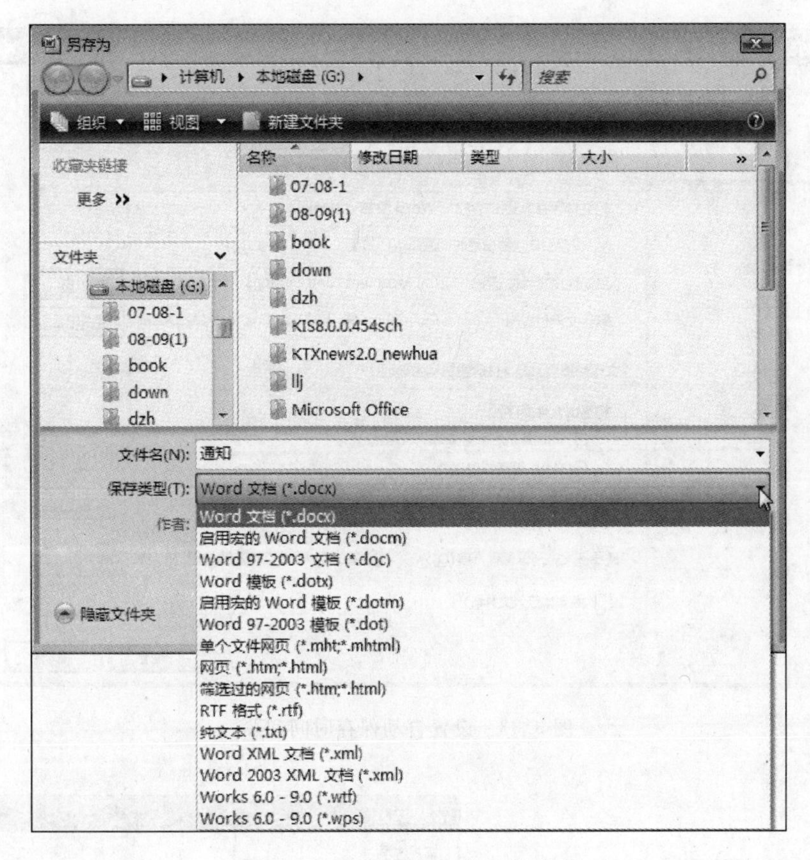

图 3.32　文档可保存的其他格式

4. 自动保存

在使用 Word 2007 的过程中，有时难免会遇到意外情况而关闭程序(如突然断电、死机等)。Word 的自动保存功能可以最大限度地减小数据损失。Word 2007 默认的自动保存时间间隔为 10 分钟，如果要调整自动保存的时间间隔，可选择 Office 按钮→【Word 选项】选项，打开【Word 选项】对话框，如图 3.33 所示。在对话框中单击左侧的【保存】选项，然后选中【保存自动恢复信息时间间隔】复选框，并设置自动保存时间间隔(如 5 分钟或更少)，最后单击【确定】按钮即可。

5. 设置文档密码

要想防止他人打开某些重要的文档，可以为文档指定一个密码，以后只有输入正确的密码才能打开该文档。为文档添加密码是在【另存为】对话框中进行的，具体操作如下：

(1) 打开【另存为】对话框。

(2) 单击【工具】按钮，如图 3.34 所示。

(3) 在弹出的【工具】按钮菜单中选择【常规选项】命令，打开【常规选项】对话框，如图 3.35 所示。

(4) 在【打开文件时的密码】文本框中输入密码，每输入一个字符就用星号代替。密码可以包含字母、数字、空格和符号的任意组合。

(5) 单击【确定】按钮，出现【确认密码】对话框。

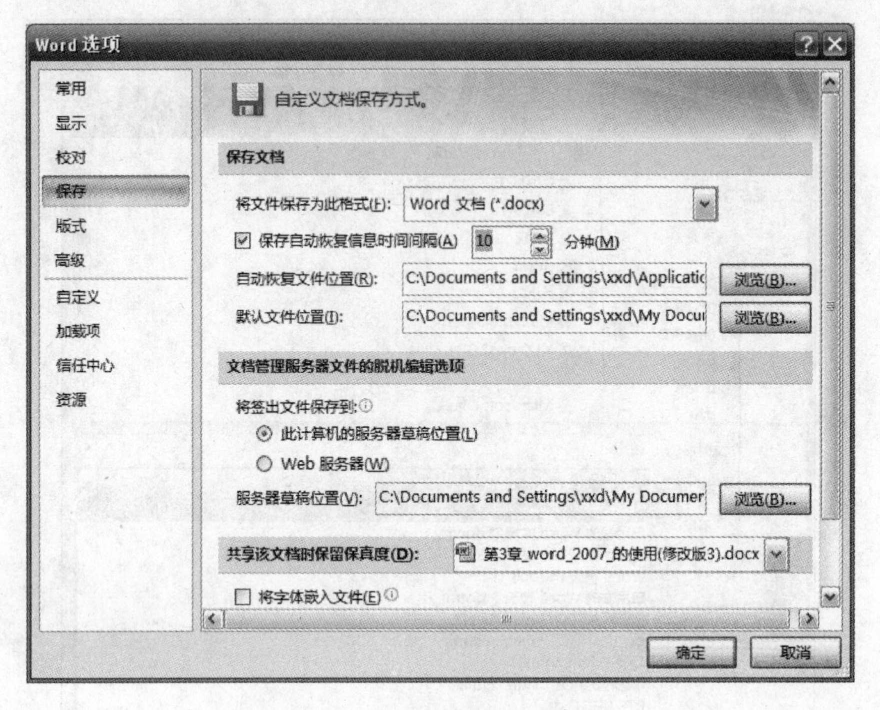

图 3.33　设置自动保存时间间隔

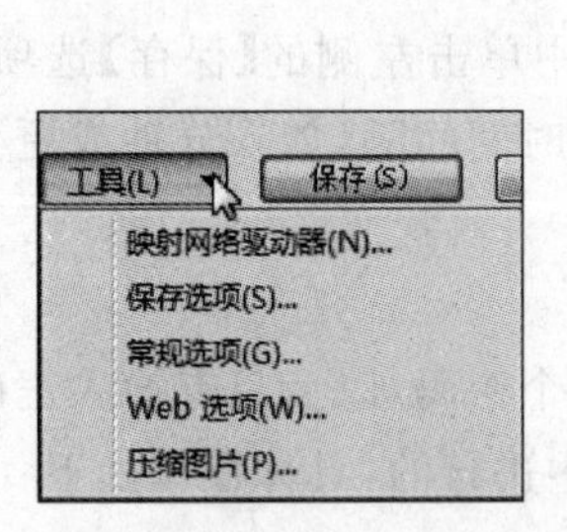

图 3.34　【工具】按钮的菜单

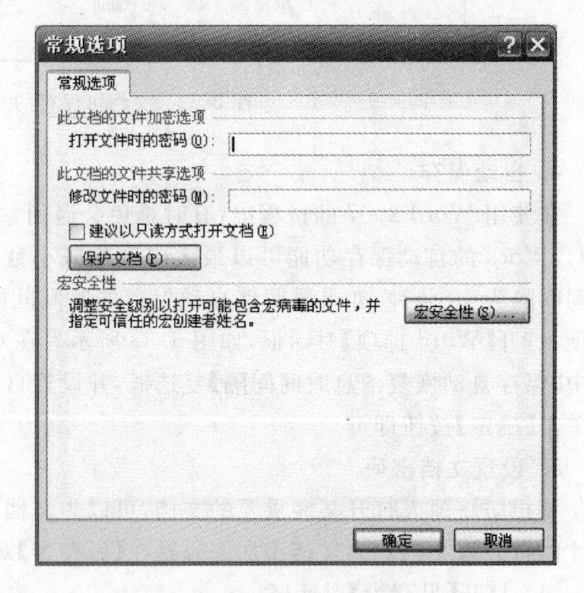

图 3.35　【常规选项】对话框

(6) 再次输入密码后，单击【确定】按钮返回到【另存为】对话框。

(7) 单击【保存】按钮，即可将该文档保存起来。

以后打开该文档时，会出现【密码】对话框，在【请键入打开文件所需的密码】文本框中输入正确的密码，然后单击【确定】按钮才能打开该文档。

3.2.4 关闭文档

对文档完成所有的操作后，就可以关闭当前文档了，有关关闭文档的方法在 3.1.1 节中已经做了介绍。这里需要强调的是，当关闭文档时，如果没有对文档进行编辑、修改，系统会直接关闭当前文档；如果对文档做了修改，但尚未保存，系统将会弹出一个如图 3.36 所示的提示框，询问用户是否保存对文档所做的修改。单击【是】按钮，可以保存对文档的修改并关闭当前文档；单击【否】按钮，将不保存对文档的修改并关闭当前文档；单击【取消】按钮，则返回 Word 窗口继续编辑文档。

图 3.36　关闭文档时的提示框

3.2.5 打开文档

对于已经保存过的文档，若要对其进行编辑，需要先打开文档。打开文档的常用方法如下。

(1) 双击 Word 文档文件：在【计算机】窗口相应的文件夹中找到需要编辑的 Word 文档并双击，系统自动启动 Word 2007 并打开相应的文档。

(2) 打开最近使用过的文档：在 Word 窗口中单击【Office 按钮】，在弹出的菜单的右侧列出了最近使用过的文档，单击某个所需的文件名，即可打开相应的文档。

(3) 使用【打开】对话框：在 Word 窗口中单击【Office 按钮】，在弹出的菜单中选择【打开】选项，打开【打开】对话框，如图 3.37 所示。选择文档所在的文件夹，在其右面的列表框中单击要打开的文件名，再单击【打开】按钮即可打开所选的文档。

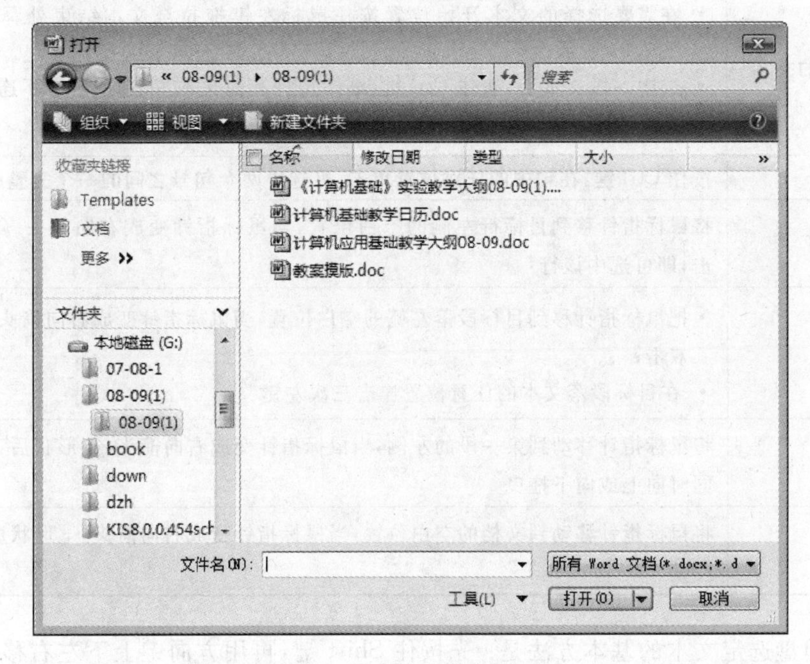

图 3.37　【打开】对话框

在【打开】对话框中，单击【打开】按钮右侧的下三角按钮，在弹出的菜单中可以选择文档的多种打开方式，如图 3.38 所示。在【打开】菜单中，各选项的功能如下。

(1) 打开：以正常方式打开文档，该打开方式为 Word 默认的文档打开方式。

(2) 以只读方式打开：使用该方式打开的文档，将以只读方式存在，对文档的编辑修改将无法直接保存到原文档上，而需要将编辑修改后的文档另存为一个新的文档。

(3) 以副本方式打开：使用该方式打开文档，将打开一个文档的副本，而不打开原文档，对该副本文档所作的编辑修改将直接保存到副本文档中，对原文档没有任何影响。

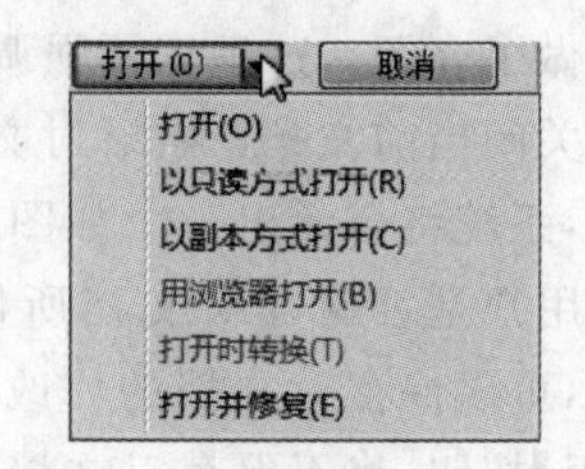

图 3.38　选择文档的打开方式

3.3　文本的编辑

3.3.1　文本的选定

对文本进行操作之前，通常需要先选定文本(有时也称作选择文本)。在 Word 2007 中可以使用鼠标或键盘等多种方法选定任意位置和长度的文本。

使用鼠标选定文本的方法如表 3.1 所示。

表 3.1　使用鼠标选定文本的常用方法

选　择	操　作
任意数量的文本	• 在需要选择的文本开始位置按住鼠标左键拖拉至文本结束处释放鼠标，如图 3.39 所示； • 选中一段文本后，按住 Ctrl 键，继续选择其他文本，可选中多个不连续文本，如图 3.40 所示
一句文本	按住 Ctrl 键，在句中的任意位置单击，可选中两个句号之间的一个完整的句子
一行文本	将鼠标指针移到目标行左侧的空白位置，当鼠标指针变成右向箭头 ↗ 形状后单击，即可选中该行
一个段落	• 把鼠标指针移到目标段落左侧的空白位置，当鼠标指针变成右向箭头 ↗ 形状后双击； • 在目标段落文本的任意位置连击三次左键
多个段落	将鼠标指针移动到第一段的左侧，当鼠标指针变成右向箭头 ↗ 形状后，按住左键，同时向上或向下拖曳
整篇文档	将鼠标指针移动到文档的空白位置，当鼠标指针变成右向箭头 ↗ 形状后连击三次左键

使用键盘选定文本的基本方法是：先按住 Shift 键，再用方向键上下左右移动插入点，插入点移动的范围就是被选择的区域。具体操作方法如表 3.2 所示。

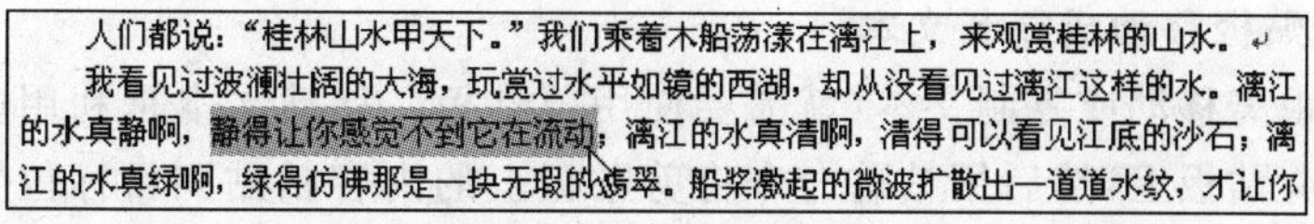

人们都说："桂林山水甲天下。"我们乘着木船荡漾在漓江上，来观赏桂林的山水。
我看见过波澜壮阔的大海，玩赏过水平如镜的西湖，却从没看见过漓江这样的水。漓江的水真静啊，静得让你感觉不到它在流动；漓江的水真清啊，清得可以看见江底的沙石；漓江的水真绿啊，绿得仿佛那是一块无瑕的翡翠。船桨激起的微波扩散出一道道水纹，才让你

图 3.39　选择任意文本

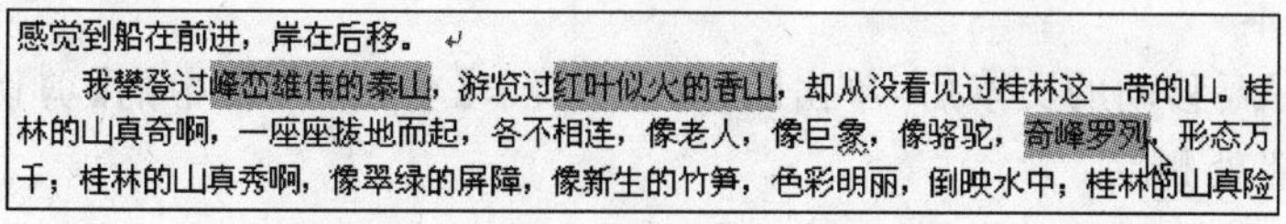

感觉到船在前进，岸在后移。
我攀登过峰峦雄伟的泰山，游览过红叶似火的香山，却从没看见过桂林这一带的山。桂林的山真奇啊，一座座拔地而起，各不相连，像老人，像巨象，像骆驼，奇峰罗列，形态万千；桂林的山真秀啊，像翠绿的屏障，像新生的竹笋，色彩明丽，倒映水中；桂林的山真险

图 3.40　选定多个不连续的文本

表 3.2　使用键盘选定文本的常用方法

选　择	操　作
插入点右侧的一个字符	按 Shift+→键
插入点左侧的一个字符	按 Shift+←键
向上一行	按 Shift+↑键
向下一行	按 Shift+↓键
一行文本	• 按 Home 键，然后按 Shift+End 键； • 按 End 键，然后按 Shift+Home 键
一个段落	将鼠标指针移动到段落开头或结尾，然后再按 Ctrl+Shift+↓键或按 Ctrl+Shift+↑键
整篇文档	按 Ctrl+A 键

如果所选文本并非所需要的，则可以取消文本的选择状态。取消选择的方法非常简单：在文档中的任意位置单击，或按任意一个方向键（↑、↓、←、→）和 PgUp、PgDn、Home、End 键中的任意一个，都可以取消选择。

3.3.2　移动和复制文本

若要移动或复制文本，首先应选定需要操作的文本，然后再对其进行移动和复制。

1. 拖曳方式移动或复制文本

如果是短距离移动或复制文本，那么最简捷的方法就是利用鼠标进行拖曳。

1）移动文本

将鼠标指针指向选择好的文本，鼠标指针变成箭头形状后按住左键不放，此时会出现一个带虚线框的对象指针，插入点也变成虚竖线形状。拖曳鼠标，将虚竖线形状的插入点移动到目标位置后放开左键。

2）复制文本

先按住 Ctrl 键，然后再将鼠标指针指向选择好的文本并按住左键不放，此时的虚线框上会出现一个"+"号。其余操作和移动文本时一样，拖曳到目标位置后放开左键和 Ctrl 键，则选择的内容被复制到新的位置。

需要说明的是，这种方式只能在同一个文档中进行。

2. 使用剪贴板移动或复制文本

如果是长距离移动或复制文本，就需要使用剪贴板。移动文本是利用剪切命令将选择的内容转移到剪贴板上，然后用粘贴命令将剪贴板上的内容粘贴到目标位置。复制文本是将选择的内容通过复制命令再复制一份到剪贴板上，然后用粘贴命令将剪贴板上的内容粘贴到目标位置。

1) 移动文本

(1) 选择好要移动的文本后，单击【开始】选项卡【剪贴板】组中的【剪切】按钮，选择的文本从原位置处删除。

(2) 将光标移动到要进行粘贴的位置。

(3) 单击【开始】选项卡【剪贴板】组中的【粘贴】按钮，移动文本完成。

2) 复制文本

(1) 选择好要复制的文本后，单击【开始】选项卡【剪贴板】组中的【复制】按钮，此时窗口中并没有任何变化，但实际上选择的内容已经被存放到剪贴板中。

(2) 将光标移到要进行粘贴的位置。

(3) 单击【开始】选项卡【剪贴板】组中的【粘贴】按钮，复制文本完成。

3. 使用键盘移动或复制文本

在选择好文本后，也可以使用快捷键移动或复制文本。

(1) 按 Ctrl+X 键，实现的是【剪切】操作。

(2) 按 Ctrl+C 键，实现的是【复制】操作。

(3) 按 Ctrl+V 键，实现的是【粘贴】操作。

4. 关于 Office 2007 剪贴板

Office 剪贴板上最多可以保留 24 个剪贴项。如果复制第 25 个项目，则会删除 Office 剪贴板中的第一个项目。这些剪贴项可在 Office 2007 的程序中共享，例如，在 Word 中复制的内容，也可以在 Excel 中使用。

要查看 Office 剪贴板中所存放的内容，可以单击【剪贴板】组的对话框启动器按钮，即可显示【剪贴板】任务窗格，如图 3.41 所示。

如要粘贴 Office 剪贴板中的某一个项目，可单击【剪贴板】任务窗格中相应的对象图标；要粘贴 Office 剪贴板中的所有内容，可单击【剪贴板】任务窗格中的【全部粘贴】按钮；要删除 Office 剪贴板中的某一个项目，可单击【剪贴板】任务窗格中要删除的项目旁边的箭头，然后单击【删除】按钮；要清空 Office 剪贴板中的内容，可单击剪贴板【任务窗格】中的【全部清空】按钮。

单击【剪贴板】任务窗格右上角的【关闭】按钮，即可关闭【剪贴板】任务窗格。

3.3.3 删除和恢复操作

1. 删除文本

前面介绍过，可以按 Backspace 键或 Delete 键删除光标前后的一个字符。但是，如果要删除的内容比较多，逐字删除的效率就太低了。这时可以先选定要删除的文本，然后按 Delete 键或单击【剪切】按钮，都可以快速删除选择的内容。如果希望删除后再输入新的内容，那么在选择完文本后可直接键入新文本，默认情况下键入的内容会自动替换所选文本。

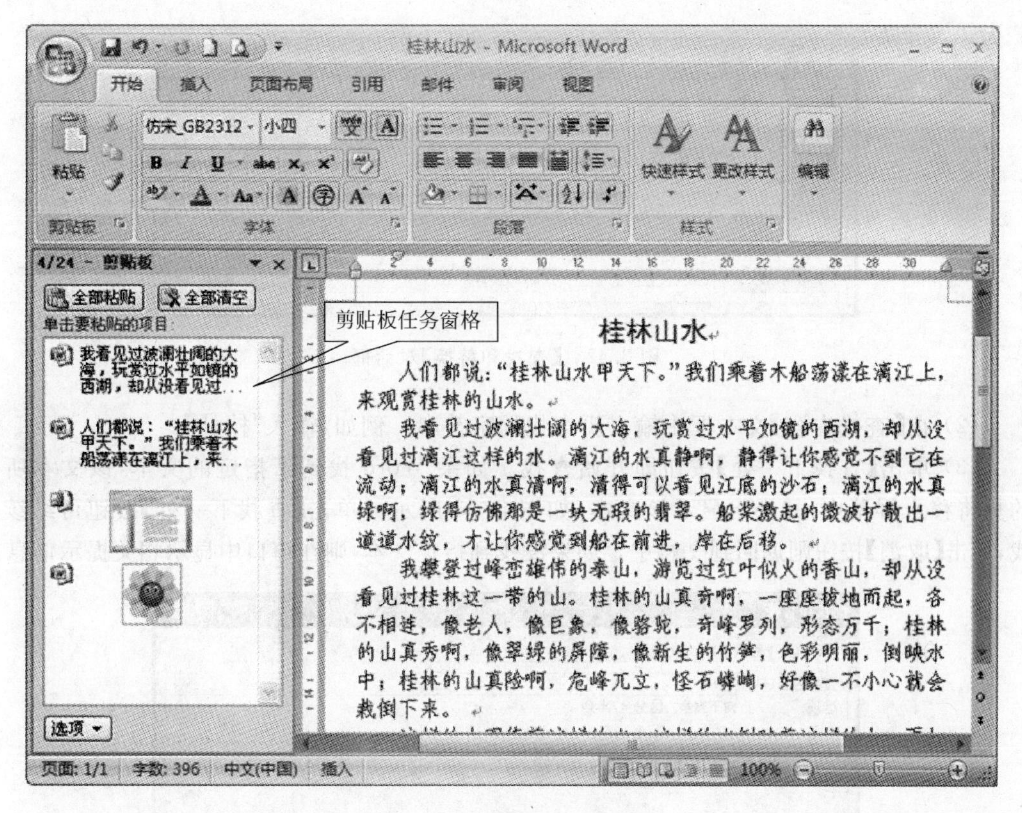

图 3.41　剪贴板任务窗格

2. 恢复操作

在文档编辑过程中，Word 2007 自动记录最近执行的操作，因此当操作错误时，通过撤销功能来撤销当前错误的操作。撤销的方法是：单击【快速访问工具栏】上的【撤销】按钮，撤销上一次的操作。也可以单击按钮右侧的下拉箭头，在弹出的列表中选择要撤销的操作。还可以按 Ctrl＋Z 组合键来撤销最近的操作。

恢复操作是与撤销操作效果相反的操作。当出现了错误的撤销操作以后，可以通过恢复操作来还原错误的撤销操作。恢复的方法是：单击【快速访问工具栏】上的【恢复】按钮，恢复最近的撤销操作。如果需要恢复多步操作，则可反复单击恢复按钮。当然，也可以使用 Ctrl＋Y 组合键来恢复最近的撤销操作。

3.3.4　查找和替换

如果要在当前文档中找到某个词语或要将某个词语用另外的词语来替换，则可使用 Word 2007 提供的查找和替换功能。

1. 查找文本

查找功能可以在文档中查找任意字、词或短语等出现的每一个位置，也可以查找带有指定格式的文本。查找的操作步骤如下：

(1) 单击【开始】选项卡【编辑】组内的【查找】按钮，打开【查找和替换】对话框，如图 3.42 所示。

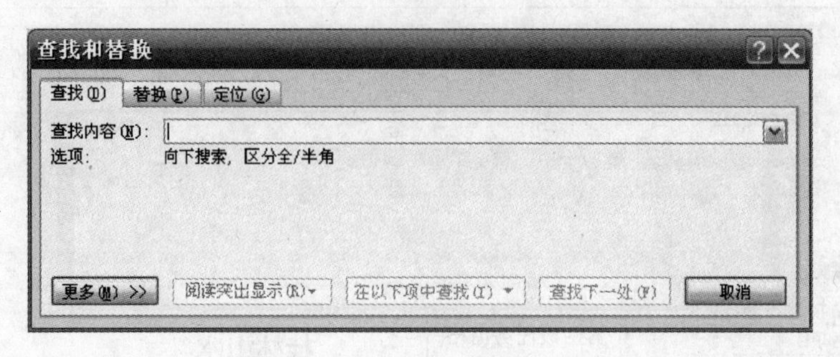

图 3.42 【查找和替换】对话框

(2) 在【查找内容】文本框中输入要查找的字符串。例如，输入“桂林”。

(3) 单击【查找下一处】按钮即开始查找。如果 Word 找到了指定的文本，该文本所在的页将移入屏幕中，并突出显示该文本，如图 3.43 所示。单击【查找下一处】按钮可继续查找，单击【取消】按钮则返回到文档中。如果没找到指定文本，则在窗口中显示相关提示信息。

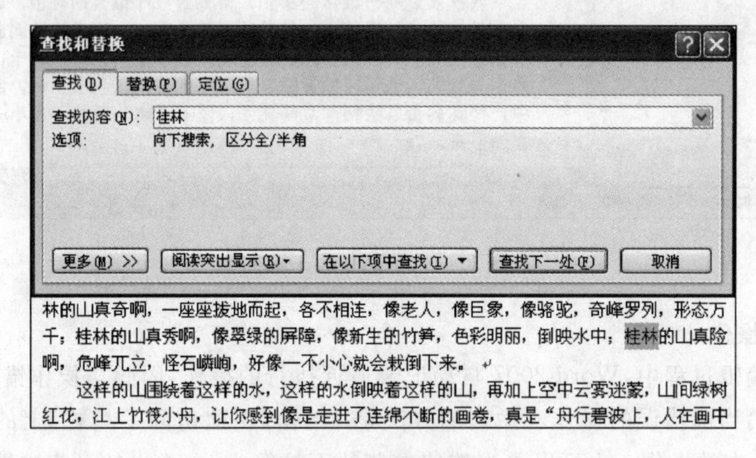

图 3.43 查找指定文本

(4) 如果对查找有更高的要求，则单击【查找和替换】对话框中的【更多】按钮，扩展【查找】选项卡，如图 3.44 所示。

(5) 在扩展选项中，可以选择搜索范围(全部、向上或向下)，可以在复选框中选择匹配模式；在【格式】按钮的弹出菜单中选择某种格式，如查找某种字体的文本等；在【特殊格式】按钮的弹出菜单中指定查找特殊字符，如段落标记等。

2. 替换

替换功能既能用其他文字来替换文档中普通的文字，也可以替换那些带有指定格式或样式的文字。实际上，查找与替换使用的是同一个对话框。单击【编辑】组内的【替换】按钮，弹出【查找和替换】对话框，如图 3.45 所示。【替换】选项卡比【查找】选项卡多了一个【替换为】文本框，用于输入要替换成的内容。

例如，查找文字“桂林”，并将其替换成 GuiLin，操作步骤如下：

(1) 单击【开始】选项卡【编辑】组内的【替换】按钮，打开【查找和替换】对话框。

(2) 在【替换】选项卡的【查找内容】文本框中输入“桂林”，在【替换为】文本框中输入 GuiLin。

图 3.44 查找中的扩展设置

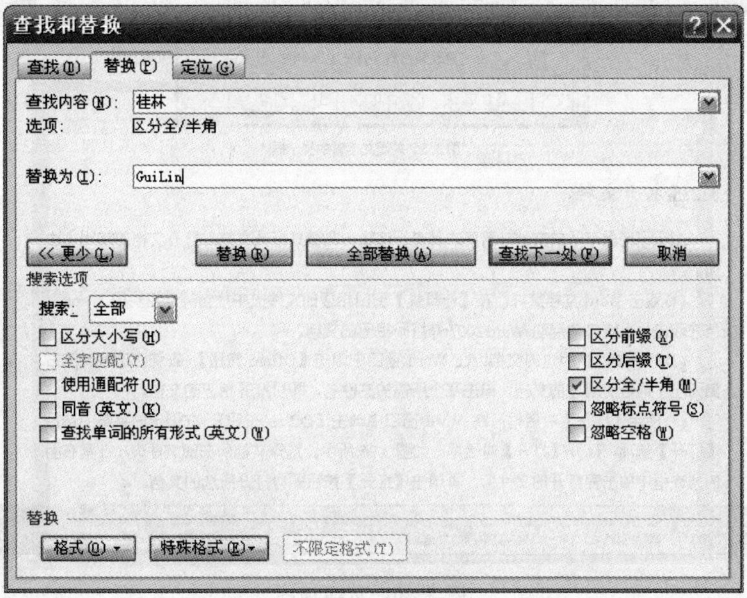

图 3.45 【替换】选项卡

(3) 单击【查找下一处】或【全部替换】按钮完成。两个按钮的区别在于：

- 查找下一处：Word 会自动连续地查找下一个匹配的文本，然后由用户决定是否替换，如果替换，则单击【替换】按钮，否则单击【查找下一处】按钮继续查找而不进行替换。
- 全部替换：Word 将一次性完成文档中所有对应内容的替换操作，而不进行询问。

3.4 文档格式的设置

文本内容输入完成后，还需要设置字体和段落的格式，使文档看上去更加规范和正式。而在编辑和浏览文本过程中，则可以选择不同的方式对文档进行查看。

3.4.1 文档的视图方式

视图是指查看和编辑文档时显示文档的方式。在浏览和编辑过程中可根据需要选择不同的方式显示文档内容，每种视图在某些方面都有其便利之处。

Word 2007 中提供了 5 种不同的视图，即页面视图、阅读版式视图、Web 版式视图、大纲视图和普通视图。通过单击【视图】选项卡【文档视图】组中的 5 个按钮选择一种视图方式，也可以通过单击屏幕下方状态栏中的“视图快捷方式”按钮来快速选择不同的视图方式。

1. 页面视图

页面视图是文档编辑过程中最常用的一种视图方式。在该视图下可以看到图、文的排列格式，其显示效果和最终在纸上打印出来的效果相同，如图 3.46 所示。页面视图可用于编辑页眉/页脚、调整页边距和处理分栏、图形对象等。

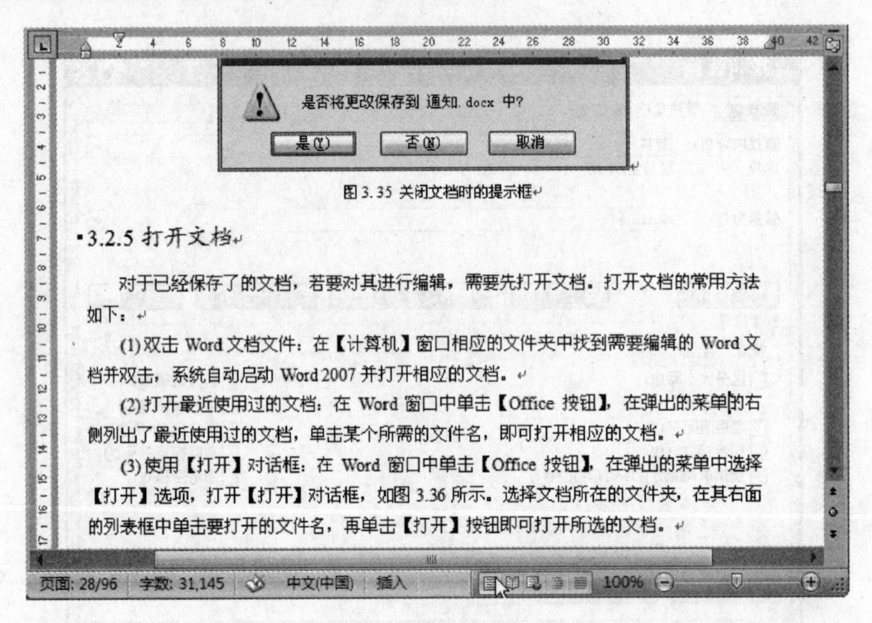

图 3.46 页面视图

2. 阅读版式视图

阅读版式视图的特点是便于阅读操作。在该视图下，可以像翻阅书籍一样，使相邻的两页在一个版面上，如图 3.47 所示。版面上下均有翻阅按钮，可随意向前向后翻阅。

3. Web 版式视图

Web 版式视图用于编辑在 Internet 网站上发布的文档，如图 3.48 所示。在该视图下文档将显示为一个不带分页符的长页，并且文本和表格将自动换行以适应窗口的大小，图形位置也与在 Web 浏览器中的位置一致。

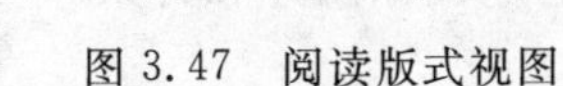

图 3.47 阅读版式视图

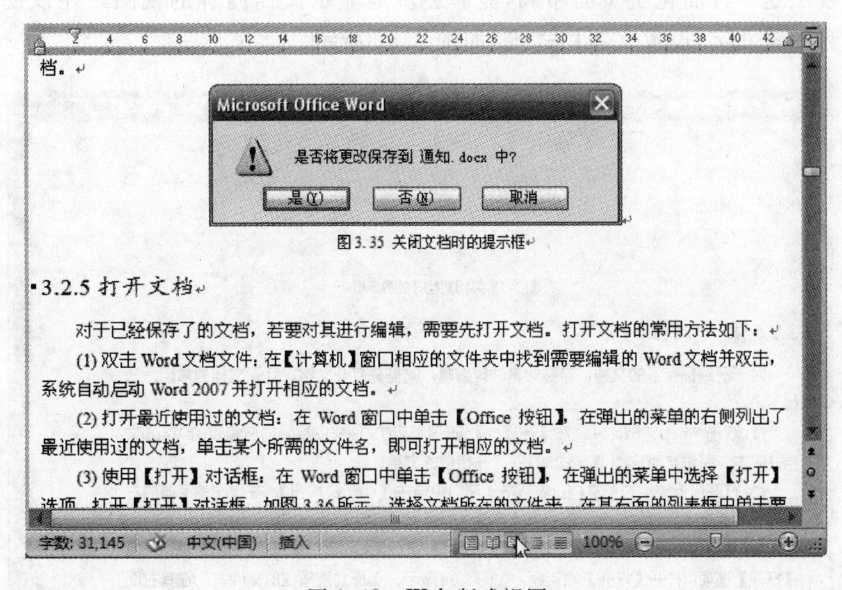

图 3.48 Web 版式视图

4. 大纲视图

大纲视图可以方便地显示出文档的大纲层次，便于文档重新组织和处理，也可通过折叠文档来查看主要标题，如图 3.49 所示。

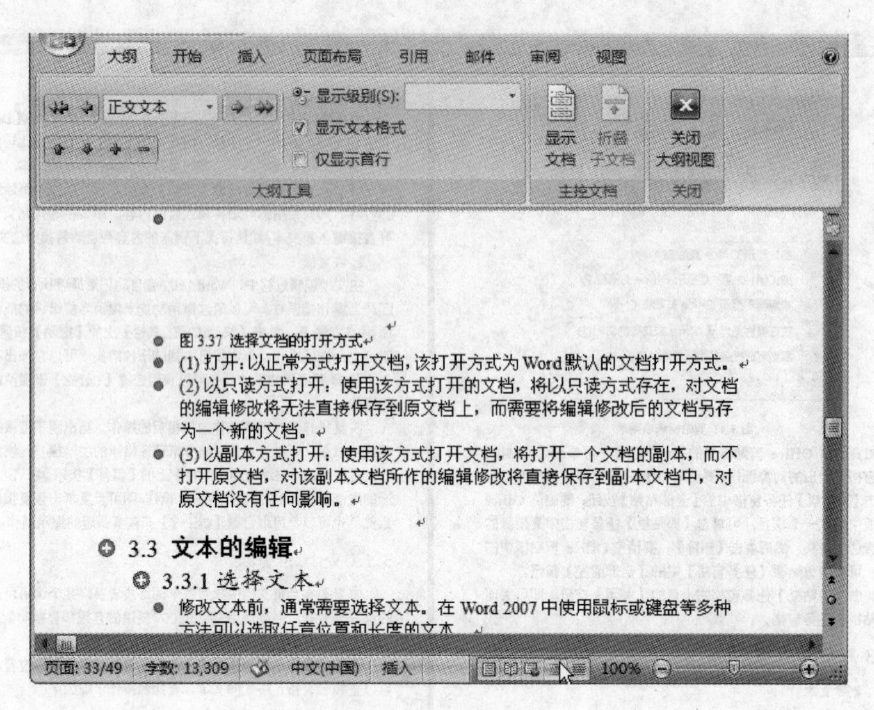

图 3.49　大纲视图

大纲视图下不显示页边距、页眉/页脚、图片和背景。

5. 普通视图

普通视图是一种简化了页面布局、能够更多地显示文档内容的视图。在该视图下可快速地输入和编辑文字，设置文本格式等，如图 3.50 所示。

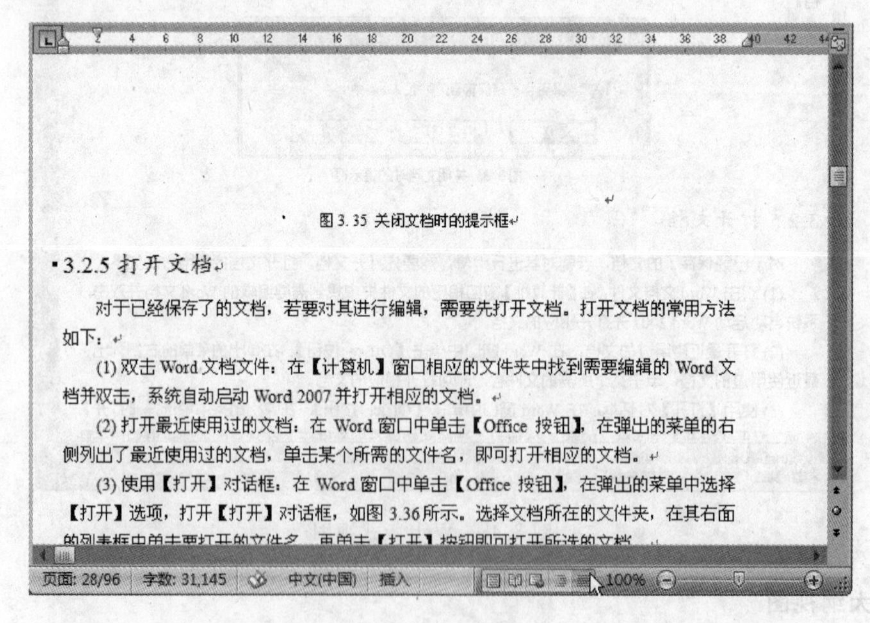

图 3.50　普通视图

在普通视图中，不显示页边距、页眉/页脚、背景、图形对象等，页与页之间用一条虚线表示分页符。

3.4.2 字符格式设置

字符格式设置包括设置字体、字号、字体颜色、字形、字体效果和字符间距等。Word 2007 文档默认设置中文字体为“宋体”，英文字体为 Times New Roman，默认字号为“五号”。

- 字体：字体是指字符的外观，分为中文字体和英文字体。Windows 操作系统自身携带了大量字体，也可以根据需要在系统中安装其他中英文字体。最基本的中文字体有宋体、黑体、仿宋和楷体。
- 字号：字号是指字符的大小。Word 2007 提供了两种表示字号的方法，一种是使用中文标准（如初号、小初、一号……七号、八号等），最大的是初号，最小的是八号；另一种是使用国际上通用的“磅”来表示（如 5、6.5……48、72 等），最小是 5，最大是 72，也可以直接输入更大的数值，如 400。在中文字号中，数值越大，文字就越小；用“磅”表示的字号，数值越小，字符的尺寸越小，数值越大，字符的尺寸越大。设置字号的方法与设置字体的方法类似。
- 字体颜色和字符底纹：通过对文本设置字体颜色和字符底纹（即字符的背景色），来起到强调的效果。
- 字形：字形是指字符的一些特殊外观，可起到强调的作用。Word 的字形共分 4 种，分别是“常规”、“倾斜”、“加粗”和“加粗＋倾斜”。
- 字体效果：为字符增加上标、下标、空心、阴文、阳文、阴影等修饰效果，为强调某种效果也可以使用删除线等。

设置字符格式时既可以先选择已输入的文本，然后再设置字符格式；也可以先选择字符格式，然后再输入文本，则后面输入的新文本自动采用该设置。

设置字符格式主要有下面三种方法。

1. 使用功能区【字体】组中的命令

使用【开始】选项卡【字体】组中提供的命令按钮即可设置文本的字符格式，其功能如图 3.51 所示。

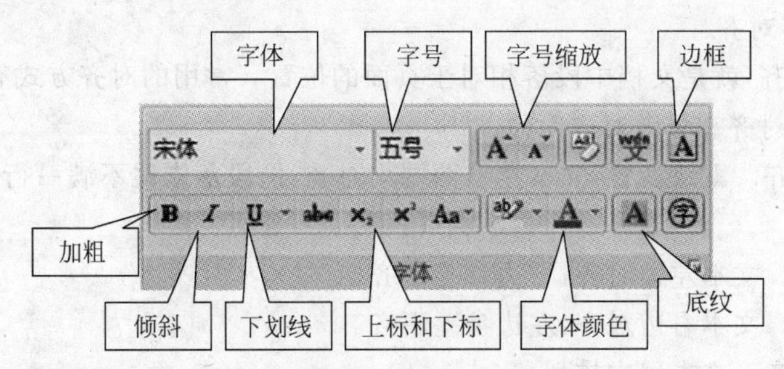

图 3.51 【字体】组中常用命令按钮

2. 使用【字体】对话框

单击【开始】选项卡【字体】组的对话框启动器按钮，打开【字体】对话框即可进行字符格式设置，如图 3.52 所示。其中【字体】选项卡可以设置字体、字形和字号等；【字符间距】选项卡可以调整字符间的距离及位置。

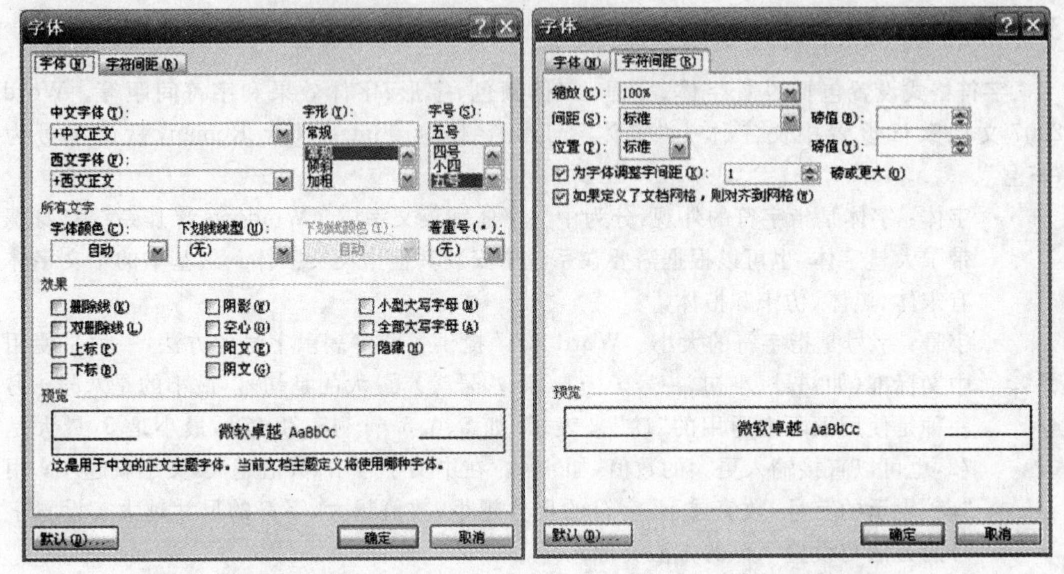

(a)【字体】选项卡　　(b)【字符间距】选项卡

图 3.52　【字体】对话框中【字体】选项卡和【字符间距】选项卡

3. 使用浮动工具栏

选择文本内容后，只要将鼠标移到选择的文本的上方，就会从模糊到逐渐清晰地显现出浮动工具栏，如图 3.53 所示。浮动工具栏中包含了最常用的字体设置按钮：字体、字号、颜色、对齐方式等，设置方法与在功能区中设置的方法类似。

图 3.53　浮动工具栏

3.4.3　段落格式设置

在 Word 2007 中，段落是由文本、图形、对象（如公式和图表）等加上一个段落标记构成。设置段落格式主要是设置段落的对齐、缩进和段落间距等。

1. 设置段落对齐

所谓段落对齐，就是文档中段落相对于页面的位置。常用的对齐方式有两端对齐、居中对齐、左对齐、右对齐和分散对齐 5 种。

(1) 两端对齐。默认设置，文本左右两端均对齐，但段落末尾不满一行的文字右边是不对齐的。

(2) 左对齐。文本左边对齐，右边参差不齐。

(3) 右对齐。文本右边对齐，左边参差不齐。

(4) 居中对齐。文本居中排列。

(5) 分散对齐。文本左右两边均对齐，而且每个段落的最后一行不满一行时，将拉开字符间距使该行均匀分布。

设置段落对齐时首先选定需要改变对齐方式的段落或把光标定位于此段落中的任意位

置。常用的设置方法有两种。一种是使用【开始】选项卡【段落】组中提供的对齐按钮来设置对齐方式，如图 3.54 所示。另一种是使用【段落】对话框。单击【开始】选项卡【段落】组右下角的对话框启动器按钮，弹出【段落】对话框，然后选择【缩进和间距】选项卡，再在【对齐方式】下拉列表框中选择对齐方式，如图 3.55 所示。浮动工具栏中只提供了居中对齐一种方式。各种段落对齐方式的样例如图 3.56 所示。

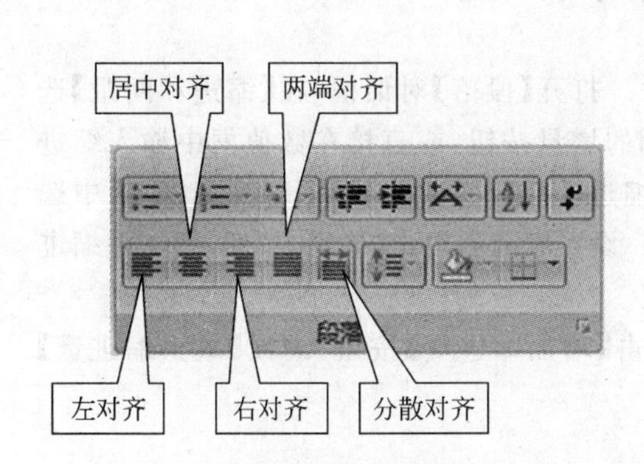

图 3.54 【段落】组中的对齐方式按钮

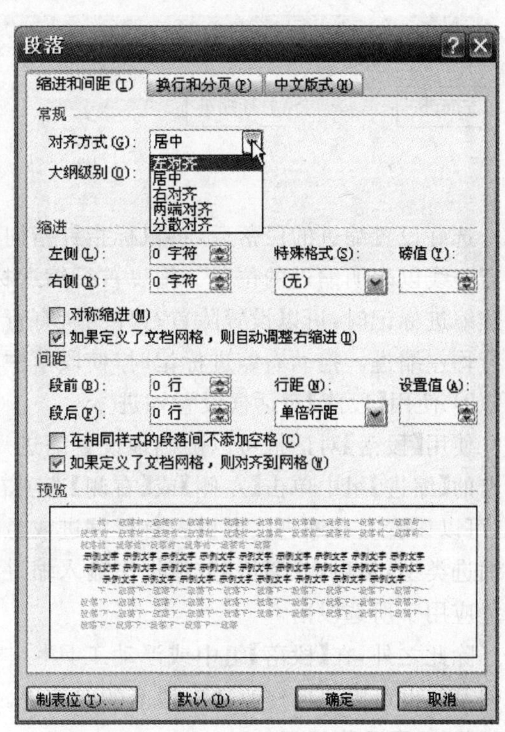

图 3.55 【段落】对话框中的【对齐方式】下拉列表框

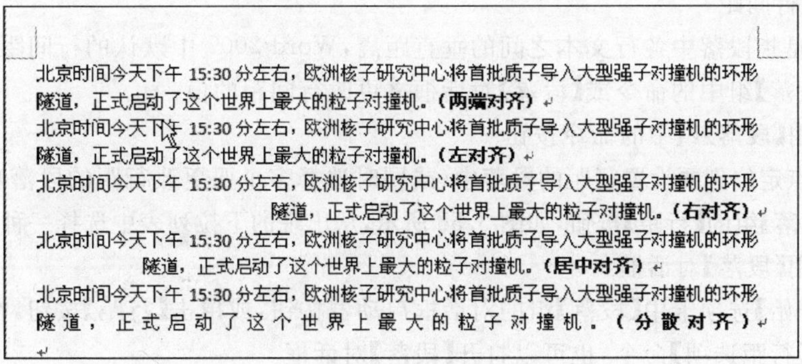

北京时间今天下午 15:30 分左右，欧洲核子研究中心将首批质子导入大型强子对撞机的环形隧道，正式启动了这个世界上最大的粒子对撞机。(**两端对齐**)

北京时间今天下午 15:30 分左右，欧洲核子研究中心将首批质子导入大型强子对撞机的环形隧道，正式启动了这个世界上最大的粒子对撞机。(**左对齐**)

北京时间今天下午 15:30 分左右，欧洲核子研究中心将首批质子导入大型强子对撞机的环形隧道，正式启动了这个世界上最大的粒子对撞机。(**右对齐**)

北京时间今天下午 15:30 分左右，欧洲核子研究中心将首批质子导入大型强子对撞机的环形隧道，正式启动了这个世界上最大的粒子对撞机。(**居中对齐**)

北京时间今天下午 15:30 分左右，欧洲核子研究中心将首批质子导入大型强子对撞机的环形隧道，正式启动了这个世界上最大的粒子对撞机。(**分散对齐**)

图 3.56 段落对齐样例

2. 设置段落缩进

段落缩进是指段落中的文本与页边距之间的距离。Word 2007 中共有 4 种缩进格式：左缩进、右缩进、悬挂缩进和首行缩进。设置段落缩进时首先要将插入点定位到相应的段落中，如果要对多个段落应用同样的缩进效果，可同时选定这些段落。

1）利用标尺调整缩进

通过水平标尺可以快速设置段落的缩进方式及缩进量。水平标尺中包括首行缩进、悬挂缩进、左缩进和右缩进4个标记，如图3.57所示。

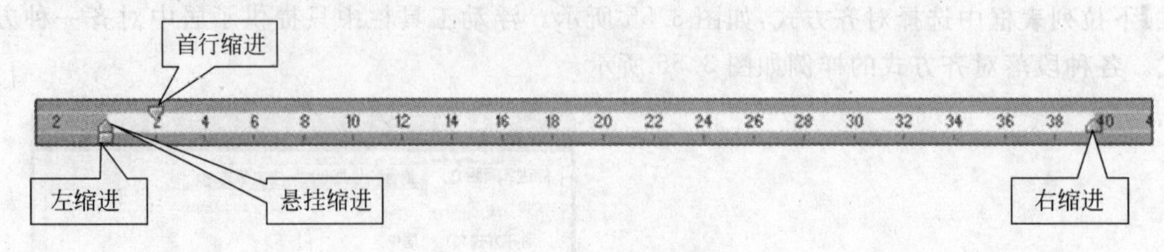

图3.57　水平标尺

选好设置缩进的段落后，将鼠标指针指向缩进标记并左右拖动，此时页面上会出现一条垂直虚线以表明缩进的位置。拖曳首行缩进标记时，将以左边界为基准缩进第一行。拖曳悬挂缩进标记时，可以设置除首行外的所有行的缩进。拖动左缩进标记时，可以使段落中所有行均左缩进。拖动右缩进标记时，使段落中所有行均右缩进。

2）使用【段落】对话框设置缩进

使用【段落】对话框可以准确地设置缩进尺寸。打开【段落】对话框，在【缩进和间距】选项卡的【缩进】组中单击【左侧】或【右侧】选项右侧的增量按钮，或直接在数值框中输入缩进量，可以设置左右缩进。要设置首行缩进或悬挂缩进，单击【特殊格式】下拉列表框，从中选择缩进类型，然后在【磅值】数值框中输入缩进量。设置完成后单击【确定】按钮，即可将缩进设置应用于所选段落。

除此之外，在【段落】组中或浮动工具栏中单击【增加缩进量】按钮或【减少缩进量】按钮，也可以快速修改选定段落的左缩进。

3. 设置段落间距

段落间距的设置包括文档行间距与段间距的设置。

1）设置行间距

行间距是指段落中各行文本之间的垂直距离，Word 2007中默认的行间距为单倍行距。可以利用【段落】组中的命令或【段落】对话框来更改行间距的值。

(1) 使用【段落】组中的命令按钮

将插入点定位到要设置行距的段落中（或同时选择多个要更改行距的段落），单击【开始】选项卡中【段落】组的【行距】按钮，如图3.58所示，从出现的下拉列表中选择一种行距值即可。

(2) 使用【段落】对话框

单击【开始】选项卡中【段落】组的对话框启动器按钮，或单击【行距】按钮，在出现的下拉列表中选择【行距选项】命令，也可以打开【段落】对话框。

选中【缩进和间距】选项卡，在【行距】下拉列表框中选择一种行距类型，即可更改当前所选段落的行间距，如图3.59所示。其中，最小值和固定值都以磅值为单位，要求用户输入设置值。当行距设置为【最小值】时，Word 2007会自动调整行距为能容纳下所在段中最大字体或图形的最小距离。如果设置的值小于该值，则用户设置的值不起作用。当行距设置为【固定值】时，则Word不能再自动调整行距，如果用户设置的值小于能容纳下该段中最大字体或图形的最小距离时，超出部分不再显示。

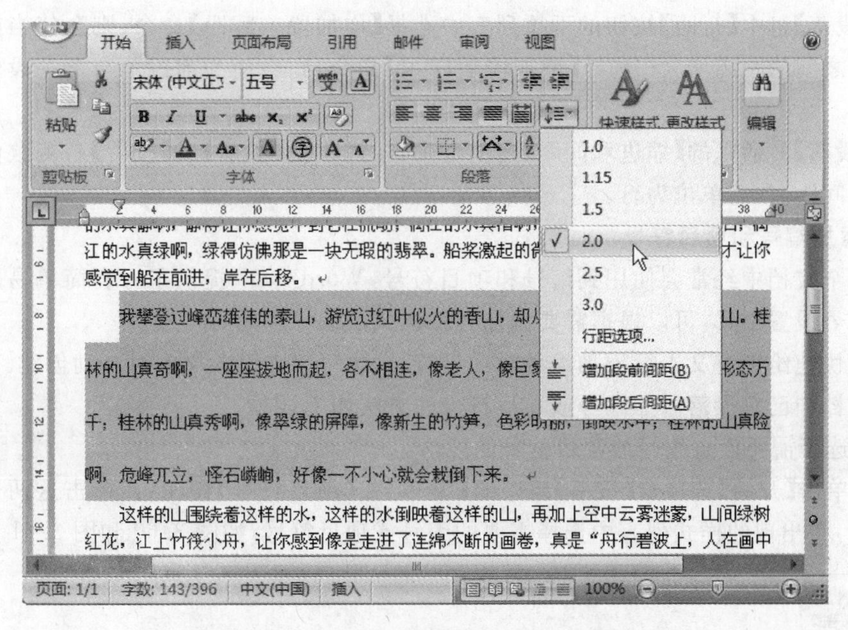

图 3.58　使用【行距】命令按钮更改行间距

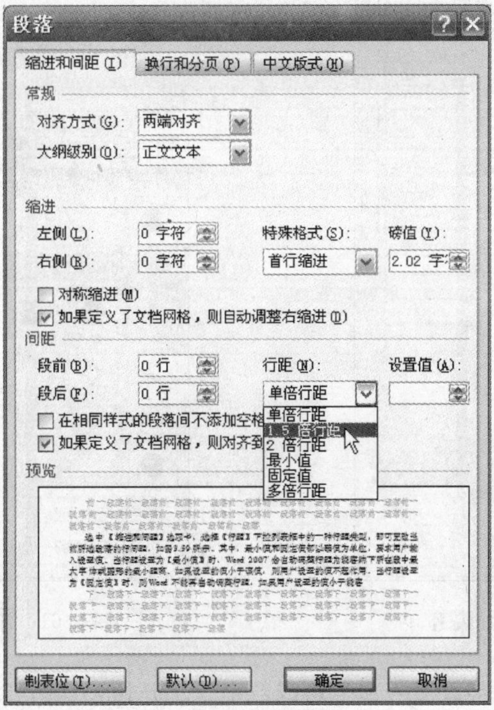

段落
缩进和间距(I)　换行和分页(P)　中文版式(H)
常规
对齐方式(G)：两端对齐
大纲级别(O)：正文文本
缩进
左侧(L)：0 字符　特殊格式(S)：首行缩进　磅值(Y)：2.02 字符
右侧(R)：0 字符
对称缩进(M)
如果定义了文档网格，则自动调整右缩进(D)
间距
段前(B)：0 行　行距(N)：单倍行距　设置值(A)：
段后(F)：0 行
在相同样式的段落间不添加空格
如果定义了文档网格，则对齐到
单倍行距
1.5 倍行距
2 倍行距
最小值
固定值
多倍行距
预览
制表位(T)...　默认(D)...　确定　取消

图 3.59　【行距】下拉列表

2）设置段间距

段间距是指段落前或段落后空白距离的大小。设置段间距的方法同设置行间距的方法相似，可以利用【段落】组中的命令或【段落】对话框来更改段间距的值。

在【段落】组中【行距】按钮的下拉列表中选择【增加段前间距】命令，则会使当前段落与上一段落之间的距离增大；选择【增加段后间距】命令，则会使当前段落与下一段落之间的距离增大。

在【段落】对话框的【缩进和间距】选项卡中，通过改变【段前】或【段后】右侧数值框的值来改变段间距，数值单位为行。

4. 添加编号和项目符号

在一个文档中经常会使用到编号和项目符号，Word 2007 提供了一套简单易用的编号和项目符号设置工具，可以根据需要添加各种样式的编号和项目符号。

可以快速给现有文本行添加编号或项目符号，也可以在键入文本时自动创建。

为文档中已有段落添加编号或项目符号的方法如下：

(1) 选择需要设置编号或项目符号的段落。

(2) 单击【开始】选项卡【段落】组中的【编号】或【项目符号】按钮，或单击这两个右侧的下拉箭头，在出现的样式列表中选择需要的编号或项目符号，如图 3.60 和图 3.61 所示。

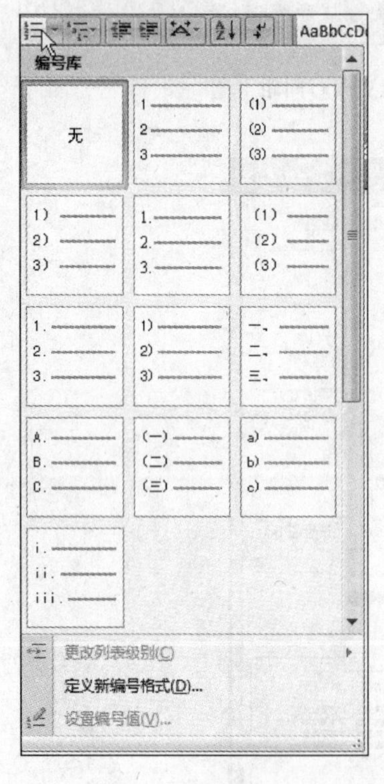

图 3.60 添加编号

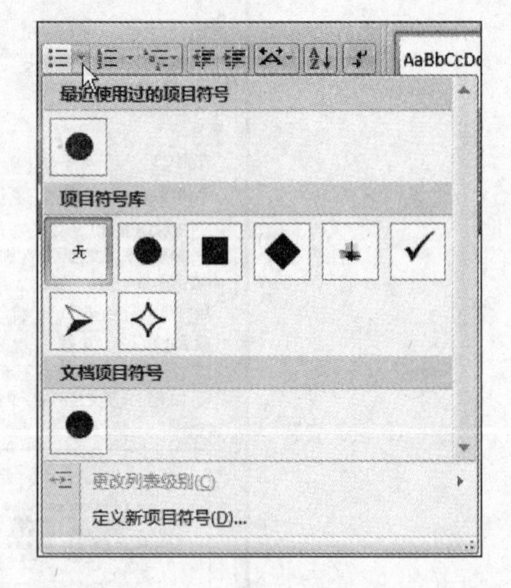

图 3.61 添加项目符号

默认情况下，如果段落以星号加空格或数字“1.”开始，Word 会认为是在尝试开始项目符号或编号列表。如果不想将文本转换为列表，可以单击出现的“自动更正选项”按钮。

5. 添加边框和底纹

为了使段落更加醒目和美观，可以为段落或整个页面添加边框和底纹，操作方法如下：

(1) 选择段落后，单击【开始】选项卡【段落】组中的【边框】按钮右侧下拉箭头，在出现的下拉列表中有各种边框线，可直接单击需要的某种边框线，也可单击【边框和底纹】选项，打开【边框和底纹】对话框，如图 3.62 所示。在【边框】选项卡下可以为选择的段落或页面设置边框。

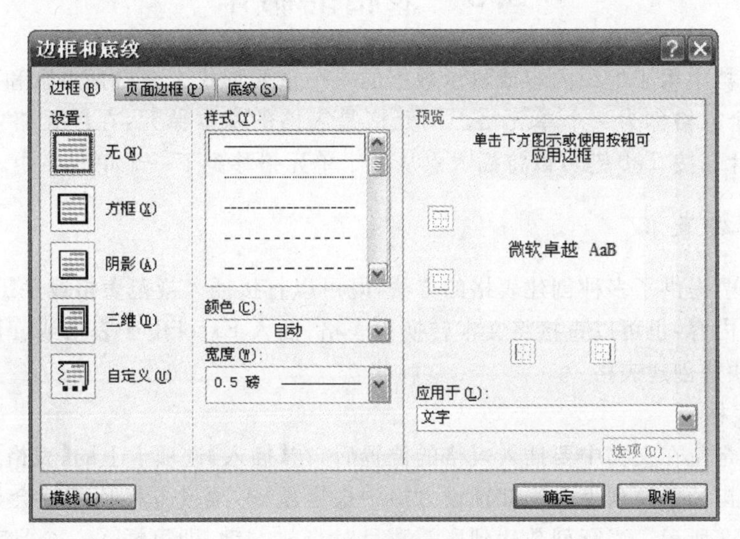

图 3.62　添加边框和底纹

(2) 单击【底纹】选项卡，可以为选择的段落或页面设置底纹。

(3) 单击【页面边框】选项卡，可以为整篇文档添加多种线条样式和颜色的页面边框以及多种图形边框。

3.4.4　格式的复制与清除

在设置字符或段落的格式时，可以使用格式刷把已经设置好的格式应用到其他文字或段落。

1. 使用格式刷复制格式

使用格式刷复制格式的操作步骤如下：

(1) 要复制文本格式，先选定已设置好格式的文本(即段落的一部分)；如果既要复制文本格式又要复制段落格式，则先选定整个段落，包括段落标记。

(2) 在【开始】选项卡上的【剪贴板】组中，单击【格式刷】按钮，此时鼠标指针变为刷子形状。

(3) 在目标文本或段落上拖曳鼠标，当松开左键时，所选的格式会自动应用到目标处，然后鼠标指针恢复正常状态。

(4) 如果要将选择的格式复制到多个位置，则可以双击【格式刷】按钮，然后分别在每个目标文本或段落上拖曳鼠标。若要结束格式的复制只需再次单击【格式刷】按钮或按 Esc 键。

2. 清除格式

要清除已经设置好的格式，可以先选择需要清除格式的文本，然后单击【开始】选项卡上【字体】组中的【清除格式】按钮，则 Word 会清除所选内容的所有格式，变为纯文本格式。

3.5 表格的制作

表格是文档中用于组织内容或显示数据的一个重要形式。表格是由行和列交叉构成的网格，其中每个方格称为一个单元格。单元格是表格的基本单元，在单元格中可以插入数字、文字或图片。按 Tab 键可以将插入点从一个单元格移到下一个单元格中。

3.5.1 创建表格

Word 2007 提供了多种创建表格的方法，既可以直接插入规范表格或手工绘制表格，然后向其中填充内容，也可以直接将文本转换为表格、插入 Excel 电子表格或套用内置的表格样式和内容，快速创建表格。

1. 插入表格

将插入点定位在文档中要插入表格的位置后，在【插入】选项卡上的【表格】组中单击【表格】按钮，在弹出的下拉列表上半部预设方格中拖曳鼠标，预设方格顶部就会显示相应的行列数，如图 3.63 所示。当行列数达到所需数目时释放左键，即可插入一个具有相应行列数的表格。

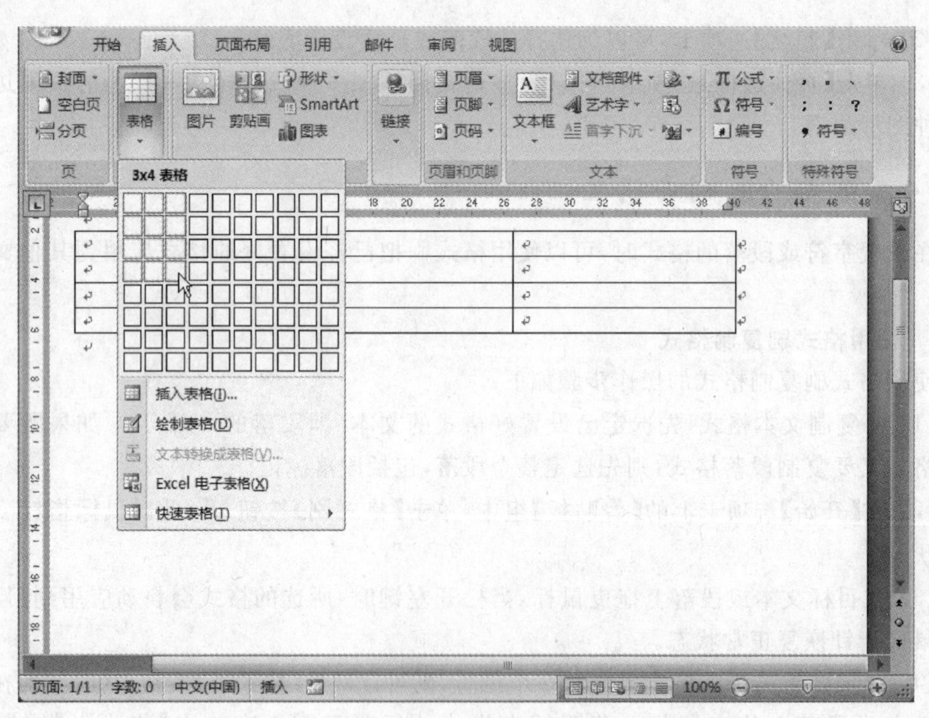

图 3.63 插入表格

插入表格的另外一种常用方法是：在【表格】组的【表格】下拉列表中单击【插入表格】选项，打开【插入表格】对话框，如图 3.64 所示，从中指定表格的列数和行数。在此对话框中，还可以通过选择【“自动调整”操作】下的选项来调整表格尺寸。

2. 手工绘制表格

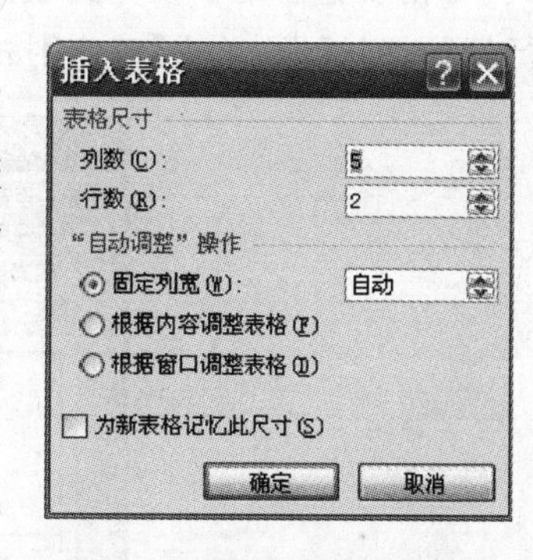

图 3.64 【插入表格】对话框

用上述方法绘制的表格通常都较规范，在实际应用中，经常会见到许多不规则的表格，这种表格可以通过手工绘制的方法来得到。选择【表格】→【绘制表格】选项，此时鼠标变成笔状，在页面中拖曳即可绘制出表格的外部框线，此时在功能区中出现【表格工具】的【设计】和【布局】两个选项卡，如图 3.65 所示。在外部框线内上下或左右拖曳鼠标，就能绘制出列线和行线。

使用【设计】选项卡中的工具可以控制表格的整体外观样式。其中各组工具的功能如下。

(1)【表格样式选项】：为表格应用了样式后，可用此组中的工具更改样式细节。其中标题行指第一行，汇总行指最后一行，镶边行和镶边列指使偶数行或列与奇数行或列的格式互不相同。

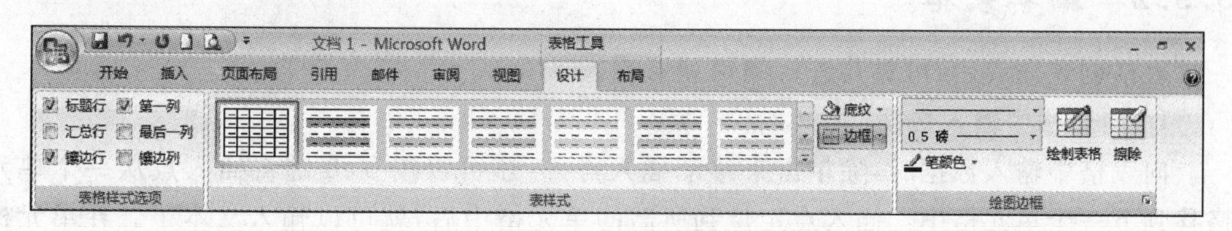

图 3.65 设计选项卡

(2)【表样式】：用于选择表格的内置样式，并可使用【底纹】和【边框】两个按钮更改所选样式中的底纹颜色和边框样式。

(3)【绘图边框】：【笔样式】、【笔画粗细】和【笔颜色】三种工具分别用于更改线条的样式、粗细和颜色。【擦除】按钮用于启用橡皮擦，拖动橡皮擦可以擦除已绘制的表格线。【绘制表格】按钮用于开始或结束表格的绘制状态。

3. 将文本转换为表格

如果已经有了用来添加到表格中的数据，则可使用将文本转换为表格的功能直接将其转换成表格。转换之前，须先确定已经在文本中添加了分隔符，以便在转换时能将文本放入不同的单元格中。然后选择这部分文本，单击【插入】选项卡上【表格】组中的【表格】按钮，在弹出的下拉列表中选择【文本转换成表格】选项，打开【将文字转换成表格】对话框，如图 3.66 所示，从中指定表格的行列数及对应的分隔符，即可将选择的文本转换为表格。

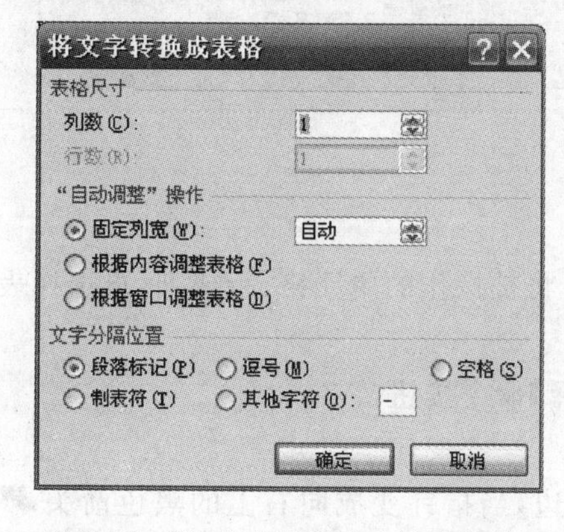

图 3.66 【将文字转换成表格】对话框

4. 绘制斜线表头

斜线表头通常位于表格第 1 行、第 1 列的单元格中。

单击要添加斜线表头的单元格，再单击【表格工具】下的【布局】标签，在【表】组中单击【绘制斜线表头】按钮，打开【插入斜线表头】对话框，如图 3.67 所示。在【表头样式】下拉列表框中选择需要的表头样式，可在预览窗格中预览到表头效果。选择合适的表头样式后，在各个标题框中输入所需的行标题、列标题，单击【确定】按钮，即可在表格中创建一个斜线表头。

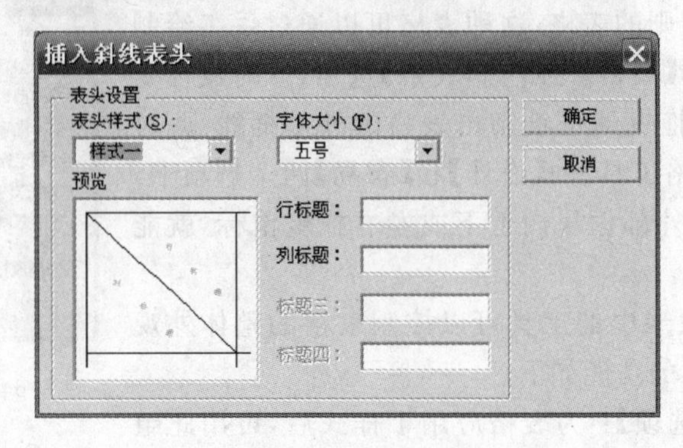

图 3.67 【插入斜线表头】对话框

3.5.2 编辑表格

表格创建完成后，可对其进行编辑和修改。

1. 向表格中输入数据

向表格中输入数据时，除单击来移动插入点外，还可以按 Tab 键将插入点从一个单元格移到下一个单元格中。插入点定位到所需的单元格中后，就可以输入文本了。在单元格中输入文本的方法与在文档页面中一样，当输入的文本到达单元格右边框线时会自动换行，按 Enter 键则开始一个新的段落。随着内容的增加，当单元格内无法容纳全部内容时，Word 2007 会自动加大该单元格所在行的高度以适应单元格内容的变化。

2. 调整表格结构

在输入表格内容过程中可能需要调整表格的结构，如调整表格的宽度和高度，增加单元格，插入行或列，删除多余的单元格、行或列，合并或拆分单元格等。通常使用【表格工具】下的【布局】选项卡进行表格的调整操作，如图 3.68 所示。要切换到布局选项卡，可单击表格中任意一个单元格，将插入点移到表格内，再单击【布局】标签即可。

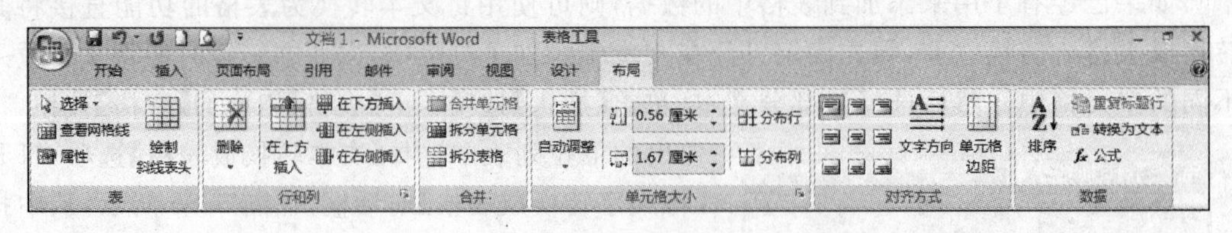

图 3.68 【布局】选项卡

1）表格对象的选择

要对表格的单元格、行或列进行操作，首先要选择将被操作的单元格、行或列，再选择表格对象。

选择表格对象有两种方法：用鼠标选择和用【选择】命令按钮。

(1) 用鼠标选择表格

要选择单元格，可将鼠标指针移到单元格的最左边，当指针变成向右上的黑色箭头 ➚ 时，单击或拖动鼠标，可选择一个或多个单元格。

要选择一行或多行，可将鼠标指针移到该行的最左边，当指针变成向右上的箭头↗时单击或上下拖动，可选择表格的一行、多行甚至整个表格。

要选择一列或多列，则需要把鼠标指针移至表格的上方，当指针变成向下的黑色箭头⬇时，单击或左右拖动，可选择表格的一列、多列甚至整个表格。

要选择整个表格，可将鼠标指针指向表格中的任意地方，这时表格的左上角会出现一个十字花的方框标记⊞，单击它，可选择整个表格。与此同时，在表格的右下角会出现一个小方框标记□，将光标指向它并按住拖动，可改变表格的大小。

(2) 用【选择】命令按钮

将插入点移到要选择的单元格中，单击【布局】选项卡【表】组中的【选择】命令按钮，在弹出的下拉列表中根据需要进行选择，如图 3.69 所示。

2) 插入行、列或单元格

(1) 插入行或列

将插入点移到相应的行或列中，根据需要，单击【布局】选项卡上【行和列】组中的【在上方插入】、【在下方插入】、【在左侧插入】、【在右侧插入】4 个命令按钮中的一个，即可插入一行或一列。

(2) 插入单元格

在表格中选择目标单元格或将插入点定位在其中，然后单击【布局】选项卡上【行和列】组右下角的对话框启动器按钮，打开【插入单元格】对话框，如图 3.70 所示。根据需要在对话框中选择某个单选按钮后，单击【确定】按钮，则完成单元格的插入操作。

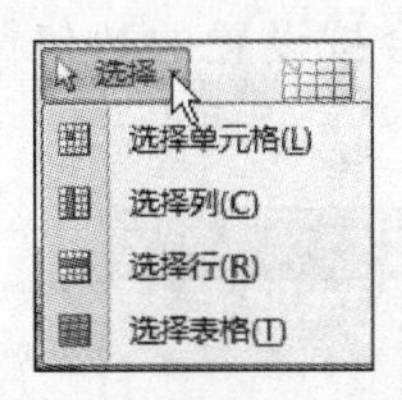

图 3.69　单击【选择】命令按钮，弹出下拉列表

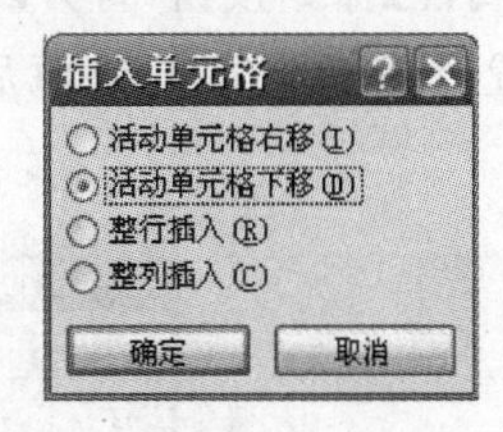

图 3.70　【插入单元格】对话框

3) 删除行、列、单元格或整个表格

先选择要删除的行、列、单元格或整个表格，然后单击【布局】选项卡上【行和列】组中的【删除】命令按钮，在弹出的下拉列表中选择相应的选项，即可完成删除操作。

4) 合并和拆分单元格

可以把两个或多个相邻的单元格合并成为一个单元格，或把一个或多个单元格拆分为若干个大小相同的小单元格。

合并单元格时，首先选择要合并的单元格，然后单击【布局】选项卡上【合并】组中的【合并单元格】命令按钮即可。如果要合并的单元格在合并之前已有了内容，则合并后仍保留这些内容。

拆分单元格时，也是先选择要拆分的单元格，然后单击【布局】选项卡上【合并】组中的【拆分单元格】命令按钮，打开【拆分单元格】对话框，如图 3.71 所示。设定单元格拆分后的行数和列数后，单击【确定】按钮完成拆分操作。

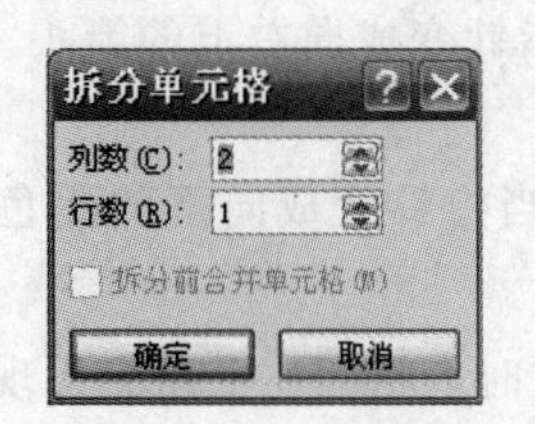

图 3.71 【拆分单元格】对话框

5）调整行高和列宽

如果对于尺寸要求不是很精确,使用标尺改变表格的行高和列宽是最简单的方法。创建表格时,在标尺上同时出现表格行标记和表格列标记,如图 3.72 所示。将鼠标指针置于表格行标记或表格列标记上时,鼠标指针变为双向(上下↕或左右↔)箭头。拖曳表格行标记或表格列标记,便可改变行高或列宽。也可以将光标指向表格的行或列的框线上,当光标变为双向箭头 ÷ 或 ⫲ 后,通过拖曳来改变行高或列宽。

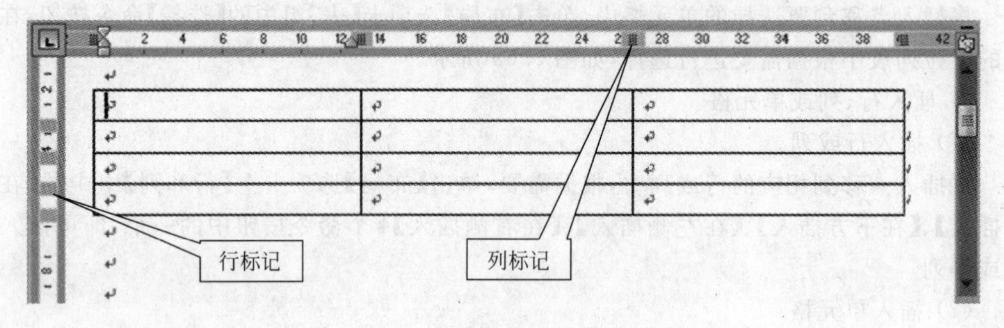

图 3.72 表格的行标记与列标记

利用【表格属性】对话框可以为行高和列宽设置精确的数值。在【布局】选项卡上【表】组中单击【属性】命令按钮,打开【表格属性】对话框,如图 3.73 所示。在【行】和【列】选项卡下分别设置行高和列宽的数值后,单击【确定】按钮,便会按设置的数值调整表格的行高与列宽。

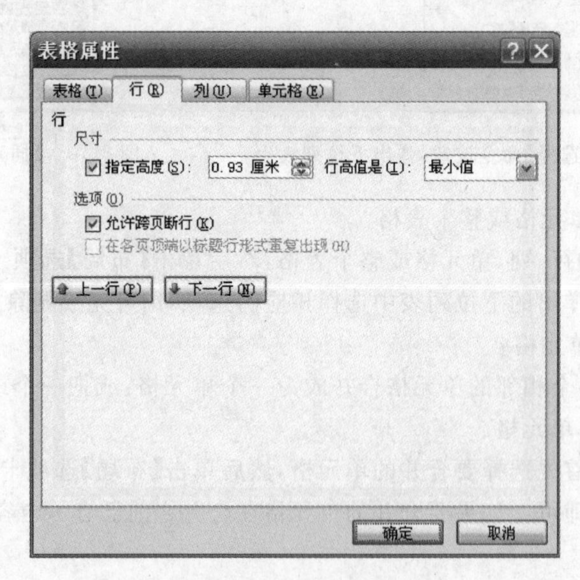

图 3.73 设置行高和列宽

3. 编辑表格内容

表格数据存放在表格的不同单元格中,编辑表格内容其实就是编辑单元格中的内容。

1）文字的编辑

单元格内文字的插入、删除、修改与在文档页面中完全一样。

2）移动或复制表格中的内容

用鼠标拖曳、命令按钮或快捷键的方法将单元格中的内容进行移动或复制，就像对待一般的文本一样。

要移动或复制整个单元格、整行或整列的内容，需先选择要移动或复制的单元格、行或列，然后单击【开始】选项卡上【剪贴板】组中的【剪切】或【复制】命令按钮，这时【剪贴板】组中的【粘贴】命令按钮会相应地变成【粘贴单元格】、【粘贴行】或【粘贴列】，选择相应的命令即可粘贴所选内容。

注意：在选择单元格内容时，如果选择的内容不包括单元格结束符（回车符），则只是将所选单元格中的内容移动或复制到目标单元格内，并不覆盖原有的内容。如果选择的内容包括单元格结束符，则将替换目标单元格中原有的文本和格式。

4. 设置单元格内容的对齐方式

默认情况下，Word 表格中的数据为"左对齐"方式。如要改变对齐方式，需先选择单元格，然后在【布局】选项卡上【对齐方式】组中直接单击相应的对齐方式按钮即可。【对齐方式】组中提供了 9 种对齐方式：靠上两端对齐、靠上居中对齐、靠上右对齐、中部两端对齐、水平居中、中部右对齐、靠下两端对齐、靠下居中对齐和靠下右对齐，如图 3.74 所示。

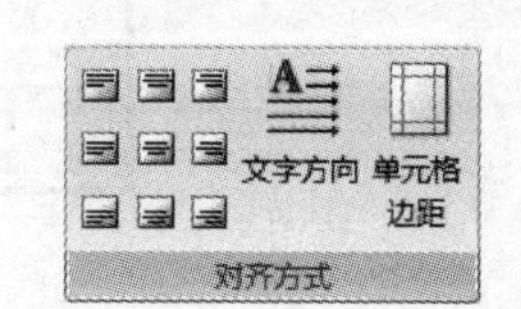

图 3.74 设置单元格内容的对齐方式

3.5.3 设置表格外观

调整表格后，还要根据需要设置表格的外观，包括设置表格的边框和底纹等。

1. 快速应用表格样式

将插入点置于表格内任意一个单元格，然后在【设计】选项卡上【表样式】组中选择一个要使用的表样式（将指针停留在每个表格样式上，可以预览表格的外观），即可快速格式化表格。

2. 设置表格边框

选择要设置边框的单元格区域或整个表格，然后在【设计】选项卡上【表样式】组中单击【边框】命令按钮右侧的下三角按钮，在弹出的列表中选择需要的边框线。在【绘图边框】组中可以选择边框样式、边框线的线型、边框线的颜色及宽度等。

要详细设置表格的边框，可以在【边框】列表中选择【边框和底纹】选项，在打开的【边框和底纹】对话框中进行详细设置。

3. 设置底纹

选择要添加底纹的单元格区域或整个表格，在【设计】选项卡上【表样式】组中单击【底纹】命令按钮右侧的下三角按钮，在弹出的列表中选择一种底纹样式即可。当然，也可以像设置边框一样在【边框和底纹】对话框中进行详细设置。

4. 表格的对齐方式与文字环绕

对于表格同样也要考虑其在页面上的位置、与文字的环绕方式。

选定表格或在表格中任意单元格处单击，在【布局】选项卡上的【表】组中单击【属性】按钮，在出现的【表格属性】对话框中选择【表格】选项卡，如图 3.75 所示。在【对齐方式】栏和

【文字环绕】栏中选择所需选项，最后单击【确定】按钮即可。

图 3.75　设置表格对齐方式和环绕方式

下面用前面所述方法制作一个个人简历，操作方法如下：

(1) 将插入点定位在要插入个人简历的位置，然后输入表格的名称“个人简历”，将其居中对齐，并设置其字体为黑体、字号为三号字，按 Enter 键。

(2) 在【表格】组的【表格】下拉列表中单击【插入表格】选项，在打开的【插入表格】对话框中输入表格的列数为 2、行数为 16，单击【确定】按钮，插入的表格如图 3.76 所示。

个人简历↵

↵	↵
↵	↵
↵	↵
↵	↵
↵	↵
↵	↵
↵	↵
↵	↵
↵	↵
↵	↵
↵	↵
↵	↵
↵	↵
↵	↵
↵	↵
↵	↵

图 3.76　插入一个 16 行 2 列的表格

(3) 单击表格左上角的标记⊞，选定整个表格。

(4) 单击【表格工具】下的【布局】选项卡【表】组中【属性】按钮，在打开的【表格属性】对话框中，单击【行】选项卡，选中【指定高度】并设置其值为 1 厘米，单击【确定】按钮。

(5) 将光标指向表格中间的列框线上，当光标变成双向箭头 ✥ 时，按住左键并向左拖曳至合适位置，如图 3.77 所示。

(6) 选择第 1 行的第 2 个单元格，单击【布局】选项卡【合并】组中的【拆分单元格】按钮，在打开的【拆分单元格】对话框中设置列数为 6，行数为 1，单击【确定】按钮。用相同的方法分别拆分表格中相应的单元格，初步拆分后的效果如图 3.78 所示。

图 3.77　调整表格中间列框线后的效果　　图 3.78　拆分后的表格

(7) 调整表格中相应单元格的列框线，调整后的效果如图 3.79 所示。

(8) 选择第 1～4 行最右边的 4 个单元格，单击【布局】选项卡【合并】组中的【合并单元格】按钮，将这 4 个单元格合并，作为简历中粘贴照片的位置。用相同的方法合并表格中其他相应单元格，合并后的效果如图 3.80 所示。除了使用合并单元格的方法外，也可以使用擦除功能实现这种效果。

(9) 选择整个表格，在【布局】选项卡【对齐方式】组中单击【水平居中】按钮，使表格中所有单元格的对齐方式统一为水平居中对齐。

(10) 向表格中输入数据，如图 3.81 所示，一个简单的个人简历基本完成。

(11) 最后，还可以使用【表格工具】中的【设计】选项卡各组中的功能来美化表格。

3.5.4　表格的应用

1. 表格的计算

Word 2007 快速地对表格中的行和列的数值进行各种数值计算，如，加减乘除及求平均值、求百分比、最大值和最小值等。

将插入点移到要存放计算结果的单元格内，在【布局】选项卡上的【数据】组中单击【公式】按钮，打开【公式】对话框，如图 3.82 所示。根据公式中的提示选择相应的操作后，即可完成数值计算。

图 3.79 调整表格相应列框线后的效果　　图 3.80 合并相应单元格后的表格

个人简历

<table>
<tr><td>姓名</td><td></td><td>性别</td><td></td><td>年龄</td><td></td><td rowspan="4">照片</td></tr>
<tr><td>联系地址</td><td colspan="5"></td></tr>
<tr><td>邮编</td><td colspan="2"></td><td>电子邮件</td><td colspan="2"></td></tr>
<tr><td>电话</td><td colspan="2"></td><td>政治面貌</td><td colspan="2"></td></tr>
<tr><td>求职意向</td><td colspan="6"></td></tr>
<tr><td>个人履历</td><td>时间</td><td colspan="5">学校</td></tr>
<tr><td>能力和专长</td><td colspan="6"></td></tr>
<tr><td>实践及工作经历</td><td colspan="6"></td></tr>
</table>

图 3.81 输入数据后的表格

2. 表格的排序

将插入点移到要排序的那一列的任意一个单元格中，在【布局】选项卡上的【数据】组中单击【排序】按钮，打开【排序】对话框，如图 3.83 所示。在【主要关键字】下拉列表框中选择排序的列，在【类型】下拉列表框中选择排序依据的类型，单击【确定】按钮，完成对表格的排序。

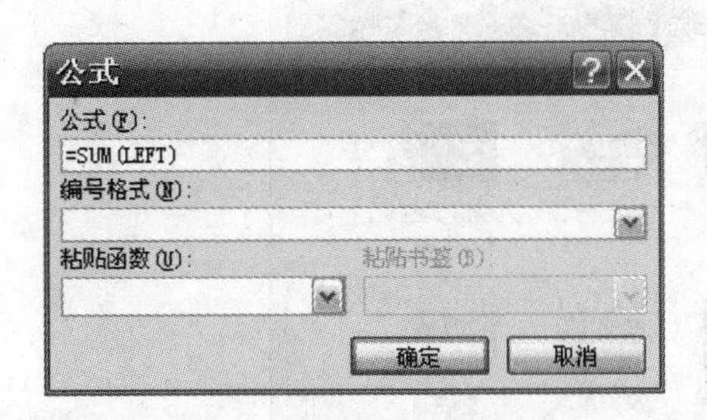

图 3.82 【公式】对话框

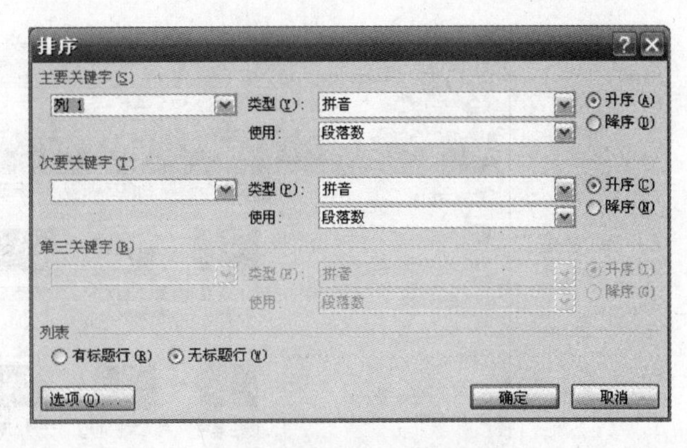

图 3.83 【排序】对话框

3.6 图 文 混 排

3.6.1 图片的插入与编辑

利用 Word 2007 的图文混排功能，使文档版面更加丰富多彩，显得图文并茂。Word 允许将各种格式的图片以文件或对象的形式插入到文档中。另外，各种简单图形、剪贴画、艺术字、文本框等也是采用与图片类似的方式插入到文本中的。

1. 插入剪贴画

Word 2007 提供了一个内容丰富的剪贴画库，其中包含了大量的图片，可以将它们插入到文档中。

图 3.84 【剪贴画】任务窗格

将插入点置于要插入剪贴画的位置，在【插入】选项卡的【插图】组中单击【剪贴画】按钮，弹出【剪贴画】任务窗格，如图 3.84 所示。在【剪贴画】任务窗格的【搜索文字】文本框中，输入欲查找内容的关键字(若不输入任何关键字，则 Word 会搜索所有的剪贴画)，在【搜索范围】框中选择要进行搜索的路径，在【结果类型】框中设置搜索目标的文件类型，然后单击【搜索】按钮。搜索到的剪贴画将显示在任务窗格的【结果】区中。单击所需的剪贴画，将该剪贴画插入到文档中。

2. 插入图片文件

将插入点置于要插入图片的位置，在【插入】选项卡的【插图】组中单击【图片】按钮，打开【插入图片】对话框，如图 3.85 所示。在地址栏或导航栏中选择图片文件所在的文件夹，然后选定一个要打开的文件，单击【插入】按钮，即可将选定的图片插入到文档中。

3. 绘制图形

绘制图形是指绘制一个或一组图形对象。图形对象是使用 Word 2007 的【插图】组中【形状】按钮创建的各种形状

图 3.85 【插入图片】对话框

图形,包括正方形、长方形、椭圆、标注等图形对象。

1) 绘制各种图形

在【插入】选项卡上的【插图】组中单击【形状】按钮,如图 3.86 所示。在弹出的下拉列表中选择相应的图形,再在文档中拖曳鼠标绘制出不同的图形。

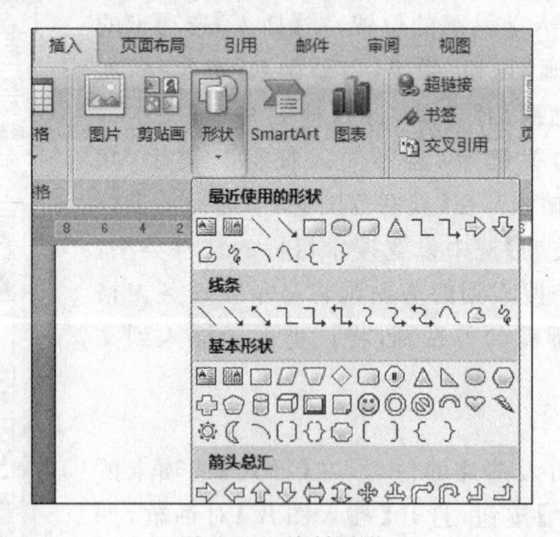

图 3.86 绘制图形

绘制直线、矩形、椭圆时,可以通过拖曳鼠标完成;而绘制正方形或圆时,在拖曳鼠标的同时要按住 Shift 键。

要删除图形对象,应先单击图片对象,再按 Del 键。

注意:图形对象的绘制必须在页面视图中进行。

2）使用绘图画布

在 Word 2007 中，绘图画布将绘制的多个图形进行组合，并能排列画布中的对象及调整其大小，如图 3.87 所示。

图 3.87 绘图画布

将插入点置于要插入绘图画布的位置，在【插入】选项卡上的【插图】组中，单击【形状】按钮，在弹出的下拉列表中选择【新建绘图画布】选项，文档中即插入一个绘图画布，同时出现【绘图工具】的【格式】选项卡。单击【插入形状】组中所需的形状，再在画布中拖曳鼠标即可绘制出各种图形。

在【格式】选项卡上可以设置画布的形状样式、形状填充、阴影及三维效果和文字环绕方式等。

4. 调整图片

1）缩放图片

单击需要调整的图片，图片周围会出现 8 个控制点。如果横向或纵向缩放图片，则将鼠标指针指向图片四边的任意一个控制点上；如果沿对角线方向缩放图片，则将鼠标指针指向图片四角的任何一个控制点上。按住左键，沿缩放方向拖曳鼠标，达到需要的大小时松开左键即可完成对图片的缩放操作。

2）裁剪图片

如果只需要图片的一部分，则可通过裁剪图片将不需要的部分裁剪掉。

单击要裁剪的图片，在【图片工具】的【格式】选项卡上【大小】组中单击【裁剪】按钮。将鼠标指针指向图片要裁剪位置的控制点上，鼠标指针变为裁剪形状。按住左键，沿裁剪方向拖曳，达到需要的位置时松开左键即可。

5. 文字环绕方式

在 Word 2007 中，刚插入的剪贴画或图片为嵌入式，既不能随意移动位置，也不能在其周围环绕文字，如图 3.88 所示。如果想使图片的周围环绕文字，可以使用 Word 的图文混排功能。

单击要设置文字环绕的图片，再在【图片工具】的【格式】选项卡上【排列】组中单击【文字环绕】按钮，弹出文字环绕列表，如图 3.89 所示。从文字环绕列表中选择所需的环绕方式，如【四周型环绕】，则文字环绕在图片的四周，如图 3.90 所示，此时可以任意拖曳图片的位置。

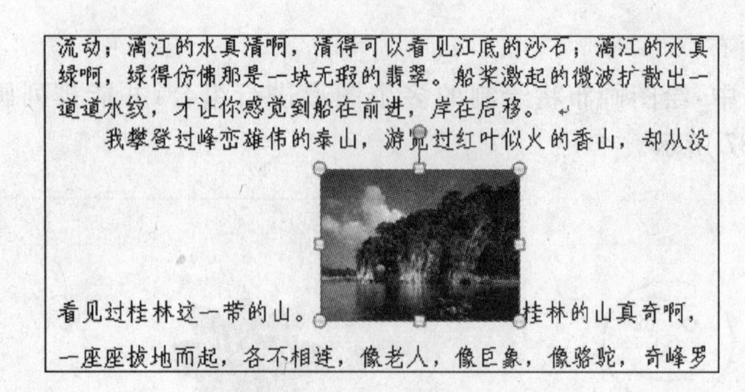

图 3.88　嵌入式图片与文本

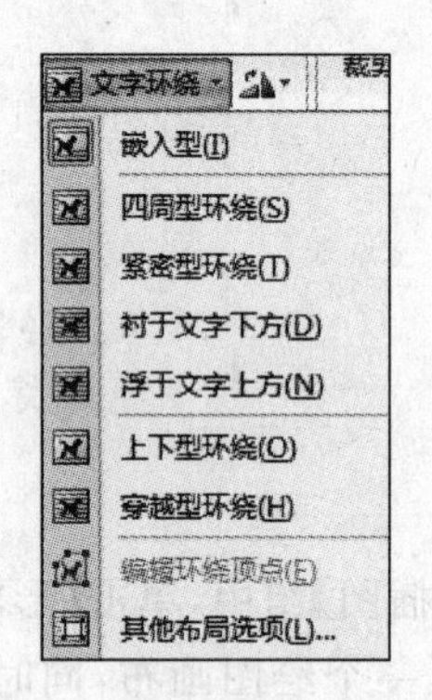

图 3.89　文字环绕列表

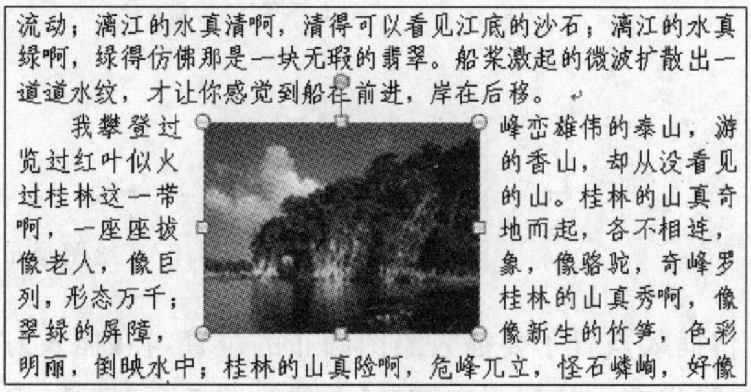

流动；漓江的水真清啊，清得可以看见江底的沙石；漓江的水真绿啊，绿得仿佛那是一块无瑕的翡翠。船桨激起的微波扩散出一道道水纹，才让你感觉到船在前进，岸在后移。
我攀登过峰峦雄伟的泰山，游览过红叶似火的香山，却从没看见过桂林这一带的山。桂林的山真奇啊，一座座拔地而起，各不相连，像老人，像巨象，像骆驼，奇峰罗列，形态万千；桂林的山真秀啊，像翠绿的屏障，像新生的竹笋，色彩明丽，倒映水中；桂林的山真险啊，危峰兀立，怪石嶙峋，好像

图 3.90　文字环绕方式为【四周型环绕】的效果

3.6.2　使用艺术字

为使文档的页面更加美观，通常在文档的页面上插入艺术字，以达到特殊的视觉效果。实际上，Word 文档将艺术字作为图形对象来处理，所以艺术字并不是普通的文字。

1. 插入艺术字

将插入点移到要插入艺术字的位置，在【插入】选项卡上的【文本】组中单击【艺术字】按钮，弹出艺术字样式列表，如图 3.91 所示。在列表中选择一种艺术字样式，弹出【编辑艺术

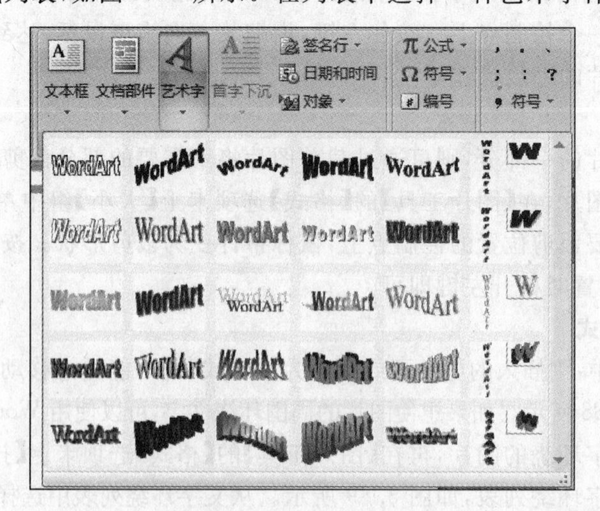

图 3.91　艺术字样式列表

字文字】对话框，如图 3.92 所示。在文本框中输入需要的文字，如输入“北京欢迎你”。与编辑普通文本一样，利用对话框中的工具栏设置字体、字号和是否加粗、倾斜后，单击【确定】按钮，艺术字效果如图 3.93 所示。

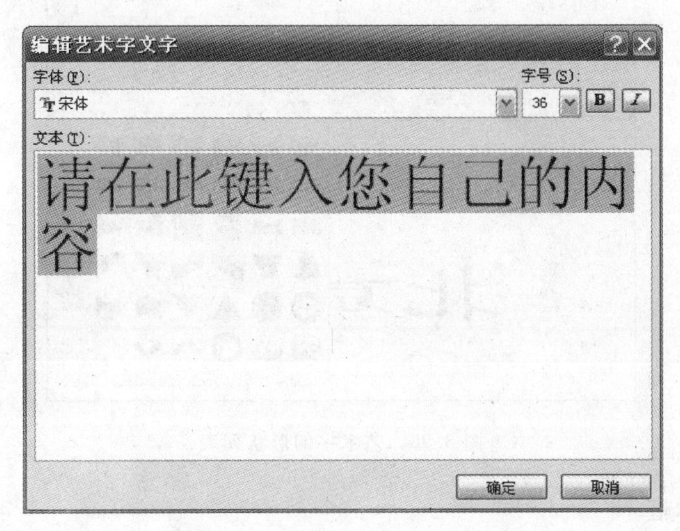

图 3.92 【编辑艺术字文字】对话框

2. 编辑艺术字

单击选中创建好的艺术字对象，可以像对待图形那样将其移动或缩放，还可以利用【艺术字工具】的【格式】选项卡对此艺术字对象进行编辑，如图 3.94 所示。

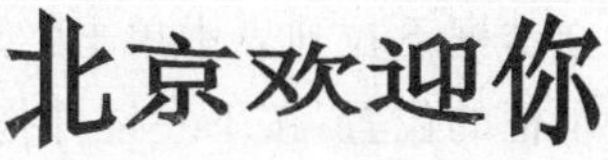

北京欢迎你

图 3.93 艺术字效果

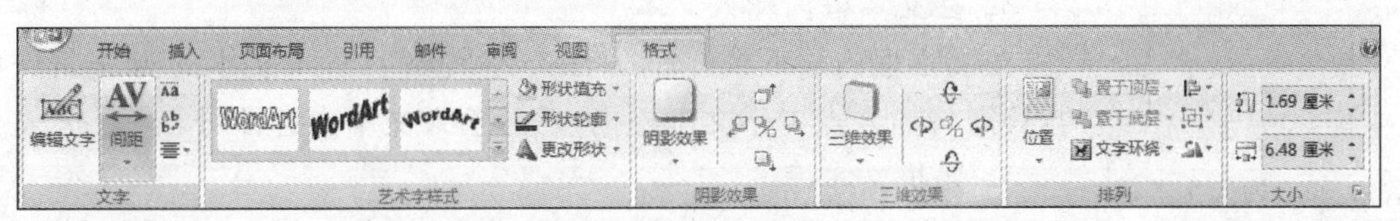

图 3.94 【艺术字工具】的【格式】选项卡

若编辑选定艺术字对象的文字，单击【编辑文字】按钮，打开【编辑艺术字文字】对话框。

若重新选择艺术字样式，单击【艺术字样式】列表框中的某种样式。

若对艺术字进一步变形，单击【更改形状】按钮，在弹出的下拉列表中选择艺术字的形状，如图 3.95 所示。

若旋转艺术字，单击【排列】组中的【旋转】按钮，从弹出的列表中进行选择。

若调整艺术字的阴影效果，单击【阴影效果】按钮，从弹出的列表中进行选择。

若调整艺术字的三维效果，单击【三维效果】按钮，从弹出的列表中进行选择。

若设置艺术字的大小，在【大小】组中的【形状高度】和【形状宽度】框中输入具体的数值。

3.6.3 使用文本框

Word 2007 提供的文本框可使选择的文本或图形能移动到页面的任意位置，进一步增强了图文混排的功能。使用文本框还可以对文档的局部内容进行竖排、添加底纹等特殊形式的排版。

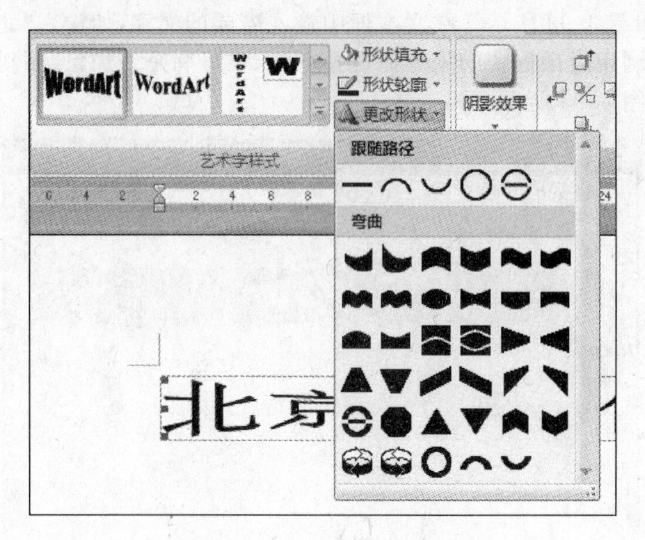

图 3.95　艺术字的形状列表

1. 插入文本框

在【插入】选项卡上的【文本】组中单击【文本框】按钮，弹出文本框下拉列表。可以在下拉列表中直接选择一种文本框样式，快速绘制带格式的文本框。如果要手工绘制文本框，则在文本框下拉列表中单击【绘制文本框】选项，此时光标变成十字形。将插入点移到要插入文本框的位置，按下左键并拖曳到所需的大小后，松开左键，在目标位置就会插入一个文本框，如图 3.96 所示。同时出现【文本框工具】的【格式】选项卡。

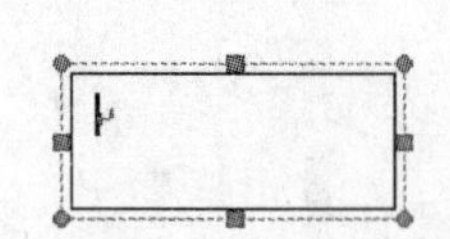

图 3.96　插入文本框

2. 在文本框内输入文本

在文本框内输入文本的方法与在文档中输入文本的方法是一样的，只需将插入点置于文本框内，然后输入文本内容即可。

3. 竖排文本框

如果要插入一个竖排的文本框，在【插入】选项卡上的【文本】组中单击【文本框】按钮，在弹出的文本框下拉列表中选择【绘制竖排文本框】选项，此时光标变成十字形。将光标移到要插入文本框的位置，按下左键并拖曳到所需的大小后，松开左键。在这个文本框内的光标是横置的。

4. 调整文本框的大小

如果文本框中的文本不能显示完整，可通过调整文本框大小来显示全部文本。

单击文本框，其四周出现 8 个控制点。和缩放图片的方法一样，将光标放到控制点上并按下左键拖曳，直到全部文本都显示出来再松开左键。

3.6.4　首字下沉

首字下沉是指将某个段落的第一个字的大小变为正文的两倍甚至更大，以达到醒目的效果。

将插入点移到要应用首字下沉的段落中的任意位置，在【插入】选项卡的【文本】组中单击【首字下沉】按钮，在出现的下拉列表中选择【下沉】选项，就会得到如图 3.97 所示的首字下沉效果(系统默认下沉 3 行)。如果选择【悬挂】选项,将得到如图 3.98 所示的首字悬挂效果(系统默认悬挂 3 行)。

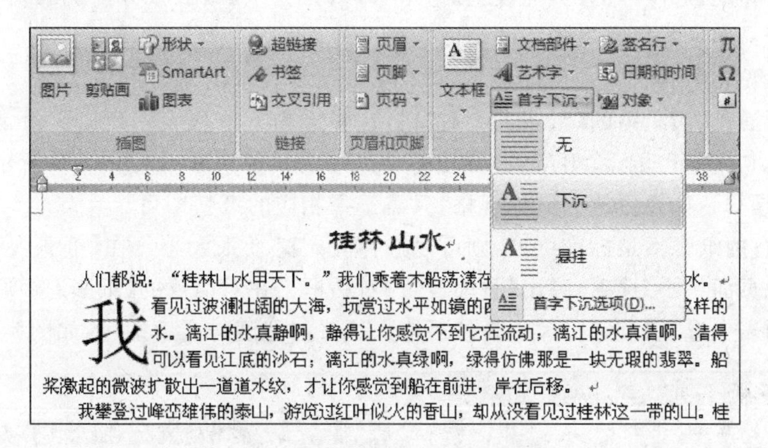

图 3.97　设置首字下沉效果

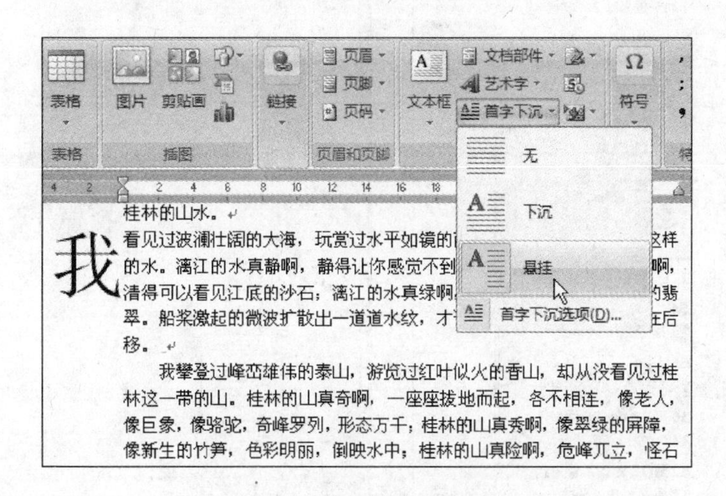

图 3.98　设置首字悬挂效果

要改变默认的效果,可以在【首字下沉】下拉列表框中选择【首字下沉选项】选项,在弹出的【首字下沉】对话框中设置位置、字体、下沉行数和距正文的距离。要取消首字下沉格式,则在【首字下沉】下拉列表框中选择【无】选项即可。

3.7　页面布局和文档打印

文档在进行打印之前,一般都要进行页面设置。

3.7.1　页面设置

Word 2007 提供了一系列页面设置工具,可以利用功能区的【页面布局】选项卡来调用这些设置工具。

1. 使用【页面设置】组中的按钮设置页面

在【页面布局】选项卡的【页面设置】组中有【纸张大小】、【纸张方向】和【页边距】三个按钮，可以进行最基本的也是最常用的页面选项设置。

1）设置纸张大小

单击【页面设置】组中的【纸张大小】按钮，在弹出的下拉列表中列出了最常用的标准纸型规格，如 A4、B5、16 开、32 开等，并标出每种纸型的具体尺寸，如图 3.99 所示。系统默认的纸张大小是 A4，如要更改为其他规格，只需选择相应的纸型即可。

如果现有的纸张不是标准纸型，则可以选择自定义纸张大小。在【纸张大小】下拉列表中单击【其他页面大小】选项，弹出【页面设置】对话框。在对话框的【纸张】选项卡下的【纸张大小】下拉列表中选择【自定义大小】，然后输入纸张的宽度与高度即可，如图 3.100 所示。

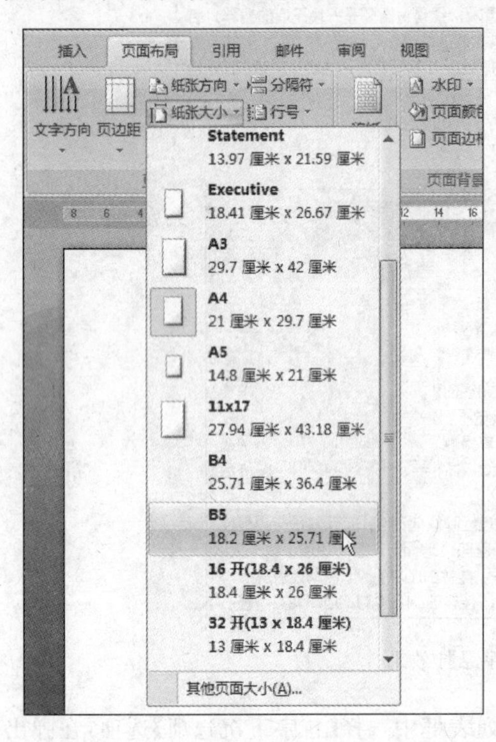

图 3.99 选择纸张大小

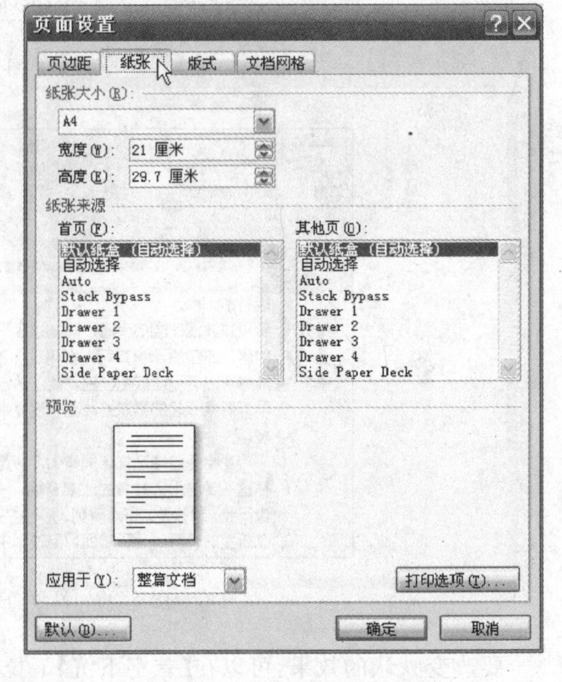

图 3.100 【纸张】选项卡

2）纸张方向

单击【页面设置】组中的【纸张方向】按钮，在弹出的下拉列表中选择【纵向】或【横向】，如图 3.101 所示，即可改变纸张的方向。默认纸张是纵向的。

3）页边距

页边距是指文本区到页边的距离，可以将页眉、页脚和页码等对象放置在页边距中。在 Word 2007 中预设了一组较常用的页边距选项。单击【页面设置】组中的【面边距】按钮，在弹出的下拉列表中进行选择即可，如图 3.102 所示。

如果预设的页边距不能满足需求，则可以选择【自定义边距】选项，然后在弹出的【页面设置】对话框中进行设置，如图 3.103 所示。

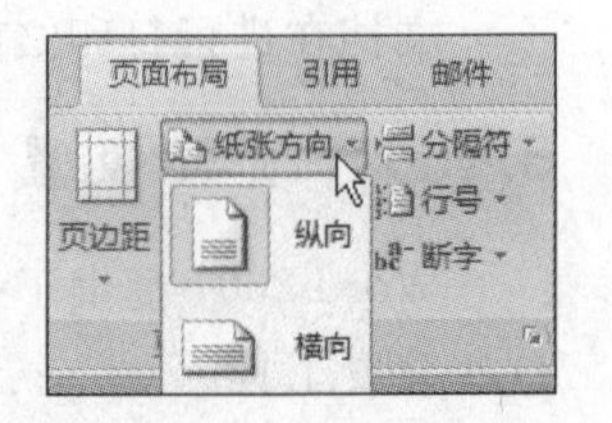

图 3.101 设置纸张方向

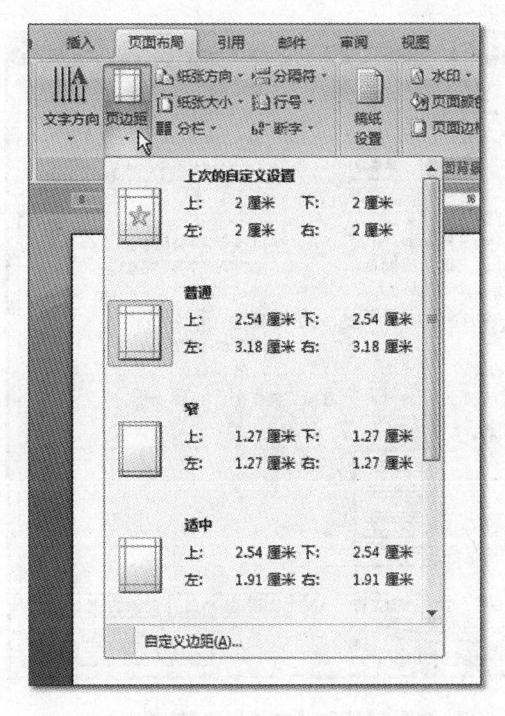

图 3.102　设置页边距

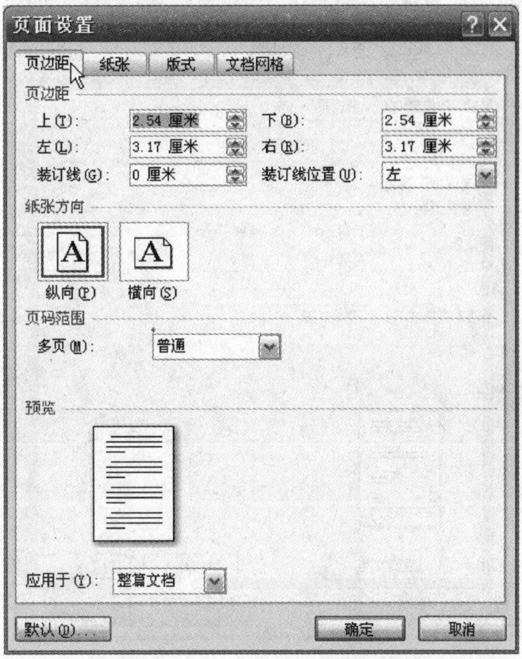

图 3.103　【页边距】选项卡

2. 使用【页面设置】对话框设置页面

在【页面设置】组中只能对页面进行一些基本的设置，如果要进行详细设置，则可以使用【页面设置】对话框来完成。单击【页面设置】组右下角的对话框启动器按钮，打开【页面设置】对话框。该对话框中包括【页边距】、【纸张】、【版式】和【文档网格】4 个选项卡。

1）页边距的设置

【页边距】选项卡用于设置正文的上、下、左、右四边与纸张边界之间的距离，也可以设置装订线的位置和距边界的距离，还可以设置纸张方向、页码范围等。

2）纸张大小的设置

【纸张】选项卡用于设置打印纸张的大小。单击【纸张大小】的下三角按钮，在出现的下拉列表中可以选择一种标准纸型或选择自定义纸张大小。

3）版式的设置

【版式】选项卡可以用于设置页眉和页脚，也可以在【节的起始位置】下拉列表中改变分节符的类型，还可以在【垂直对齐方式】下拉列表中选择文本在垂直方向上的对齐方式等，如图 3.104 所示。

4）文档网格的设置

【文档网格】选项卡主要用于设置文档的每页行数，每行字数，有时也用于设置正文的字体、字号、栏数、文字排列方向等，如图 3.105 所示。

3. 更改文字方向

默认情况，文本的文字方向为水平方向。如果要改变文字的方向，可以在【页面布局】选项卡的【页面设置】组中单击【文字方向】按钮，在弹出的下拉列表中进行选择。

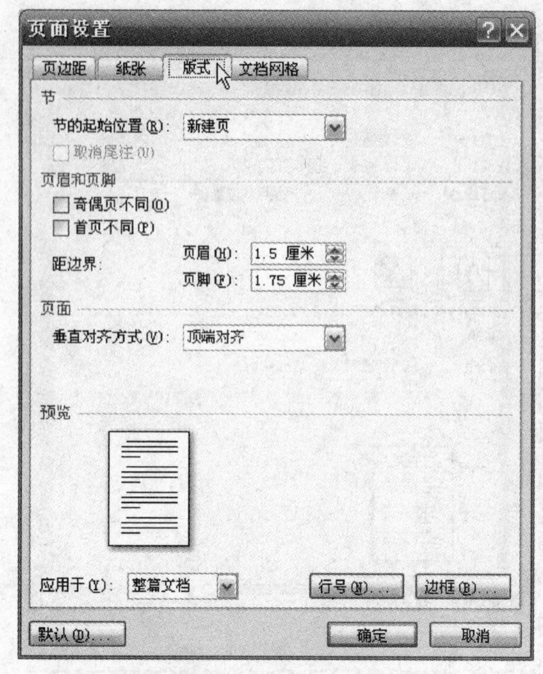

图 3.104 【版式】选项卡

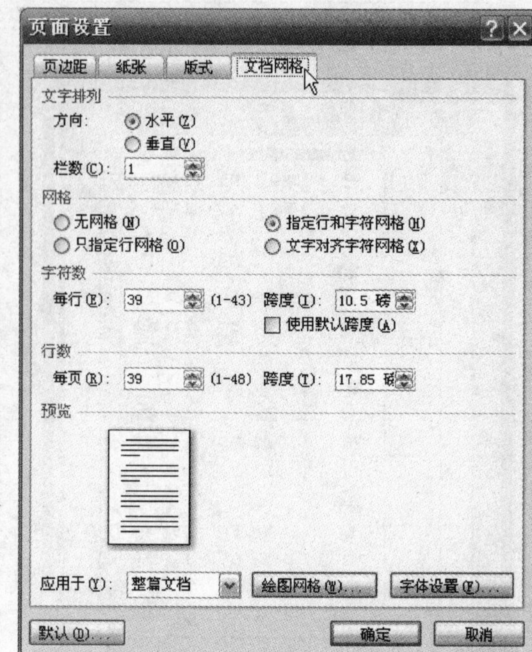

图 3.105 【文档网格】选项卡

3.7.2 页眉和页脚

页眉和页脚分别位于页面的顶部和底部并独立于文档正文的一部分页面区域，可以在其中添加文字、日期、时间及页码等信息，也可以添加各种图形和符号。页眉和页脚只有在页面视图下才可见。

1. 创建页眉和页脚

添加页眉和页脚的操作步骤如下：

(1) 切换到【插入】选项卡，单击【页眉和页脚】组中的【页眉】按钮，出现如图 3.106 所示的页眉样式下拉列表，可以从内置样式中选择一种，也可以选择空白页眉将其插入到页面中。

(2) 插入页眉后，自动进入页眉和页脚的编辑状态。在页眉区单击使插入点置于页眉区中，输入需要的文本内容，如图 3.107 所示。

(3) 在页眉和页脚的编辑状态下，单击【页眉页脚工具】下【设计】选项卡上的【页脚】按钮，出现页脚的样式列表，其操作方法与插入页眉基本一样。

(4) 在页脚区中输入所需文本内容后，单击【页眉页脚工具】下【设计】选项卡上的【关闭页眉和页脚】按钮(也可以双击文档的文本区域)，返回文档编辑状态。这时可以看到，所有页面中都设置了相同的页眉和页脚。

2. 设置不同的页眉和页脚

默认情况下，同一文档中所有页面的页眉和页脚都是相同的(页码除外)，但根据需要可以设置不同的页眉和页脚。

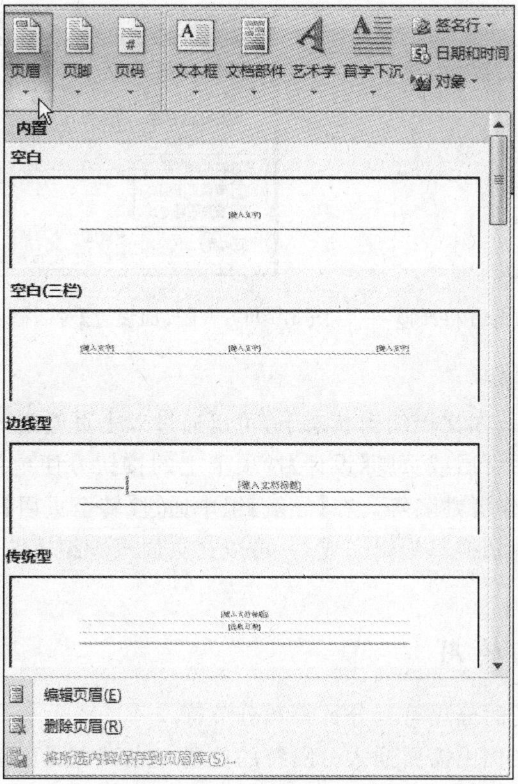

图 3.106　页眉样式列表

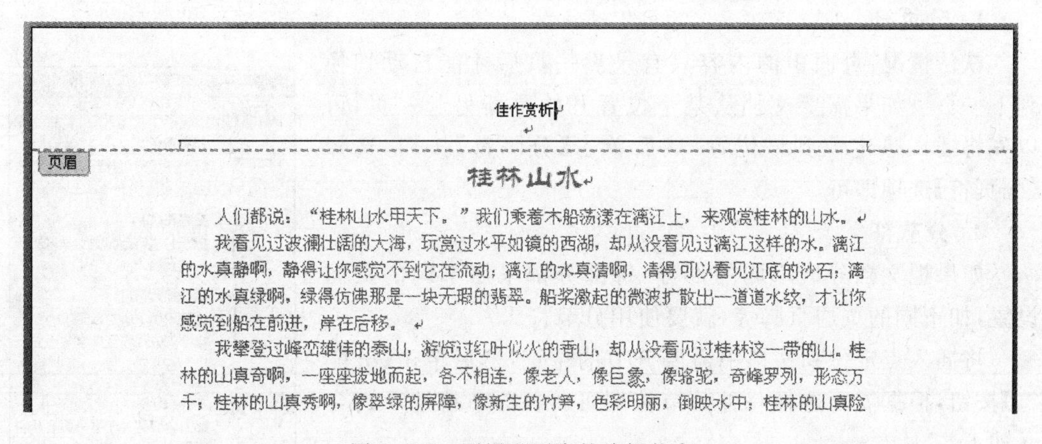

图 3.107　页眉和页脚的编辑状态

如果是在页眉页脚的编辑状态，可以通过选择【设计】选项卡上【选项】组中的【首页不同】或【奇偶页不同】选项设置不同的页眉和页脚，如图 3.108 所示。当选择【首页不同】选项时，可以为首页设置不同于其他页的页眉和页脚；当选择【奇偶页不同】选项时，可以为奇数页和偶数页分别设置不同的页眉和页脚。

也可以在【页面设置】对话框中，单击【版式】选项卡，如图 3.109 所示，设置不同的页眉和页脚。

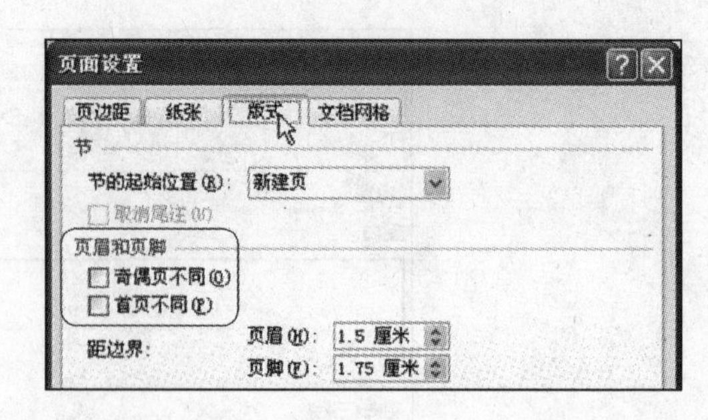

图 3.108　设置不同的页眉和页脚　　　图 3.109　在【页面设置】对话框中设置不同的页眉和页脚

3. 编辑页眉和页脚

创建页眉和页脚后，在文档编辑状态下，可以通过双击页眉或页脚进入页眉和页脚编辑状态。编辑时可以利用页眉或页脚【设计】选项卡上的按钮方便地插入当前页号、当前日期和时间、文档标题以及作者姓名等。在【导航】组中通过【转至页眉】或【转至页脚】按钮，可以方便地在页眉与页脚间切换。编辑完成后，可以在页眉页脚编辑区外双击，退出页眉页脚的编辑状态。

3.7.3　分隔符的使用

Word 2007 中常用的分隔符有分页符和分节符。

将插入点定位在文档中需要插入分隔符的位置，然后单击【页面布局】选项卡的【页面设置】组中【分隔符】按钮，出现分隔符下拉列表，如图 3.110 所示。在列表中选择需要的分隔符，就可以在页面中指定的位置插入所选的分隔符。

1. 分页符

默认情况，页面中的内容只有录满一页后才能自动切换到下一页。如果需要文档从某个位置开始重新另起一页，可以先将插入点定位到该位置，然后单击【分隔符】按钮，选择【分页符】选项即可。

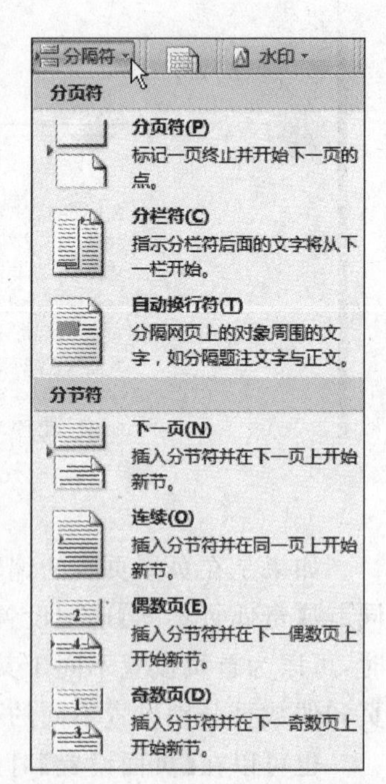

图 3.110　【分隔符】列表

2. 分节符

如果把文档分成不同的部分，每部分都采用不同的页面设置，如不同的页眉页脚等，就要使用分节符。

将插入点定位到文档中需要分节的位置，然后单击【分隔符】按钮，根据需要选择一种分节符即可。各分节符选项的含义如下。

(1) 下一页。插入一个分节符并在下一页开始新节，适用于在文档中开始新的章节。

(2) 连续。插入一个分节符并在同一页上开始新节，适用于在同一页中实现格式的更改。

(3) 偶数页。插入一个分节符并在下一个偶数页开始新节。

(4) 奇数页。插入一个分节符并在下一个奇数页开始新节。

如果使文档的各章始终在偶数页或奇数页开始,则可选择后两个选项。

3. 分栏

默认情况,文档只有一栏。要将文档分为两栏或多栏,可以先打开文档,然后单击【页面布局】选项卡上【页面设置】组中的【分栏】按钮,再在出现的分栏列表中进行选择,如图 3.111 所示。

可将所选分栏样式应用于所选文字、所选节或整篇文档。如先选择文档中部分文字,再在【分栏】按钮的列表中选择【两栏】选项,其效果如图 3.112 所示。

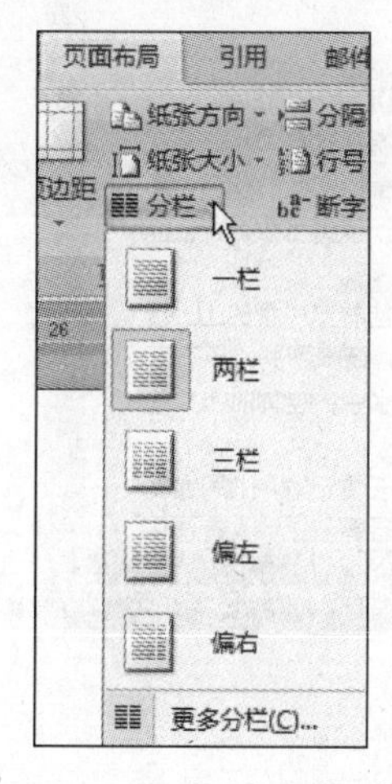

图 3.111 分栏列表

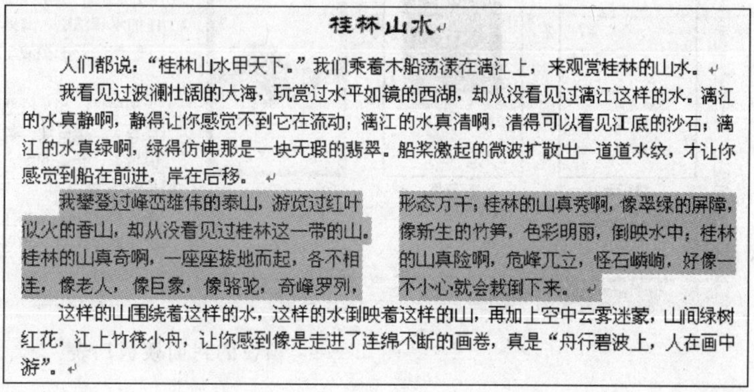

桂林山水

人们都说:“桂林山水甲天下。”我们乘着木船荡漾在漓江上,来观赏桂林的山水。

我看见过波澜壮阔的大海,玩赏过水平如镜的西湖,却从没看见过漓江这样的水。漓江的水真静啊,静得让你感觉不到它在流动;漓江的水真清啊,清得可以看见江底的沙石;漓江的水真绿啊,绿得仿佛那是一块无瑕的翡翠。船桨激起的微波扩散出一道道水纹,才让你感觉到船在前进,岸在后移。

我攀登过峰峦雄伟的泰山,游览过红叶似火的香山,却从没看见过桂林这一带的山。桂林的山真奇啊,一座座拔地而起,各不相连,像老人,像巨象,像骆驼,奇峰罗列,形态万千;桂林的山真秀啊,像翠绿的屏障,像新生的竹笋,色彩明丽,倒映水中;桂林的山真险啊,危峰兀立,怪石嶙峋,好像一不小心就会栽倒下来。

这样的山围绕着这样的水,这样的水倒映着这样的山,再加上空中云雾迷蒙,山间绿树红花,江上竹筏小舟,让你感到像是走进了连绵不断的画卷,真是“舟行碧波上,人在画中游”。

图 3.112 平均分两栏的效果

如果预设的 4 个分栏选项不能满足需求,则可在列表中选择【更多分栏】,打开【分栏】对话框,进行更为详细的设置,如图 3.113 所示。

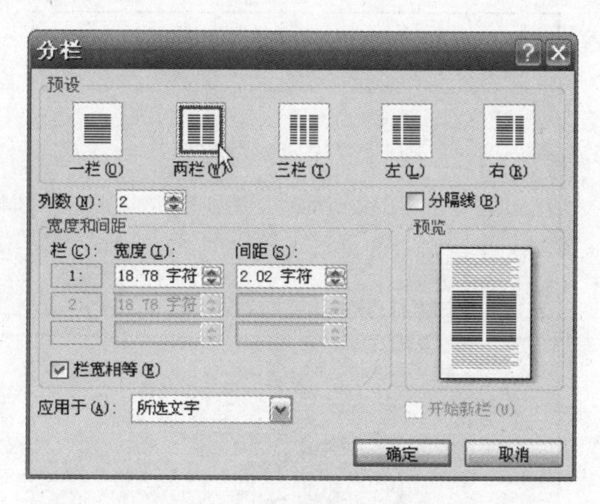

图 3.113 【分栏】对话框

3.7.4 插入封面

为当前文档添加一个简单的封面,可以使用 Word 2007 提供的插入封面功能。

打开要添加封面的文档,在【插入】选项卡上的【页】组中单击【封面】按钮,弹出预设的封面模板列表,如图 3.114 所示。

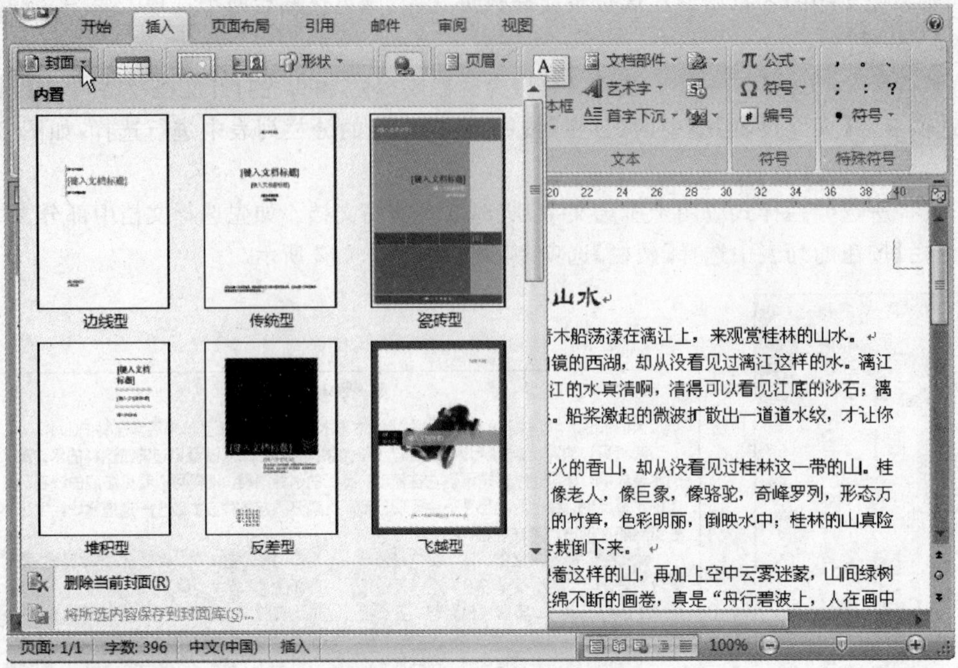

图 3.114　预设的封面模板列表

在封面模板列表中选择一个合适的封面并单击,即可在当前文档的第 1 页之前自动插入一个已经设置好格式的封面,然后再将封面中相应的提示性内容更改为需要的文字。例如,将标题修改为“桂林山水”,如图 3.115 所示。

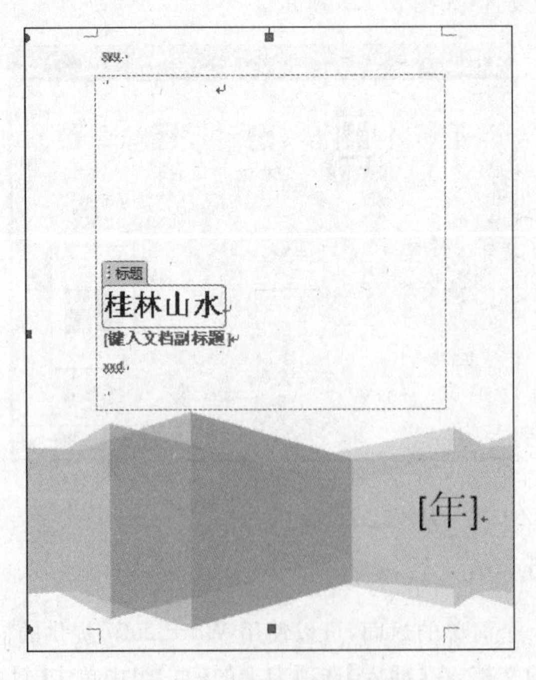

图 3.115　更改封面中的内容

3.7.5 打印预览与打印

1. 打印预览

打印文档之前通常要进行预览。通过预览,查看文档打印的实际效果,如果不满意,可以返回编辑界面进行编辑和修改,直到符合要求再打印输出,避免不必要的浪费。

单击【Office 按钮】,指向【打印】选项,在出现的子菜单中选择【打印预览】选项,打开如图 3.116 所示的【打印预览】窗口。

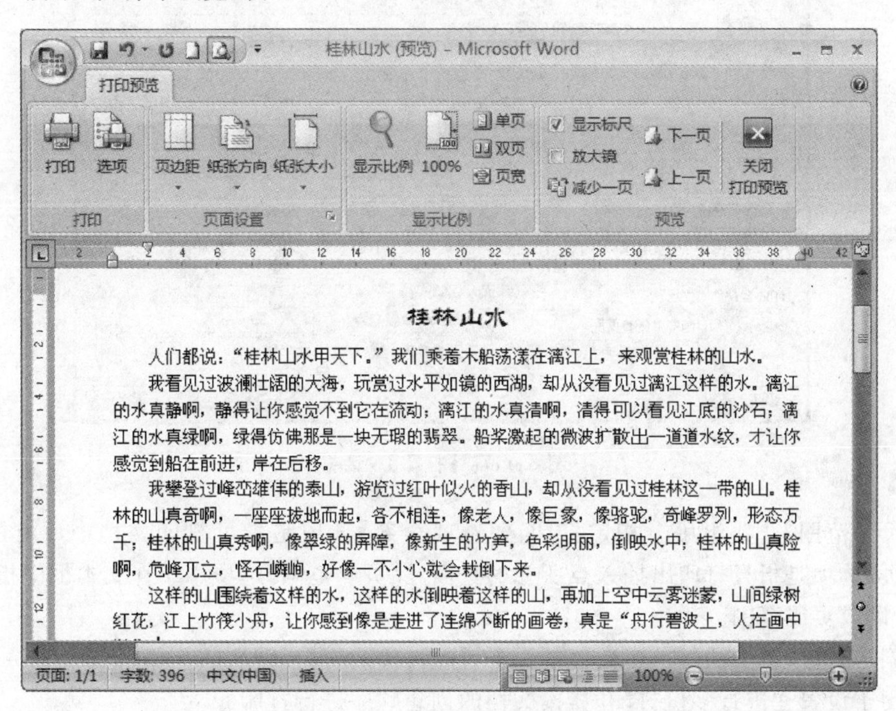

图 3.116 【打印预览】窗口

如果文档有多页,可以单击【打印预览】选项卡上【预览】组中的【下一页】或【上一页】按钮查看其他页。

要在屏幕上显示双页,可以单击【显示比例】组中的【双页】按钮。

如果一次预览多页,可以单击【显示比例】组中的【显示比例】按钮,弹出【显示比例】对话框。在对话框中选中【多页】选项,然后单击其下的按钮,在出现的网格中选择需要显示的页数,最后单击【确定】按钮,则 Word 会按所选页数显示。

如果感到预览效果很满意,可以直接单击【打印】组中的【打印】按钮,在出现的【打印】对话框中进行相关设置后即可进行打印。

如果想改变文档的显示比例,可直接拖动状态栏上的【缩放滑块】,或单击其两端的【缩小】或【放大】按钮。

预览结束后,单击【关闭打印预览】按钮,返回到正文编辑窗口中。

2. 打印文档

打印预览满意后,就可将文档打印到纸张上。打印前需确定打印机与计算机已正确连接，并且 Windows 中安装了该打印机的驱动程序。

单击【Office 按钮】，在出现的菜单中选择【打印】选项，弹出【打印】对话框，如图 3.117 所示。其中，【打印机】选项组中的【名称】下拉列表框用于选择要使用的打印机；【手动双面打印】选项则可实现在纸的两面上打印文档，打印完一面后，Word 会提示将纸翻面后重新装入打印机。

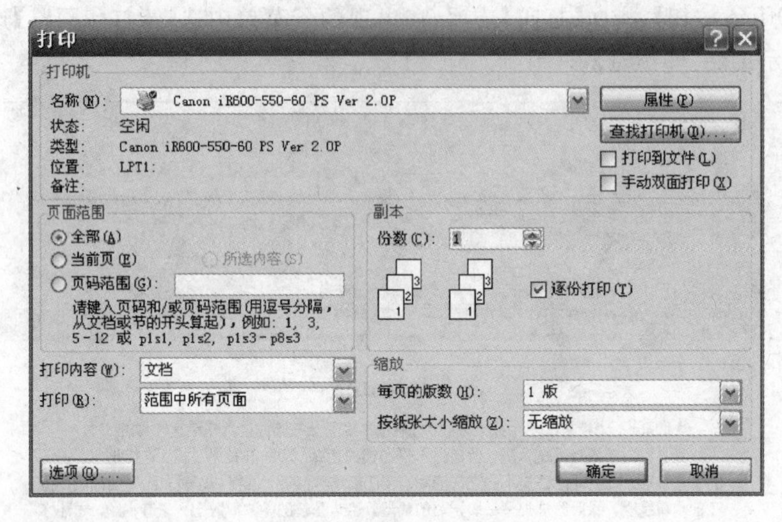

图 3.117 【打印】对话框

【页面范围】选项组用于指定打印区域。【全部】选项是指可打印文档中所有的页面；【当前页】选项是指只打印出插入点所在的页面。【页码范围】选项用于在文本框中指定要打印的页码或页码范围。

【副本】选项组中的【份数】数值框用于设置打印的份数，默认的打印份数为 1 份；【逐份打印】用于设置在进行多份打印时，按文档的创建顺序进行打印。

【缩放】组中的【按纸张大小缩放】下拉列表框用于选择打印文档所需的纸张大小。如当前文档设置的页面大小为 A4，但打印纸张为 B5，则可从列表中选择 B5 选项，使打印的内容整体缩小到刚好适应 B5 页面。

【打印】下拉列表框用于选择打印奇数页或偶数页，默认选项是【范围中所有页面】。使用此功能也可实现双面打印，即打印时先打印文档中所有奇数页，再将纸张翻面后打印所有偶数页。

设置完有关选项后，单击【确定】按钮，将文档发送到打印机进行打印。

3.8 Word 2007 的其他常用功能

Word 2007 的功能相当丰富，这里介绍一些比较常用的高级功能。

3.8.1 使用样式快速排版

样式是一套预先设置好文本格式，如字体、字号、对齐方式、缩进等，并有确定名称的格式集合。使用样式不仅可以对文档文本进行快速排版，而且当某个样式做了修改后，Word

会自动更新整个文档中应用了该样式的所有文本的格式。

1. 使用样式

常用的样式有段落样式和字符样式。段落样式包含用于段落的格式，如对齐方式、缩进、行间距等。字符样式包含用于文本字符的格式，如字体、字号、字间距和字符颜色等。

要应用段落样式，可将插入点定位到目标段落中任意位置；要应用字符样式，先选定目标文本，然后在【开始】选项卡上的【样式】组中单击所需的样式。如果想看到更多的预设样式，单击【其他】按钮，出现快速样式列表框，如图 3.118 所示。在列表中选择需要应用的样式，如【标题 1】样式，当前段落便快速格式化为所选样式定义的格式，如图 3.119 所示。

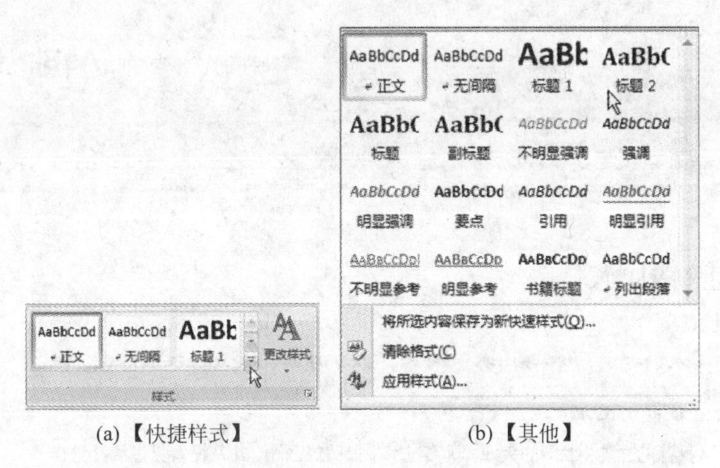

(a)【快捷样式】　　(b)【其他】

图 3.118　样式列表框

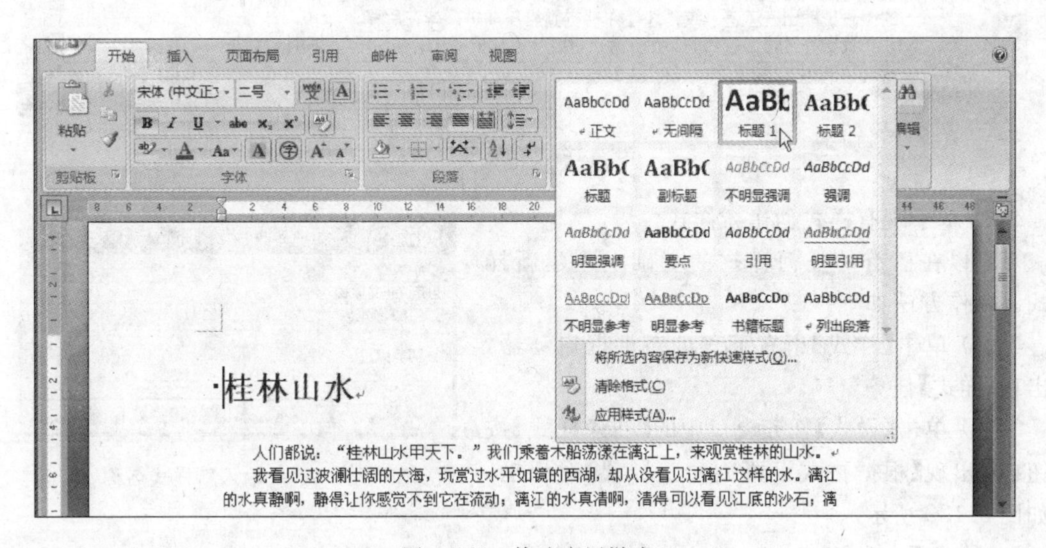

图 3.119　快速应用样式

2. 创建样式

如果 Word 中预设的样式不能满足需求，可以创建所需的新样式。既可以基于已经设置了格式的文本创建一个全新的样式，也可以在现有的某个样式的基础上创建新样式。创建完样式后，还可以对其进行修改。

1）基于已设置了格式的文本创建样式

要将设置了各种格式的段落保存为一个新样式，首先要对这个段落进行格式设置，例如将文档第1段设置为隶书、四号字，如图3.120所示。选定已经排版的文本，单击【开始】选项卡上【样式】组中【快速样式】的【其他】按钮，在列表中单击【将所选内容保存为新快速样式】选项，出现【根据格式设置创建新样式】对话框，并在【样式】文本框中输入新样式名称，如“自定义正文样式”，如图3.121所示。单击【确定】按钮，则刚创建的新样式名称添加到了【快速样式】列表框中。

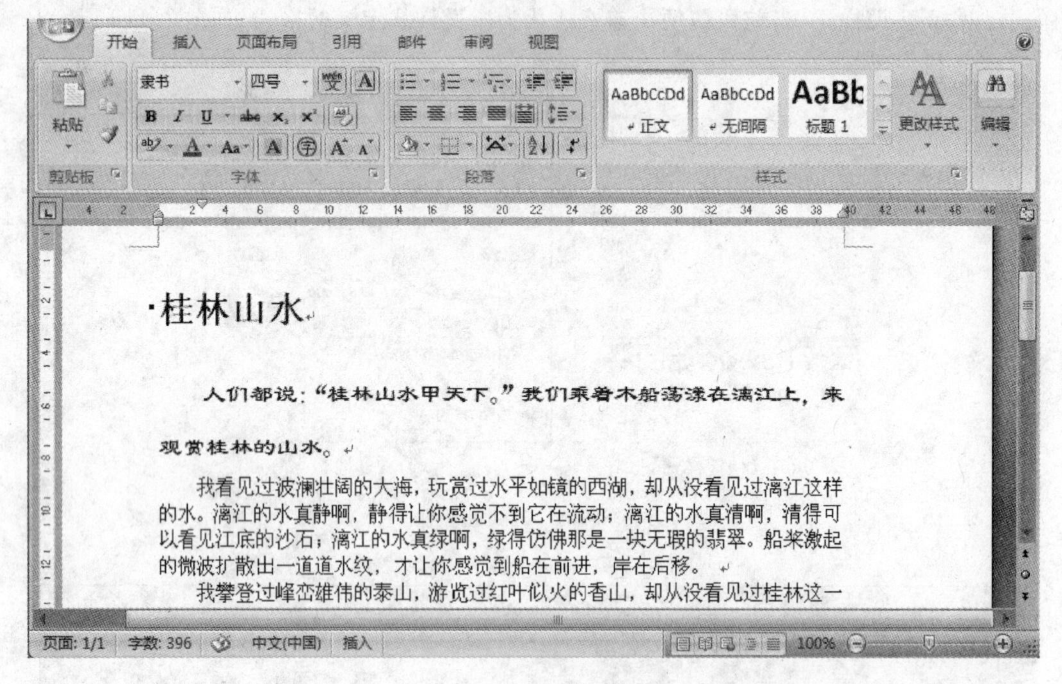

图3.120 格式化段落

2）基于现有样式创建新样式

可以在已有的任何样式的基础上创建新样式。操作方法如下：

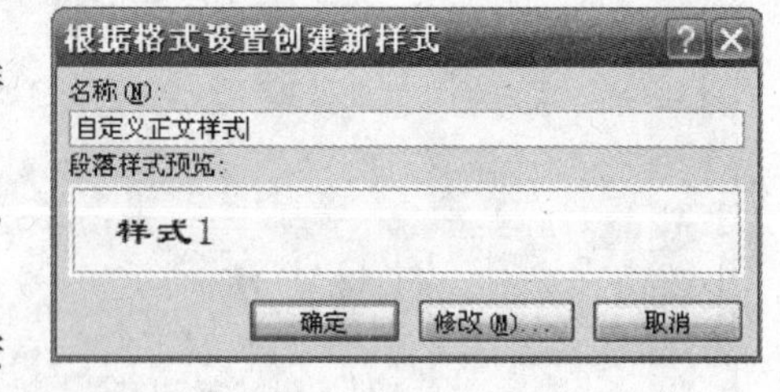

图3.121 输入新样式名称

(1) 单击【样式】组右下角的对话框启动器，出现【样式】任务窗口。

(2) 单击【样式】任务窗口中的【新建样式】按钮，出现【根据格式设置创建新样式】对话框，如图3.122所示。

(3) 在【名称】文本框中输入新样式的名称。

(4) 在【样式类型】下拉列表框中选择样式适用范围是段落或字符。

(5) 在【样式基准】下拉列表框中选择一个基准样式，新样式是在这个基准样式的基础上修改而成。如果不想指定基准样式，可以选择【无样式】选项。

(6) 单击【格式】按钮，从弹出的菜单中选择相应的选项如字体、段落等，为当前的样式设置格式，并在预览框中查看新样式的效果。

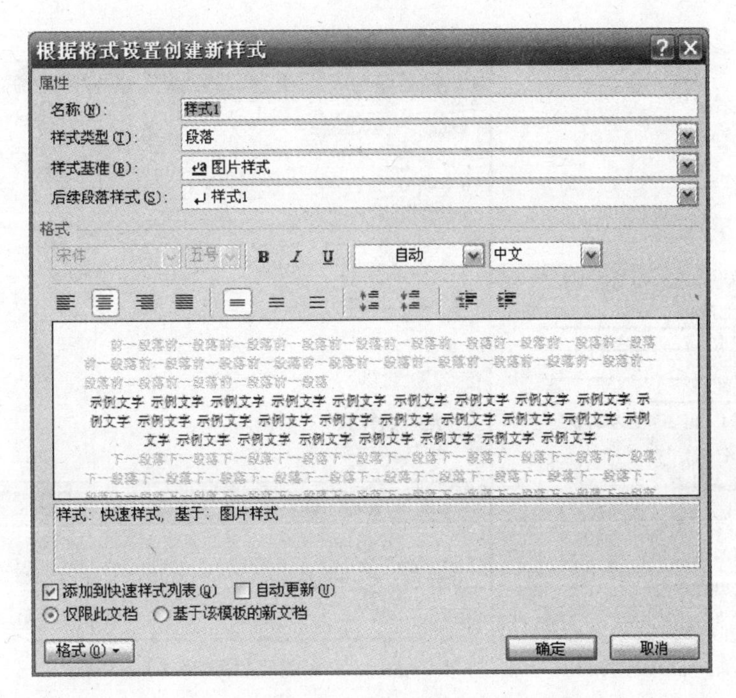

图 3.122 【根据格式设置创建新样式】对话框

(7) 要将新样式添加到当前使用的模板中，则选中【基于该模板的新文档】单选项，以后基于该模板创建的新文档都可以使用这个样式。否则，【仅限此文档】选项只能将所设置的新样式用于当前文档中。

(8) 单击【确定】按钮，完成新样式的创建。

3. 修改样式

无论是 Word 预设的样式还是用户自定义的样式都可以进行修改。修改样式后，Word 会自动更新整个文档中应用该样式的文本格式。具体操作方法如下：

(1) 单击【样式】组右下角的对话框启动器，打开【样式】任务窗格。

(2) 找到要修改的样式名，如选择【一级标题】项。

(3) 单击该样式名右侧的下拉箭头，在弹出的下拉菜单中单击【修改】命令，出现【修改样式】对话框，如图 3.123 所示。

(4) 【修改样式】对话框与【根据格式设置创建新样式】对话框的使用方法基本类似，可以对样式的各个格式参数进行修改，如将【标题 1】样式的字体改为"隶书"。

(5) 单击【确定】按钮，修改完成，所有应用【标题 1】的文本格式都发生了相应的变化，如图 3.124 所示。

3.8.2 使用模板快速创建文档

模板是具有预定义的页面版式、文字和样式等内容的一种文档的模型。使用模板可以快速创建所需类型文档的大致框架，尤其是 Word 2007 中提供了一些常用的模板，可以使编辑操作方便又快捷。

1. 用模板创建新文档

Word 2007 提供了多种模板，在建立新文档时就可以根据需要选择要使用的模板，方法

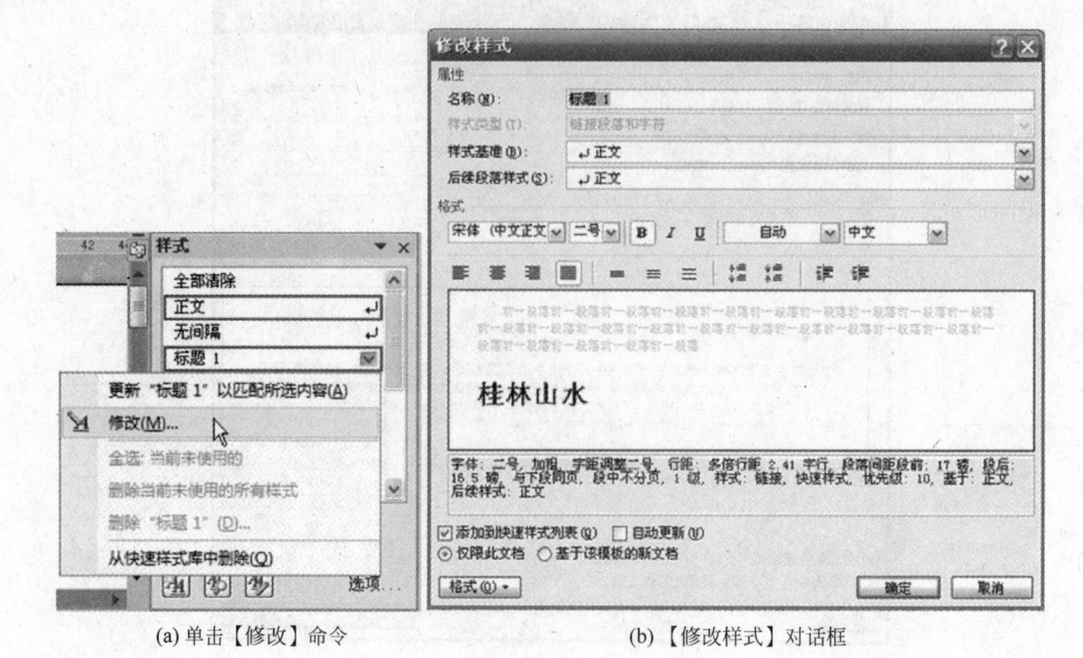

(a) 单击【修改】命令　　　　(b)【修改样式】对话框

图 3.123　打开【修改样式】对话框

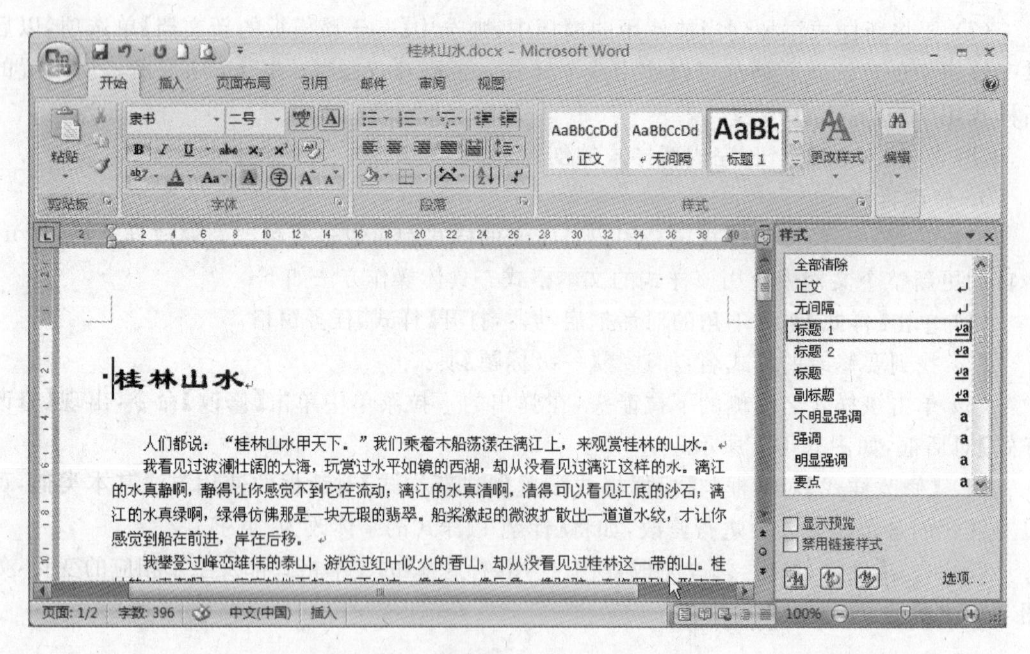

图 3.124　修改样式后自动更新的结果

如下：

(1) 选择 Office 按钮→【新建】命令，打开【新建文档】对话框。

(2) 在对话框的【模板】列表框中列出了 Word 2007 提供的模板类型，默认的模板是【空白文档和最近使用的文档】选项，并默认选定其中的【空白文档】选项。

(3) 单击【已安装的模板】选项，再在右侧的列表中选择需要的模板，如图 3.125 所示，可以在预览框中看到文档的样式。

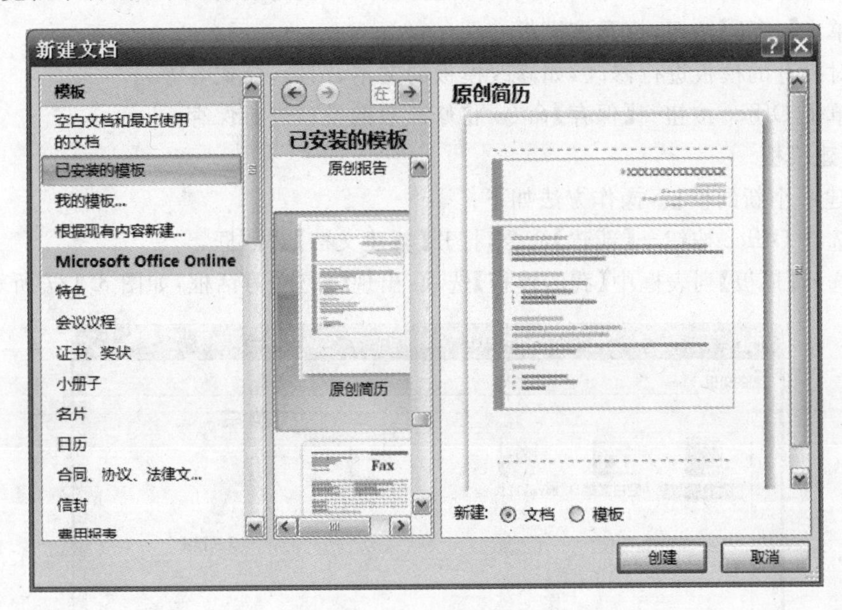

图 3.125　使用模板

(4) 单击【创建】按钮,则按照所选模板创建一个新文档。

2. 修改模板

在实际应用中可以根据需要对已有的模板进行修改,操作方法如下:

(1) 单击 Office 按钮→【打开】命令,出现【打开】对话框。

(2) 在【文件类型】下拉列表框中选择【Word 模板】选项,如图 3.126 所示。

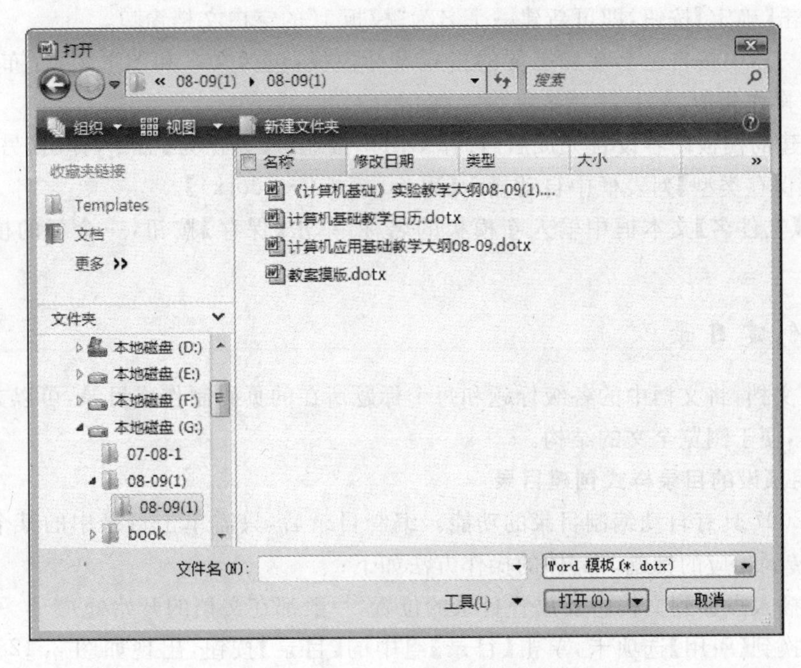

图 3.126　打开要修改的模板

(3) 找到存放模板的文件夹，再找到并选择需要修改的模板。

(4) 单击【打开】按钮，打开该模板。

(5) 对打开的模板进行修改，如修改模板的文本、图形、样式等等。

(6) 单击 Office 按钮→【保存】命令，将修改后的模板进行保存。

3. 创建模板

要创建一个新的模板，操作方法如下：

(1) 选择 Office 按钮→【新建】命令，打开【新建文档】对话框。

(2) 选择【模板】列表框中【我的模板】选项，出现【新建】对话框，如图 3.127 所示。

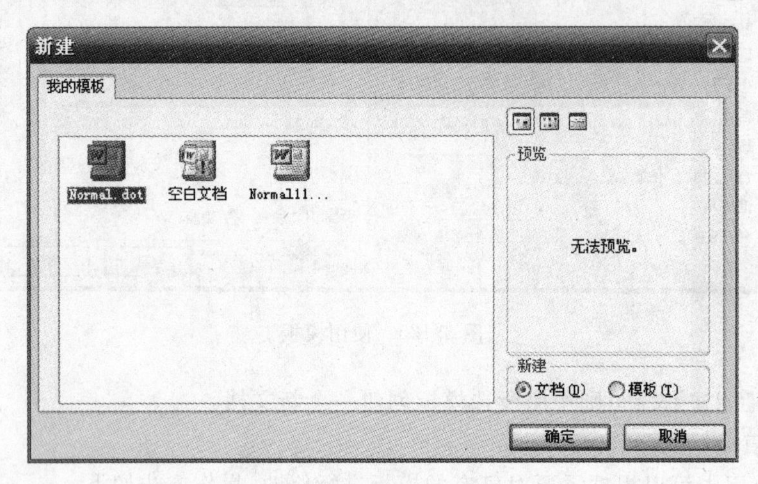

图 3.127　创建新模板

(3) 在对话框的【新建】选项组中选中【模板】单选按钮。

(4) 单击【确定】按钮，即可新建一个名为“模板 1”的空白文档窗口。

(5) 在文档中按自己喜欢和需要的格式设计模板，包括文本和图形、页面布局等等，与普通文档的操作相似。

(6) 新建的模板内容设置完成后，选择 Office 按钮→【另存为】命令，弹出【另存为】对话框。此时，【保存类型】列表框中自动显示【Word 模板(*. dotx)】。

(7) 在【文件名】文本框中输入新模板的名称，单击【保存】按钮，一个新的模板就创建好了。

3.8.3　创建目录

对于长文档，将文档中的各级标题和每个标题所在的页码制作成目录，可以方便查找文档中的内容，便于浏览全文的结构。

1. 使用预设的目录样式创建目录

Word 2007 具有自动编制目录的功能。编制目录后，只需单击目录中的某个条目或页码，就能跳转到相应的标题。具体的操作方法如下：

(1) 将插入点移到文档中要放置目录的位置(一般都在文档的开始处)。

(2) 切换到【引用】选项卡，单击【目录】组中的【目录】按钮，出现如图 3.128 所示的列表框。

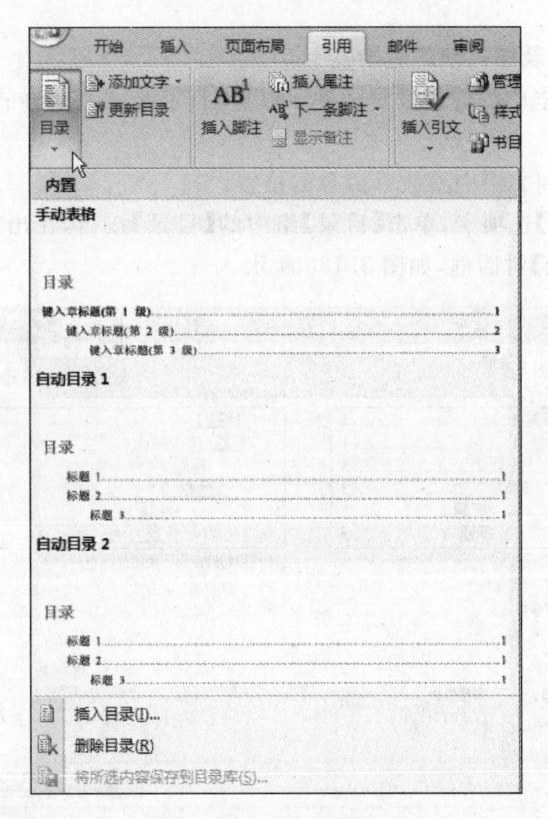

图 3.128 【目录】选项

(3) 从内置的目录样式中选择一种,即可在插入点处插入目录,如图 3.129 所示。

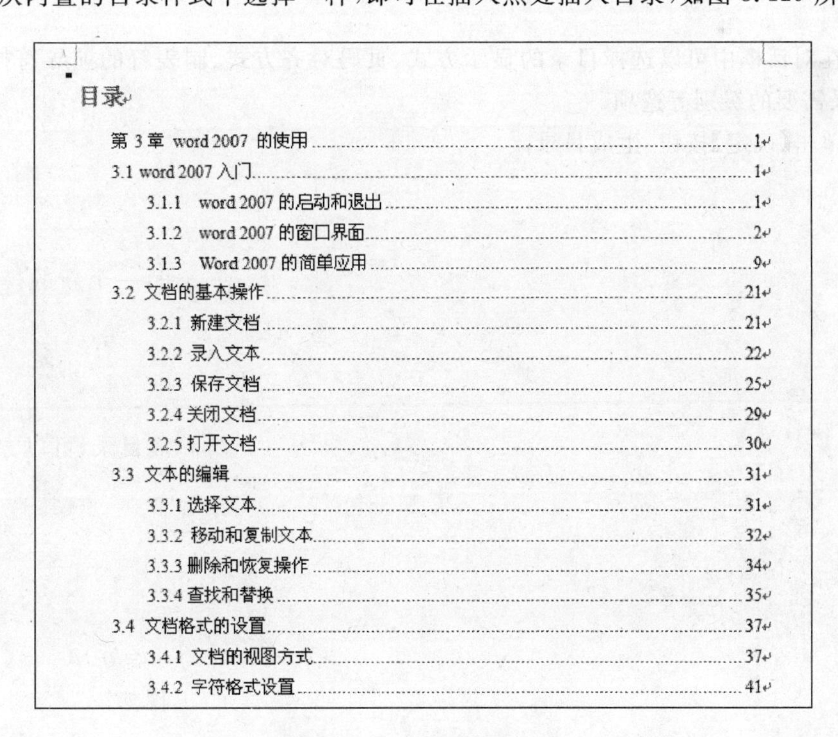

目录

第 3 章 word 2007 的使用........1
3.1 word 2007 入门........1
3.1.1 word 2007 的启动和退出........1
3.1.2 word 2007 的窗口界面........2
3.1.3 Word 2007 的简单应用........9
3.2 文档的基本操作........21
3.2.1 新建文档........21
3.2.2 录入文本........22
3.2.3 保存文档........25
3.2.4 关闭文档........29
3.2.5 打开文档........30
3.3 文本的编辑........31
3.3.1 选择文本........31
3.3.2 移动和复制文本........32
3.3.3 删除和恢复操作........34
3.3.4 查找和替换........35
3.4 文档格式的设置........37
3.4.1 文档的视图方式........37
3.4.2 字符格式设置........41

图 3.129 自动生成的目录

2. 使用自定义目录样式创建目录

使用【目录】对话框中的详细设置选项，可以用自定义的目录样式创建目录。具体操作方法如下：

(1) 将插入点移到文档中要放置目录的位置。

(2) 切换到【引用】选项卡，单击【目录】组中的【目录】按钮，在出现的列表中选择【插入目录】选项，出现【目录】对话框，如图 3.130 所示。

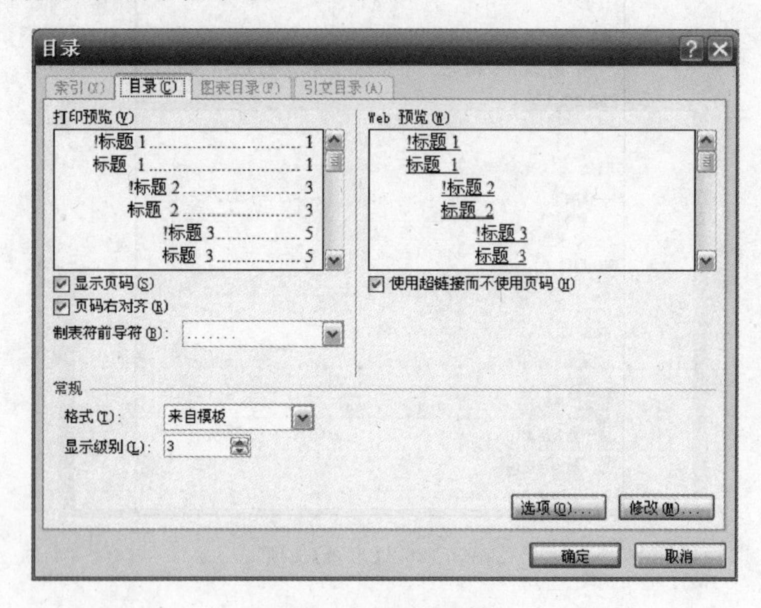

图 3.130 【目录】对话框

(3) 在对话框中可以选择目录的显示方式、页码对齐方式、制表符的前导符样式、目录格式、目录需要的级别等选项。

(4) 单击【确定】按钮，生成目录。

第4章 Excel 2007 的使用

4.1 Excel 2007 入门

Excel 2007 是 Office 2007 的组件之一，是一个功能强大的电子表格处理软件。使用 Excel 可以完成复杂的数值计算、制作出功能齐全的电子表格、打印出各种报表和漂亮的数据统计图表，因此广泛应用于财务、统计、金融和审计等众多领域。和其他 Office 组件一样，Excel 2007 在风格上也有很大的改观，不仅采用全新的面向任务的选项卡来取代以往的菜单和工具栏，而且还增加和完善了许多实用的功能，很大程度上满足了不同层次用户的需求。

4.1.1 Excel 2007 的窗口界面

1. Excel 2007 的启动与退出

启动 Excel 2007 常用的方法有以下几种：

(1) 单击【开始】→【所有程序】→Microsoft Office→ Microsoft Office Excel 2007。

(2) 如果已经在桌面上创建了 Excel 2007 的快捷方式图标，则双击该图标。

(3) 双击任何一个 Excel 2007 工作簿文件。

Excel 2007 的窗口界面如图 4.1 所示。

关闭 Excel 2007 工作簿的方法有以下几种：

(1) 单击 Excel 2007 窗口右上角的【关闭】按钮 。

(2) 单击【Office 按钮】，在出现的菜单中选择【关闭】。

(3) 单击 Excel 窗口左上角的【Office 按钮】，在出现的菜单中选择【退出 Excel】。

(4) 按 Alt＋F4 键。

2. Excel 2007 的工作界面

Excel 2007 的窗口与 Word 2007 的窗口类似，如 Office 按钮、快速访问工具栏、标题栏、功能区等，下面主要介绍 Excel 2007 特有的一些界面元素。

1) 名称框和编辑栏

在功能区的下方有一个名称框和一个编辑栏，如图 4.2 所示。

名称框中显示的是当前活动单元格地址。可以在选定单元格或单元格区域后，在名称框中输入名称来定义该区域，还可以在名称框中输入名称来查找单元格。

编辑栏用于显示活动单元格中的数据或公式。当在单元格中输入数据时，除了在单元格中显示数据内容外，还会在编辑栏中同时显示。可以在编辑栏中对当前单元格中的数据

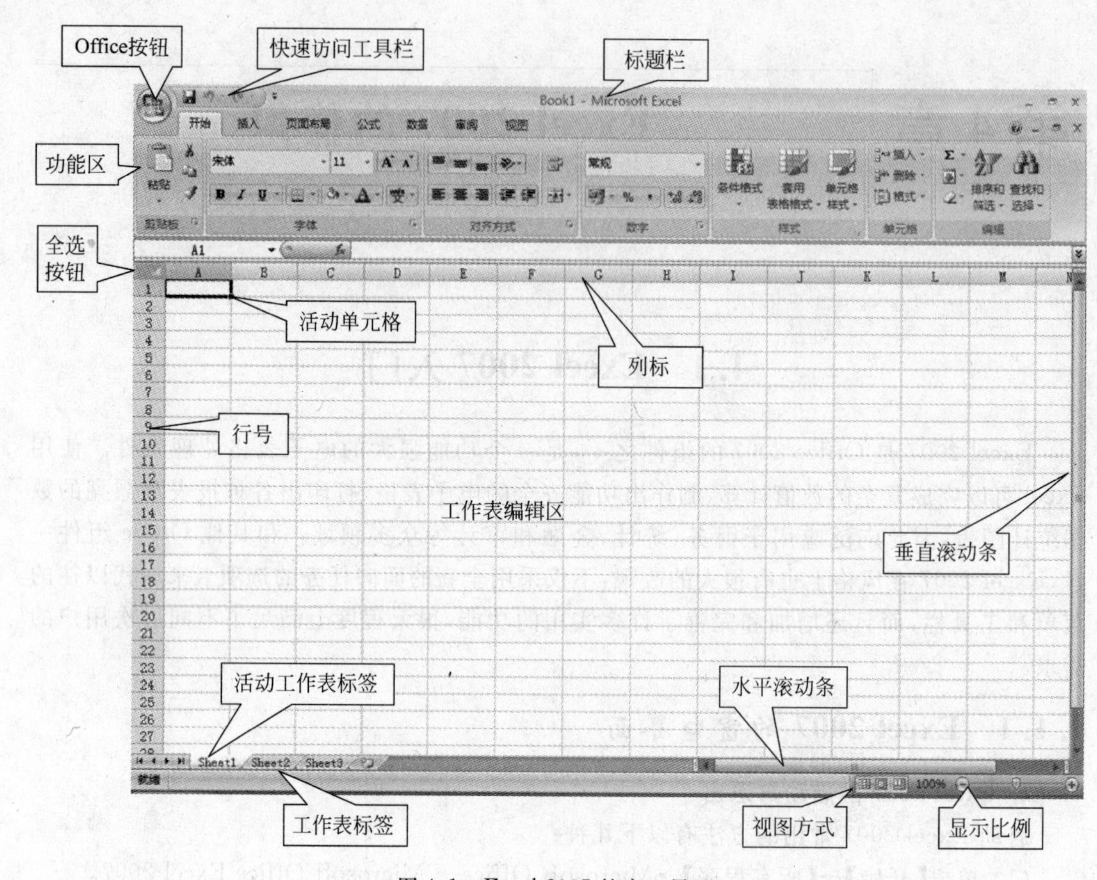

图 4.1　Excel 2007 的窗口界面

图 4.2　名称框和编辑栏

进行编辑，当然，也可以用鼠标双击直接在单元格中进行编辑。

2）行号和列标

行号用阿拉伯数字表示，1～1 048 576，最多可达 1 048 576 行；列标用字母表示，A～Z，AA～AZ，…XFA～XFD，最多可达 16 384 列。

3）工作表编辑区

Excel 2007 窗口界面的正中央即为工作表编辑区。在工作表编辑区下方，有用于显示工作表名称的工作表标签。

4.1.2　工作簿、工作表与单元格

在学习使用 Excel 2007 之前，首先要了解工作簿、工作表和单元格等基本概念，以及它们之间的关系。

1. 工作簿

工作簿是 Excel 用来处理和存储数据的文件，其扩展名为. xlsx。每个工作簿中可以包含多张工作表。启动 Excel 2007 后，默认的工作簿名为 Book1. xlsx，其中包含三张工作表。

2. 工作表

工作表是用于存储各种数据的表格，包含若干行和列。工作表总是存储在工作簿中，是工作簿里的"一页"。默认情况下，新建的工作簿中包含三张工作表，工作表名称分别是 Sheet1、Sheet2、Sheet3。

3. 单元格

单元格是工作表中行与列交叉所形成的方格，是工作表中存储数据最基本的单位。在当前工作表中有一个单元格是由粗的边框线包围的，此单元格称为活动单元格或当前单元格。单元格地址由所在的行和列的位置来命名，书写时先写列标，后写行号。例如单元格地址 C6，表示第 C 列和第 6 行交叉处的单元格。

4.1.3 Excel 2007 的简单应用

创建一个 Excel 工作簿大致有如下几个步骤：建立新工作簿、输入数据、编辑数据、利用公式处理数据、制作图表、格式编排、保存和打印等。

下面以制作一个简单的学生成绩表为例来了解一下 Excel 2007 的使用方法。

1. 新建工作簿

单击【开始】→【所有程序】→Microsoft Office→ Microsoft Office Excel 2007，在启动 Excel 2007 的同时，创建了一个名为 Book1. xlsx 的空白工作簿。

2. 输入数据

输入如图 4.3 所示的数据。

	A	B	C	D	E	F	G
1	计算机1班期末成绩表						
2	学号	姓名	英语	高数	数据结构	微机原理	总分
3	L071101	李小明	85	88	64	80	
4	L071102	王威	89	86	78	82	
5	L071103	张涛	95	84	86	86	
6	L071104	郑思学	78	90	83	87	
7	L071105	张爱琪	96	91	72	82	
8	L071106	苏丽丽	80	68	91	79	
9	L071107	赵大鹏	75	86	65	77	
10	L071108	黄贺	63	81	78	85	
11	L071109	刘源	88	82	73	78	
12	L071110	姜文涛	76	83	85	66	
13	平均分						
14							

图 4.3 输入数据

其中 A1 单元格的数据超过了默认的单元格宽度，而其右侧的 B1 单元格中没有数据，超出宽度的字符就显示在 B1 单元格上。如果 B1 单元格中已经有数据，则超出宽度的字符不显示。

在单元格中输入数据时，与在 Word 中对文本进行编辑一样，而对于有规律的数据，则可以使用数据填充功能快速输入数据。如学号，单击 A3 单元格，输入 L071101 后，将鼠标指向当前单元格 A3 右下角的填充柄并按下光标左键向下拖曳，如图 4.4 所示，拖至 A12 单元格后松开光标，完成自动填充。

A3 | fx | L071101

	A	B	C	D	E	F	G
1	计算机1班期末成绩表						
2	学号	姓名	英语	高数	数据结构	微机原理	总分
3	L071101						
4	L071102						
5	L071103						
6	L071104						
7	L071105						
8	L071106						
9	L071107						
10	L071108						
11	L071109						
12	L071110						
13							
14							

图 4.4　使用自动填充功能

3. 编辑数据

编辑数据包括对数据的修改、单元格的操作(选定、插入、移动、复制、清除和删除等)、行和列的操作等等，本例中此步略。

4. 利用公式完成数值计算

工作表中“总分”的计算可利用 Excel 提供的公式功能来完成。单击用于存放总分的单元格 G3，键入等号“＝”，进入公式编辑状态，然后输入如图 4.5 所示的公式后再按 Enter 键，在单元格 G3 中出现运算结果，如图 4.6 所示。再利用填充柄的复制功能计算出其他单元格的总分，方法是单击 G3 单元格，将鼠标指向右下角的填充柄并按住左键向下拖曳至 G12 单元格后松开鼠标，则 G3 到 G12 单元格中显示出计算结果，如图 4.7 所示。

SUM | × ✓ fx | =C3+D3+E3+F3

	A	B	C	D	E	F	G	H
1	计算机1班期末成绩表							
2	学号	姓名	英语	高数	数据结构	微机原理	总分	
3	L071101	李小明	85	88	64	80	=C3+D3+E3+F3	
4	L071102	王威	89	86	78	82		
5	L071103	张涛	95	84	86	86		
6	L071104	郑思学	78	90	83	87		
7	L071105	张爱琪	96	91	72	82		
8	L071106	苏丽丽	80	68	91	79		
9	L071107	赵大鹏	75	86	65	77		
10	L071108	黄贺	63	81	78	85		
11	L071109	刘源	88	82	73	78		
12	L071110	姜文涛	76	83	85	66		
13	平均分							
14								

图 4.5　输入公式

G4 | fx

	A	B	C	D	E	F	G
1	计算机1班期末成绩表						
2	学号	姓名	英语	高数	数据结构	微机原理	总分
3	L071101	李小明	85	88	64	80	317
4	L071102	王威	89	86	78	82	
5	L071103	张涛	95	84	86	86	
6	L071104	郑思学	78	90	83	87	
7	L071105	张爱琪	96	91	72	82	
8	L071106	苏丽丽	80	68	91	79	
9	L071107	赵大鹏	75	86	65	77	
10	L071108	黄贺	63	81	78	85	
11	L071109	刘源	88	82	73	78	
12	L071110	姜文涛	76	83	85	66	
13	平均分						

图 4.6　使用公式计算总分

G3 | fx | =C3+D3+E3+F3

	A	B	C	D	E	F	G
1	计算机1班期末成绩表						
2	学号	姓名	英语	高数	数据结构	微机原理	总分
3	L071101	李小明	85	88	64	80	317
4	L071102	王威	89	86	78	82	335
5	L071103	张涛	95	84	86	86	351
6	L071104	郑思学	78	90	83	87	338
7	L071105	张爱琪	96	91	72	82	341
8	L071106	苏丽丽	80	68	91	79	318
9	L071107	赵大鹏	75	86	65	77	303
10	L071108	黄贺	63	81	78	85	307
11	L071109	刘源	88	82	73	78	321
12	L071110	姜文涛	76	83	85	66	310
13	平均分						

图 4.7　使用公式计算的结果

5. 制作图表

图表就是用图形的形式直观的表现数据。首先选择图表数据，如图 4.8 所示，先选择 B2 至 B12 单元格区域，按住 Ctrl 键再选择 G2 至 G12 单元格区域。接下来选择图表类型，如图 4.9 所示，单击【插入】选项卡，在【图表】组中选择【柱形图】按钮下拉列表中的【簇状柱形图】选项，即可快速创建出一张嵌入式图表，如图 4.10 所示。

G2 | fx | 总分

	A	B	C	D	E	F	G
1	计算机1班期末成绩表						
2	学号	姓名	英语	高数	数据结构	微机原理	总分
3	L071101	李小明	85	88	64	80	317
4	L071102	王威	89	86	78	82	335
5	L071103	张涛	95	84	86	86	351
6	L071104	郑思学	78	90	83	87	338
7	L071105	张爱琪	96	91	72	82	341
8	L071106	苏丽丽	80	68	91	79	318
9	L071107	赵大鹏	75	86	65	77	303
10	L071108	黄贺	63	81	78	85	307
11	L071109	刘源	88	82	73	78	321
12	L071110	姜文涛	76	83	85	66	310
13	平均分						

图 4.8　选择图表数据

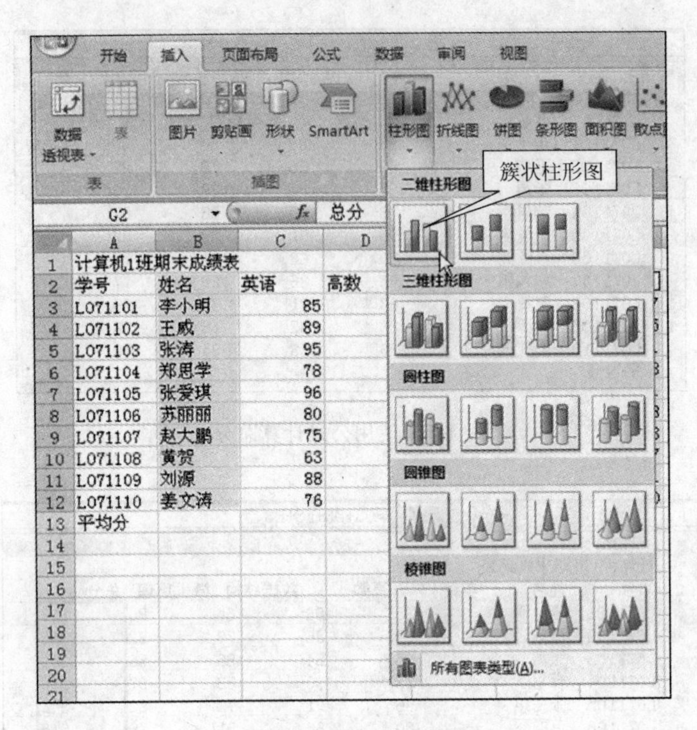

图 4.9　选择图表类型

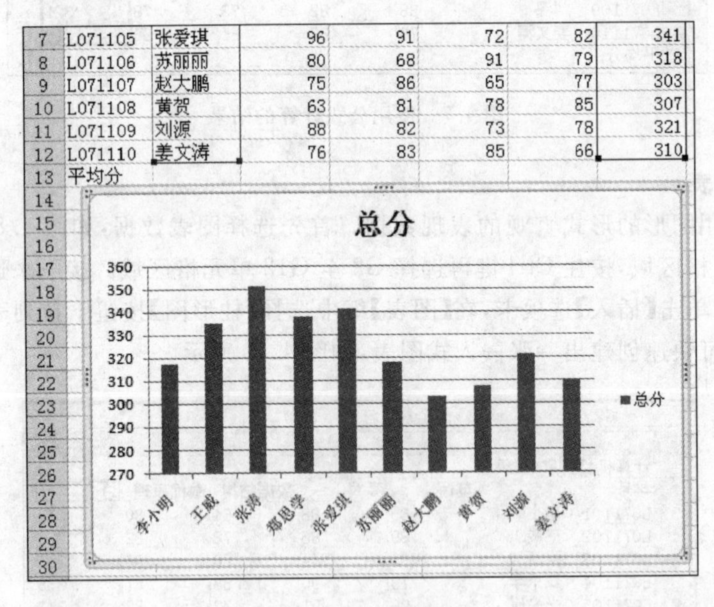

图 4.10　嵌入式图表

6. 格式化工作表

格式化工作表包括单元格的边框设置、字体设置、数据对齐方式设置等。

单击 A1 单元格并按住左键拖曳至 G1 单元格，选定 A1～G1 单元格区域，单击【开始】选项卡【对齐方式】组中的【合并后居中】按钮，如图 4.11 所示，将标题合并居中。

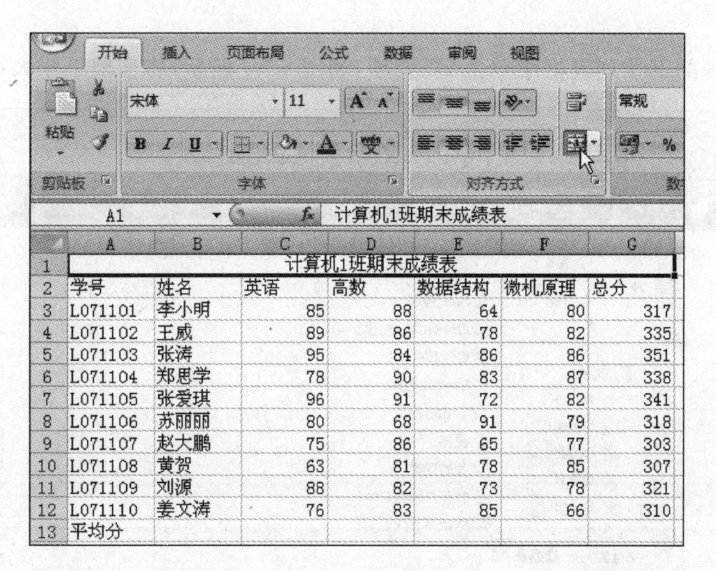

图 4.11　将标题合并居中

用类似前面的方法选定 A2～G13 单元格区域，然后单击【开始】选项卡【字体】组中【边框】按钮右侧的下三角按钮，出现边框的下拉列表框，选择其中【所有框线】，如图 4.12 所示，为表格加上边框线。

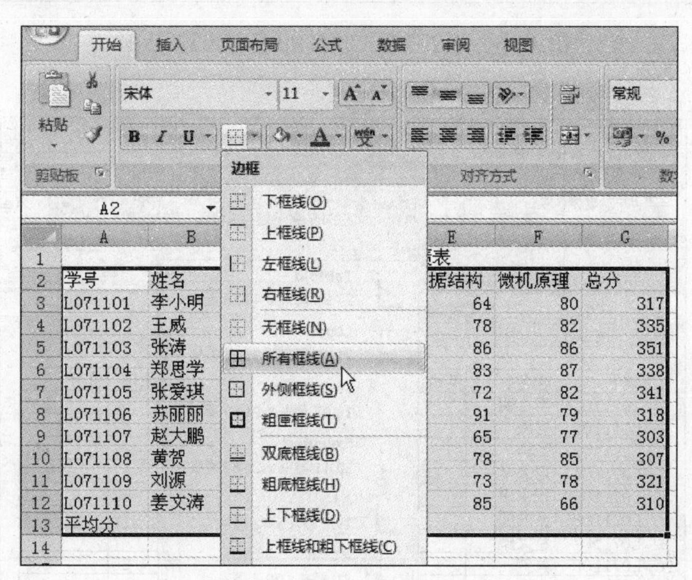

图 4.12　为表格加边框线

7. 保存工作簿

单击【快速访问工具栏】上的【保存】按钮或单击 Office 按钮，在出现的菜单中选择【保存】选项，都会出现【另存为】对话框，如图 4.13 所示。选择好保存位置并输入文件名“成绩表”后，单击【保存】按钮即可。

8. 打印设置及打印

Excel 2007 默认的纸张大小为 A4 纸，在【页面布局】选项卡【页面设置】组中单击【纸张大小】按钮，在出现的下拉列表框中单击 B5 选项，如图 4.14 所示，将当前纸张大小设置为 B5 纸。

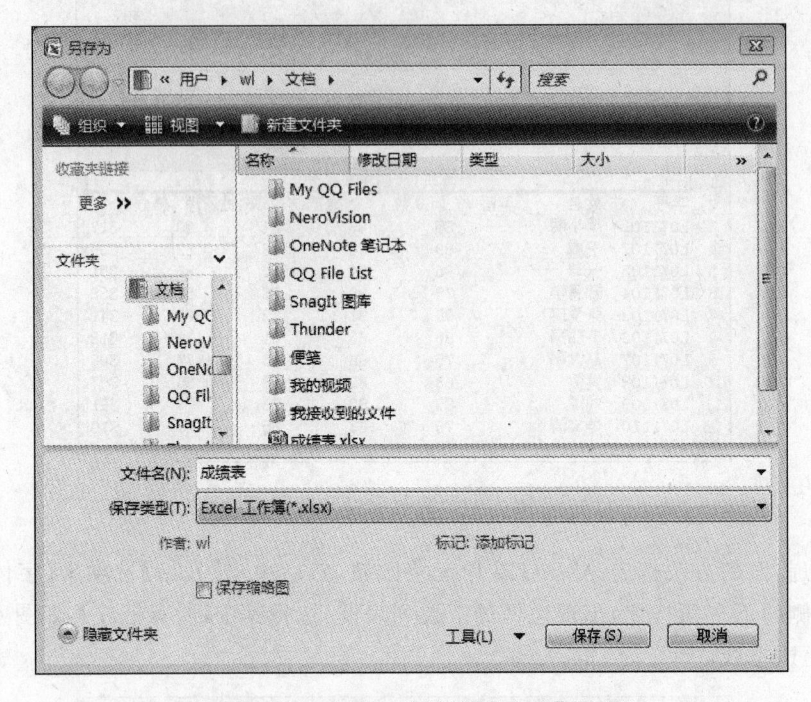

图 4.13　用于保存工作簿的【另存为】对话框

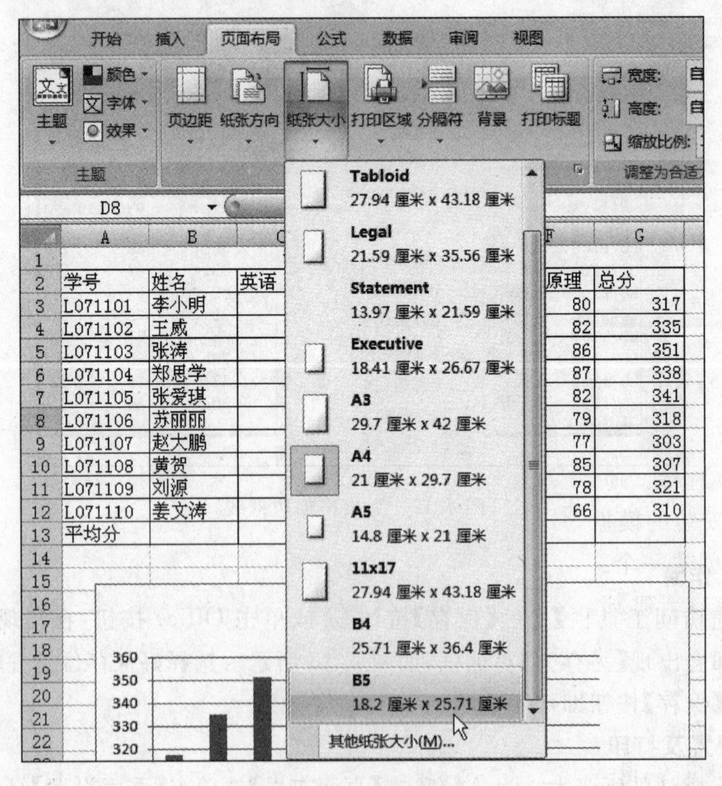

图 4.14　设置纸张大小

调整好页边距、行高、列宽、字体、字号等后即可进行预览。单击 Office 按钮，在出现的菜单中选择【打印】→【打印预览】命令，进入打印预览状态。如果预览没有问题，则在【打印】的子菜单中选择【打印】，在弹出的【打印】对话框中设置好相关参数后单击【打印】按钮即可。

4.2 Excel 2007 的基本操作

Excel 基本操作主要包括工作簿的操作和工作表的操作。

4.2.1 工作簿的操作

工作簿的操作主要有创建工作簿、打开工作簿和保存工作簿等。

1. 创建新工作簿

单击 Office 按钮，在出现的菜单中选择【新建】选项，然后在打开的【新建工作簿】对话框中选择创建新工作簿的方式，如图 4.15 所示。

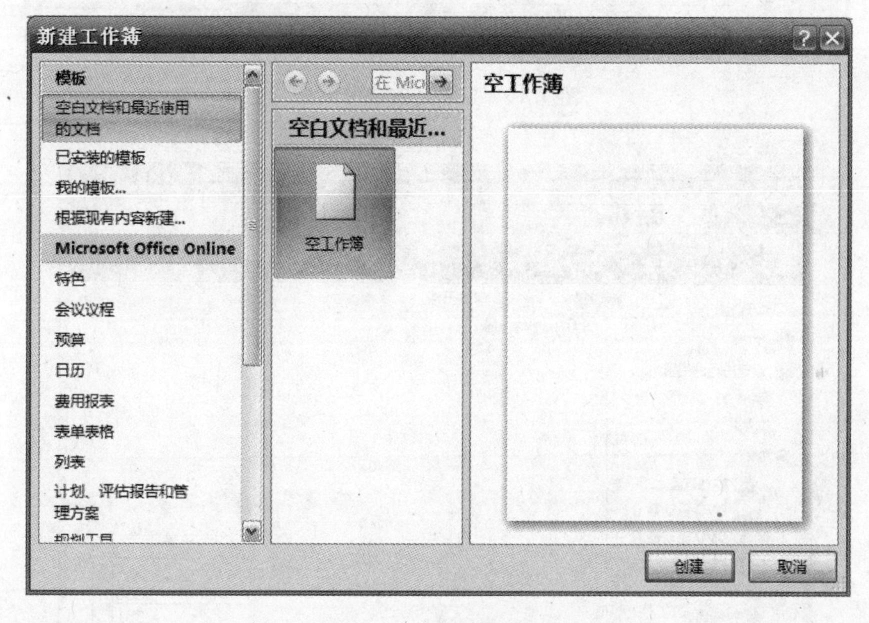

图 4.15 创建新工作簿

如在【新建工作簿】对话框中选择【空白文档和最近使用的文档】窗格中的【空工作簿】图标并单击【创建】按钮，则会创建一个空白工作簿；如选择【模板】窗格中【已安装的模板】选项，会出现【已安装的模板】列表，如图 4.16 所示。选择一种模板后，单击【创建】按钮，就会根据所选模板创建一个新工作簿，使用时只需将其中的数据替换成所需的内容即可；如选择【根据现有内容新建】选项，则会出现【根据现有工作簿新建】对话框，如图 4.17 所示。从中选择作为参照的工作簿，单击【新建】按钮，即可创建与所选工作簿的样式和格式等设置相同的新工作簿。

2. 打开工作簿

要查看或重新编辑一个已经存在的工作簿，须先打开工作簿。打开工作簿的方法与打

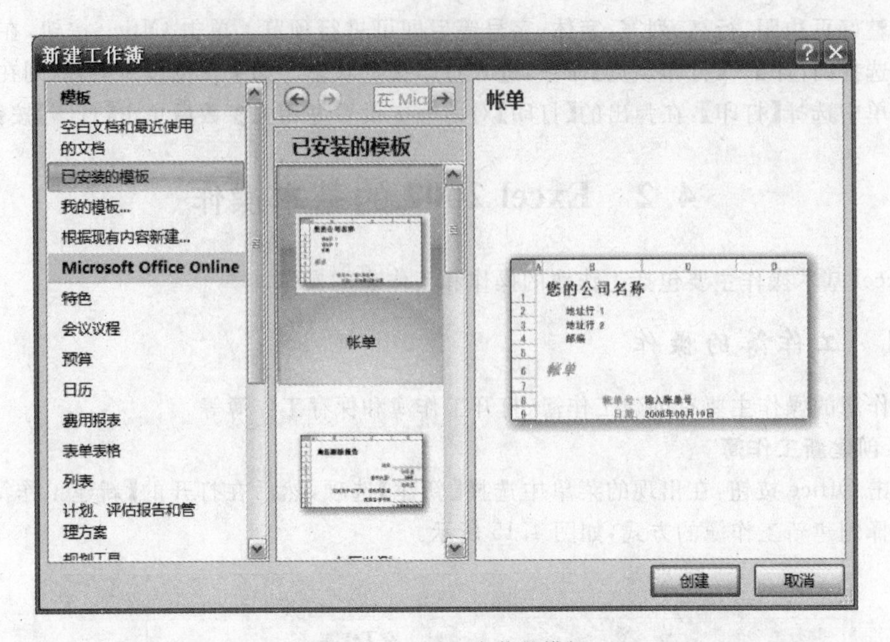

图 4.16　显示已安装的模板

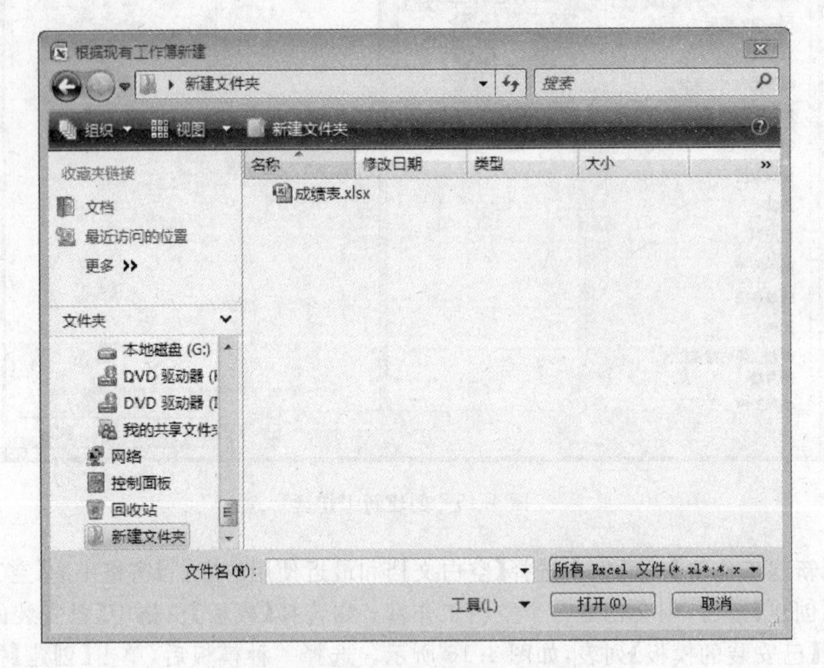

图 4.17　【根据现有工作簿新建】对话框

开 Word 文档的方法基本相同,常用方法有:

(1) 在【计算机】窗口中相应的文件夹中双击工作簿文件。

(2) 在 Excel 窗口中单击 Office 按钮,在出现的菜单右侧列出了最近使用过的工作簿列表,单击某个所需的工作簿即可打开。

(3) 在 Excel 窗口中单击 Office 按钮,在出现的菜单中选择【打开】选项,出现【打开】对话框。选择工作簿所在文件夹，在其列表框中单击要打开的工作簿文件，单击【打开】按钮即可打开所选的工作簿。

3. 保存工作簿

工作簿编辑结束后，要把工作簿保存起来，以便以后使用。

保存工作簿的方法有以下几种：

(1) 单击【快速访问工具栏】中的【保存】按钮。

(2) 单击 Office 按钮，在出现的菜单中单击【保存】选项。

(3) 按 Ctrl＋S 键。

在首次保存当前工作簿时，会出现【另存为】对话框，如图 4.13 所示。工作簿文件的扩展名为.xlsx。

工作簿保存后，若要再次对其所做的更改进行保存时，系统会直接将其保存，不再出现【另存为】对话框。

4.2.2 工作表的操作

在工作簿中，可根据需要对工作表进行选择、添加、移动、复制等操作。

1. 选择工作表

在新建的工作簿中，工作表标签上显示的是默认工作表名称 Sheet1、Sheet2、Sheet3。单击某个工作表名称即可将该工作表变成当前工作表，当前工作表的标签用白底显示。

当工作表很多，而所需的工作表名称没有显示在工作表标签中时，可通过工作表标签滚动按钮将需要的工作表名称显示在工作表标签里，如图 4.18 所示。

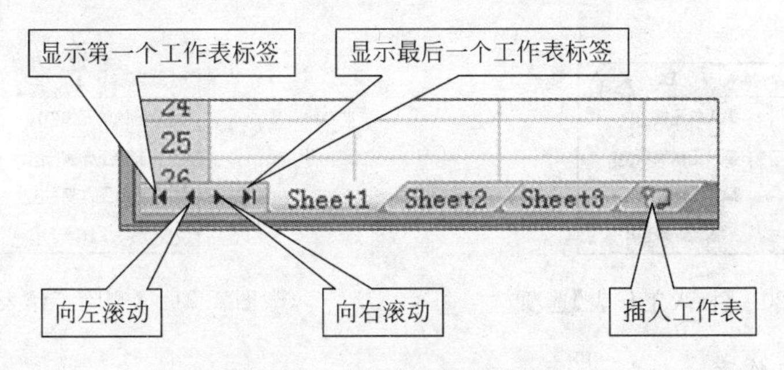

图 4.18 工作表标签滚动按钮

要同时选择几个连续的工作表，先单击第一个工作表，按住 Shift 键，再单击最后一个要选的工作表标签即可。

要选择几个不连续的工作表，则按住 Ctrl 键，再依次单击工作表标签中要选择的工作表即可。

要选择全部工作表，则右击任意一个工作表标签，在出现的快捷菜单中选择【选定全部工作表】选项即可，如图 4.19 所示。

2. 插入工作表

Excel 2007 默认一个新工作簿中包含三个工作表，但在实际工作中，可能需要更多的工作表。插入工作表常用的方法如下：

(1) 单击工作表标签右侧的【插入工作表】按钮，如图 4.18 所示，可在已有工作表的后

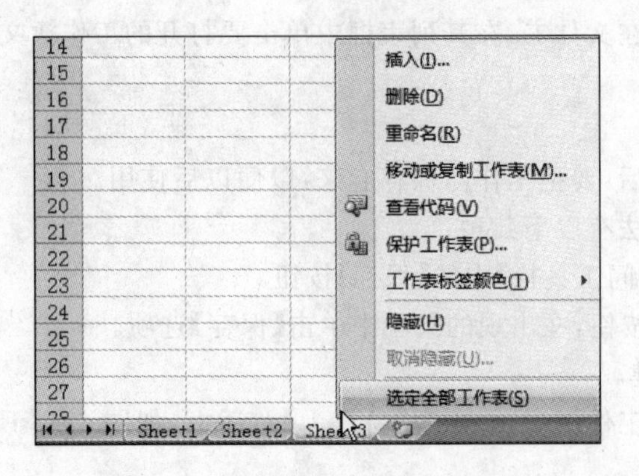

图 4.19 工作表标签上的快捷菜单

面插入一个空白工作表。

(2) 在【开始】选项卡【单元格】组中单击【插入】按钮右侧的下三角按钮，在出现的下拉列表中选择【插入工作表】选项，如图 4.20 所示，可在当前工作表左侧插入一个空白工作表。

3. 删除工作表

对于不再需要的工作表，可以将其删除。单击要删除的工作表标签，在【开始】选项卡【单元格】组中单击【删除】按钮，从出现的下拉列表中选择【删除工作表】选项，如图 4.21 所示。也可以右击要删除的工作表标签，在弹出的快捷菜单中选择【删除】选项。若工作表中含有数据，则会出现一个提示是否永久删除这些数据的对话框，单击【删除】按钮即可删除当前工作表。

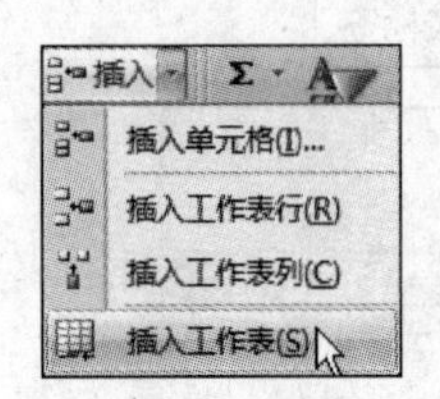

图 4.20 【插入工作表】选项

图 4.21 【删除工作表】选项

4. 重命名工作表

改变工作表默认的名称，以达到见其名就知其内容的目的。双击需要重命名的工作表标签，这时工作表名称会反白显示，输入新的工作表名称后按 Enter 即可。也可右击要重命名的工作标签，在弹出的快捷菜单中选择【重命名】选项来重命名当前工作表。

5. 移动和复制工作表

在同一个工作簿中移动或复制工作表的方法比较简单。将鼠标指向要移动的工作表标签并拖曳，鼠标指针变成形状，此时标签行的上面出现一个小黑色三角箭头，用于指示工作表移动的位置。当到达新位置后，松开鼠标即完成工作表的移动。

要复制工作表，则在拖曳的同时按住 Ctrl 键即可。复制后的工作表名称后面会附上一个带括号的编号，如复制的是 Sheet3，则它的复制工作表名称为 Sheet3(2)。

要将一个工作表移动或复制到另一个工作簿中，操作方法如下：

(1) 打开用于接收工作表的工作簿。

(2) 打开要移动或复制的工作表所在的工作簿。

(3) 右击要移动或复制的工作表标签,在弹出的快捷菜单中选择【移动或复制工作表】选项,出现【移动或复制工作表】对话框,如图 4.22 所示。

(4) 在【工作簿】下拉列表框中选择用于接收工作表的工作簿名。如果选择了【新工作簿】,则可以将选定的工作表移动或复制到新的工作簿中。

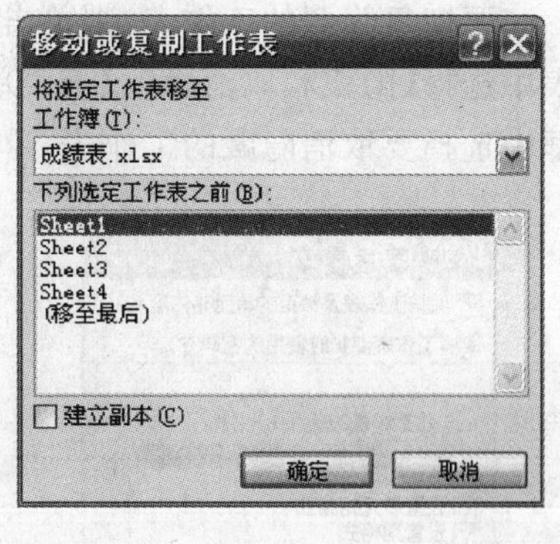

图 4.22 【移动或复制工作表】对话框

(5) 在【下列选定工作表之前】列表框中,选择要移动或复制的工作表要放在选定工作簿中的哪个工作表之前。

(6) 要复制工作表,则选中【建立副本】复选框,移动工作表时则不选。

(7) 单击【确定】按钮。

6. 设置工作表标签颜色

Excel 2007 允许为工作表标签添加颜色以使工作表更加醒目。右击工作表标签,在弹出的快捷菜单中选择【工作表标签颜色】选项,如图 4.23 所示。在其子菜单中选择需要的颜色即可。也可在【开始】选项卡【单元格】组中单击【格式】按钮,在出现的下拉列表中选择【工作表标签颜色】,并在其子菜单中选择需要的颜色,如图 4.24 所示。

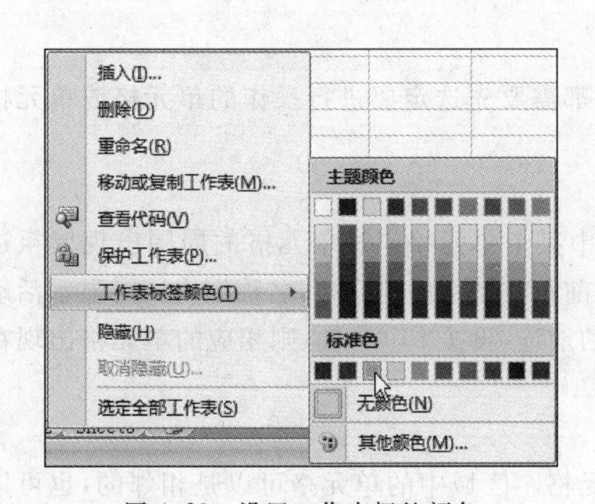

图 4.23 设置工作表标签颜色

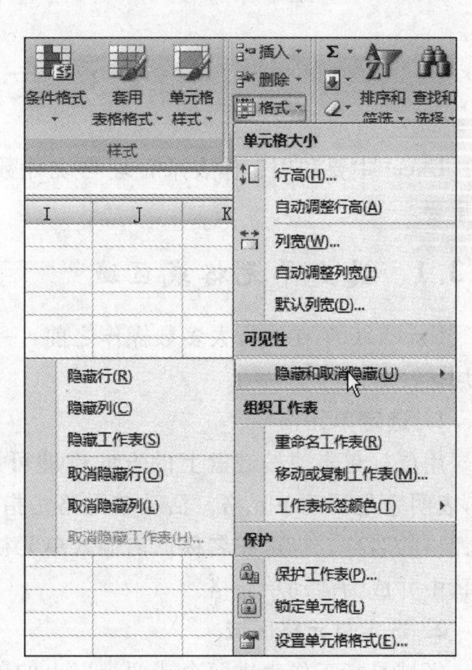

图 4.24 隐藏工作表的设置

7. 隐藏工作表

如工作表中的数据比较机密,可以将工作表隐藏起来。隐藏工作表的操作方法如下:

(1) 选择要隐藏的工作表。

(2) 单击【开始】选项卡【单元格】组中的【格式】按钮,如图 4.24 所示的下拉列表。

(3) 选择【隐藏和取消隐藏】子菜单中【隐藏工作表】选项。

工作表隐藏后其标签也被隐藏。一个工作簿中的工作表不能全部都隐藏，至少要有一个工作表是可见的。

要恢复隐藏的工作表，则单击【开始】选项卡【单元格】组中【格式】按钮，在出现的下拉列表中选择【隐藏和取消隐藏】子菜单中的【取消隐藏工作表】选项，在出现的【取消隐藏】对话框中选择要取消隐藏的工作表，单击【确定】按钮即可。

8. 保护工作表

Excel 2007 增加了强大而灵活的保护功能，以保证工作表或单元格中的数据不会被随意更改。保护工作表的方法如下：

(1) 选定要保护的工作表。

(2) 单击【开始】选项卡【单元格】组中的【格式】按钮，在出现的下拉列表中选择【保护工作表】选项，弹出【保护工作表】对话框，如图 4.25 所示。

(3) 选中【保护工作表及锁定的单元格内容】复选框。

(4) 在【允许此工作表的所有用户进行】列表框中选择或撤选允许用户进行的操作。

(5) 单击【确定】按钮。

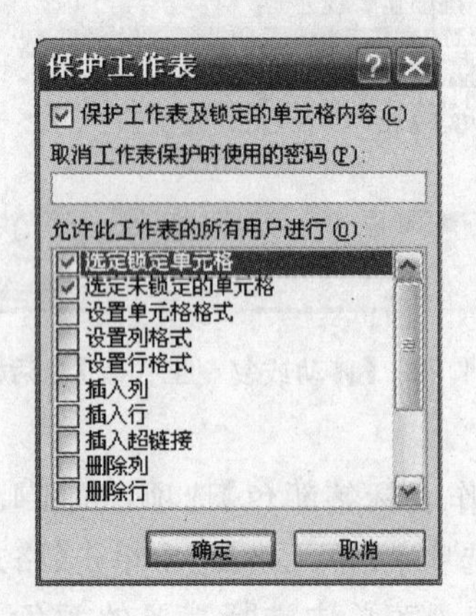

图 4.25 【保护工作表】对话框

4.3 工作表的编辑

Excel 主要利用工作表来管理与统计数据，因此掌握编辑工作表的基本操作与技巧十分重要。

4.3.1 选定单元格或区域

Excel 2007 在执行大多数操作之前，一般都需要先选定要进行操作的单元格或单元格区域。

1. 选定单元格

用鼠标单击或按键盘上的方向键即可选中某个单元格。该单元格的周围出现黑粗边框，表明它是活动单元格。活动单元格是指当前正在使用的单元格，名称框内同时显示活动单元格的名称。也可在名称框内输入单元格的地址，再按 Enter 键，则相应的单元格出现在屏幕中并成为活动单元格。

2. 选定单元格区域

区域是指工作表中两个或两个以上的单元格。区域中的单元格可以是相邻的，也可以是不相邻的。

当选定一个区域时，会突出显示该区域。

(1) 选定整行。用鼠标在所选行的行号上单击即可。

(2) 选定整列。用鼠标在所选列的列标上单击即可。

(3) 选定所有单元格。单击工作表左上角的【全选】按钮。

(4) 选定单元格区域。单击要选定区域的第一个单元格，然后拖曳鼠标到要选定的区域的最后一个单元格。也可以先选定第一个单元格，按住 Shift 键再单击要选定区域的最后一个单元格。

(5) 选定不相邻的单元格区域。先选定第一个单元格或单元格区域，然后按住 Ctrl 键再选定另一个单元格区域。

4.3.2 数据的输入

Excel 单元格中可以输入的数据有两类：常量和公式。其中常量是指可以直接输入到单元格中的数据，最常见的有数值、文本、日期和时间。公式则是以等号开头，由常量、单元格地址、函数及运算符等组成的算式。

1. 输入数值数据

数值型数据包括数字符号 0～9 和特殊字符如＋、－、.、/、E 等。数值前面的“＋”号通常被省略，表示负数时可以在数字前加上“－”或用圆括号括起来，单个句点“.”视为小数点。当数字的长度超过单元格的宽度时，Excel 将自动使用科学记数法来显示数值，例如在单元格默认宽度下输入“12345678901”后，Excel 会在单元格中用“1.2346E＋10”来显示该数值。

输入分数时，为避免将其视为日期，应在分数前加上“0”和空格。如要输入分数“1/2”，则输入“0 1/2”。

当单元格中的数字以科学记数法显示或填满符号“＃”时，表示该单元格的宽度不够，只需调整列宽即可。

输入数值后，默认对齐方式是单元格内靠右对齐。

2. 输入时间和日期

正确输入的日期和时间在单元格内默认靠右对齐。日期和时间的输入有以下规则：

(1) 在输入日期时，需要加符号“/”或“－”来分隔年、月、日。

(2) 在输入时间时，用冒号“:”分隔时、分、秒。时间既可按 12 小时制输入，也可按 24 小时制输入。如果按 12 小时制输入时间，应该在时间数字后面加一个空格，再输入字母 A 或 AM 表示上午，或输入字母 P 或 PM 表示下午。如果没有这个后缀字母，则默认为上午。

工作表中日期或时间的显示方式取决于所在单元格对日期或时间显示格式的设置。如要设置显示格式，先选定单元格或区域，右击鼠标，在弹出的快捷菜单中选择【设置单元格格式】选项，在出现的【设置单元格格式】对话框中选择【数字】选项卡，然后在【分类】项中选定日期或时间，再在右侧【类型】中指定格式。

图 4.26 所示中列出了几种常用的日期和时间的格式。

2008-10-1	2008年10月1日	二〇〇八年十月一日
二〇〇八年十月	10-01-08	1-Oct-08
2008-10-2 10:56 AM	10:57	10:57:00
10:57 AM	10时57分	10时57分00秒
上午10时57分	十时五十七分	上午十时五十七分

图 4.26　几种常用的日期和时间格式

3. 输入文本型数据

Excel 中的文本通常是指字符或是任何数字和字符的组合。任何输入到单元格内的字符集，只要不被系统解释成数字、公式、日期、时间，则一律视为文本。

显示文本数据时，Excel 默认在单元格内靠左对齐。

对于全部由数字字符 0～9 组成的文本数据，如电话号码、身份证号等，为了区别于数字型数据，在输入字符前先添加一个半角的单引号“'”，再输入数字。例如输入

“'02462265678”，输入后显示的结果如图 4.27 所示。

图 4.27　由数字组成的文本型数据

4. 数据的确认与修改

在单元格内输入数据时，其编辑方法与 Word 基本相同。数据输入完毕后，常用下列方法表示确认：

(1) 按 Enter 键，活动单元格下移一格。

(2) 按 Tab 键，活动单元格右移一格。

(3) 按任意一个方向键，将活动单元格移动到上、下、左或右的位置。

(4) 单击编辑栏左侧的【输入】按钮 ✔，活动单元格保持不变。

要取消所做的编辑，可按 Esc 键或单击编辑栏左侧的【取消】按钮 ✖。

对于已经存入单元格的数据可以用以下方法修改：

(1) 单击单元格，直接输入新内容，同时原来的内容被删除。若按 Delete 键，则删除单元格中全部内容。

(2) 双击单元格，单元格中出现光标，可以按方向键、退格键或 Delete 键修改单元格中的原有数据。也可以先单击单元格，再在编辑栏中单击并修改单元格的内容。

4.3.3　快速输入数据

Excel 具有“记忆式键入”的功能。当输入在所在列已经输入过的单词或词组时，只输入单词的开头，Excel 就会自动填写其余的文本。如图 4.28 所示，在 A1 中输入了“Enter 键”，在 A2 中只要输入 E，Excel 会自动补齐其余内容，这时按 Enter 键即可。

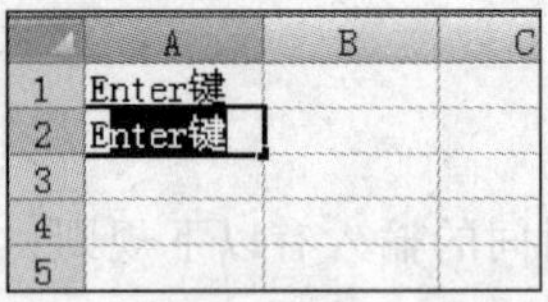

	A	B	C
1	Enter键		
2	Enter键		
3			
4			
5			

图 4.28　记忆式键入功能

除此之外，Excel 2007 还提供了从下拉列表中选择、自动填充和使用序列填充等功能，用以快速输入数据。

1. 从下拉列表中选择

如图 4.29 所示，在 B4 单元格上右击鼠标，在弹出的快捷菜单中选择【从下拉列表中选择】选项后，在 B4 单元格下方出现供选择的数据列表，这些数据是在当前列(B2、B3 单元格)中输入过的内容。单击列表中的“女”，则在 B4 单元格中出现“女”字。

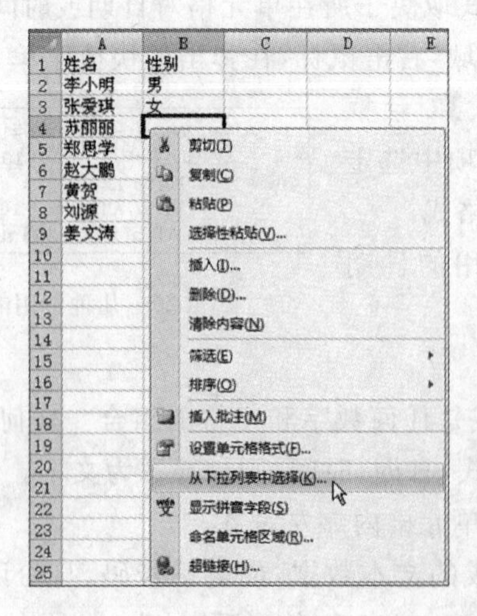

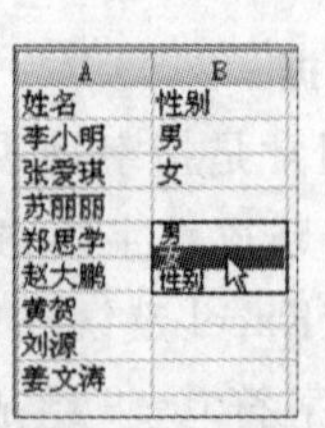

图 4.29　使用【从下拉列表中选择】输入数据

需要说明的是,【从下拉列表中选择】会列出活动单元格所在列中上面及下面的所有连续的非空单元格中的文本型数据,若碰到空白单元格,则不再向上或向下寻找,列表中不列出数字型数据。

2. 使用自动填充

在活动单元格的粗线框的右下角有一个特殊的符号,称为填充柄。当鼠标指向填充柄时,指针由空心状✚变成实心状✚,这时按住鼠标左键不放,向上、下或左、右拖曳填充柄,即可复制数据或填充数据序列。

(1) 自动填充

默认情况下,对数字和文本的自动填充相当于复制;而对于数字和文本的混合数据则按序列进行填充,如图 4.30 所示。

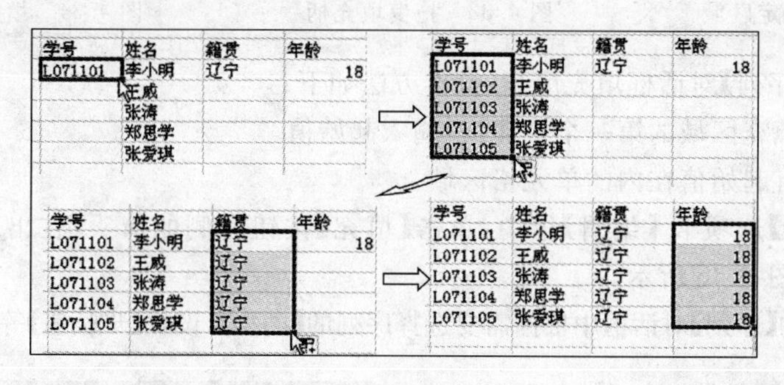

图 4.30　拖曳填充柄自动填充

如果要对数字进行序列填充,或要复制数字和文本的混合数据,则需在填充的同时按住 Ctrl 键。

拖动填充柄之后,会出现【自动填充选项】按钮。单击该按钮,可在出现的列表中选择如何填充所选内容,如图 4.31 所示。例如,选择【复制单元格】,可以将相同的数据复制到其他单元格中;而选择【填充序列】,则可按照一定的规则自动填充数据。

学号	姓名	籍贯	年龄
L071101	李小明	辽宁	18
L071102	王威	辽宁	18
L071103	张涛	辽宁	18
L071104	郑思学	辽宁	18
L071105	张爱琪	辽宁	18

复制单元格(C)
填充序列(S)
仅填充格式(F)
不带格式填充(O)

图 4.31　自动填充选项列表

(2) 填充序列

Excel 能够识别 4 种类型的序列:等差序列、等比序列、时间序列和自动填充序列。可以使用鼠标,也可以使用【序列】对话框来填充序列。

如果用鼠标填充序列,操作方法如下:

① 选定要填充区域的第一个单元格,输入起始值。

② 在下一个单元格中输入第二个值以决定数据序列的步长值。

③ 选定包含起始值的两个单元格，如图 4.32 所示。

④ 按住填充柄并在要填充序列的区域上拖曳鼠标，如图 4.33 所示。

⑤ 松开鼠标，完成填充，如图 4.34 所示。

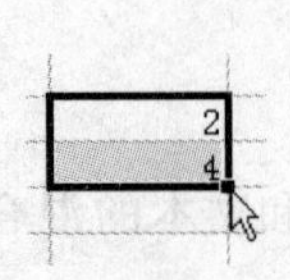

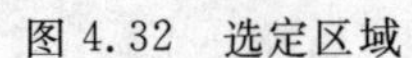

图 4.32　选定区域

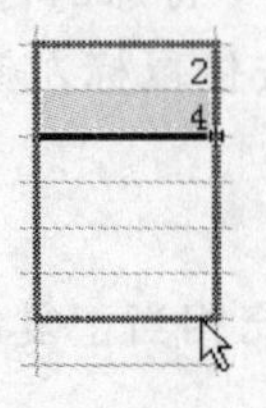

图 4.33　拖曳填充柄

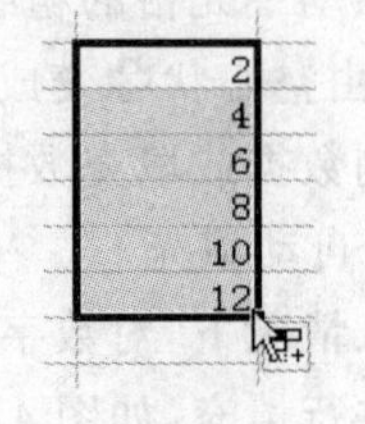

图 4.34　填充等差序列

如果使用【序列】对话框填充序列，操作方法如下：

① 选定要填充区域的第一个单元格，输入起始值。

② 选定含有起始值在内的单元格区域。

③ 在【开始】选项卡【编辑】组中，单击【填充】按钮右侧的箭头，在出现的列表中单击【系列】选项，如图 4.35 所示。

④ 在出现的【序列】对话框中根据需要选择序列的【类型】、设置【步长值】等，如图 4.36 所示。

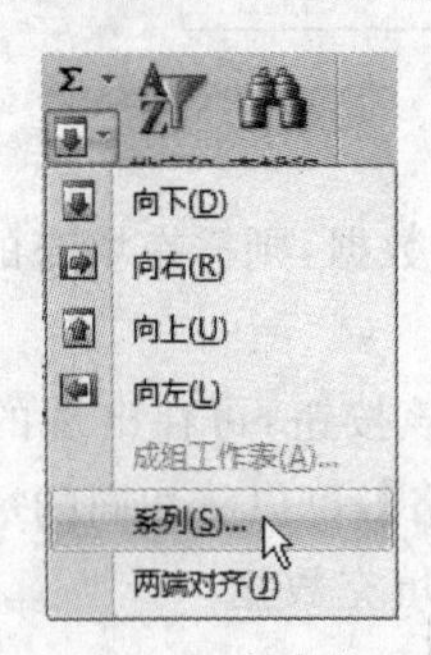

图 4.35　【填充】列表

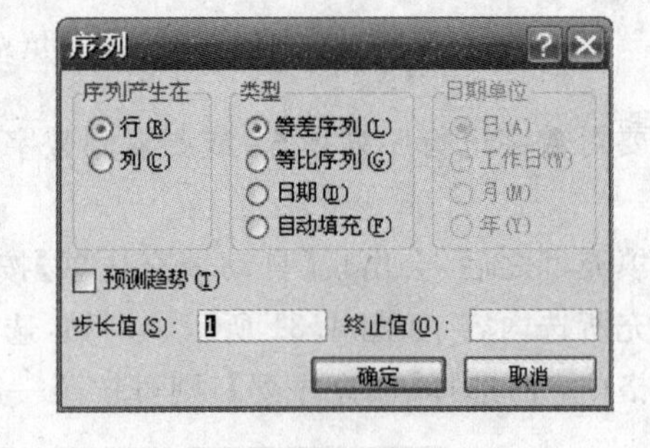

图 4.36　【序列】对话框

⑤ 单击【确定】按钮，即可在选定的单元格区域中填充序列。

(3) 创建自定义填充序列

为了满足用户的特殊需要，Excel 还提供了自定义序列功能，操作方法如下：

单击 Office 按钮，在出现的菜单中单击【Excel 选项】按钮。

① 在出现的【Excel 选项】对话框中，单击左侧的【常用】选项，再单击右侧的【编辑自定义列表】按钮，如图 4.37 所示。

② 在出现的【自定义序列】对话框中，单击【自定义序列】列表框中的【新序列】选项，再在右侧的【输入序列】文本框中单击并输入自定义的序列项，每项输入结束后都要按 Enter 键进行分隔，如图 4.38 所示。

③ 单击【添加】按钮，新定义的填充序列出现在【自定义序列】列表框中。

④ 单击【确定】按钮完成后，可以像填充其他序列一样使用填充柄填充自定义序列。

3. 同时向多个单元格中输入相同的数据

先选定要输入相同数据的各个单元格，然后在其中任一单元格内键入要输入的数据，再按 Ctrl+Enter 键，如图 4.39 所示。

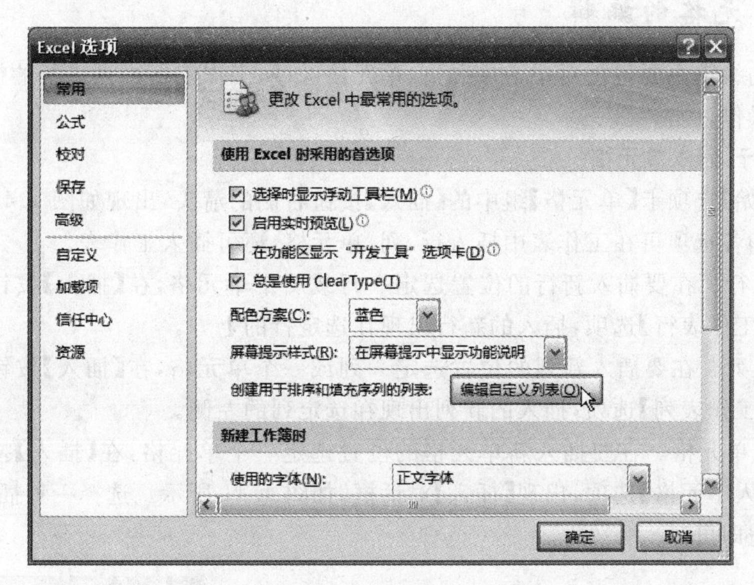

图 4.37 【Excel 选项】对话框

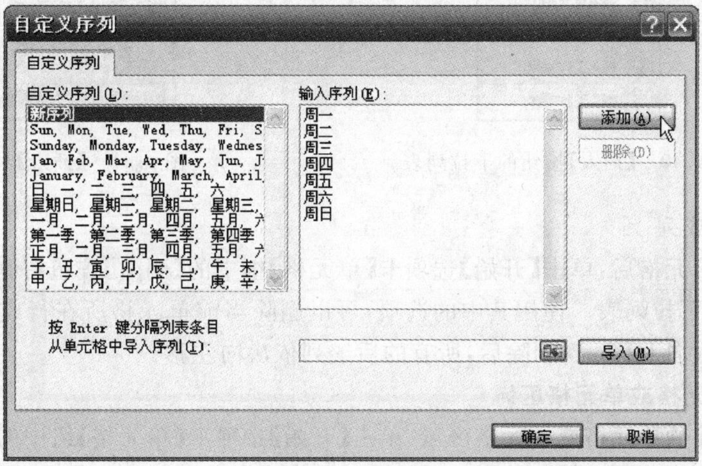

自定义序列

自定义序列(L): 新序列 / Sun, Mon, Tue, Wed, Thu, Fri, S / Sunday, Monday, Tuesday, Wednes / Jan, Feb, Mar, Apr, May, Jun, J / January, February, March, April, / 日, 一, 二, 三, 四, 五, 六 / 星期日, 星期一, 星期二, 星期三, / 一月, 二月, 三月, 四月, 五月, 六 / 第一季, 第二季, 第三季, 第四季 / 正月, 二月, 三月, 四月, 五月, 六 / 子, 丑, 寅, 卯, 辰, 巳, 午, 未, / 甲, 乙, 丙, 丁, 戊, 己, 庚, 辛,

输入序列(E): 周一 周二 周三 周四 周五 周六 周日

添加(A) 删除(D)

按 Enter 键分隔列表条目

从单元格中导入序列(I): 导入(M)

确定 取消

图 4.38 添加自定义序列

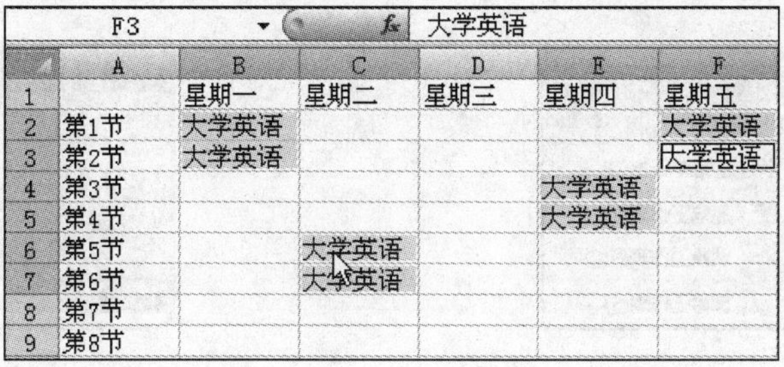

F3   fx 大学英语

	A	B	C	D	E	F
1		星期一	星期二	星期三	星期四	星期五
2	第1节	大学英语				大学英语
3	第2节	大学英语				大学英语
4	第3节				大学英语	
5	第4节				大学英语	
6	第5节		大学英语			
7	第6节		大学英语			
8	第7节					
9	第8节					

图 4.39 同时向多个单元格中输入相同的数据

4.3.4 单元格的编辑

单元格的编辑主要包括对单个单元格、单元格区域、工作表行或列进行的插入、删除、移动和复制等操作。

1. 插入行、列或单元格

单击【开始】选项卡【单元格】组中的【插入】按钮右侧的箭头，出现如图 4.40 所示的下拉列表。其中的各选项可在工作表中插入行、列、单元格，还可插入工作表。

(1) 插入行。在要插入新行的位置选定一行或一个单元格，在【插入】按钮的下拉列表中选择【插入工作表行】选项，插入的新行出现在选定行的上方。

(2) 插入列。在要插入新列的位置选定一列或一个单元格，在【插入】按钮的下拉列表中选择【插入工作表列】选项，插入的新列出现在选定列的左侧。

(3) 插入单元格。在要插入新单元格的位置选定一个单元格，在【插入】按钮的下拉列表中选择【插入单元格】选项，出现【插入】对话框，如图 4.41 所示。选择一种插入方式后，单击【确定】按钮即可。

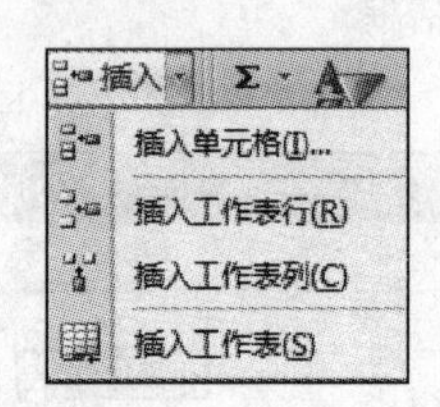

图 4.40 【插入】按钮的下拉列表

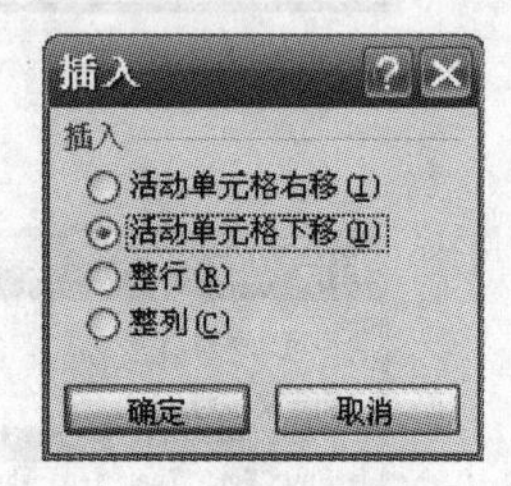

图 4.41 【插入】对话框

2. 删除行或列

选定某个单元格后，单击【开始】选项卡【单元格】组中的【删除】按钮右侧的箭头，出现如图 4.42 所示的下拉列表。使用其中的选项，可以删除当前单元格所在行或列。行删除后，下面的各行依次向上移；列删除后，所有的后继列依次向左移。

3. 删除单元格或单元格区域

选定要删除的单元格或单元格区域，单击【开始】选项卡【单元格】组中的【删除】，按钮右侧的箭头，在出现的【删除】菜单中选择【删除单元格】选项，出现如图 4.43 所示的【删除】对话框。在该对话框中选择一种删除方式后，单击【确定】按钮，剩余单元格会向左或向上移动。

图 4.42 【删除】按钮的下拉列表

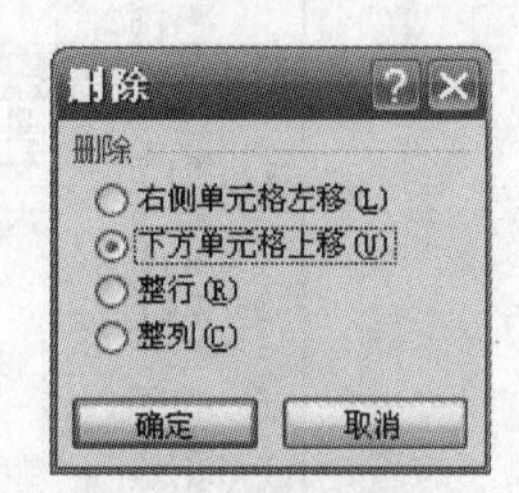

图 4.43 【删除】对话框

4. 清除单元格数据

清除单元格和删除单元格不同。要删除单元格，Excel 会从工作表中移去这些单元格，包括其中的数据，并调整周围的单元格来填补删除后的空缺；而清除单元格，只是删除单元格中的内容、格式等，单元格仍保留在工作表中。在选定单元格或单元格区域后，单击【开始】选项卡【编辑】组中的【清除】按钮右侧的箭头，在出现的菜单中选择所需的选项，如图 4.44 所示。也可以在选定单元格或单元格区域后直接按 Delete 键清除单元格或单元格区域内容。

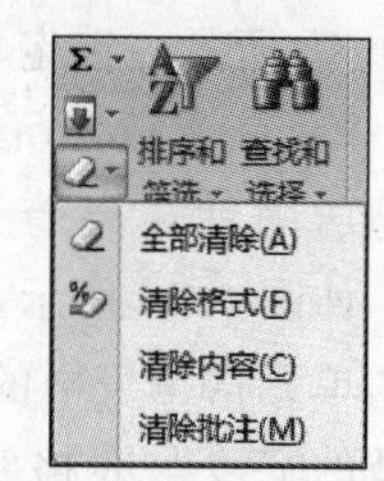

图 4.44 【清除】按钮的下拉列表

5. 移动或复制单元格数据

在工作表编辑过程中，经常会需要将某些单元格区域的数据移动或复制到其他的位置，以提高工作效率。可利用鼠标或剪贴板来移动或复制单元格数据。

(1) 利用鼠标移动或复制单元格数据的操作方法：

① 选定要移动或复制的单元格区域。

② 将鼠标指针移到所选区域的边框上，此时鼠标指针变成移动指针✥形状。

③ 按住鼠标左键并拖曳鼠标到目标位置后松开，所选单元格区域移到新的位置，并且会替换目标位置中原有的内容。

要复制单元格数据，则在拖曳的同时按住 Ctrl 键。

移动或复制后，不想覆盖目标区域中原有的数据，而是插入到目标位置，则在拖曳的同时按住 Shift 键。

(2) 利用剪贴板移动或复制单元格的操作方法

① 选定要移动或复制的单元格区域。

② 移动单元格区域，单击【开始】选项卡的【剪切】按钮；要复制单元格区域，单击【开始】选项卡的【复制】按钮。

③ 选定目标单元格或目标区域左上角的单元格。

④ 单击【开始】选项卡的【粘贴】按钮。

4.4 格式化工作表

Excel 2007 提供了丰富的格式化功能，如设置字符的格式、数据的对齐方式、表格的边框与底纹等等。若想快速格式化工作表，还可以使用 Excel 的自动套用格式功能，为工作表应用漂亮的外观。

4.4.1 设置单元格的格式

1. 使用功能区设置单元格格式

(1) 设置字符格式

选定单元格或单元格区域，在【开始】选项卡【字体】组中单击【字体】列表框右侧的箭头，可在列表中选择字体；单击【字号】列表框右侧的箭头，可在列表中选择字号；单击【字体颜色】按钮右侧的箭头，可在列表中选择所需的颜色；还可以在【字体】组中为所选字符设置加粗、倾斜、加下划线等格式。

(2) 设置对齐方式

【开始】选项卡【对齐方式】组中提供了设置水平对齐方式和垂直对齐方式的按钮，如图 4.45 所示。选定单元格或单元格区域后，单击相应的按钮即可设置对齐方式。

Excel 是以单元格为单位输入数据的，想使标题居中就需要跨列，可使用【合并后居中】按钮。如图 4.46 所示，在标题所在行上选定标题所在的单元格至表格的最后一列，使被选定单元格区域的宽度与表格实际总宽度相同，再单击【合并后居中】按钮，即可将标题跨列居中。

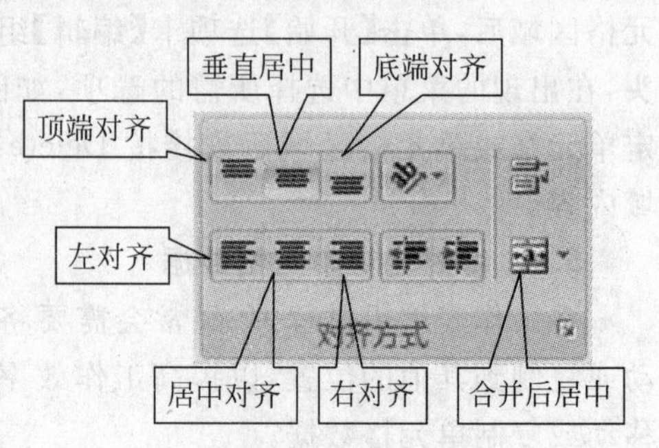

图 4.45 【对齐方式】组中的各按钮

(3) 快速设置单元格数值格式

快速设置单元格数值格式的方法如下：

① 选定要设置数值格式的单元格或单元格区域。

② 在【开始】选项卡【数字】组中单击【数字格式】下拉按钮，出现如图 4.47 所示的常用数字格式列表。

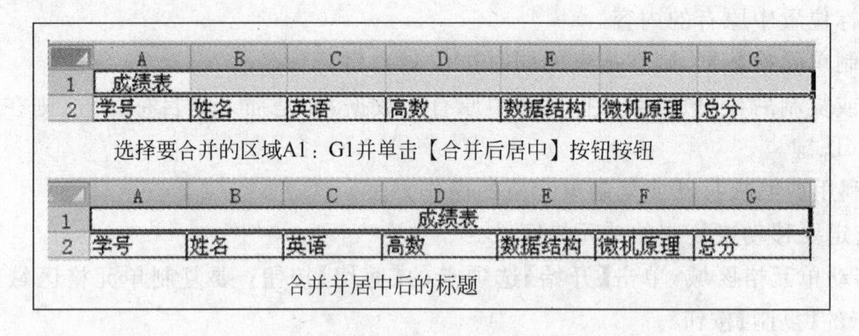

图 4.46 合并后居中的效果

③ 在列表中选择需要的数字格式即可。

还可以使用【数字】组中的数字格式化按钮对数值进行快速格式化，其中：

①【会计数字格式】按钮：可将选定的数值格式设置为所选货币样式，默认设置为人民币符号"¥"，并将数据四舍五入保留两位小数。

②【百分比样式】按钮 %：可将选定的数值格式设置为百分比样式，原数据乘以 100，再在其后加上百分号"%"。

③【千位分隔样式】按钮 ,：可将选定的数值格式设置为千位分隔样式，即从右侧数起，每三位一组，组与组之间用","分隔，如"8,123,456"。

④【增加小数位数】按钮：增加所选数值的小数位数，单击一次增加一位。

⑤【减少小数位数】按钮：减少所选数值的小数位数，单击一次减少一位。

2. 使用【设置单元格格式】对话框设置格式

要全面设置单元格格式，可以使用 Excel 2007 提供的【设置单元格格式】对话框。选定要进行格式化的单元格或单元格区域，单击【开始】选项卡【单元格】组中的【格式】按钮，在出现的列表中选择【设置单元格格式】选项，或右击选定区域，在弹出的快捷菜单中选择【设置单元格格式】选项，都会出现如图 4.48 所示的【设置单元格格式】对话框。

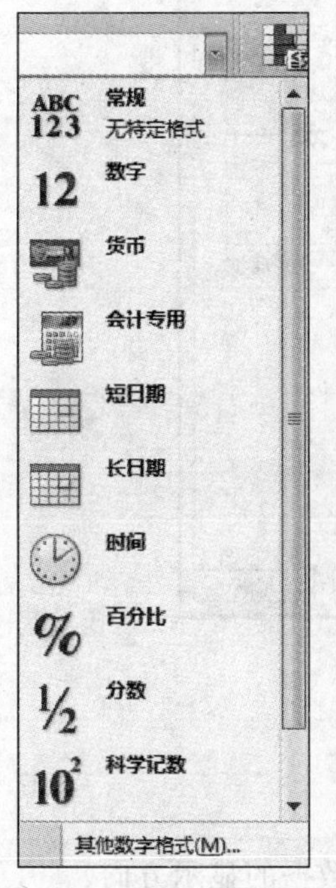

图 4.47　数字格式列表

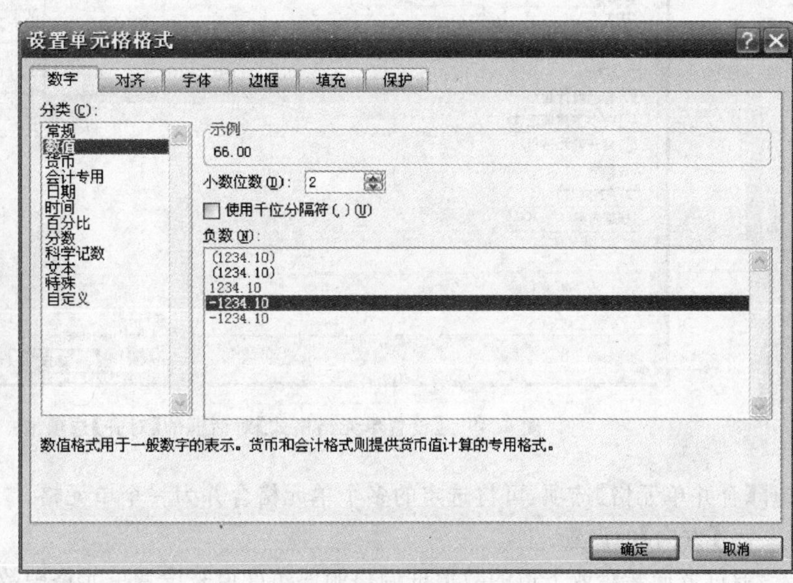

图 4.48　【设置单元格格式】对话框

在【设置单元格格式】对话框中，有 6 个选项卡，分别用于对单元格进行各种格式设置。

(1) 数字格式设置

【数字】选项卡如图 4.48 所示。数字格式共有 12 种，其中常用的有：

① 常规。不包含任何特定的数字格式，是默认的数字格式。

② 数值。可设置小数位数、负数格式、千分位分隔等。

③ 货币。用于表示货币数值，可设置货币符号、负数格式、小数位数等。

④ 日期。用于设置日期的显示形式。

⑤ 时间。用于设置时间的显示形式。

⑥ 分数。单元格中数据显示为分数形式，可设置多种分母类型。

⑦ 科学记数。以科学记数形式显示数据。

(2) 对齐方式设置

【对齐】选项卡如图 4.49 所示。

①【文本对齐方式】的设置。

在【水平对齐】下拉列表框中选择选项可更改单元格数据的水平对齐方式，默认情况下，文本靠左对齐、数字靠右对齐；在【垂直对齐】下拉列表框中选择选项可更改单元格数据的垂直对齐方式，默认情况下，数据靠单元格底部垂直对齐文本。

②【文本控制】的设置。

选择【自动换行】选项，可将超过单元格列宽的文本自动换行并调整行高以便完整地显示数据；选择【缩小字体填充】选项，可将文本字体缩小以使数据能在单元格内完整地显示；

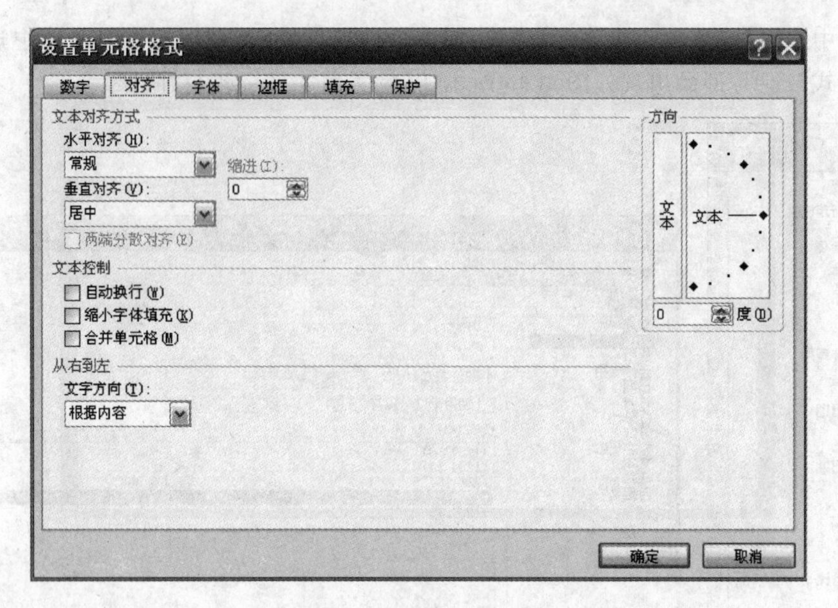

图 4.49 【设置单元格格式】对话框的【对齐】选项卡

选择【合并单元格】选项，可将选定的多个单元格合并为一个单元格。

③【方向】的设置。

通过方向转盘或下边的数值框调整倾斜角度值来设置单元格中数据的显示方向。

(3) 字体设置

【字体】选项卡如图 4.50 所示，其中的选项用于设置所选单元格或单元格区域的字体、字形、字号、下划线、颜色和特殊效果等。

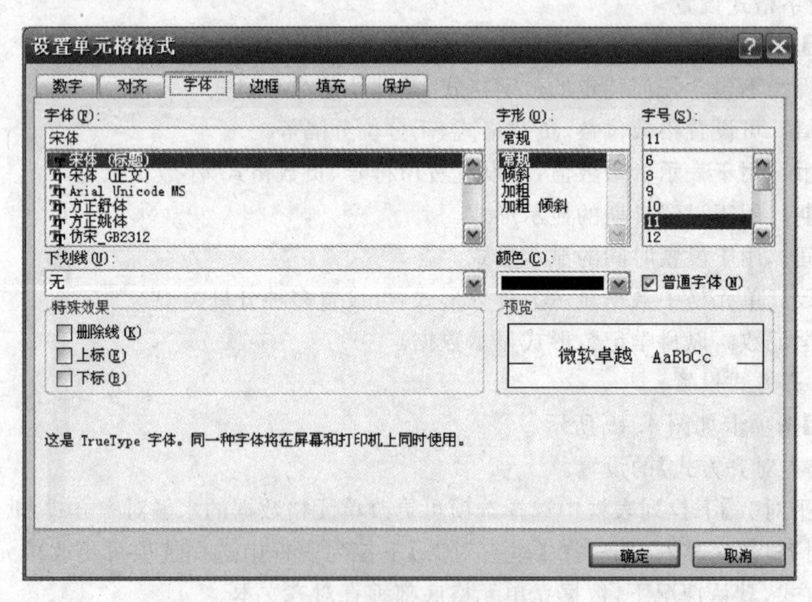

图 4.50 【设置单元格格式】对话框的【字体】选项卡

(4) 边框设置

【边框】选项卡如图 4.51 所示。Excel 建立的工作表默认状态下表格边框是灰色的，打印时不显示。【边框】选项卡中的选项用于给单元格或单元格区域设置可打印的边框线。操作方法如下：

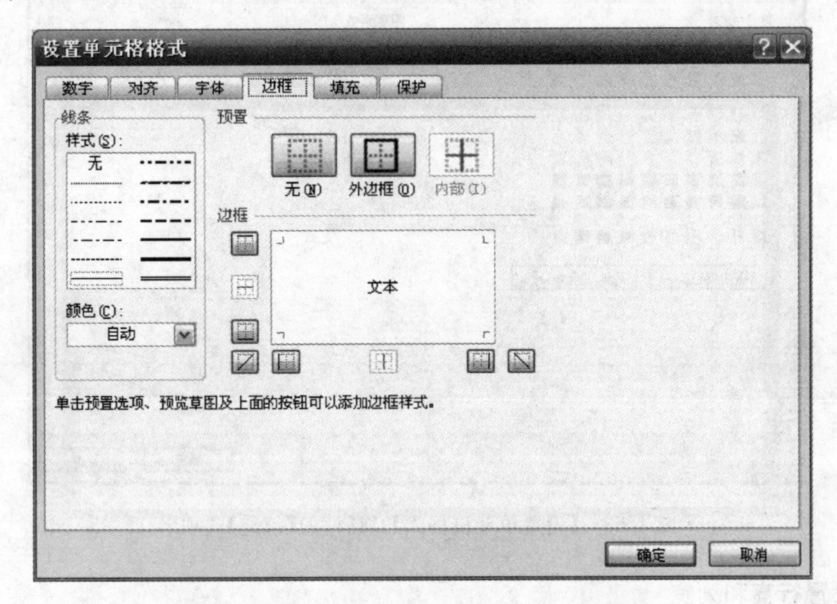

图 4.51 【设置单元格格式】对话框的【边框】选项卡

① 选定单元格或单元格区域。

② 在【边框】选项卡中选择线条样式及颜色。

③ 根据需要选择【预置】或【边框】区域中的按钮。

④ 单击【确定】按钮。

也可使用【开始】选项卡【字体】组中的【边框】按钮来设置表格的边框线。先选定单元格或单元格区域，然后单击【边框】按钮右侧的箭头，出现如图 4.52 所示的列表，选择需要的一种边框即可。

(5) 填充效果设置

【填充】选项卡如图 4.53 所示，其中的选项用于设置单元格的填充效果。其中：

① 在【背景色】列表框中单击所需颜色，即可将单元格背景设置为所选颜色。

② 单击【图案颜色】和【图案样式】下拉列表框右边的下拉按钮，可从中选择单元格底纹颜色和底纹样式。

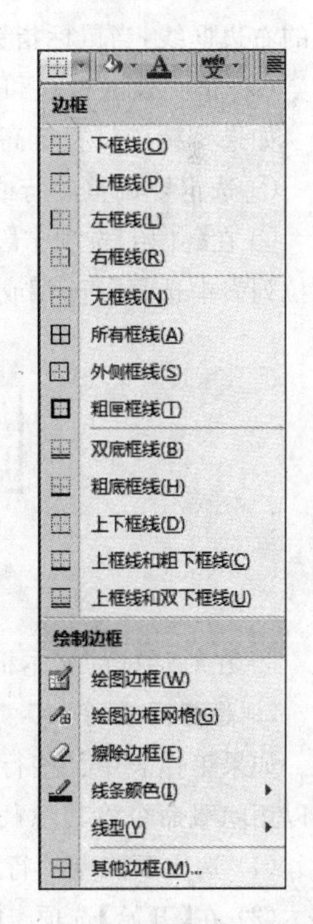

图 4.52 【边框】按钮列表

4.4.2 调整行高和列宽

默认情况下，新建的工作表中所有的单元格具有相同的高度和宽度。当单元格数据过长而列的宽度不够时，部分数据就不能完全显示出来，因此需要调整列宽。行高一般会随着字体的大小而自动调整，当然也可根据需要进行调整。

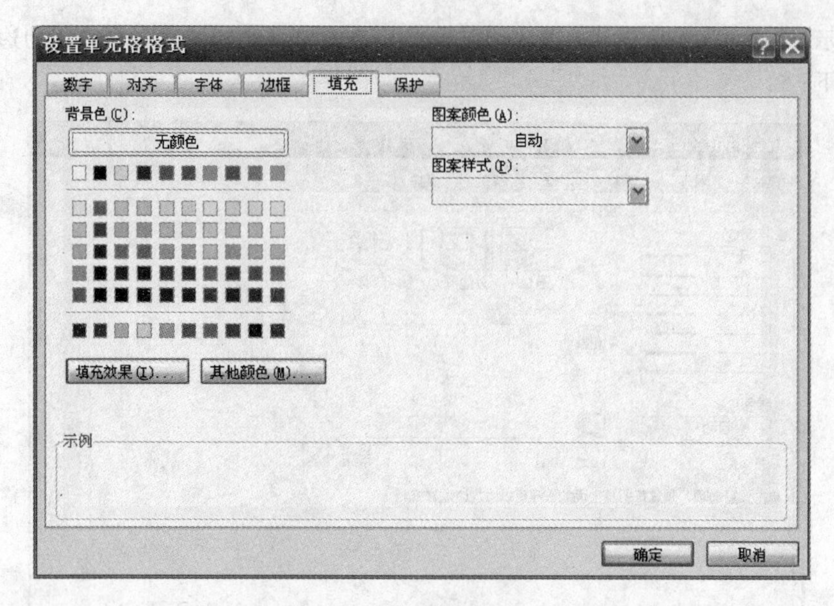

图 4.53 【设置单元格格式】对话框的【填充】选项卡

1. 设置行高和列宽

工作表中单元格的行高和列宽可以通过以下两种方法来调整：

(1) 拖曳法设置行高和列宽

使用拖曳法调整行高和列宽时，只需将鼠标指针指向需要调整的行号的下边框线或列标的右边框线，当鼠标指针变为双向箭头时，上下或左右拖曳鼠标即可。

(2) 精确设置行高和列宽

如果要精确设置行高和列宽，可按下列方法操作：

① 选定要调整的行或列。

② 在【开始】选项卡【单元格】组中单击【格式】按钮右侧的箭头（参见图 4.24），在出现的下拉列表中选择【行高】或【列宽】，出现【行高】对话框或【列宽】对话框，如图 4.54 所示。

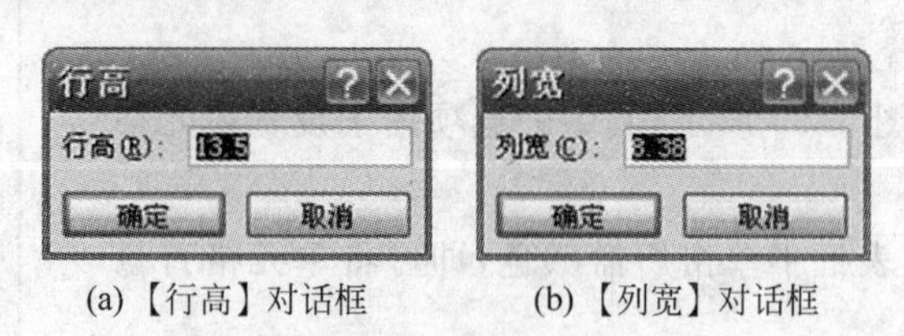

(a)【行高】对话框　　(b)【列宽】对话框

图 4.54 【行高】和【列宽】对话框

③ 在对话框的文本框中输入具体的数值后，单击【确定】按钮即可。

2. 隐藏行或列

如果工作表中某些行或列上的数据不希望被看到，可以将其行高或列宽的值设为零，也可以用隐藏命令将其隐藏起来，操作方法如下：

(1) 选定要隐藏的行或列。

(2) 在【开始】选项卡【单元格】组中单击【格式】按钮右侧的箭头（如图 4.24 所示），在出现的下拉列表中选择【隐藏和取消隐藏】选项。

(3) 要隐藏行，则选择【隐藏和取消隐藏】子菜单中的【隐藏行】选项；要隐藏列，则选择【隐藏列】选项

要将隐藏的行或列显示出来，先选定被隐藏行的上面一行和下面一行，然后在【开始】选项卡【单元格】组中单击【格式】按钮右侧的箭头，在出现的列表中选择【隐藏和取消隐藏】→【取消隐藏行】。要取消隐藏列，先选定被隐藏列的左面一列和右面一列，其余操作与取消隐藏行的操作方法类似。

4.4.3 用样式设置工作表格式

使用 Excel 2007 预设的各种样式来快速格式化工作表，不仅可以使工作表变得美观，而且还能极大地提高工作效率。

1. 套用表格格式

选定工作表中需要设置格式的单元格区域，在【开始】选项卡【样式】组中，单击【套用表格格式】按钮，出现如图 4.55 所示的表格样式列表。

计算机1班期末成绩表						
学号	姓名	英语	高数	数据结构	微机原理	总分
L071101	李小明	85	88	64	80	
L071102	王威	89	86	78	82	
L071103	张涛	95	84	86	86	
L071104	郑思学	78	90	83	87	
L071105	张爱琪	96	91	72	82	
L071106	苏丽丽	80	68	91	79	
L071107	赵大鹏	75	86	65	77	
L071108	黄贺	63	81	78	85	
L071109	刘源	88	82	73	78	
L071110	姜文涛	76	83	85	66	
平均分		82.5	83.9	77.5	80.2	

图 4.55 表格样式列表

根据需要从表格样式列表中选择一种表格样式后，出现如图 4.56 所示的【套用表格式】对话框。【表数据的来源】文本框中显示的是要套用样式的单元格区域，单击【确定】按钮即可套用所选的样式，并自动切换到【表工具】的【设计】选项卡上，如图 4.57 所示。

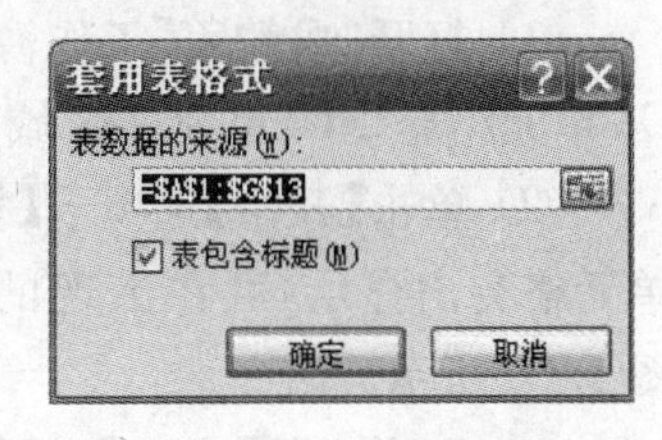

图 4.56 【套用表格式】对话框

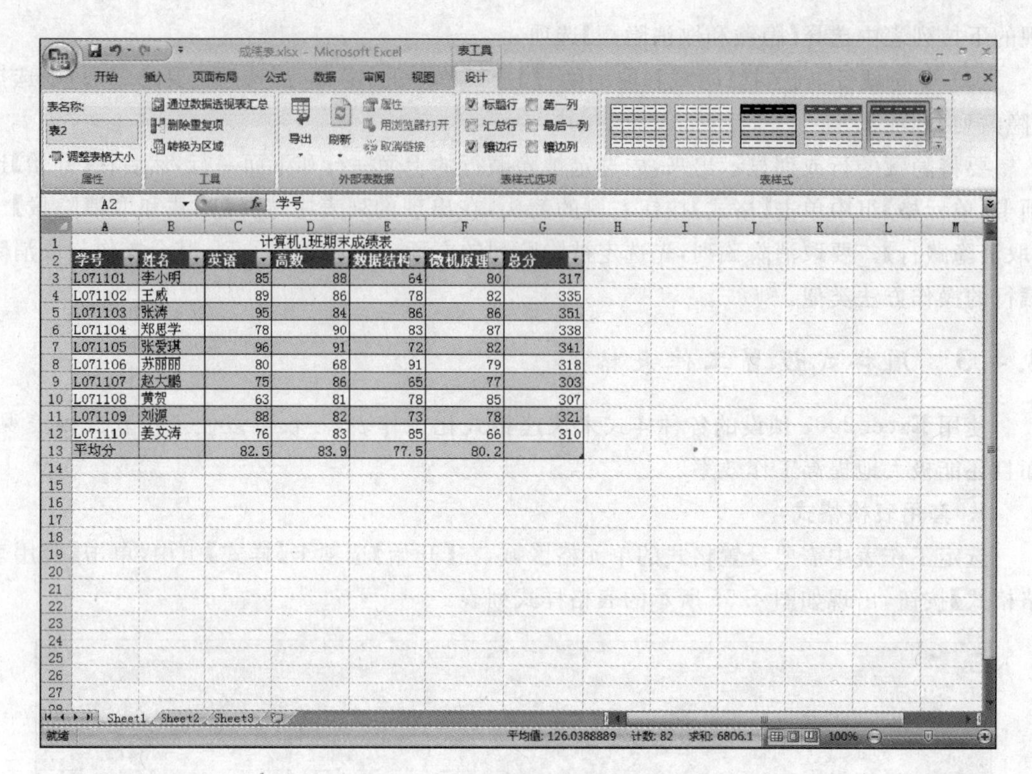

	A	B	C	D	E	F	G
1			计算机1班期末成绩表				
2	学号	姓名	英语	高数	数据结构	微机原理	总分
3	L071101	李小明	85	88	64	80	317
4	L071102	王威	89	86	78	82	335
5	L071103	张涛	95	84	86	86	351
6	L071104	郑思学	78	90	83	87	338
7	L071105	张爱琪	96	91	72	82	341
8	L071106	苏丽丽	80	68	91	79	318
9	L071107	赵大鹏	75	86	65	77	303
10	L071108	黄贺	63	81	78	85	307
11	L071109	刘源	88	82	73	78	321
12	L071110	姜文涛	76	83	85	66	310
13	平均分		82.5	83.9	77.5	80.2	

图 4.57　套用表样式后的效果

若套用样式后想修改某些格式，可在【设计】选项卡【表样式选项】组中进行选择，如图 4.58 所示。

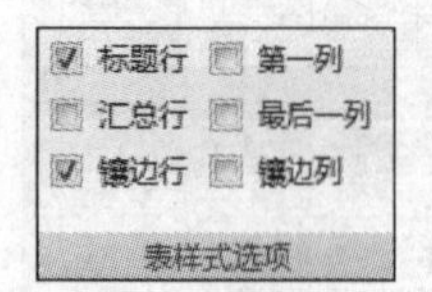

图 4.58　更改表样式

2. 设置单元格样式

选定某个单元格或单元格区域后，在【开始】选项卡【样式】组中单击【单元格样式】按钮，出现如图 4.59 所示的单元格样式下拉列表。把鼠标指向其中的某个样式，会在编辑区中预览到设置效果。要应用某种样式，单击该样式即可。

4.4.4　设置条件格式

条件格式是指当指定条件为真时，Excel 会改变选定单元格区域中相应单元格的外观，如突出显示、使用数据条、色阶和图标集等，以帮助用户直观地查看和分析数据。

下面以“成绩表”工作簿为例，介绍设置条件格式的操作方法(成绩表工作簿的创建参见 4.13 节)。

(1) 打开“成绩表”工作簿并选中工作表 Sheet1，选定要应用条件格式的单元格区域，如 C3 单元格至 F12 单元格区域。

(2) 单击【开始】选项卡【样式】组中的【条件格式】按钮，若要将工作表中数值小于 60 的单元格突出显示，可在出现的下拉列表中选择【突出显示单元格规则】→【小于】选项，如图 4.60 所示。

(3) 在出现的【小于】对话框中，将【为小于以下值的单元格设置格式】数值框的值设为

60，并可在编辑区中预览到设置效果，如图 4.61 所示。

(4) 确认设置后，单击【确定】按钮。

使用【数据条】可方便地查看某个单元格相对于其他单元格的值，数据条的长短代表单元格中值的大小。使用【色阶】可方便地查看数据的分布和变化，颜色的深浅表示值的高低。使用【图标集】可对数据进行注释，每个图标代表一个值的范围。

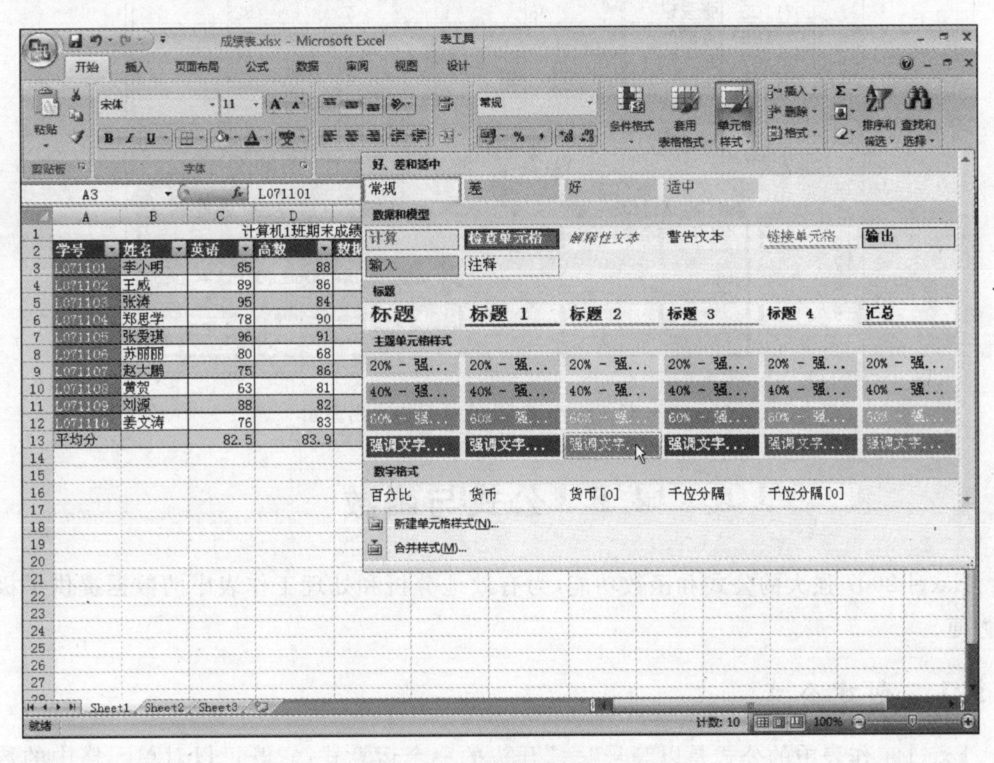

图 4.59　单元格样式列表

成绩表.xlsx - Microsoft Excel

开始　插入　页面布局　公式　数据　审阅　视图

宋体　11　常规　粘贴　剪贴板　字体　对齐方式　数字　条件格式　套用表格格式　单元格样式　插入　删除　格式　排序和筛选　查找和选择

C3　85

计算机1班期末成绩表

学号	姓名	英语	高数	数据结构	微机原理	总分
L071101	李小明	85	88	58	80	311
L071102	王威	89	86	78	82	335
L071103	张涛	95	84	86	86	351
L071104	郑思学	78	90	83	87	338
L071105	张爱琪	96	91	72	82	341
L071106	苏丽丽	80	59	91	79	309
L071107	赵大鹏	75	86	65	77	303
L071108	黄贺	63	81	78	85	307
L071109	刘源	88	82	73	78	321
L071110	姜文涛	76	83	85	66	310
平均分		82.5	83	76.9	80.2	

突出显示单元格规则(H)
项目选取规则(T)
数据条(D)
色阶(S)
图标集(I)
新建规则(N)...
清除规则(C)
管理规则(R)...

大于(G)...
小于(L)...
介于(B)...
等于(E)...
文本包含(T)...
发生日期(A)...
重复值(D)...
其他规则(M)...

图 4.60　条件格式列表

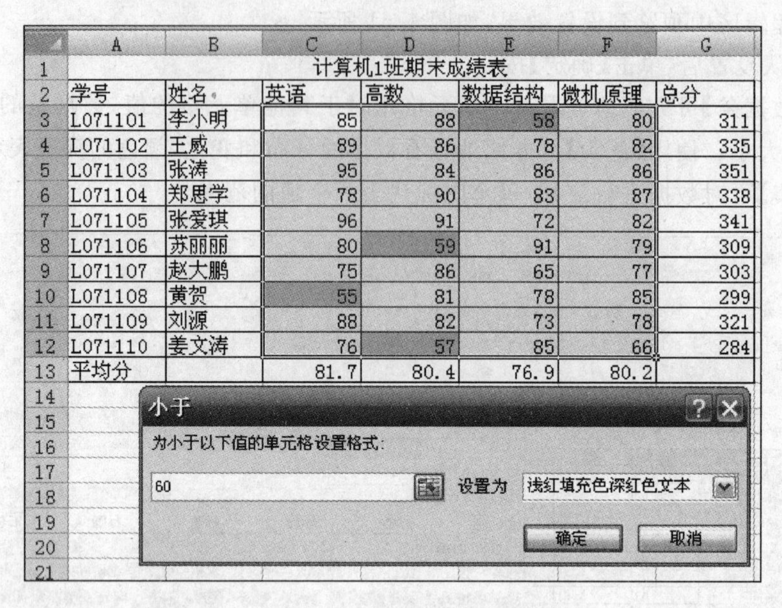

	A	B	C	D	E	F	G
1	计算机1班期末成绩表						
2	学号	姓名	英语	高数	数据结构	微机原理	总分
3	L071101	李小明	85	88	58	80	311
4	L071102	王威	89	86	78	82	335
5	L071103	张涛	95	84	86	86	351
6	L071104	郑思学	78	90	83	87	338
7	L071105	张爱琪	96	91	72	82	341
8	L071106	苏丽丽	80	59	91	79	309
9	L071107	赵大鹏	75	86	65	77	303
10	L071108	黄贺	55	81	78	85	299
11	L071109	刘源	88	82	73	78	321
12	L071110	姜文涛	76	57	85	66	284
13	平均分		81.7	80.4	76.9	80.2	

图 4.61 将小于 60 的单元格突出显示

4.5 公式与函数

Excel 2007 强大的公式和函数功能，为有效地分析和处理工作表中的数据提供了极大的方便。

4.5.1 创建公式

Excel 工作表中的公式是以等号“＝”开头的一个运算式，它既可以对单元格中的数值进行加、减、乘、除等基本运算，也可以进行总计、平均、汇总等较为复杂的运算。当公式或函数中用到的数据被修改后，公式的计算结果也会自动进行更新。

1. 输入公式

输入公式时，必须以等号“＝”作为开头，再输入公式内容，输入结束后按 Enter 键或击公式栏中的【输入】按钮 ✔。若公式正确，则单元格中会显示计算结果。

如图 4.62 所示，在 F2 单元格中输入公式“＝C2＋D2＋E2”后，按 Enter 键或单击公式栏中的【输入】按钮 ✔，则 F2 单元格中显示出计算的结果，而编辑栏中显示的是当前单元格的公式。

双击输入公式的单元格，计算公式会同时显示在单元格及编辑栏中以供修改。

2. 公式中的运算符

使用运算符可以对公式中所包含的数据进行特定类型的运算。Excel 公式中常用运算符有算术运算符、文本运算符、比较运算符和引用运算符。当公式中同时用到多个运算符时，有一个默认的运算顺序，即优先级，但可以使用括号更改计算顺序。

(1) 算术运算符

算术运算符用来完成基本的算术运算，如加、减、乘、除等，如表 4.1 所示。

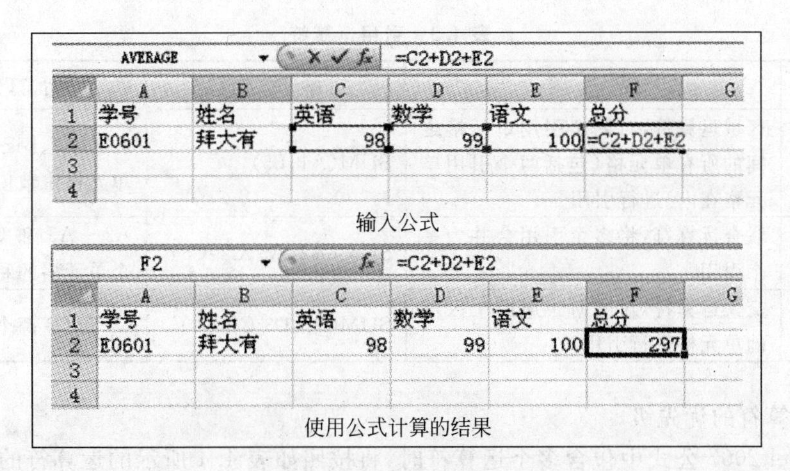

输入公式

使用公式计算的结果

图 4.62　使用公式进行计算

表 4.1　算术运算符

算术运算符	说　明	举　例	计算结果
＋	加法	30＋5	35
－	减法	30－5	25
	负号	－5	－5
*	乘法	30*5	150
/	除法	30/5	6
%	百分比	5%	5%
^	乘方	3^2	9

(2) 文本运算符

文本运算符"&"用于将两个文本连接起来，生成一个连续的文本值。如在当前单元格中输入"＝"计算机"&"基础""，其结果为"计算机基础"。

(3) 比较运算符

比较运算符可以比较两个数值的大小，其结果为逻辑值 TRUE 或 FALSE，如表 4.2 所示。

表 4.2　比较运算符(假设 A1 单元格的值为 10，B1 单元格的值为 5)

比较运算符	说　明	举　例	计算结果
＝	等于	A1＝B1	FALSE
＜	小于	A1＜B1	FALSE
＞	大于	A1＞B1	TRUE
＜＞	不等于	A1＜＞B1	TRUE
＜＝	小于等于	A1＜＝B1	FALSE
＞＝	大于等于	A1＞＝B1	TRUE

(4) 引用运算符

引用运算符用于表达在公式中参与运算的单元格区域，这些运算符有冒号运算符":"、逗号运算符","和空格运算符，其功能及使用示例如表 4.3 所示。

表 4.3 引用运算符

算术运算符	说　明	举　例	计 算 结 果
:(冒号)	区域运算符,对两个引用单元格之间的所有单元格(包括两个引用单元格在内)进行引用	SUM(A1:B5)	A1～A5、B1～B5 共 10 个单元格中数值的和
,(逗号)	联合运算符,将多个引用合并为一个引用	SUM(A2:A5,C2:C5)	A2～A5 和 C2～C5 共 8 个单元格的和
(空格)	交叉运算符,对同时隶属两个区域的单元格进行引用	SUM(B2:D3 C1:C4)	C2 和 C3 两个单元格的和

(5) 运算符的优先级

当 Excel 2007 公式中包含多个运算符时,将按照如表 4.4 所示的运算符的优先级进行计算。对于相同优先级的运算符,将按照从左到右的顺序进行计算。

表 4.4 运算符的优先级

运 算 符	说　明	优 先 级
—	负号	高
%	百分比	↓
^	乘方	
*和/	乘和除	
＋和－	加和减	
&	文本运算符	
＝、＜、＞、＜＞、＜＝、＞＝	比较运算符	低

4.5.2 使用函数

Excel 函数实际上就是预定义的内置公式,它们的使用被称为参数的特定数值,按特定的语法顺序进行计算。Excel 2007 提供了大量用于不同类型计算的函数,可以轻松地完成各种复杂的数据处理。用户宜尽量利用函数进行计算以提高工作效率,减少人为错误。

在公式中使用函数的一般格式为 ≔函数名(参数表)

函数的参数可以是数字、文本、逻辑值、数组或单元格引用等,如果参数有多个,那么参数与参数之间需用半角的逗号分隔。

1. Excel 常用函数

Excel 2007 中的函数按类别不同,可分为:财务函数、日期与时间函数、数学与三角函数、统计函数、查找与引用函数、数据库函数、文本函数、逻辑函数、信息函数、工程函数和多维数据集函数。下面介绍一些常用函数的功能和使用方法。

(1) 求和函数 SUM

语法格式:SUM(参数 1,参数 2,…)

功能:求所有参数的和。

参数说明:

① 参数个数为 1～255 个,可以是常量、单元格或单元格区域的引用等。

② 若参数为直接键入的数值和数值的文本表达式,则按数值计算。

③ 若参数是单元格或单元格区域引用，则只计算其中的数值，而空白单元格、逻辑值或文本将被忽略。

④ 若参数为错误值或不能转换为数值的文本，将产生错误。

如图 4.63 所示，在 A6 单元格中输入“＝SUM(A2:B2)＋10”，计算结果为 25。如图 4.64 所示，在 A7 单元格中输入“＝SUM(A3:B4)”，计算结果为 38，其中 B3 单元格为空白单元格、B4 单元格为文本数据，故在计算中被忽略。

A6 =SUM(A2:B2)+10

	A	B	C	D	E
1					
2	10	5			
3	30				
4	8	abc			
5					
6	25				
7					
8					

图 4.63 SUM 函数的使用(1)

A7 =SUM(A3:B4)

	A	B	C	D
1				
2	10	5		
3	30			
4	8	abc		
5				
6	25			
7	38			
8				

图 4.64 SUM 函数的使用(2)

(2) 求平均值函数 AVERAGE

语法格式：AVERAGE(参数 1，参数 2，…)

功能：求所有参数的平均值。

参数说明：与 SUM 函数的参数说明相同。

如图 4.65 所示，在 H3 单元格中输入“＝AVERAGE(C3:F3)”，求出平均分的值为 77.75。

H3 =AVERAGE(C3:F3)

	A	B	C	D	E	F	G	H
1	计算机1班期末成绩表							
2	学号	姓名	英语	高数	数据结构	微机原理	总分	平均分
3	L071101	李小明	85	88	58	80	311	77.75
4	L071102	王威	89	86	78	82	335	
5	L071103	张涛	95	84	86	86	351	
6	L071104	郑思学	78	90	83	87	338	
7	L071105	张爱琪	96	91	72	82	341	

图 4.65 AVERAGE 函数的使用

(3) 最大值/最小值函数 MAX/MIN

语法格式：MAX(参数 1，参数 2，…)

MIN(参数 1，参数 2，…)

功能：返回给定参数中的最大值/最小值。

参数说明：与 SUM 函数的参数说明相同。

若参数中不包含符合要求的数，则返回值为 0。

如图 4.66 所示，在 G13 单元格中输入“＝MAX(G3:G12)”，则结果为 G3:G12 单元格区域中的最大值 351，而在 G14 单元格中输入“＝MIN(G3:G12)”，则结果为 G3:G12 单元格区域中的最小值 284。

(4) 计数函数 COUNT

语法格式：COUNT(参数 1，参数 2，…)

	A	B	C	D	E	F	G
1	计算机1班期末成绩表						
2	学号	姓名	英语	高数	数据结构	微机原理	总分
3	L071101	李小明	85	88	58	80	311
4	L071102	王威	89	86	78	82	335
5	L071103	张涛	95	84	86	86	351
6	L071104	郑思学	78	90	83	87	338
7	L071105	张爱琪	96	91	72	82	341
8	L071106	苏丽丽	80	59	91	79	309
9	L071107	赵大鹏	75	86	65	77	303
10	L071108	黄贺	55	81	78	85	299
11	L071109	刘源	88	82	73	78	321
12	L071110	姜文涛	76	57	85	66	284
13							351
14							284

G13 =MAX(G3:G12)

图 4.66　MAX/MIN 函数的使用

功能：返回参数中数字的个数。

参数说明：与 SUM 函数的参数说明相同。

如图 4.67 所示，在 B9 单元格中输入"＝COUNT(B2:B7)"，表示要计算 B2:B7 单元格区域中数字数据的个数，其值为 6。

B9 =COUNT(B2:B7)

	A	B	C	D	E
1	姓名	基本工资	补贴工资	扣款	实发工资
2	赵一凡	2800.00	600.00	120.00	3280.00
3	钱亚山	1850.00	400.00	110.00	2140.00
4	孙季	1800.00	400.00	100.00	2100.00
5	李方圆	2300.00	500.00	125.00	2675.00
6	赵常	1500.00	300.00	75.00	1725.00
7	李江山	2350.00	500.00	130.00	2720.00
8					
9		6			

图 4.67　COUNT 函数的使用

(5) 条件计数函数 COUNTIF

语法格式：COUNTIF(单元格区域,判断条件)

功能：计算给定区域内满足特定条件的单元格的数目。

参数说明："单元格区域"是指需要统计单元格数目的区域，其中的空值和文本值将被忽略；"判断条件"是确定哪些单元格将被计算在内，其形式可以为数字、表达式、单元格引用或文本。例如，条件可以表示为 32、"32"、"＞32"、"apples" 或 B4。

如图 4.68 所示，在 E9 单元格中输入"＝COUNTIF(E2:E7,"＞2000")"，表示要计算 E2:E7 单元格区域中值大于 2000 的单元格数目，其值为 5。

(6) 排位函数 RANK

语法格式：RANK(数值或单元格地址,单元格区域或数值列表,排序方式)

功能：返回一个数值在单元格区域或数值列表中的排位序数。

参数说明：

① "数值或单元格地址"是需要排位的数值，"单元格区域"中的非数值型参数将被忽略。

	A	B	C	D	E	F
1	姓名	基本工资	补贴工资	扣款	实发工资	
2	赵一凡	2800.00	600.00	120.00	3280.00	
3	钱亚山	1850.00	400.00	110.00	2140.00	
4	孙季	1800.00	400.00	100.00	2100.00	
5	李方圆	2300.00	500.00	125.00	2675.00	
6	赵常	1500.00	300.00	75.00	1725.00	
7	李江山	2350.00	500.00	130.00	2720.00	
8						
9					5	

E9 =COUNTIF(E2:E7,">=2000")

图 4.68

② “排序方式”是一个数值，若为 0 或省略，则 Excel 对数字按照降序方式排位；若值不为 0，则对数值按照升序方式排位。

函数 RANK 对重复数值的排位相同，但重复数值的存在将影响后续数值的排位。

如图 4.69 所示，要对学生成绩按总分进行排名，则在 H3 单元格中输入“=RANK(G3,G3:G12)”，表示要计算 G3 单元格在 G3:G12 区域中的排位，其值为 6。

H3 =RANK(G3,G3:G12)

	A	B	C	D	E	F	G	H
1	计算机1班期末成绩表							
2	学号	姓名	英语	高数	数据结构	微机原理	总分	名次
3	L071101	李小明	85	88	58	80	311	6
4	L071102	王威	89	86	78	82	335	
5	L071103	张涛	95	84	86	86	351	
6	L071104	郑思学	78	90	83	87	338	
7	L071105	张爱琪	96	91	72	82	341	
8	L071106	苏丽丽	80	59	91	79	309	
9	L071107	赵大鹏	75	86	65	77	303	
10	L071108	黄贺	55	81	78	85	299	
11	L071109	刘源	88	82	73	78	321	
12	L071110	姜文涛	76	57	85	66	284	

图 4.69　RANK 函数的使用

2. 使用函数的方法

(1) 直接输入函数

若对某些常用的函数及其语法比较熟悉，可直接在单元格中输入函数，操作方法如下：

① 选定需要输入函数的单元格。

② 输入等号“=”及函数名称和各参数。在输入函数名称的第一个字母时，Excel 会自动列出以该字母开头的函数名，如图 4.70 所示。在输入函数名和第一个括号后，Excel 会提示该函数的参数设置，如图 4.71 所示。如果函数中的参数为单元格引用，可拖曳鼠标进行区域选择，如图 4.72 所示。

③ 完成输入后按 Enter 键即可。

(2) 使用【插入函数】按钮粘贴函数

对于不熟悉的函数，可使用【插入函数】按钮来粘贴函数，这里以求平均分为例来介绍操作过程。

① 单击需要输入公式的单元格，如 C13。

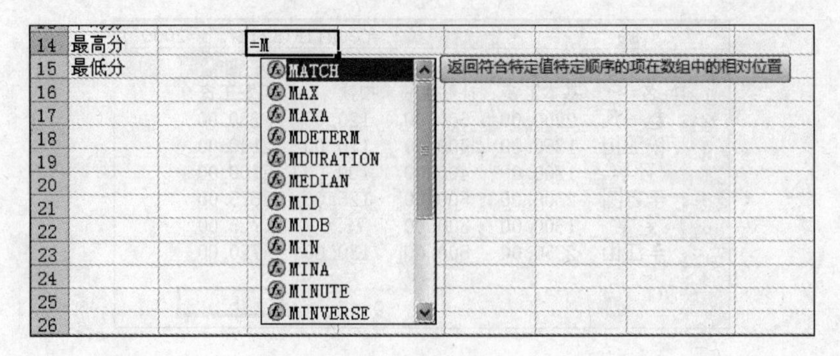

图 4.70　输入函数(1)

	A	B	C	D	E	F	G
1			计算机1班期末成绩表				
2	学号	姓名	英语	高数	数据结构	微机原理	总分
3	L071101	李小明	85	88	58	80	311
4	L071102	王威	89	86	78	82	335
5	L071103	张涛	95	84	86	86	351
6	L071104	郑思学	78	90	83	87	338
7	L071105	张爱琪	96	91	72	82	341
8	L071106	苏丽丽	80	59	91	79	309
9	L071107	赵大鹏	75	86	65	77	303
10	L071108	黄贺	55	81	78	85	299
11	L071109	刘源	88	82	73	78	321
12	L071110	姜文涛	76	57	85	66	284
13	平均分						
14	最高分		=MAX(				
15	最低分		MAX(number1, [number2], ...)				

图 4.71　输入函数(2)

	A	B	C	D	E	F	G
1			计算机1班期末成绩表				
2	学号	姓名	英语	高数	数据结构	微机原理	总分
3	L071101	李小明	85	88	58	80	311
4	L071102	王威	89	86	78	82	335
5	L071103	张涛	95	84	86	86	351
6	L071104	郑思学	78	90	83	87	338
7	L071105	张爱琪	96	91	72	82	341
8	L071106	苏丽丽	80	59	91	79	309
9	L071107	赵大鹏	75	86	65	77	303
10	L071108	黄贺	55	81	78	85	299
11	L071109	刘源	88	82	73	78	321
12	L071110	姜文涛	76	57	85	66	284
13	平均分						
14	最高分		=MAX(C3:C12				
15	最低分		MAX(number1, [number2], ...)				
16							

图 4.72　输入函数(3)

② 单击【公式】选项卡【函数库】组的【插入函数】按钮 *fx*，或直接单击公式编辑栏上的【插入函数】按钮 *fx*，都会出现【插入函数】对话框，如图 4.73 所示。对话框中显示了函数的名称和功能说明。

③ 在【选择函数】列表框中选择所需的函数，如 AVERAGE。如果常用函数列表框中没有所需的函数，可在【搜索函数】文本框中输入一条简短的说明来描述希望函数做什么，然

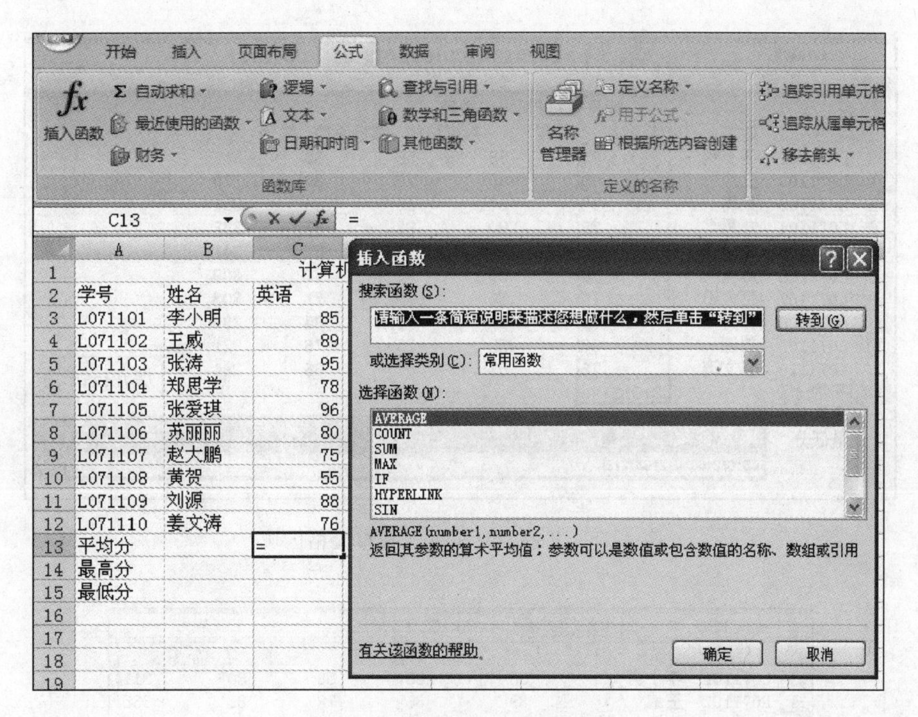

图 4.73　使用【插入函数】按钮

后单击【转到】按钮，符合需要的函数将会显示在【选择函数】列表框中。也可在【或选择类别】下拉列表框中选择所需函数的类别，如【统计】，然后在【选择函数】列表框中查找所需的函数。单击【确定】按钮，打开【函数参数】对话框，如图 4.74 所示。

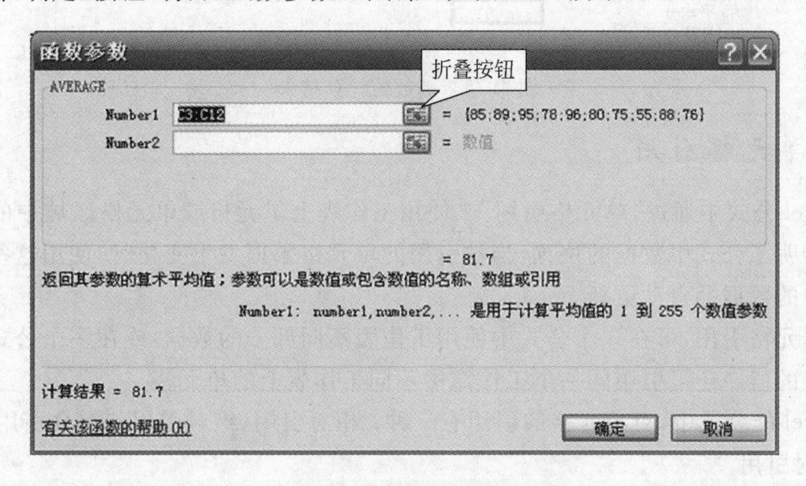

图 4.74　【函数参数】对话框

④ 在该列表框中显示当前的各个参数和函数的计算结果。若要输入函数的参数，可单击参数输入框右边的【折叠】按钮 以缩小【函数参数】对话框，在工作表中用鼠标选择单元格区域，如图 4.75 所示。再单击【展开】按钮 恢复【函数参数】对话框。

⑤ 单击【确定】按钮，完成输入函数并在单元格中显示计算结果，如图 4.76 所示。

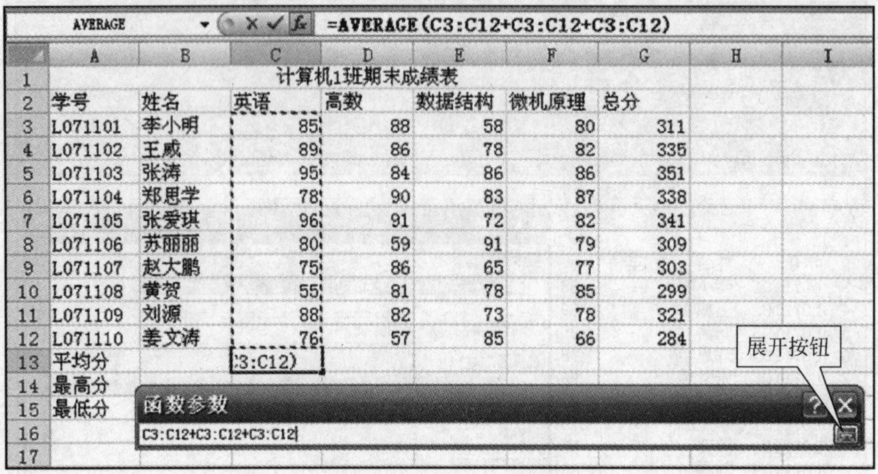

AVERAGE =AVERAGE(C3:C12+C3:C12+C3:C12)

	A	B	C	D	E	F	G	H	I
1			计算机1班期末成绩表						
2	学号	姓名	英语	高数	数据结构	微机原理	总分		
3	L071101	李小明	85	88	58	80	311		
4	L071102	王威	89	86	78	82	335		
5	L071103	张涛	95	84	86	86	351		
6	L071104	郑思学	78	90	83	87	338		
7	L071105	张爱琪	96	91	72	82	341		
8	L071106	苏丽丽	80	59	91	79	309		
9	L071107	赵大鹏	75	86	65	77	303		
10	L071108	黄贺	55	81	78	85	299		
11	L071109	刘源	88	82	73	78	321		
12	L071110	姜文涛	76	57	85	66	284		
13	平均分		3:C12)						
14	最高分								
15	最低分								
16									
17									

函数参数

C3:C12+C3:C12+C3:C12

展开按钮

图 4.75 折叠对话框并选择单元格区域

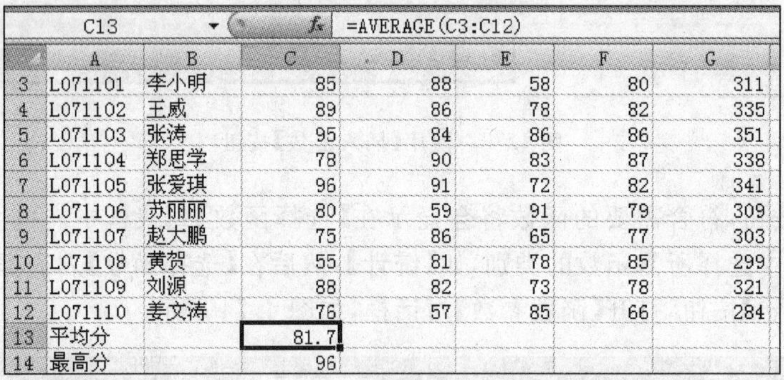

C13 =AVERAGE(C3:C12)

	A	B	C	D	E	F	G
3	L071101	李小明	85	88	58	80	311
4	L071102	王威	89	86	78	82	335
5	L071103	张涛	95	84	86	86	351
6	L071104	郑思学	78	90	83	87	338
7	L071105	张爱琪	96	91	72	82	341
8	L071106	苏丽丽	80	59	91	79	309
9	L071107	赵大鹏	75	86	65	77	303
10	L071108	黄贺	55	81	78	85	299
11	L071109	刘源	88	82	73	78	321
12	L071110	姜文涛	76	57	85	66	284
13	平均分		81.7				
14	最高分		96				

图 4.76 函数的计算结果

4.5.3 单元格引用

在 Excel 公式中通过“单元格引用”来使用工作表上单元格或单元格区域中的数据。单元格引用指明了公式中数据的位置，当被引用的单元格数据发生变化时，使用这些数据的公式单元格中的数据会自动更新。

通过单元格引用，可在一个公式中使用工作表不同部分的数据，或在多个公式中使用同一个单元格的值。还可引用同一个工作簿中不同工作表上的单元格。

在 Excel 的公式中，对单元格的引用有三种：相对引用、绝对引用和混合引用。

1. 相对引用

相对引用是被引用单元格的位置与公式所在单元格的位置是相对的。当把公式所在的单元格内容复制到新位置时，公式中的单元格引用也会随之改变，以保持公式单元格与被引用单元格之间的相对位置不变。相对引用的表示方法是直接使用单元格地址如 A3 等。

如图 4.77 所示，G3 单元格中的公式为“＝C3＋D3＋E3＋F3”。选定 G3 单元格并单击【复制】按钮或按 Ctrl＋C 键，然后选中 G4 单元格并单击【粘贴】按钮或按 Ctrl＋V 键，将公式复制到 G4 单元格中，结果如图 4.78 所示，公式已自动更新为“＝C4＋D4＋E4＋F4”。

G3 =C3+D3+E3+F3

	A	B	C	D	E	F	G
1	计算机1班期末成绩表						
2	学号	姓名	英语	高数	数据结构	微机原理	总分
3	L071101	李小明	85	88	58	80	311
4	L071102	王威	89	86	78	82	
5	L071103	张涛	95	84	86	86	
6	L071104	郑思学	78	90	83	87	
7	L071105	张爱琪	96	91	72	82	
8	L071106	苏丽丽	80	59	91	79	
9	L071107	赵大鹏	75	86	65	77	
10	L071108	黄贺	55	81	78	85	
11	L071109	刘源	88	82	73	78	
12	L071110	姜文涛	76	57	85	66	
13	平均分						

图 4.77 相对引用与公式的复制

G4 =C4+D4+E4+F4

	A	B	C	D	E	F	G
1	计算机1班期末成绩表						
2	学号	姓名	英语	高数	数据结构	微机原理	总分
3	L071101	李小明	85	88	58	80	311
4	L071102	王威	89	86	78	82	335
5	L071103	张涛	95	84	86	86	
6	L071104	郑思学	78	90	83	87	
7	L071105	张爱琪	96	91	72	82	
8	L071106	苏丽丽	80	59	91	79	
9	L071107	赵大鹏	75	86	65	77	
10	L071108	黄贺	55	81	78	85	
11	L071109	刘源	88	82	73	78	
12	L071110	姜文涛	76	57	85	66	
13	平均分						

图 4.78 复制后公式的变化

更为方便的复制公式的方法，是拖曳公式所在单元格的填充柄将公式快速复制到目标区域，如图 4.79 所示。

G3 =C3+D3+E3+F3

	A	B	C	D	E	F	G
1	计算机1班期末成绩表						
2	学号	姓名	英语	高数	数据结构	微机原理	总分
3	L071101	李小明	85	88	58	80	311
4	L071102	王威	89	86	78	82	335
5	L071103	张涛	95	84	86	86	351
6	L071104	郑思学	78	90	83	87	338
7	L071105	张爱琪	96	91	72	82	341
8	L071106	苏丽丽	80	59	91	79	309
9	L071107	赵大鹏	75	86	65	77	303
10	L071108	黄贺	55	81	78	85	299
11	L071109	刘源	88	82	73	78	321
12	L071110	姜文涛	76	57	85	66	284
13	平均分						

图 4.79 使用填充柄快速复制公式

相对引用随公式单元格的位置变化的规律是：若按列的方向上下复制公式单元格，则引用单元格的列地址不变、行地址变化；若按行的方向左右复制公式单元格，则公式中引用单元格的行地址不变、列地址变化。

2. 绝对引用

绝对引用是公式中被引用的单元格是工作表中固定位置上的，不会随公式单元格被复制到新位置而发生改变。绝对引用的表示方法是在行号和列标前加符号“＄”，如＄A＄1，表示绝对引用 A1 单元格。

如使用排位函数 RANK 对学生成绩表按总分进行排名时，如图 4.69 所示，如在 H3 单元格中输入“＝RANK(G3,G3:G12)”，计算出 G3 单元格在 G3:G12 区域中的排位后，直接拖曳 H3 单元格的填充柄到 H12，会发现排名的结果是错误的，如图 4.80 所示。这是因为在复制 H3 单元格的公式时，RANK 函数中的单元格区域“G3:G13”是相对引用，复制到新位置后会相对改变，而此例中要求 RANK 函数的单元格区域是不能变的，因此应使用绝对引用的方法。将 H3 单元格中的函数改为“＝RANK(G3，＄G＄3：＄G＄12)”后，再次拖曳 H3 单元格的填充柄到 H12，则全部按总分值降序排名，如图 4.81 所示。

H3 =RANK(G3,G3:G12)

	A	B	C	D	E	F	G	H
1	计算机1班期末成绩表							
2	学号	姓名	英语	高数	数据结构	微机原理	总分	名次
3	L071101	李小明	85	88	58	80	311	6
4	L071102	王威	89	86	78	82	335	4
5	L071103	张涛	95	84	86	86	351	1
6	L071104	郑思学	78	90	83	87	338	2
7	L071105	张爱琪	96	91	72	82	341	1
8	L071106	苏丽丽	80	59	91	79	309	2
9	L071107	赵大鹏	75	86	65	77	303	2
10	L071108	黄贺	55	81	78	85	299	2
11	L071109	刘源	88	82	73	78	321	1
12	L071110	姜文涛	76	57	85	66	284	1
13	平均分							

图 4.80　复制使用相对引用的 RANK 函数后的结果

H3 =RANK(G3,$G$3:$G$12)

	A	B	C	D	E	F	G	H
1	计算机1班期末成绩表							
2	学号	姓名	英语	高数	数据结构	微机原理	总分	名次
3	L071101	李小明	85	88	58	80	311	6
4	L071102	王威	89	86	78	82	335	4
5	L071103	张涛	95	84	86	86	351	1
6	L071104	郑思学	78	90	83	87	338	3
7	L071105	张爱琪	96	91	72	82	341	2
8	L071106	苏丽丽	80	59	91	79	309	7
9	L071107	赵大鹏	75	86	65	77	303	8
10	L071108	黄贺	55	81	78	85	299	9
11	L071109	刘源	88	82	73	78	321	5
12	L071110	姜文涛	76	57	85	66	284	10
13	平均分							

图 4.81　复制使用绝对引用的 RANK 函数后的结果

3. 混合引用

混合引用是公式中引用单元格时，其行、列地址一个用相对地址、另一个用绝对地址，如＄A1、A＄1。在复制公式时，混合引用中相对引用部分会随公式的复制而相应改变，绝对引用部分则不会随公式的复制而改变。

要在同一工作簿的当前工作表中引用其他工作表中的单元格或单元格区域，需要用感叹号“!”将被引用的工作表与单元格分开，如要引用工作表 Sheet3 中的单元格区域 C3:D6，则应在公式中输入“Sheet3!C3:D6”。

4.6 图表制作

Excel 提供的图表功能可将复杂的数据以图表的形式表现出来，不仅给人直观的视觉效果，还可以清晰地反映出数据的对比关系。图表依据的是工作表中的数据，当工作表中的数据改变时，图表会自动更新。

4.6.1 创建图表

Excel 2007 中的图表有两种：一种是嵌入式图表，即图表与相关的数据同时保存在一个工作表中；另外一种是图表工作表，即图表单独保存在一个工作表中，图表与数据是分开的。

下面以图 4.82 所示的工作表为例介绍创建图表的操作方法。

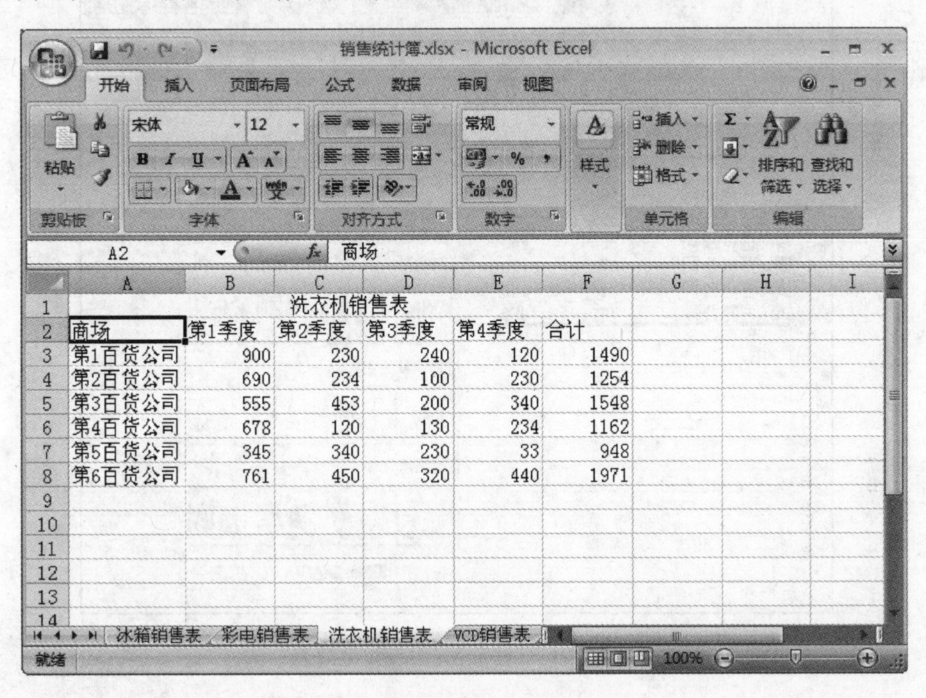

洗衣机销售表					
商场	第1季度	第2季度	第3季度	第4季度	合计
第1百货公司	900	230	240	120	1490
第2百货公司	690	234	100	230	1254
第3百货公司	555	453	200	340	1548
第4百货公司	678	120	130	234	1162
第5百货公司	345	340	230	33	948
第6百货公司	761	450	320	440	1971

图 4.82 【洗衣机销售表】工作表

(1) 选择用于制作图表的数据区域。区域可以是连续的，也可以是不连续的。如果区域中第一行为列标题，并且最左列也为行标题，若要将它们标注在图表上，则选定数据区域时就将它们选择在内。如图 4.83 所示，选择 A2:E8 单元格区域。

(2) 在【插入】选项卡【图表】组中提供了多种图表类型，可根据需要单击对应的图表类型按钮，在弹出的图表类型列表中选择所需的图表类型，以便清晰地反映数据间的关系。如图 4.84 所示，选择【柱形图】按钮下拉列表中的【簇状柱形图】选项。

(3) 选择图表类型后，即可快速创建出一张嵌入式图表，如图 4.85 所示。

(4) 若要将嵌入式图表变成图表工作表，则选定嵌入式图表，在【图表工具】→【设计】选项卡中单击【位置】组中的【移动图表】按钮(如图 4.85 所示)，打开如图 4.86 所示的【移动图

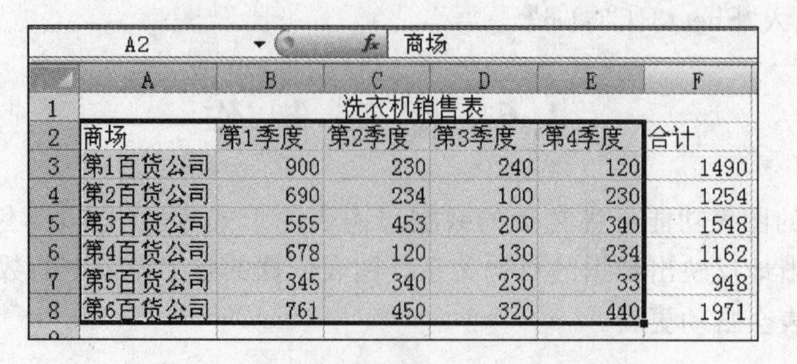

	A	B	C	D	E	F
1	洗衣机销售表					
2	商场	第1季度	第2季度	第3季度	第4季度	合计
3	第1百货公司	900	230	240	120	1490
4	第2百货公司	690	234	100	230	1254
5	第3百货公司	555	453	200	340	1548
6	第4百货公司	678	120	130	234	1162
7	第5百货公司	345	340	230	33	948
8	第6百货公司	761	450	320	440	1971

图 4.83　选择用于制作图表的数据区域

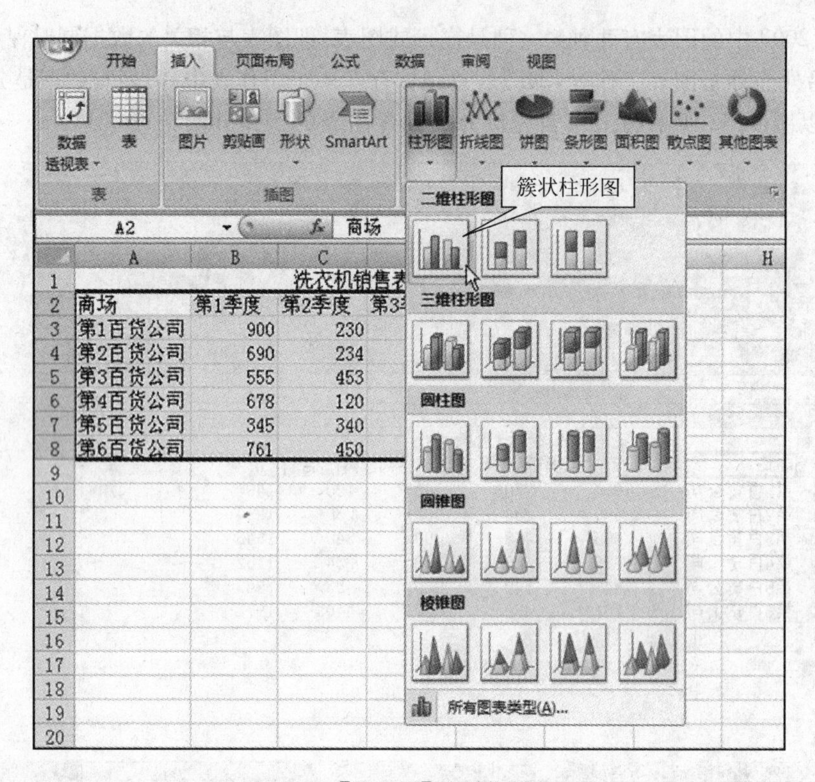

图 4.84　【柱形图】图表类型列表

表】对话框。

(5) 选中【新工作表】选项，在右侧文本框中输入工作表名称“洗衣机销售图表”，单击【确定】按钮后即可将嵌入式图表移动到新的工作表中，如图 4.87 所示。

4.6.2　编辑图表

对于创建完的图表，既可以对整个图表进行编辑，也可对图表的各个部分进行编辑。图表实际上由很多部分组合而成单击图表的任何一个部分，都可将其选中并进行相应的编辑。

1. 选择图表元素

在对图表元素进行编辑前，必须先选择它们。若要选择整个图表，则在图表的空白处单击即可；若要选择图表中的图表元素，则需要单击相应的目标图表元素。

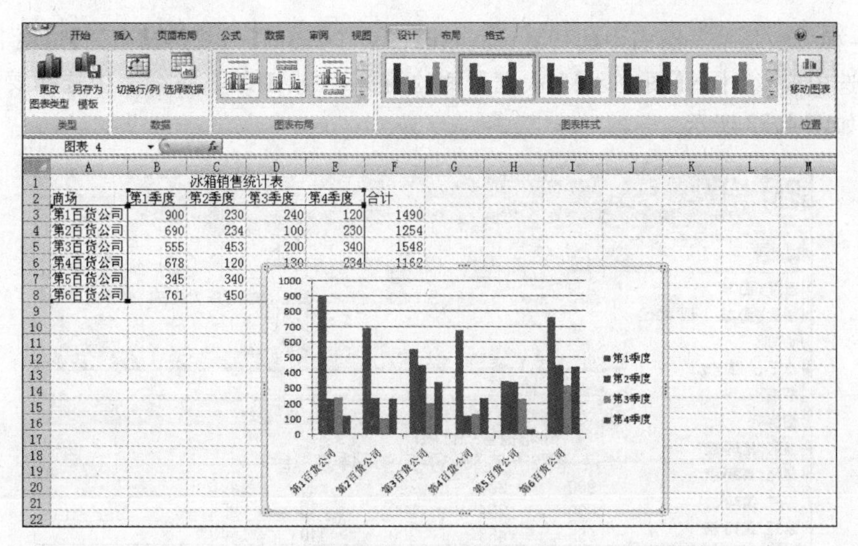

图 4.85　嵌入式图表

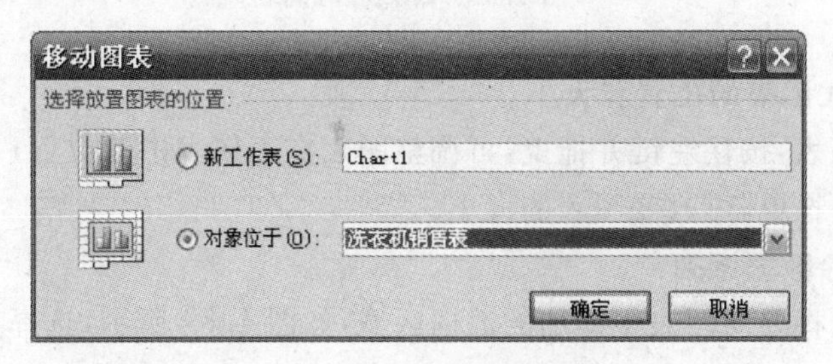

图 4.86 【移动图表】对话框

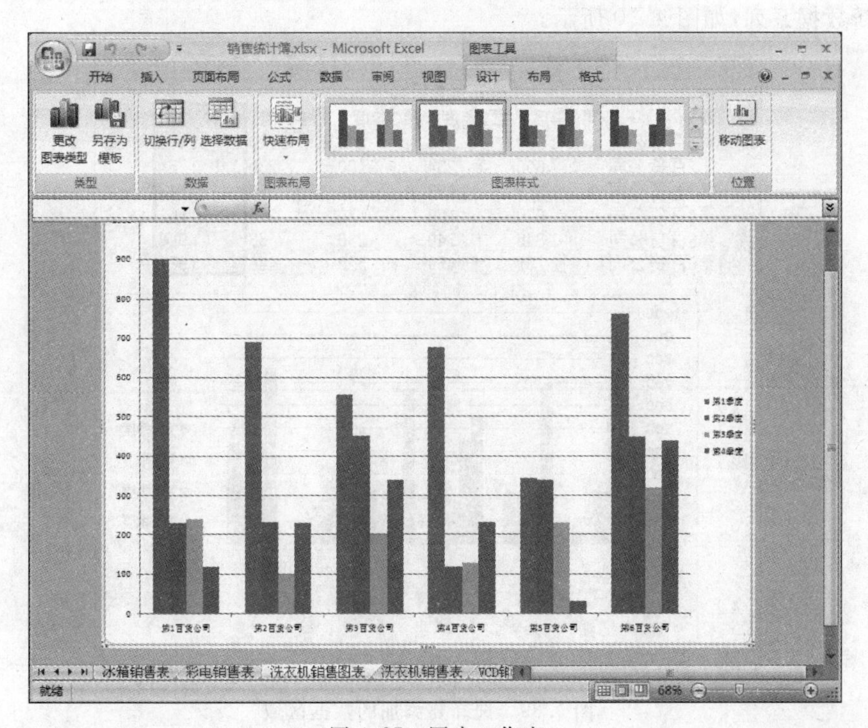

图 4.87　图表工作表

另一种方法是单击图表中的任意位置，在【图表工具】的【格式】或【布局】选项卡中，单击【当前所选内容】组中的【图表区】列表框右侧的箭头，在出现的下拉列表中选择要编辑的图表元素，如图 4.88 所示。

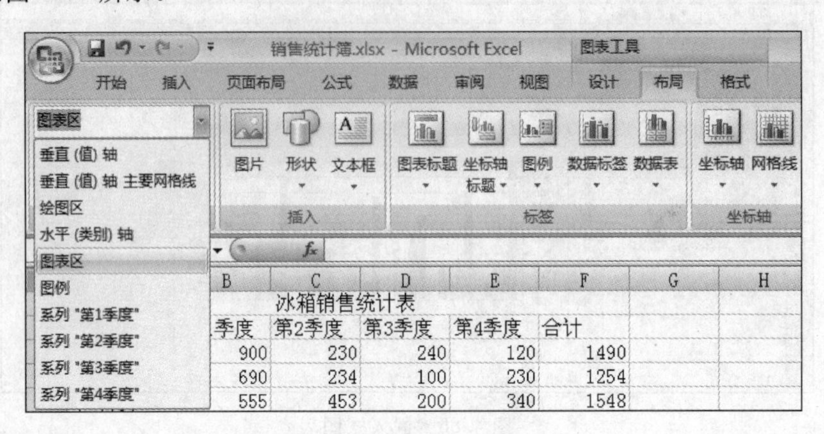

图 4.88 【图表区】列表

2. 调整嵌入式图表的位置和大小

单击嵌入式图表，按住左键并拖曳，可调整图表在工作表中的位置；将鼠标指针指向图表四周的控制点并拖曳，可改变图表的大小。

3. 添加和删除数据系列

在工作表中选择要向图表中添加的数据区域，如图 4.89 所示，选择 F2:F8 单元格区域的数据。单击【开始】→【复制】按钮，再选中图表，最后单击【开始】→【粘贴】按钮，图表中即添加了新数据系列，如图 4.90 所示。

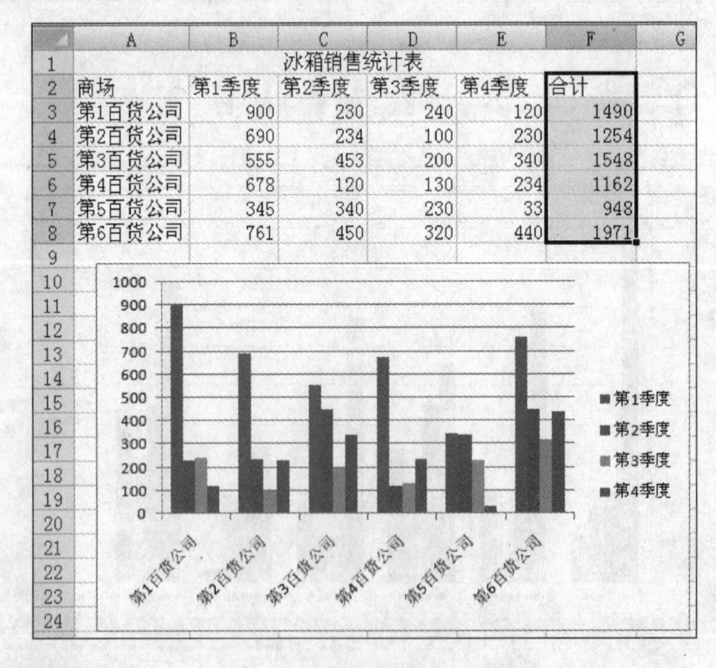

冰箱销售统计表

商场	第1季度	第2季度	第3季度	第4季度	合计
第1百货公司	900	230	240	120	1490
第2百货公司	690	234	100	230	1254
第3百货公司	555	453	200	340	1548
第4百货公司	678	120	130	234	1162
第5百货公司	345	340	230	33	948
第6百货公司	761	450	320	440	1971

图 4.89 选择要添加的数据区域

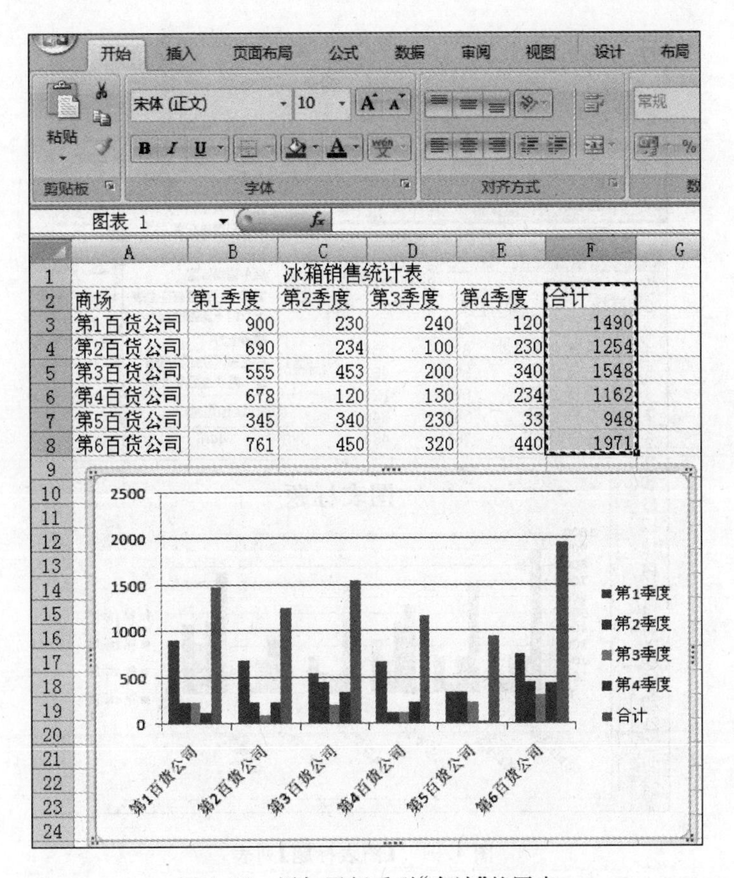

	A	B	C	D	E	F
1	冰箱销售统计表					
2	商场	第1季度	第2季度	第3季度	第4季度	合计
3	第1百货公司	900	230	240	120	1490
4	第2百货公司	690	234	100	230	1254
5	第3百货公司	555	453	200	340	1548
6	第4百货公司	678	120	130	234	1162
7	第5百货公司	345	340	230	33	948
8	第6百货公司	761	450	320	440	1971

图 4.90　添加了新系列“合计”的图表

要删除图表中的数据系列，可在图表中单击相应系列中的一个图项，则该系列所有图项都被选中，右击鼠标，在弹出的快捷菜单中选择【删除】选项，或直接按 Delete 键即可删除所选数据系列。

4. 添加标题

标题分为图表标题和坐标轴标题。

1）添加图表标题

选中图表，单击【图表工具】→【布局】选项卡中的【图表标题】按钮，从打开的列表中选择放置标题的方式，如图 4.91 所示。此时图表中相应位置出现【图表标题】文本框，单击【图表标题】文本框，编辑标题内容。

2）添加坐标轴标题

选中图表，单击【图表工具】→【布局】选项卡中的【坐标轴标题】按钮，从打开的列表中选择【主要横坐标轴标题】或【主要纵坐标轴标题】，选择一种放置标题的方式。此时，在图表的相应位置出现坐标轴标题文本框，单击标题文本框，编辑标题内容。

5. 添加图例

图例是用颜色来标识图表中数据系列的小方框。要编辑图例，可单击图表，在【图表工具】的【布局】选项卡中单击【图例】按钮，在打开的列表中选择一种放置图例的方式，如图 4.92 所示。Excel 会根据图例的位置自动调整绘图区。

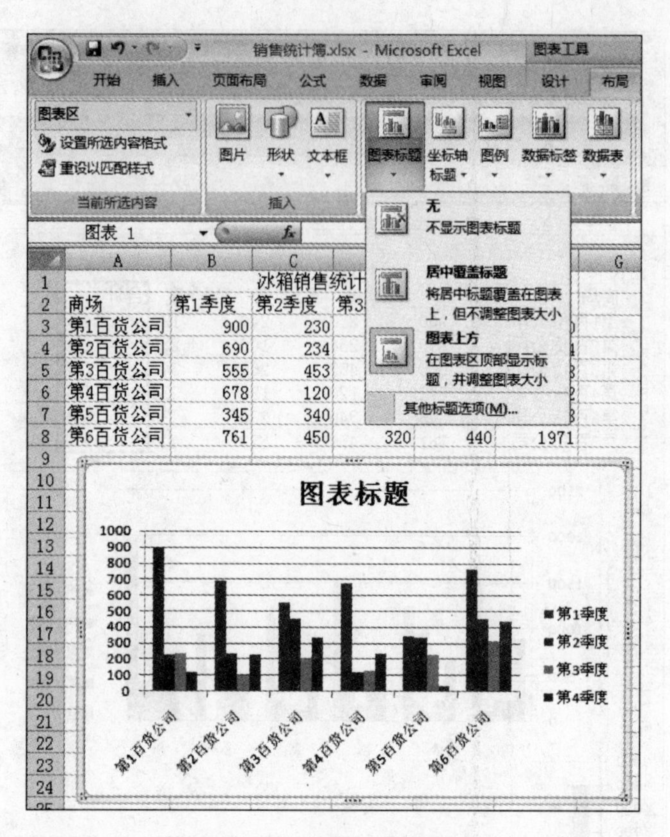

图 4.91 【图表标题】列表

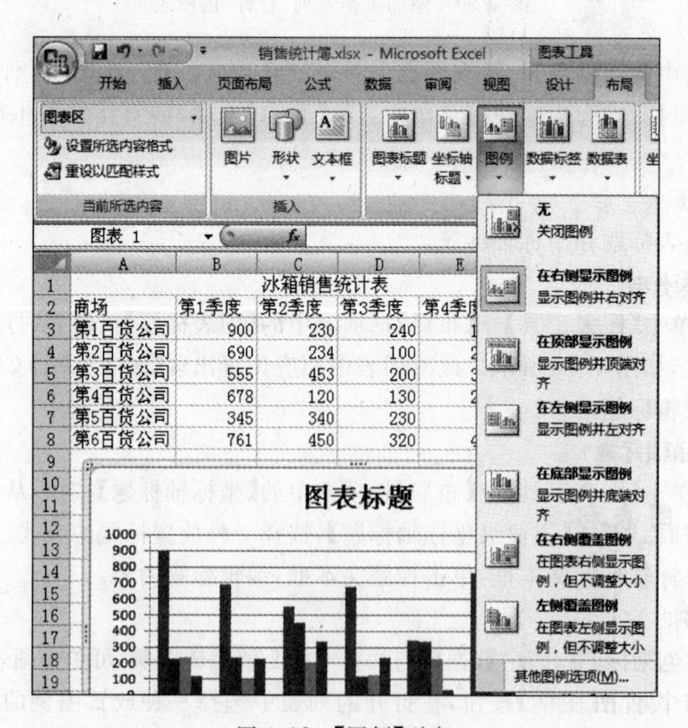

图 4.92 【图例】列表

6. 添加数据标签

为图表中的数据系列或数据点添加数据标签。选中图表，在【图表工具】→【布局】选项卡【标签】组中单击【数据标签】按钮，在打开的列表中选择一种放置数据标签的位置。如图 4.93 所示，为选择【居中】显示数据标签的效果。

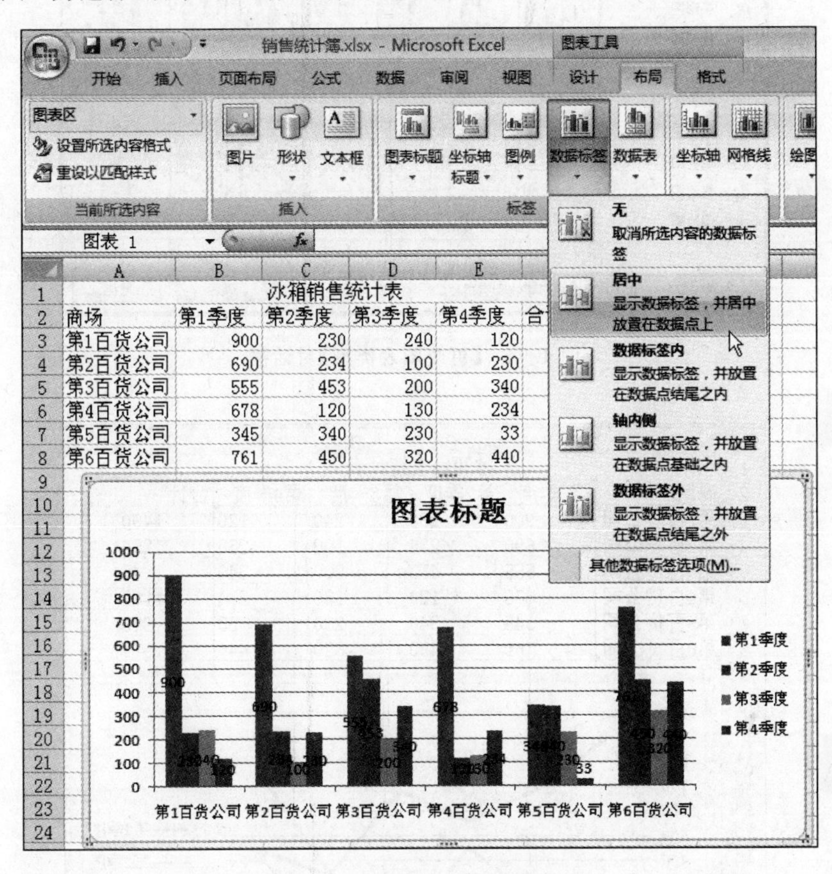

图 4.93 居中显示数据标签

7. 更改图表类型

若对创建的图表类型不满意，可以更改图表的类型。选中图表，在【图表工具】的【设计】选项卡【类型】组中单击【更改图表类型】按钮，弹出【更改图表类型】对话框，如图 4.94 所示。

在【图表类型】列表框中选择所需的图表类型，在右侧列表中选择所需的子图表类型，如选择【折线图】。单击【确定】按钮后，图表类型变为所选类型，如图 4.95 所示。

4.6.3 设置图表格式

图表格式包括图表的布局和图表区及图表元素的格式。

1. 设置图表布局和样式

Excel 2007 在【图表工具】的【设计】选项卡中的【图表布局】和【图表样式】组中各提供了一个样式库，用于设置图表的整个布局和更改图表的整体外观样式，如图 4.96 所示。单击其中的某一按钮即可为选定图表应用相应样式。

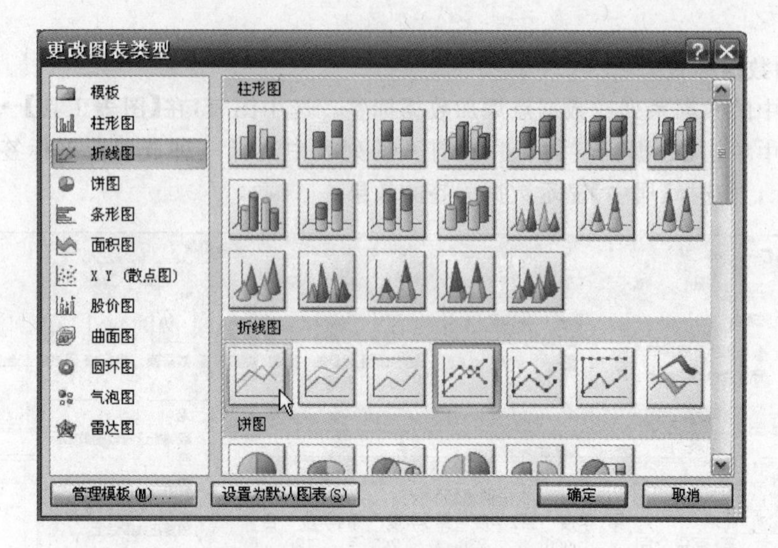

图 4.94 【更改图表类型】对话框

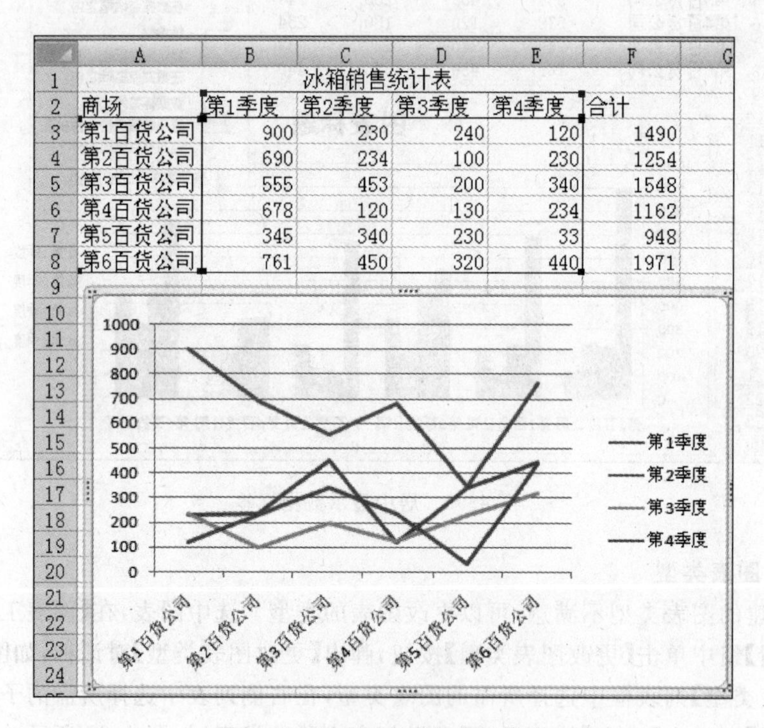

	A	B	C	D	E	F
1			冰箱销售统计表			
2	商场	第1季度	第2季度	第3季度	第4季度	合计
3	第1百货公司	900	230	240	120	1490
4	第2百货公司	690	234	100	230	1254
5	第3百货公司	555	453	200	340	1548
6	第4百货公司	678	120	130	234	1162
7	第5百货公司	345	340	230	33	948
8	第6百货公司	761	450	320	440	1971

图 4.95 更改图表类型为折线图

图 4.96 【图表布局】组与【图表样式】组

2. 设置图表区及图表元素的格式

单击图表区或某个图表元素，或在【图表工具】下【格式】选项卡的【当前所选内容】组中的【图表元素】下拉列表中选择图表区或其他图表元素，单击【设置所选内容格式】按钮，就会出现相应的设置格式对话框。如选择了图表区，则出现如图 4.97 所示的【设置图表区格式】对话框。利用该对话框，可以设置图表的填充效果、边框颜色等等。

要为所选图表元素的形状设置格式，可在【形状样式】组中单击需要的样式。

要为所选图表元素中的文本设置艺术字效果，可在【艺术字样式】组中单击需要的样式。

3. 设置坐标轴格式

图表通常有两个用于对数据进行度量和分类的坐标轴：数值(垂直)轴和分类(水平)轴。要改变图表中坐标轴的格式，可用前面所讲的方法选中数值轴或分类轴，然后单击【图表工具】下【格式】选项卡【当前所选内容】组中的【设置所选内容格式】按钮。以数值轴为例，会出现如图 4.98 所示的对话框。在【坐标轴选项】中可改变坐标轴上的最小值、最大值、主要刻度和次要刻度单位等；还可改变坐标轴的数字格式、填充、线条颜色等等。单击【关闭】按钮，设置生效。

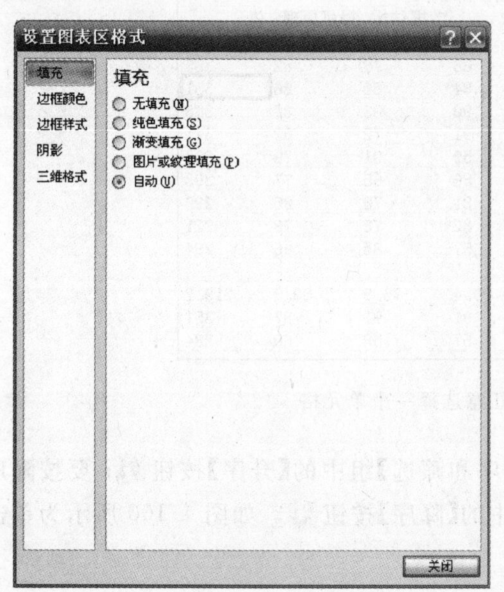

图 4.97 【设置图表区格式】对话框

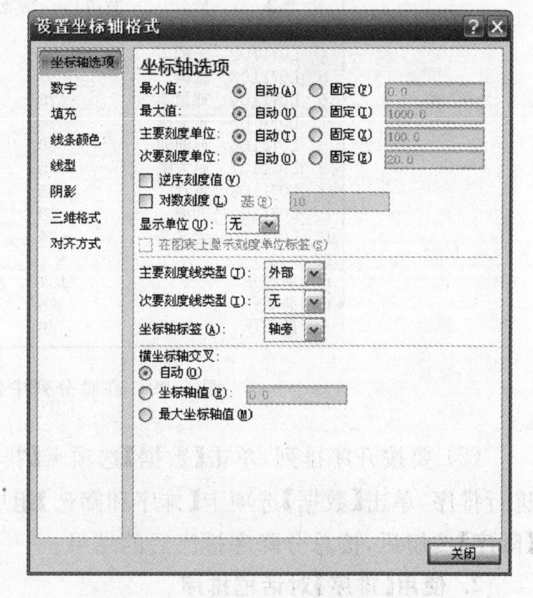

图 4.98 【设置坐标轴格式】对话框

4.7 数据管理

4.7.1 数据排序

排序指根据一列或多列数据的大小按一定规律重新排列数据，这样有助于快速直观地显示和分析数据。排序所依据的数据被称为“关键字”，指定多个关键字，依次称为“主要关键字”、“次要关键字”(之后的都称为“次要关键字”)。

Excel 2007 进行排序时，先按“主要关键字”进行排序，当“主要关键字”的值相同时，再按“次要关键字”的值排序，依此类推。如果两行中的数据完全相同，Excel 会保持它们的原始顺序。另外，被隐藏起来的行不会被排序。

1. 使用排序按钮排序

使用【升序】按钮或【降序】按钮，可以对数据进行快速排序。其中升序指将数据按从小到大的顺序排序，降序指将数据按从大到小的顺序排序。具体操作方法如下：

(1) 在要排序的列中选定任意一个单元格，如图 4.99 所示，选择总分列中的任一单元格。

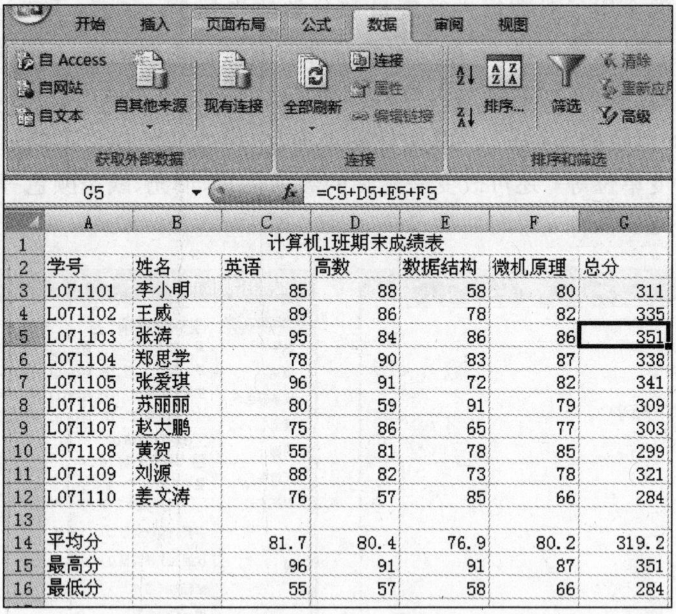

G5 =C5+D5+E5+F5

	A	B	C	D	E	F	G
1	计算机1班期末成绩表						
2	学号	姓名	英语	高数	数据结构	微机原理	总分
3	L071101	李小明	85	88	58	80	311
4	L071102	王威	89	86	78	82	335
5	L071103	张涛	95	84	86	86	351
6	L071104	郑思学	78	90	83	87	338
7	L071105	张爱琪	96	91	72	82	341
8	L071106	苏丽丽	80	59	91	79	309
9	L071107	赵大鹏	75	86	65	77	303
10	L071108	黄贺	55	81	78	85	299
11	L071109	刘源	88	82	73	78	321
12	L071110	姜文涛	76	57	85	66	284
13							
14	平均分		81.7	80.4	76.9	80.2	319.2
15	最高分		96	91	91	87	351
16	最低分		55	57	58	66	284

图 4.99　在总分列中任意选择一个单元格

(2) 要按升序排列，单击【数据】选项卡【排序和筛选】组中的【升序】按钮；要按降序进行排序，单击【数据】选项卡【排序和筛选】组中的【降序】按钮。如图 4.100 所示为单击【降序】按钮后，按总分降序排序后的结果。

2. 使用【排序】对话框排序

使用排序按钮只能按一列数据进行排序，如果需要对多列进行排序，则需使用【排序】对话框来进行。

如图 4.101 所示的工作表数据，希望先按产品的品名排序，品名相同时按品牌排序，如果品牌也相同，再按单价降序排序的话，操作方法如下：

(1) 在当前工作表中要排序的数据区域单击任意一个单元格。

(2) 单击【数据】选项卡【排序和筛选】组中的【排序】按钮，打开【排序】对话框，如图 4.102 所示。

(3) 在【主要关键字】下拉列表框中选择要排序的列，如【品名】，同时可设置【排序依据】和【次序】，本例都选择默认值。

(4) 单击【添加条件】按钮，添加一个次要条件项，设置【次要关键字】，如【品牌】。

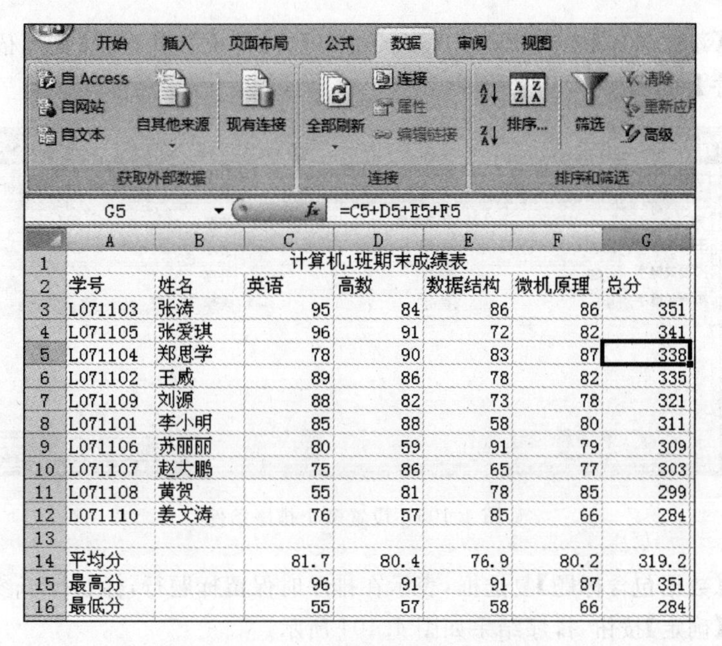

	A	B	C	D	E	F	G
1	计算机1班期末成绩表						
2	学号	姓名	英语	高数	数据结构	微机原理	总分
3	L071103	张涛	95	84	86	86	351
4	L071105	张爱琪	96	91	72	82	341
5	L071104	郑思学	78	90	83	87	338
6	L071102	王威	89	86	78	82	335
7	L071109	刘源	88	82	73	78	321
8	L071101	李小明	85	88	58	80	311
9	L071106	苏丽丽	80	59	91	79	309
10	L071107	赵大鹏	75	86	65	77	303
11	L071108	黄贺	55	81	78	85	299
12	L071110	姜文涛	76	57	85	66	284
13							
14	平均分		81.7	80.4	76.9	80.2	319.2
15	最高分		96	91	91	87	351
16	最低分		55	57	58	66	284

图 4.100　按总分降序排序后的结果

	A	B	C	D	E
1	某电器商店库存情况表				
2	品名	品牌	型号	单价	库存量
3	液晶电视	长虹	L32700	3099	21
4	冰箱	伊莱克斯	BCD-232M	2690	12
5	液晶电视	创维	42L02RF	8040	22
6	洗衣机	海尔	XQB50-728	1528	17
7	液晶电视	长虹	LT32900	5990	28
8	液晶电视	康佳	LC32DS30	3299	30
9	液晶电视	海信	TLM32V68	4699	26
10	DVD	步步高	DL375K	1298	18
11	冰箱	海尔	BCD-2067C	2499	26
12	冰箱	海尔	BCD-226SK	3299	20
13	洗衣机	美的	MB3000	1228	15
14	冰箱	新飞	BCD-178CH	2497	14
15	冰箱	美菱	BCD-189C	1799	11
16	DVD	万利达	DVP-839	898	2
17	液晶电视	创维	42L01HF	5780	22
18	DVD	步步高	HD90	699	13
19	液晶电视	创维	42L28RM-F	7090	19
20	洗衣机	美的	MG52-1004	3280	33

图 4.101　【某电器商店库存情况表】工作表

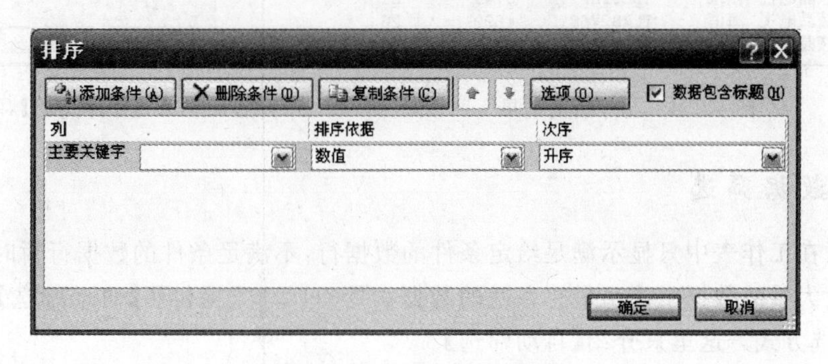

图 4.102　【排序】对话框

(5) 单击【添加条件】按钮，设置【次要关键字】为【单价】，并设置【排列依据】为【数值】，【次序】为【降序】，如图 4.103 所示。

列		排序依据	次序
主要关键字	品名	数值	升序
次要关键字	品牌	数值	升序
次要关键字	单价	数值	降序

图 4.103　设置多个排序条件

(6) 选中【数据包含标题】复选框，表示在排序时保留标题行，标题行不参与排序。

(7) 单击【确定】按钮，排序结果如图 4.104 所示。

Excel 2007 在对数据区域中的数值进行排序时，默认由小到大的顺序是：数字型数据按照数值的大小排序；英文按字母顺序排序；中文按汉字的拼音顺序或笔画排序；日期型数据按照从最早到最晚的日期顺序排序。在【排序】对话框中，单击【选项】按钮，弹出【排序选项】对话框，可以设置按汉字的拼音字母或笔画排序，如图 4.105 所示。

	A	B	C	D	E
1	某电器商店库存情况表				
2	品名	品牌	型号	单价	库存量
3	DVD	步步高	DL375K	1298	18
4	DVD	步步高	HD90	699	13
5	DVD	万利达	DVP-839	898	2
6	冰箱	海尔	BCD-226SK	3299	20
7	冰箱	海尔	BCD-2067C	2499	26
8	冰箱	美菱	BCD-189C	1799	11
9	冰箱	新飞	BCD-178CE	2497	14
10	冰箱	伊莱克斯	BCD-232M	2690	12
11	洗衣机	海尔	XQB50-728	1528	17
12	洗衣机	美的	MG52-1004	3280	33
13	洗衣机	美的	MB3000	1228	15
14	液晶电视	长虹	LT32900	5990	28
15	液晶电视	长虹	L32700	3099	21
16	液晶电视	创维	42L02RF	8040	22
17	液晶电视	创维	42L28RM-F	7090	19
18	液晶电视	创维	42L01HF	5780	22
19	液晶电视	海信	TLM32V68	4699	26
20	液晶电视	康佳	LC32DS30	3299	30

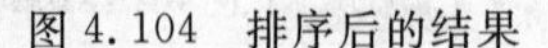

图 4.104　排序后的结果

图 4.105　【排序选项】对话框

4.7.2　数据筛选

筛选指在工作表中只显示满足给定条件的数据行，不满足条件的数据行暂时隐藏起来，这样就能从大量的数据中选出最感兴趣的数据。Excel 2007 提供了【自动筛选】和【高级筛选】两种筛选方式。这里只介绍【自动筛选】。

自动筛选可快速在表中查找满足条件的数据行，将不满足条件的数据行隐藏。具体操作方法如下。

(1) 在要筛选的数据区域中单击任意一个单元格。

(2) 在【数据】选项卡【排序和筛选】组中单击【筛选】按钮。此时,在每个列标题的右侧出现一个下拉按钮,如图 4.106 所示。

	A	B	C	D	E
1	某电器商店库存情况表				
2	品名	品牌	型号	单价	库存量
3	液晶电视	长虹	L32700	3099	21
4	冰箱	伊莱克斯	BCD-232M	2690	12
5	液晶电视	创维	42L02RF	8040	22
6	洗衣机	海尔	XQB50-728	1528	17
7	液晶电视	长虹	LT32900	5990	28
8	液晶电视	康佳	LC32DS30	3299	30
9	液晶电视	海信	TLM32V68	4699	26
10	DVD	步步高	DL375K	1298	18
11	冰箱	海尔	BCD-2067C	2499	26
12	冰箱	海尔	BCD-226SK	3299	20
13	洗衣机	美的	MB3000	1228	15
14	冰箱	新飞	BCD-178CH	2497	14
15	冰箱	美菱	BCD-189C	1799	11
16	DVD	万利达	DVP-839	898	2
17	液晶电视	创维	42L01HF	5780	22
18	DVD	步步高	HD90	699	13
19	液晶电视	创维	42L28RM-F	7090	19
20	洗衣机	美的	MG52-1004	3280	33

图 4.106 单击【筛选】按钮后的效果

(3) 单击要设置筛选列右侧的下拉按钮,列出了该列中的所有项目。如单击"品名"右侧的按钮,显示结果如图 4.107 所示。

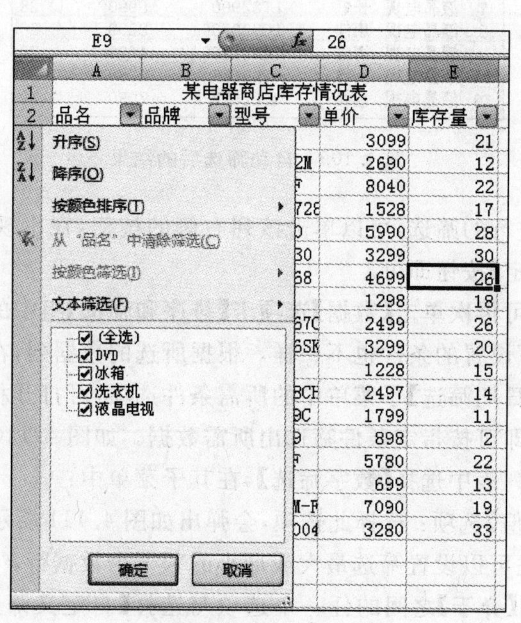

图 4.107 自动筛选列表

(4) 在出现的下拉列表中先清除【全选】复选框,然后再选择要作为筛选依据的项目前的复选框,单击【确定】按钮。如图 4.108 所示选择【液晶电视】项,则只显示品名是"液晶电视”的数据行，如图 4.109 所示。筛选后所显示的数据行的行号是蓝色的。

图 4.108　在自动筛选列表中选择筛选依据的项目

行号	A	B	C	D	E
1	某电器商店库存情况表				
2	品名	品牌	型号	单价	库存量
3	液晶电视	长虹	L32700	3099	21
5	液晶电视	创维	42L02RF	8040	22
7	液晶电视	长虹	LT32900	5990	28
8	液晶电视	康佳	LC32DS30	3299	30
9	液晶电视	海信	TLM32V68	4699	26
17	液晶电视	创维	42L01HF	5780	22
19	液晶电视	创维	42L28RM-F	7090	19

图 4.109　自动筛选后的结果

要取消对某一列进行的筛选，可以单击该列右侧的按钮，在出现的下拉列表中选中【全选】复选框，再单击【确定】按钮即可。

要退出自动筛选，可再次单击【数据】选项卡【排序和筛选】组中的【筛选】按钮。

不同类型的数据可设置的条件也不一样。根据所选的数据列，在筛选列表中选择【数字筛选】、【文本筛选】或【日期筛选】子菜单中的所需条件选项，可打开相应的对话框，指定所需条件，单击【确定】按钮即可按指定条件筛选出所需数据。如图 4.110 所示，单击【库存量】列右侧的按钮，在出现的列表中选择【数字筛选】，在其子菜单中：

(1)【10 个最大的值】选项：选择此选项，会弹出如图 4.111 所示的【自动筛选前 10 个】对话框。通过该对话框可以设置筛选最大或最小的若干个数据行。

(2) 选择【等于】到【介于】之间的任一个选项与选择【自定义筛选】选项一样，都会弹出【自定义自动筛选方式】对话框，如图 4.112 所示。在此对话框中可以为一个数据列指定两个筛选条件，按照这两个筛选条件的组合进行数据筛选。两个条件的组合中：【与】是筛选出同时满足两个条件的数据行；【或】是筛选出至少满足一个条件的数据行。

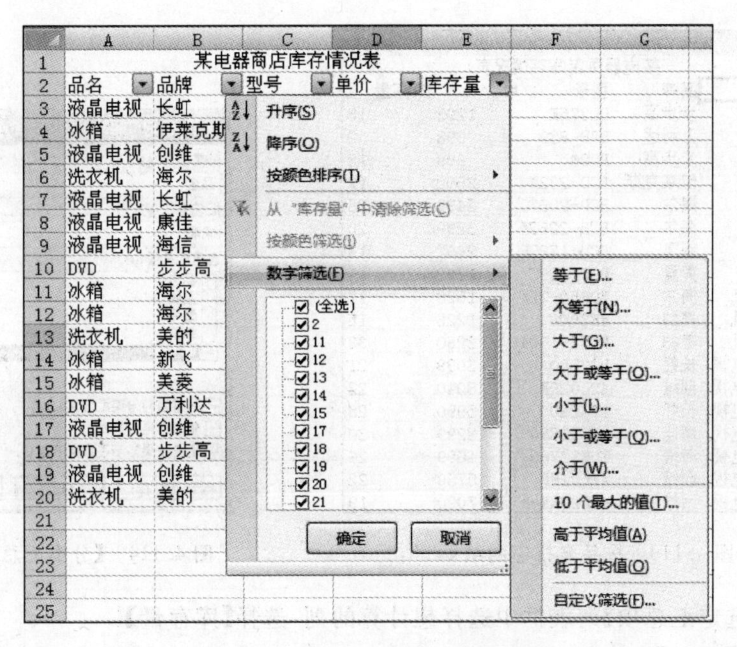

图 4.110 【数字筛选】子菜单列表

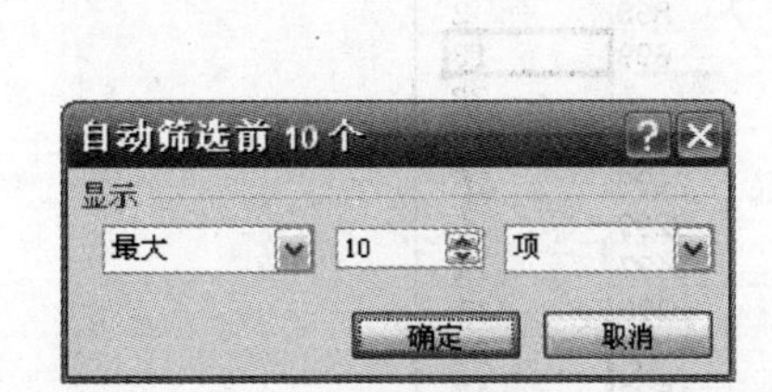

图 4.111 【自动筛选前 10 个】对话框

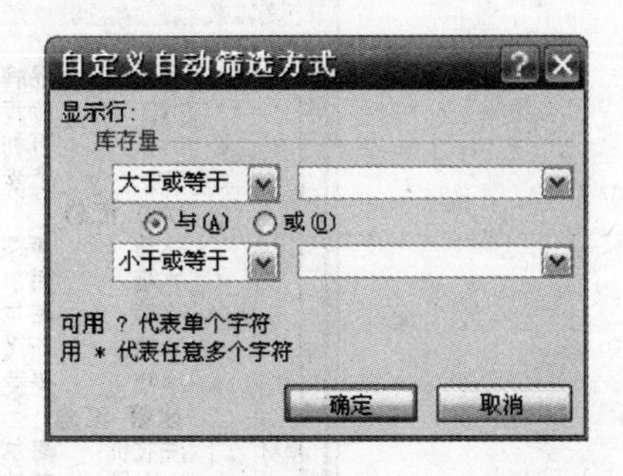

图 4.112 【自定义自动筛选方式】对话框

4.7.3 分类汇总

分类汇总是对工作表中的数据进行分析的一种常用方法。Excel 2007 提供了多种实现分类汇总的方式，能够按照用户指定的要求进行汇总，汇总后的结果将分级显示。

1. 创建分类汇总

分类汇总是先将工作表中的某一列数据进行分类，相同值的分为一类，再对各类进行汇总。因此在进行分类汇总之前，必须先对分类依据的数据列进行排序。下面以"某电器商店库存情况表"为例，要求按"品名"分类对"库存"数量进行汇总(求和)，操作方法如下：

(1) 先对分类所依据的"品名"进行排序，排序结果如图 4.113 所示。

(2) 单击该表中任意一个数据单元格，再单击【数据】选项卡【分级显示】组中的【分类汇总】按钮，出现【分类汇总】对话框，如图 4.114 所示。

(3) 在【分类字段】下拉列表框中选择分类字段即分类所依据的列，选择【品名】。

(4) 在【汇总方式】下拉列表框中选择汇总计算方式，选择【求和】。

	A	B	C	D	E
1	某电器商店库存情况表				
2	品名	品牌	型号	单价	库存量
3	DVD	步步高	DL375K	1298	18
4	DVD	万利达	DVP-839	898	2
5	DVD	步步高	HD90	699	13
6	冰箱	伊莱克斯	BCD-232M	2690	12
7	冰箱	海尔	BCD-2067C	2499	26
8	冰箱	海尔	BCD-226SK	3299	20
9	冰箱	新飞	BCD-178CE	2497	14
10	冰箱	美菱	BCD-189C	1799	11
11	洗衣机	海尔	XQB50-728	1528	17
12	洗衣机	美的	MB3000	1228	15
13	洗衣机	美的	MG52-1004	3280	33
14	液晶电视	长虹	L32700	3099	21
15	液晶电视	创维	42L02RF	8040	22
16	液晶电视	长虹	LT32900	5990	28
17	液晶电视	康佳	LC32DS30	3299	30
18	液晶电视	海信	TLM32V68	4699	26
19	液晶电视	创维	42L01HF	5780	22
20	液晶电视	创维	42L28RM-F	7090	19

图 4.113　按品名排序的结果

图 4.114　【分类汇总】对话框

(5) 在【选定汇总项】列表框中选择想计算的列，选择【库存量】。

(6) 单击【确定】按钮，汇总后的结果如图 4.115 所示。

	A	B	C	D	E
1	某电器商店库存情况表				
2	品名	品牌	型号	单价	库存量
3	DVD	步步高	DL375K	1298	18
4	DVD	万利达	DVP-839	898	2
5	DVD	步步高	HD90	699	13
6	**DVD 汇总**				33
7	冰箱	伊莱克斯	BCD-232M	2690	12
8	冰箱	海尔	BCD-2067C	2499	26
9	冰箱	海尔	BCD-226SK	3299	20
10	冰箱	新飞	BCD-178CE	2497	14
11	冰箱	美菱	BCD-189C	1799	11
12	**冰箱 汇总**				83
13	洗衣机	海尔	XQB50-728	1528	17
14	洗衣机	美的	MB3000	1228	15
15	洗衣机	美的	MG52-1004	3280	33
16	**洗衣机 汇总**				65
17	液晶电视	长虹	L32700	3099	21
18	液晶电视	创维	42L02RF	8040	22
19	液晶电视	长虹	LT32900	5990	28
20	液晶电视	康佳	LC32DS30	3299	30
21	液晶电视	海信	TLM32V68	4699	26
22	液晶电视	创维	42L01HF	5780	22
23	液晶电视	创维	42L28RM-F	7090	19
24	**液晶电视 汇总**				168
25	**总计**				349

图 4.115　按品名分类对库存汇总的结果

在【分类汇总】对话框的下半部分有 3 个复选项，其中：

【替换当前分类汇总】：可替换任何现有的分类汇总。

【每组数据分页】：可在每组之前插入分页符。

【汇总结果显示在数据下方】：可在数据组下方显示分类汇总结果。

2. 分级显示

分类汇总后，在当前工作表的左上方可以看到有 3 个按钮 1 2 3，按钮下端有分级显示结构，单击其上的按钮，可以控制分类汇总的显示级别。

单击按钮 1 ，只显示总的汇总结果，如图 4.116 所示。

	A	B	C	D	E
1	某电器商店库存情况表				
2	品名	品牌	型号	单价	库存量
25	**总计**				349
26					

图 4.116　单击按钮 1 显示的结果

单击按钮 2 ，显示分类汇总结果与总的汇总结果，如图 4.117 所示。

	A	B	C	D	E
1	某电器商店库存情况表				
2	品名	品牌	型号	单价	库存量
6	**DVD 汇总**				33
12	**冰箱 汇总**				83
16	**洗衣机 汇总**				65
24	**液晶电视 汇总**				168
25	**总计**				349
26					

图 4.117　单击按钮 2 显示的结果

单击按钮 3 ，则显示全部数据。

若不再需要进行分类汇总，则单击【分类汇总】按钮，在出现的【分类汇总】对话框中单击【全部删除】按钮即可。

注意：此处的“全部删除”只删除以前所做的分类汇总结果，并不删除工作表中的任何数据。

4.8　工作表的打印

在对工作表进行实际打印之前，一般需要先设置页面和打印范围。

4.8.1　页面设置

1. 使用功能按钮设置页面

单击【页面布局】选项卡，在【页面设置】组中可以设置页边距、纸张大小、纸张方向、打印区域与分隔符等。

1）设置页边距、纸张大小、纸张方向

单击【页边距】、【纸张方向】、【纸张大小】等按钮，然后在出现的下拉列表中选择相应的选项即可快速设置页边距、纸张方向和纸张大小，如图 4.118 所示。

2）设置打印区域

只想打印工作表中部分区域，可通过设置【打印区域】来实现。先选定要打印的单元格区域，单击【打印区域】按钮，在出现的下拉列表中选择【设置打印区域】选项即可，如图 4.119 所示。要取消设置的打印区域，选定已设置打印区域的单元格区域，单击【打印区域】按钮，在出现的列表中单击【取消打印区域】选项即可。

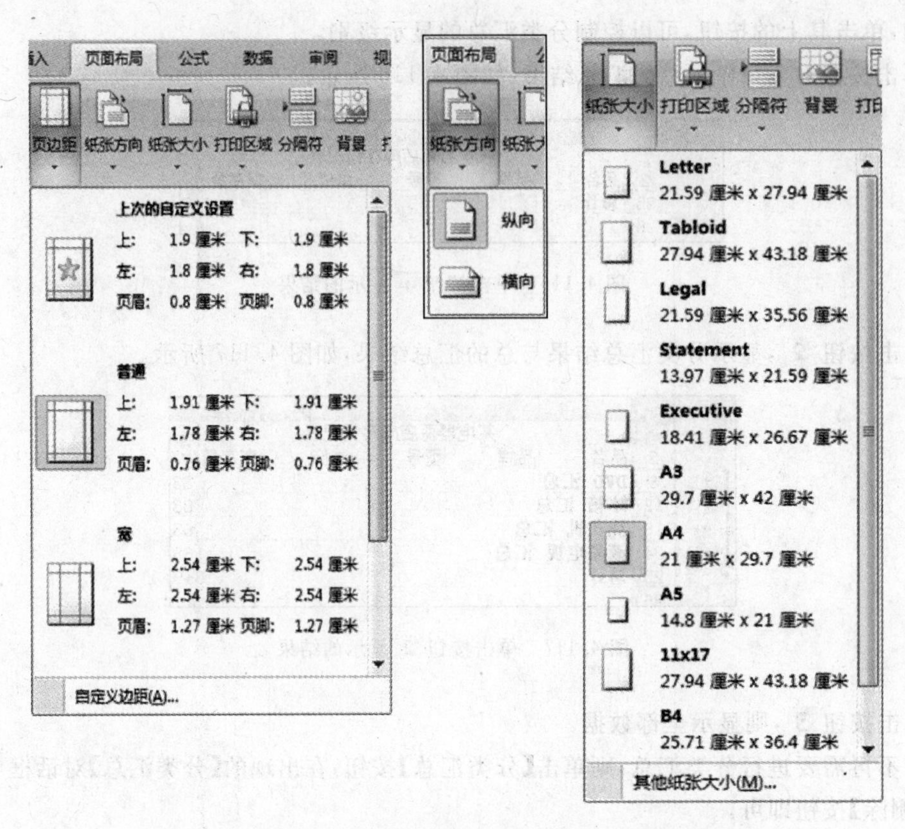

图 4.118 【页边距】、【纸张方向】、【纸张大小】按钮的列表

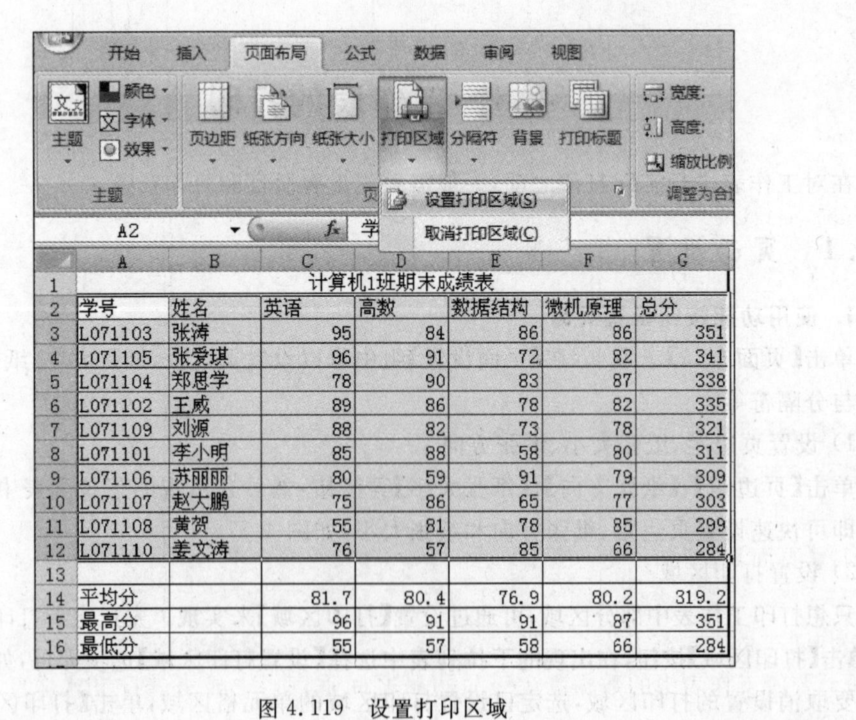

	A	B	C	D	E	F	G
1	计算机1班期末成绩表						
2	学号	姓名	英语	高数	数据结构	微机原理	总分
3	L071103	张涛	95	84	86	86	351
4	L071105	张爱琪	96	91	72	82	341
5	L071104	郑思学	78	90	83	87	338
6	L071102	王威	89	86	78	82	335
7	L071109	刘源	88	82	73	78	321
8	L071101	李小明	85	88	58	80	311
9	L071106	苏丽丽	80	59	91	79	309
10	L071107	赵大鹏	75	86	65	77	303
11	L071108	黄贺	55	81	78	85	299
12	L071110	姜文涛	76	57	85	66	284
13							
14	平均分		81.7	80.4	76.9	80.2	319.2
15	最高分		96	91	91	87	351
16	最低分		55	57	58	66	284

图 4.119 设置打印区域

3）设置分页

当工作表的内容多于一页时，Excel 会根据设置的纸张大小、页边距等自动为工作表分页。如果这种自动分页不符合要求，则可以通过手工插入一个分页符来改变分页的位置。

单击要分页位置处的单元格，再单击【分隔符】按钮，在出现的列表中选择【插入分页符】选项，如图 4.120 所示。插入的分页符出现在所选单元格的左上方，在普通视图下用虚线表示。要删除手工分页符，则单击分页符下的第一行的单元格，然后单击【分隔符】按钮，在出现的列表中选择【删除分页符】选项即可。

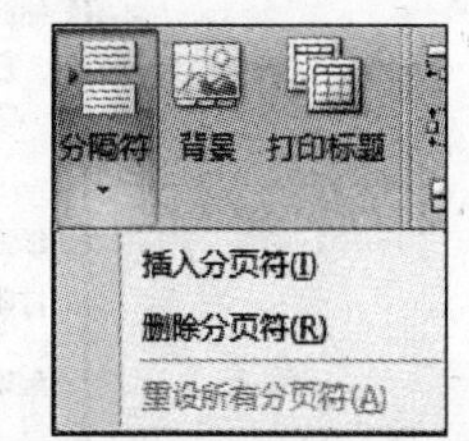

图 4.120 【分隔符】按钮列表

4）设置打印标题

若工作表有多页，每页均要打印表头（顶端标题行或左端标题列），则可单击【打印标题】按钮，出现【页面设置】对话框的【工作表】选项卡，如图 4.121 所示。在【顶端标题行】或【左端标题列】文本框中输入标题所在的单元格区域，或单击其右侧的【折叠对话框】按钮，对话框缩小后，直接用鼠标在工作表中选定标题区域。选定后，单击【展开对话框】按钮，再单击【确定】按钮即可。

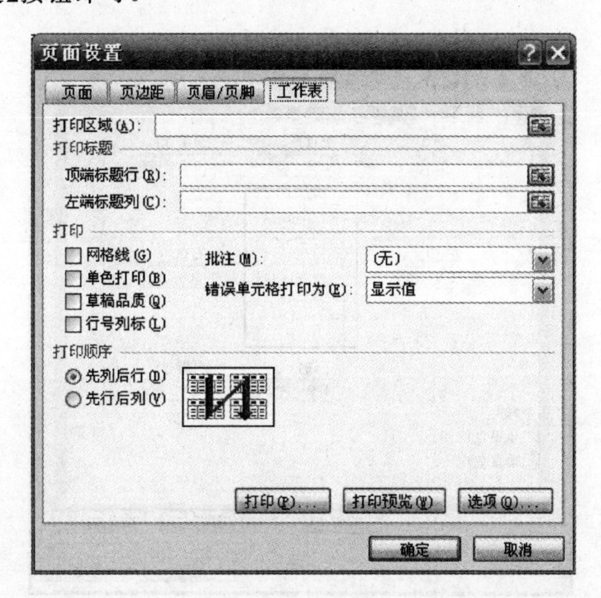

图 4.121 在【页面设置】对话框中设置打印标题

2. 使用【页面设置】对话框设置页面

需要详细设置页面选项，可单击【页面设置】组右下角的对话框启动器，弹出【页面设置】对话框，如图 4.122 所示。

(1)【页面】选项卡：设定纸张大小、打印方向、缩放比例和起始页码等。

(2)【页边距】选项卡：在【上】、【下】、【左】、【右】框中调整打印数据与页边之间的距离。要使工作表中的数据在左右页边距之间水平居中显示，在【居中方式】选项组中选中【水平】复选框；要使工作表中的数据在上下页边距之间垂直居中显示，则选中【垂直】复选框，如图 4.123 所示。

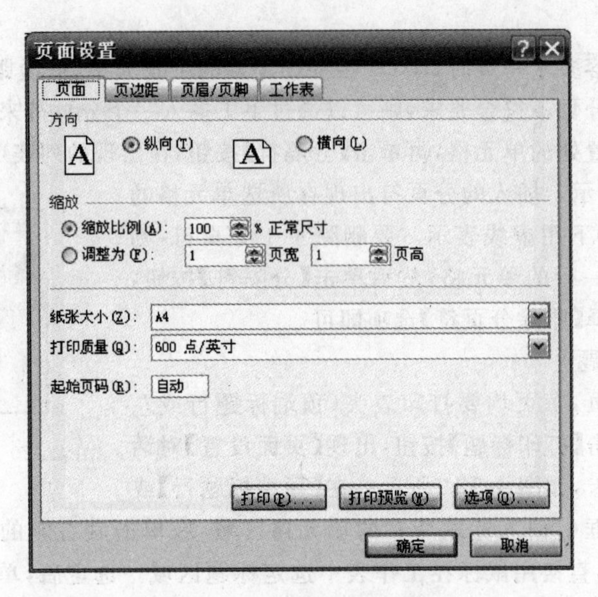

图 4.122 【页面】选项卡

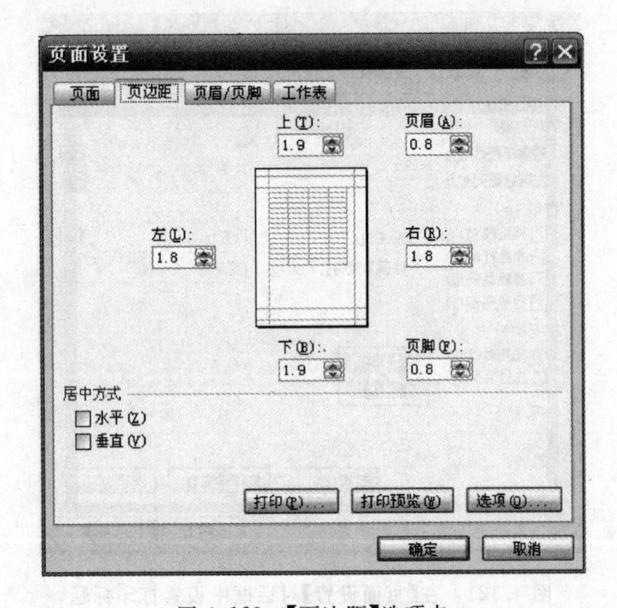

图 4.123 【页边距】选项卡

(3)【页眉/页脚】选项卡：设置所打印工作表的页眉或页脚上的内容，如图 4.124 所示。单击【页眉】或【页脚】的下拉按钮，在下拉列表中选择预设的页眉或页脚格式；单击【自定义页眉】或【自定义页脚】按钮，由用户自己设置页眉和页脚的内容。

(4)【工作表】选项卡：设置打印区域、打印标题、打印顺序等。

4.8.2 打印预览与打印

1. 打印预览

对一个文档进行打印之前，可通过【打印预览】功能在屏幕上观察工作表的打印效果，并

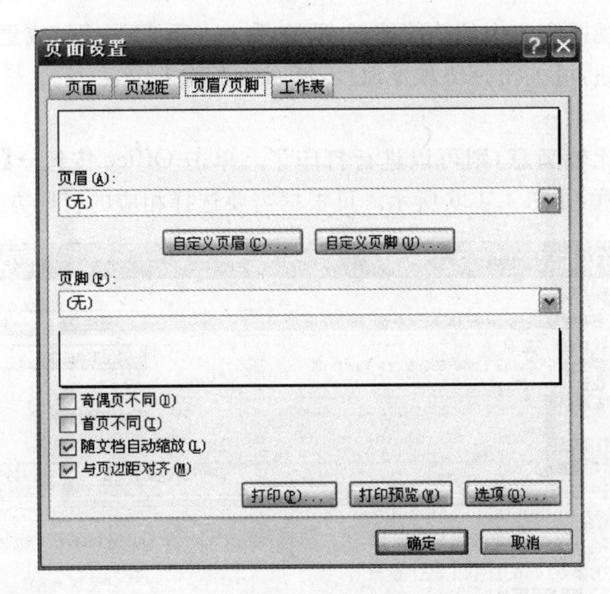

图 4.124 【页眉/页脚】选项卡

通过调整页面的设置得到所需的打印效果。

进行打印预览的操作方法是：单击 Office 按钮→【打印】→【打印预览】，进入打印预览视图，如图 4.125 所示。

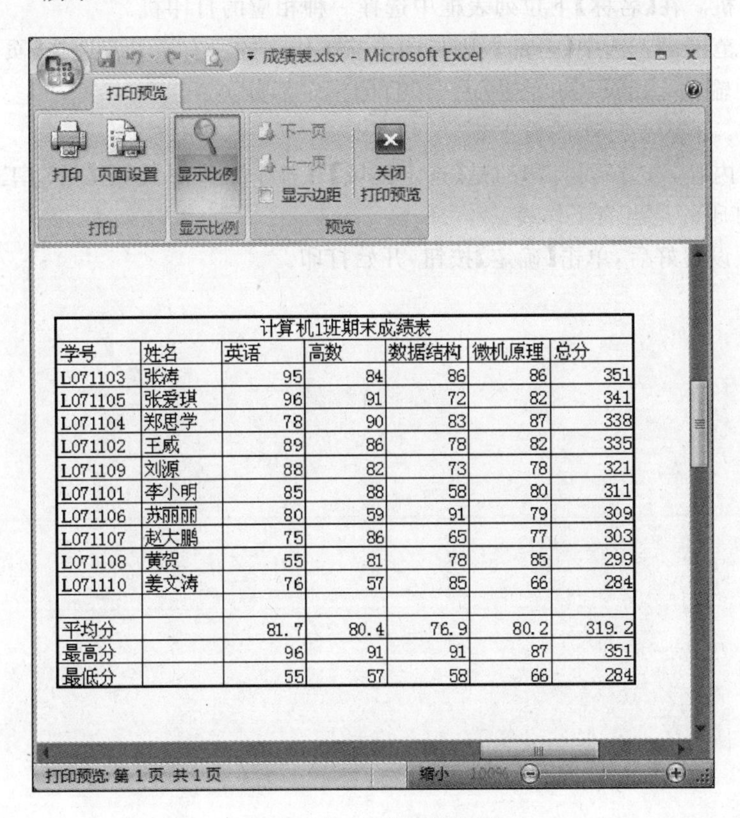

计算机1班期末成绩表						
学号	姓名	英语	高数	数据结构	微机原理	总分
L071103	张涛	95	84	86	86	351
L071105	张爱琪	96	91	72	82	341
L071104	郑思学	78	90	83	87	338
L071102	王威	89	86	78	82	335
L071109	刘源	88	82	73	78	321
L071101	李小明	85	88	58	80	311
L071106	苏丽丽	80	59	91	79	309
L071107	赵大鹏	75	86	65	77	303
L071108	黄贺	55	81	78	85	299
L071110	姜文涛	76	57	85	66	284
平均分		81.7	80.4	76.9	80.2	319.2
最高分		96	91	91	87	351
最低分		55	57	58	66	284

图 4.125 打印预览视图

使用打印预览视图窗口中的功能按钮，可查看上一页、下一页，或更改页面设置。单击【关闭打印预览】按钮，可关闭打印预览窗口，返回到当前工作表。

2. 打印

对预览的效果比较满意，则可以进行打印了。单击 Office 按钮→【打印】→【打印】，弹出【打印内容】对话框，如图 4.126 所示。可根据需要选择相应的打印方式。

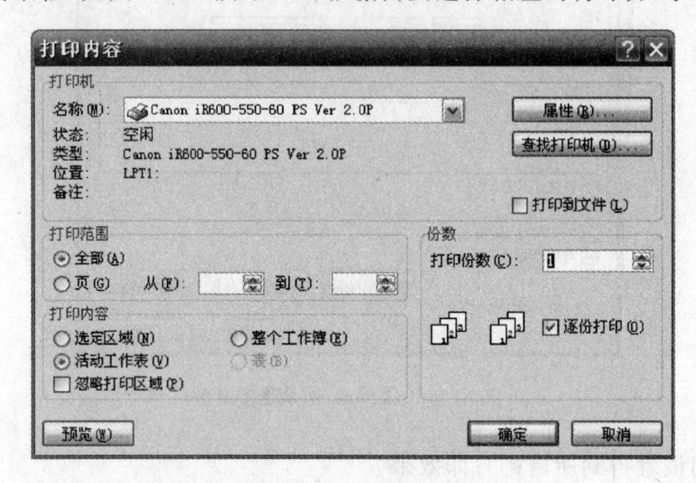

图 4.126 【打印内容】对话框

(1) 打印机。在【名称】下拉列表框中选择一种相应的打印机。

(2) 打印范围。若选中【全部】，则打印当前工作表的所有页；若选择【页】，则在【从】和【到】数值框中输入起始页码和终止页码以打印指定部分页。

(3) 份数。输入要打印的份数。

(4) 打印内容。选择要打印的是【选定区域】、【整个工作簿】还是【活动工作表】，默认情况下，Excel 打印的是当前工作表。

所有选项设置好后，单击【确定】按钮，开始打印。

第5章 计算机网络

随着计算机的普及以及 Internet 的广泛应用，计算机网络已经成为信息社会的命脉，对社会的发展产生着巨大影响，成为现代社会中不可或缺的一部分。

5.1 计算机网络基础

计算机网络是将若干台独立的计算机通过传输介质相互物理地连接，并通过网络软件逻辑地相互联系到一起而实现信息交换、资源共享、协同工作和在线处理等功能的计算机系统。

5.1.1 计算机网络的定义

1. 计算机网络定义

计算机网络是计算机技术与通信技术相结合的产物，它实现了远程通信、远程信息处理和资源共享。计算机网络的定义随网络技术的更新可从不同的角度进行描述，目前人们公认的定义是：利用通信设备和线路将地理位置不同、功能独立的多个计算机系统互相连接，在网络操作系统的支持下，按照网络协议进行数据通信，由功能完善的网络软件实现网络中资源共享和信息传递的计算机系统。

定义中涉及的"资源"应该包括硬件资源和软件资源。

2. 计算机网络的特点

从计算机网络的定义中，可以总结出计算机网络的几个特点：

(1) 计算机的数量是"多个"，而不是单一的。

(2) 计算机是能够独立工作的系统，任何一台计算机的工作都不受其他计算机干预。

(3) 处在不同地点的多台计算机由通信设备和线路进行连接，从而使各自具备独立功能的计算机系统成为一个整体。

(4) 在连接起来的系统中必须有完善的通信协议、信息交换技术、网络操作系统等软件对这个连接在一起的硬件系统进行统一的管理，从而使得其具备数据通信、远程信息处理、资源共享等功能。

3. 计算机网络功能

计算机网络提供的主要功能有两个：

(1) 数据通信

通信或数据传输是计算机网络主要功能之一，用来在计算机系统之间传送各种信息。利用该功能，地理位置分散的生产单位和业务部门可通过计算机网络连接在一起，进行集中控制和管理,也可通过计算机网络传送电子邮件、发布新闻消息、进行电子数据交换。计算机网络极大地方便了用户,提高了工作效率。

(2) 资源共享

资源共享是计算机网络最重要的功能。通过资源共享,可使网络中分散在异地的各种资源互通有无,分工协作,从而大大提高系统资源的利用率。资源共享包括软件资源共享和硬件资源共享。

① 硬件资源共享。在全网范围内提供对处理机、存储器、输入输出设备等资源的共享,特别是对一些较高级和昂贵设备的共享,如巨型计算机、高分辨率打印机、大型绘图仪等,从而使用户节省投资。

② 软件资源共享。共享软件资源,包括很多语言处理程序、网络软件等;共享数据资源,包括各种数据库、数据文件等。从而可以避免数据资源的重复存储,便于集中管理。

5.1.2 计算机网络的分类

计算机网络的分类方式有很多种,可以按地理范围、传输速率、传输介质和拓扑结构等多种方式进行分类。比较常用的分类方式是按网络所覆盖的地理范围将网络分为三大类:局域网、城域网和广域网。

1. 局域网(Local Area Network)

局域网是传输距离有限,覆盖区域在较小的局部范围内。常见于一间房屋、一栋大楼、一个学校或一个企业内。局域网规模小,数据传输速度快,应用非常广泛。常用的局域网有以太网、令牌环网等。

2. 城域网(Metropolitan Area Network)

城域网是规模介于局域网和广域网之间的一种较大范围的网络,一般是由一个城市内部计算机互连构成的城市网络。城域网的连接距离一般为10~100km。

3. 广域网(Wide Area Network)

广域网又称远程网,它的地理覆盖范围更广,一般要跨越城市或国家,其主要特点是进行远距离的通信。Internet是一种特殊的广域网,指在世界范围内,通过网络互连设备把众多网络根据通信协议互连起来,形成全球最大的开放系统互联网络。

5.1.3 计算机网络的拓扑结构

网络拓扑结构是计算机网络结点和通信链路所构成的几何形状。计算机网络有很多种拓扑结构,典型的网络拓扑结构有总线型、环型、星型、网状等。

1. 总线型

总线型是将所有网络设备都通过一根公共总线连接,通信时信息沿总线进行广播式传送,如图5.1所示。

总线型结构简单,增删结点容易。网络中任何结点的故障都不会造成全网的瘫痪,可靠性高。但是任何两个结点之间传送数据都要经过总线,总线成为整个网络的瓶颈。当结点数目多时,易发生信息拥塞。

2. 环型

环型拓扑结构中,所有设备被连接成环,信息传送是沿着环广播的,如图 5.2 所示。在环型拓扑结构中每一台设备只能和相邻结点直接通信。与其他结点通信时,信息必须依次经过二者间的每一个结点。

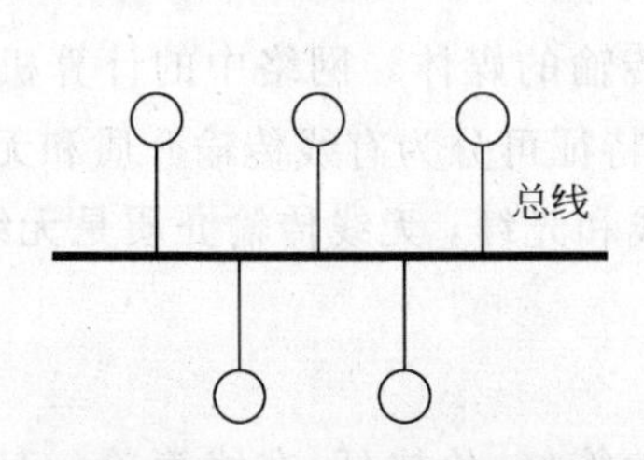

图 5.1　总线型拓扑结构

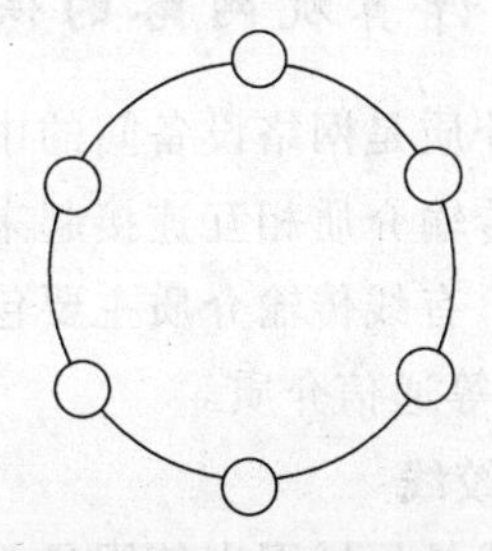

图 5.2　环型拓扑结构

环型拓扑结构传输路径固定,无路径选择问题,故实现简单。但任何结点的故障都会导致全网瘫痪,可靠性较差。网络的管理比较复杂,投资费用较高。当环型拓扑结构需要调整时,如结点的增、删、改,一般需要将整个网络重新配置,扩展性、灵活性差,维护困难。

3. 星型

星型拓扑结构是由一个中央结点和若干从结点组成,如图 5.3 所示。中央结点可以与从结点直接通信,而从结点之间的通信必须经过中央结点的转发。

星型拓扑结构简单,建网容易,传输速率高。每个结点独占一条传输线路,消除了数据传送堵塞现象。一台计算机及其接口的故障不会影响到网络,扩展性好,增、删、改一个站点容易实现,网络易管理和维护。网络可靠性依赖于中央结点,中央结点一旦出现故障将导致全网瘫痪。

4. 网状

网状拓扑结构分为一般网状拓扑结构和全连接网状拓扑结构两种。全连接网状拓扑结构中的每个结点都与其他所有结点相连通。一般网状拓扑结构中每个结点至少与其他两个结点直接相连。图 5.4 所示为全连接网状拓扑结构。

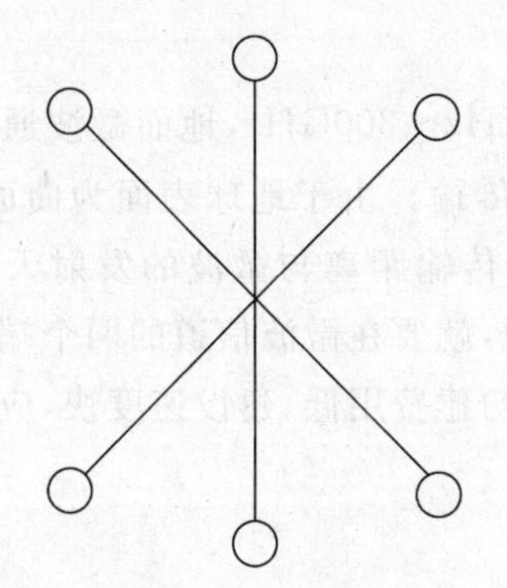

图 5.3　星型拓扑结构

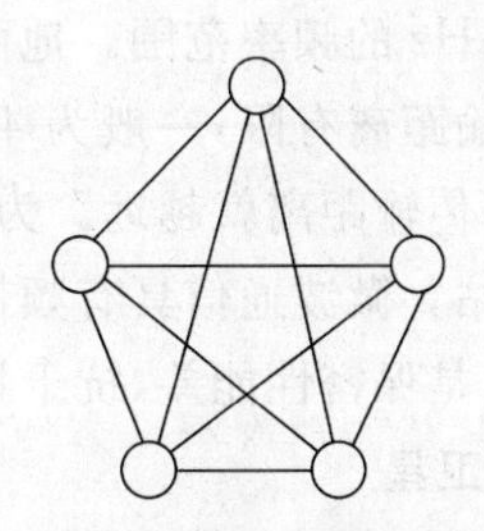

图 5.4　网状拓扑结构

当此类网络中一个结点或一段链路发生故障时,信息可通过其他结点和链路到达目的结点,但其建网费用高,布线困难。

网状拓扑结构的最大特点是其强大的容错能力，因此主要用于强调可靠性的网络中，如ATM网、帧中继网等。

实际应用中有时还用到树型网络拓扑结构和混合型网络拓扑结构。

5.1.4 计算机网络的传输介质

传输介质是网络设备间的中间介质，也是信号传输的媒体。网络中的计算机和设备之间是通过传输介质相互连接起来的。传输介质按其特征可分为有线传输介质和无线传输介质两大类。有线传输介质主要包括同轴电缆、双绞线和光纤；无线传输介质是无线电波、微波、红外线等通信介质。

1. 双绞线

双绞线是局域网中使用最普遍的传输介质，其性能好、价格低、布线简单。双绞线电缆中共有4对双绞线，其中每一对双绞线由绞合在一起的相互绝缘的两根铜线组成。非屏蔽双绞线按传输质量分为3类、4类、5类、超5类、6类几种，局域网中常采用3类或5类双绞线。3类多用于10Mbps以下数据传输，5类可支持100Mbps的快速以太网连接。此外，超5类双绞线和6类双绞线可以用于更高速的数据传输系统中，如千兆网络。双绞线通常在星型网络拓扑结构中用于中心结点与各个计算机之间的连接。

2. 同轴电缆

同轴电缆由圆柱形金属网导体（外导体）及其所包围的单根金属芯线（内导体）组成，外导体与内导体之间由绝缘材料隔开，外导体外部是一层绝缘保护套。同轴电缆有粗缆和细缆之分，粗缆传输距离较远，适用于大型的局域网；细缆安装比较简单，适用于小型的局域网。无论是由粗缆还是细缆构成的计算机局域网都是总线结构。

3. 光纤

光导纤维简称光纤，用于传输光信号。光纤的主要部分是由石英玻璃拉成的细丝。它通常由纤芯和包层构成，其结构一般是同心圆柱体，中心部分为纤芯。光纤有很多优点：频带宽、传输速率高、传输距离远、抗冲击和抗电磁干扰性能好、数据保密性好、损耗和误码率低、体积小、重量轻等。

4. 微波

微波是一种高频的电磁波，其频率范围为300MHz～300GHz，地面微波通信主要使用的是2～40GHz的频率范围。地面微波一般沿直线传输。由于地球表面为曲面，所以微波在地面的传输距离有限，一般为40～60km。但这个传输距离与微波的发射天线的高度有关，天线越高传输距离就越远。为了实现远距离传输，就要在微波信道的两个端点之间建立若干个中继站。微波通信具有频带宽、信道容量大、初建费用低、建设速度快、应用范围广等优点，其缺点是保密性能差、抗干扰性能差。

5. 通信卫星

通信卫星即用于通信的人造地球卫星，通过它也能实现信号的传输，实际上它使用的也是微波。通信卫星通常被定位在几万千米的高空，这样它差不多可覆盖地球表面的三分之一，因此，卫星作为中继器可使信息的传输距离变得很远（几千至上万千米）。卫星通信具有通信容量极大、传输距离远、可靠性高、一次性投资大、传输距离与成本无关等特点。

6. 激光和红外线

激光和红外线作为一种光介质也可以用作信号传输的载体。激光和红外通信与微波通信一样，均有很强的方向性，都是沿直线传播的。但激光通信和红外通信要把传输的信号分别转换为激光信号和红外信号后才能直接在空间沿直线传播。由于激光和红外线的频率太高，波长太短，不能穿透固体物质，且对环境因素（如天气）较为敏感，因此，只能在室内和近距离使用。

5.1.5 计算机网络的体系结构

网络中不同主机间的数据交换、不同网络中的数据传输都必须遵守一定的规则，这就是网络通信协议。OSI 参考模型是国际标准化组织 ISO 为标准化网络体系结构制定的开放系统互连参考模型(ISO/OSI)。OSI 参考模型采用了层次化结构，将整个网络通信协议划分为 7 个层次，如图 5.5 所示。每层完成特定的功能，并且下层为上层提供服务。ISO/OSI 的七层结构从下至上依次为物理层、数据链路层、网络层、传输层、会话层、表示层、应用层，各层功能如下：

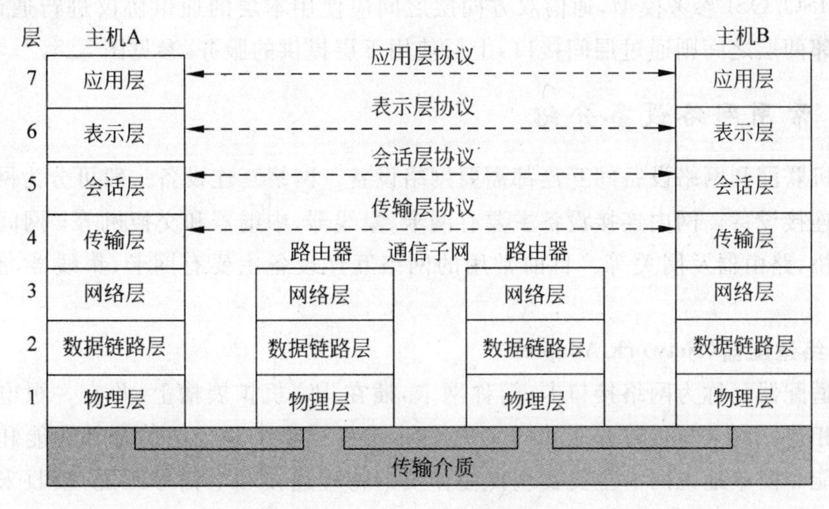

图 5.5 OSI 参考模型

1. 物理层(Physical Layer)

物理层考虑如何准确地在传输介质上传输二进制位（比特）。该层协议包括为建立、维护和拆除物理链路所需的机械的、电气的、功能的以及规程的特性。

2. 数据链路层(Data Link Layer)

数据链路层用于提供相邻结点间透明、可靠的信息传输服务。透明意味着对所传输数据的内容、格式及编码不做任何限制；可靠表示在该层设置有相应的检错和纠错设施。该层数据传输的基本单位是帧(Frame)。

3. 网络层(Network Layer)

网络层用于源站点和目标站点间的信息传输服务，其基本传输单位是分组(Packet)。主要实现数据从源结点到目标结点之间路由的选择。

4. 传输层(Transport Layer)

传输层的功能是实现主机之间端到端的连接,提供可靠的数据传输,其基本传输单位是报文(Message)。

5. 会话层(Session Layer)

会话层为不同系统的应用之间建立会话连接,使它们能按同步方式交换数据,并能有序地拆除连接,以保证不丢失数据。

6. 表示层(Presentation Layer)

表示层向应用进程提供信息表示方式,对不同表示方式进行转换管理等,使采用不同表示方式的系统之间能进行通信,并提供标准的应用接口、公用通信服务,如数据加密及压缩等。

7. 应用层(Application Layer)

应用层包括面向用户服务的各种软件,例如数据块存取协议、电子邮件协议以及远程登录协议等。应用层以下的各层均通过应用层向应用进程提供服务。

按照ISO/OSI参考模型,通信双方同层之间应使用本层的通讯协议进行通讯,而同一系统中相邻两层之间则通过层间接口,上层使用下层提供的服务,参见图5.5。

5.1.6 常用网络设备介绍

计算机联网和网络设备间互连都需要网络设备。网络互连设备一般可分为网内连接设备和网间连接设备。网内连接设备主要有网卡、集线器、中继器和交换机等;网间连接设备主要有网桥、路由器及网关等。目前常用的网络互连设备主要有网卡、集线器、交换机、路由器。

1. 网络适配器(Network Adapter)

网络适配器又称为网络接口卡,简称网卡,插在PC机扩展槽上,并有一根电缆将它与网络介质相连。网卡与传输介质共同实现OSI参考模型中物理层的全部功能和链路层的大部分功能。简单地说网卡主要实现传输介质的物理连接和电信号匹配,接收来自网络的数据,并把本机信号发送到网络上。

2. 中继器(Repeater)

中继器是最简单的网络互连设备,中继器常用于两个网络结点之间物理信号的双向转发工作,连接两个(或多个)网段,对信号起中继放大作用,补偿信号衰减,支持远距离的通信。中继器主要完成物理层的功能,负责在两个结点的物理层上按位传递信息,完成信号的复制、调整和放大功能,以此来延长网络的长度。中继器对所有送达的数据不加选择地予以传送。

3. 集线器(Hub)

集线器也工作在物理层。实际上它是一种多端口(RJ-45接口)的中继器,相当于将总线网的总线和中继器浓缩到集线器中。相比中继器来说,集线器克服了总线单一通路的限制,同时它能够分割开有故障的站点,使其他站点仍能正常工作。集线器通常配备有8口、16口等多个RJ-45接口,通过双绞线与计算机上的网卡相连,当组建一个小规模的局域网时,使用集线器把若干台计算机连接起来,构成以集线器为中心的星型结构。

4. 网桥(Bridge)

网桥工作在OSI参考模型数据链路层。网桥又称为桥接器，是一种存储转发设备，用于在相同或不同类型的局域网之间转发数据帧。网桥既可实现相同类型子网之间的连接，也可实现不同类型子网之间的连接，以扩大网络规模或扩大网络覆盖的地理范围。

5. 交换机(Switch)

交换机和网桥都是工作在OSI参考模型数据链路层。由于交换机比网桥的数据吞吐性能更好，端口集成度更高，每端口成本更低，使用更加灵活和方便，因此交换机已经取代了传统的网桥，成为最主要的网络互连设备之一。

6. 路由器(Router)

路由器运行于OSI参考模型的网络层，是一种实现多个网络互连的网间设备。所谓路由，是指把数据从一个地方按照最佳路径传送到另一个地方的行为和动作，而路由器正是执行这种行为动作的设备。它能够实现多个网络及多种类型网络的互连。

7. 网关(Gateway)

网关又称网间连接器、协议转换器。网关在传输层以上层次实现网络互连，是最复杂的网络互连设备，用于两个高层协议不同的网络的连接。网关既可以用于广域网互连，也可以用于局域网互连。网关是一种充当协议转换重任的计算机系统或设备。它在使用不同的通信协议、数据格式或语言，甚至体系结构完全不同的两种系统之间，充当翻译。另外，网关还可以提供过滤和安全等功能。

5.1.7 典型网络示例

目前有大量网络，各种网络的管理、提供的服务、技术设计各不相同，下面介绍两个典型的实例。

1. 以太网

Ethernet是局域网中使用最多的一种网络类型，它按照IEEE802.3标准构建，采用载波监听多路访问/冲突检测(CSMA/CD)技术。其数据传输率一般为1～100Mbps，有的甚至可以达到1000Mbps。

IEEE802.3定义了两种类型的以太网：基带和宽带以太网。IEEE802.3将基带分成了五种不同的标准，分别是10Base5、10Base2、10BaseT、1Base5、100BaseT。其中前面的数字(10,1,100)分别表示数据传输的速率，单位是Mbps，最后的数字或字母(5,2,T)表示最大的电缆长度或电缆类型。IEEE802.3仅规定了一种类型的宽带标准：10Broad36。同样前面的数字表示数据传输的速率，单位是Mbps，最后的数字表示最大的电缆长度。当最大电缆长度不能满足现实要求时可以通过使用中继器、网桥等网络互连设备拓展网络的规模。

10Base2以太网是采用细同轴电缆组网，最大的网段长度是200m，每网段结点数是30，它是相对较便宜的系统；10Base5以太网是采用粗同轴电缆，最大网段长度为500m，每网段结点数是100，它适合用于局域网主干；10BaseT以太网是采用双绞线，最大网段长度为100m，每网段结点数是1024，它的特点是易于维护。100BaseT快速以太网与10BaseT的区别在于将网络的速率提高了10倍，即100Mbps。

2. 因特网

Internet 简称因特网，是一个巨大的、全球范围的计算机网络，是借助现代通信技术和计算机技术实现全球信息传递的一种便捷、有效的工具。

没有哪个组织或机构负责管理和运营 Internet，Internet 是由成千上万单独的网络汇集而成的，各个网络负责其自身的运行，并与其他网络连通，使信息能够在这些网络中畅通无阻地传递。各种类型的计算机和各种类型的网络只要遵循共同的通信协议 TCP/IP 协议，均可以连接到 Internet 上。

Internet 提供的服务包括 WWW 浏览（World Wide Web）、电子邮件（E-mail）、文件传输（FTP）、远程登录（Telnet）、新闻论坛（Usenet）、新闻组（News Group）、电子布告栏（BBS）、Gopher 搜索、文件搜寻（Archie）等等，全球用户可以通过 Internet 提供的这些服务，获取 Internet 上提供的信息和功能。

5.2 Internet 基础知识

Internet 经过 20 多年的发展，取得了巨大的成功。Internet 目前已成为世界上规模最大、用户最多、资源最丰富的互联网。

5.2.1 Internet 简介

1. Internet 的由来

Internet 的起源及发展可以追溯到 1957 年，美国国防部成立高级研究计划署（Advanced Research Projects Agency，ARPA），计划建立一个计算机网络，要求该网络具有一定的稳定性和可扩展性，在网络的某个部分损坏后不影响整个网络的运作，同时易于连接各种独立的网络，这就是后来的 ARPANET。

1969 年，美国国防部高级研究计划署开始建立一个命名为 ARPANET 的网络，把美国的几个军事研究用的电脑主机连接起来。当时只连接 4 台主机。到了 1977 年，连接的各类计算机已达到 100 多台，在此期间还开发了针对 ARPANET 的网络协议集，其中最重要的两个协议是 TCP 协议和 IP 协议，使得各种类型的计算机网络之间能够彼此通信，从而使得加入 ARPANET 的计算机网络越来越多，ARPANET 的规模也日益扩大。

Internet 目前已经联系着超过 160 个国家和地区、4 万多个子网、500 多万台电脑主机，直接的用户超过 4000 万，成为世界上信息资源最丰富的电脑公共网络。Internet 被认为是未来全球信息高速公路的雏形。

2. Internet 在我国的发展

我国在接入 Internet 网络的基础设施方面已进行了大规模投入，覆盖全国范围的数据通信网络已初具规模，为 Internet 在我国的普及打下了良好的基础。目前已建成中国公用计算机网互联网（ChinaNET）、中国教育科研网（CERNET）、中国科学技术网（CSTNET）和中国金桥信息网（ChinaGBN）等，并与 Internet 建立了各种连接。

（1）中国公用计算机互联网（ChinaNET）

中国公用计算机互联网是由中国电信经营和管理的中国公用 Internet 骨干网，由原中国邮电部在 1994 年组织建设。目前，ChinaNET 在北京和上海分别有两条专线，作为国际出口。ChinaNET 由骨干网和接入网组成。骨干网是 ChinaNET 的主要信息通路，连接各直辖市和省会网络结点，骨干网已覆盖全国各省市、自治区，包括 8 个地区网络中心和 31 个省市网络分中心。接入网是由各省建设的网络结点形成的网络。

(2) 中国教育科研网(China Education Research Netwok，CERNET)

中国教育和科研计算机网是 1994 年由国家计委、原国家教委批准立项，原国家教委主持建设和管理的全国性教育和科研计算机互联网。该项目的目标是建设一个全国性的教育科研基础设施，把全国高校连接起来，实现资源共享。它是全国最大的公益性互联网络。CERNET 已建成由全国主干网、地区网和校园网在内的三级层次结构网络。CERNET 分四级管理，分别是全国网络中心、地区网络中心和地区主结点、省教育科研网、校园网。CERNET 全国网络中心设在清华大学，负责全国主干网的运行管理。

(3) 中国科技信息网(Chia Science and Technology Network，CSTNET)

中国科技信息网是国家科学技术委员会联合全国各省、市的科技信息机构，采用先进信息技术建立起来的信息服务网络，是利用公用数据通信网为基础的信息增值服务网，在地理位置上覆盖全国各省市，逻辑上连接各部、委和各省、市科技信息机构，是国家科技信息系统骨干网，同时也是国际 Internet 的接入网。中国科技信息网从服务功能上是 Intranet 和 Internet 的结合，其 Intranet 功能为国家科委系统内部提供了办公自动化的平台以及国家科委、地方省市科委和其他部委科技司局之间的信息传输渠道；Internet 功能主要是服务于专业科技信息服务机构，包括国家、地方省市和各部委科技信息服务机构。

(4) 中国金桥信息网(ChinaGBNET)

中国金桥信息网即中国国家公用经济信息通信网，是我国经济和社会信息化的基础设施之一，主要以企业为服务对象。例如国家经济信息网、气象信息网、广电信息网等一批行业信息网在该网上运行，实现信息共享。

5.2.2 连接到 Internet

要访问 Internet 上的资源，首先要将本地计算机连接到 Internet。本地计算机可以通过局域网或电话线接入 Internet。个人用户通常采用 ADSL 方式接入 Internet，企业用户通常采用局域网连入方式。

1. 通过 ADSL 宽带访问 Internet

ADSL 是目前个人用户使用最广泛的一种上网方式，用户只要拥有一部固定电话，便可以接入网络，并且电话通话不会受到影响。

用户办理 ADSL 宽带上网功能后，会从服务商处获得一个 ADSL Modem。Modem 也称调制解调器，是把计算机要发送和接收的数字信号转换成能在电话线上传送的模拟信号的专用设备。把它按照说明书与计算机和电话线连接好，打开 Modem 和计算机电源，然后在计算机上进行软件配置。

(1) 建立 ADSL 连接

① 打开控制面板，单击【连接到 Internet】超链接。

② 在打开的【连接网络】对话框中单击【宽带 PPPoE】选项，打开如图 5.6 所示对话框。

③ 在图 5.6 所示的界面中输入 Internet 服务提供商(ISP)提供的用户名和密码，然后在【连接名称】栏输入此新建连接的名称，单击【连接】按钮。

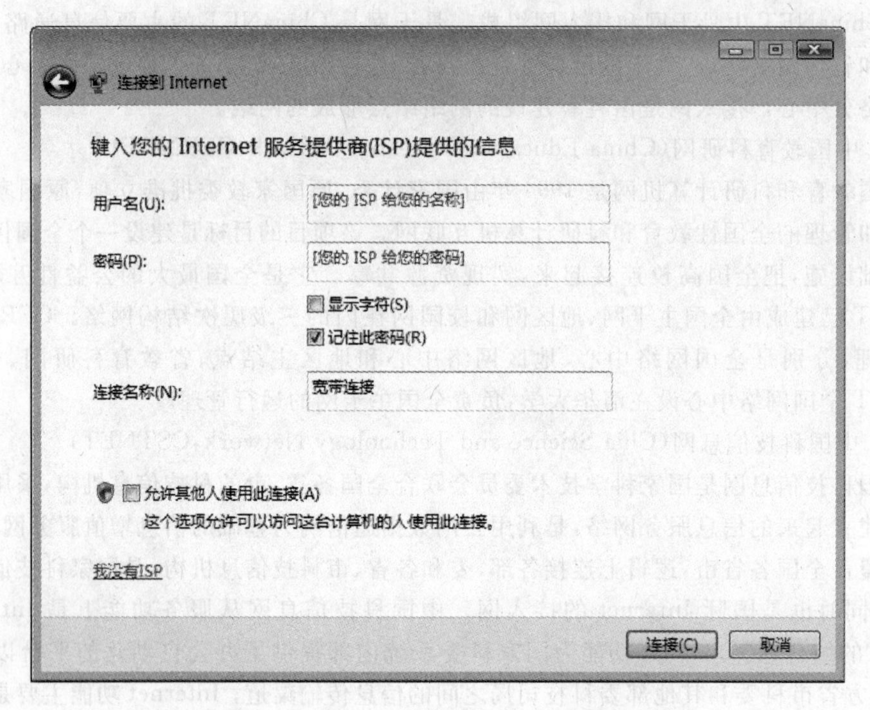

图 5.6 连接到 Internet

连接成功后便可以利用 IE 等浏览器享受 Internet 服务。如果在图 5.6 所示窗口中选中【记住此密码】选项，以后再连接时就不用输入用户名和密码了。

以后若要连接到 Internet，可以单击【开始】→【连接到】，在打开的【连接网络】对话框中选择刚刚建立的宽带连接并单击【连接按钮】。必要时可能需要在弹出的【连接】对话框中再次输入用户名和密码，并单击【连接】按钮。用户可以在桌面上创建宽带连接的图标，以后用户直接双击桌面图标即可建立连接。

(2) 断开 ADSL 的连接

若用户通过拨号连接到 Internet，必须在每次使用完 Internet 后断开连接。如果没有断开宽带连接，无论是否使用网络，都始终与 Internet 保持连接。

若要断开拨号连接，单击【开始】→【连接到】，在打开的【连接网络】对话框中单击【断开】按钮断开 ADSL 连接。也可以单击通知区域中的连接图标，在弹出的菜单中再单击【连接或断开】命令，在打开的【连接网络】对话框中单击【断开】按钮断开 ADSL 连接。

(3) 查看连接状态

网络和共享中心提供了有关网络的实时状态信息。用户可以查看计算机的连接状态、连接的类型以及对网络上其他计算机和设备的访问权限级别。当网络出现问题时，用户可以从网络和共享中心找到更多的网络详细信息，图 5.7 所示是网络当前的连接状态。

2. 通过局域网访问 Internet

连接到局域网上的用户，只要保持与局域网络的连通，且整个局域网已连接到 Internet 上，便可享受 Internet 服务，不必做任何网络设置。

图 5.7　网络和共享中心

5.2.3　Internet 的基本概念

Internet 采用 TCP/IP 协议。Internet 中的每个结点都被分配一个唯一的地址，即 IP 地址，以便区分开网络中的每一个结点，进而实现数据的传送。为了方便记忆，又为各个结点引入了域名，让域名和 IP 地址一一对应，这样可使用域名来访问相应的结点，享用 Internet 提供的服务。常用的服务如 WWW 服务、电子邮件服务、文件传输服务等。

1. TCP/IP 协议

由于历史的原因，目前的网络用户及网络产品厂家都在使用 TCP/IP 协议，TCP/IP 已成为事实上的网络工业标准，在 Internet 中采用的便是这个协议。TCP/IP 协议是一个协议簇，其中最重要的是传输控制协议（Transmissions Control Protocol，TCP）和网间协议（Internet Protocol，IP）。

与 ISO/OSI 参考模型相对应，TCP/IP 协议主要采用 4 层结构，由下向上依次是网络接口层、网际层、传输层、应用层，如图 5.8 所示。各层功能如下：

(1) 网络接口层

网络接口层是 TCP/IP 模型的最底层，它包括那些能使 TCP/IP 与物理网络进行通信的协议。数据链路层不是 TCP/IP 协议的一部分，但它是 TCP/IP 赖以存在的各种通信网和 TCP/IP 之间的接口。IP 协议提供了专门的功能，解决与各种网络物理地址的转换。

(2) 网际层

网际层是在因特网标准中正式定义的第一层。网际层所执行的主要功能是消息寻址以及把逻辑地址和名称转换成物理地址。通过判定从源计算机到目标计算机的路由，该层还控制子网的操作。在网际层中，最常用的协议是网际协议(IP)，然而在此操作中也有许多其他的协议协助IP的操作。网际层中含有4个重要协议：互联网协议IP、互联网控制报文协议ICMP、地址解析协议ARP和反向地址解析协议RARP。

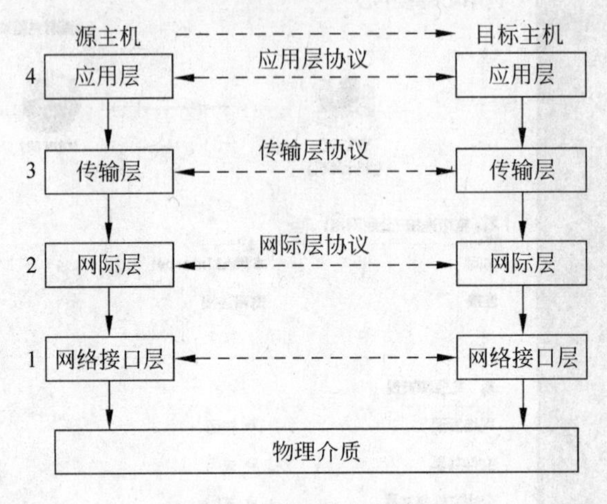

图5.8　TCP/IP分层模型

① 网际协议(IP)。负责通过网络交付数据包，同时它也负责主机间数据报的路由和主机寻址。

② 网际控制报文协议(ICMP)。传送各种信息，包括与数据包交付有关的错误报告。

③ 地址解析协议(ARP)。使IP能够把主机的IP地址与它们的物理地址相匹配，即把IP地址解析为物理地址。

④ 反向地址解析协议(RARP)。它工作在数据链路层，用于将主机的物理地址解析为网络中的IP地址。

网际层除了提供端到端的分组分发功能外，还可以在互相独立的局域网上建立互连网络。

(3) 传输层

在TCP/IP模型中，传输层的主要功能是提供从一个应用程序到另一个应用程序的通信，常称为端对端的通信。端对端的通信实际上是指从源计算机发送数据到目标计算机的过程。传输层定义了两个主要的协议：传输控制协议(TCP)和用户数据报协议(UDP)，分别支持两种数据传送方法。

① 传输控制协议(TCP)。使用面向连接的通信提供可靠的数据传送。TCP能够进行消息分段和差错检验及恢复，以消除这些因素的影响。

② 用户数据报协议(UDP)。在传输数据前部要求建立连接，目的是提供高效的离散数据报传送，但不能保证传送被完成。运用UDP的应用程序必须执行自己的错误检验和恢复。

(4) 应用层

TCP/IP模型的应用层与OSI模型的应用层不同，它的功能相当于OSI模型的会话层、表示层和应用层3层的功能。TCP/IP模型的应用层定义了大量的应用协议，其中最常用的协议包括文件传输协议(FTP)、远程登录(Telnet)、域名服务(DNS)、简单邮件传输协议(SMTP)和超文本传输协议(HTTP)等。

2. IP 地址

Internet 上的每一台主机或网络设备均被分配了一个地址,称为 IP 地址。IP 地址包括网络地址编号和主机地址编号两部分。各组编码都是唯一的,没有两台机器的 IP 地址是相同的。

IP 地址是由 32 位二进制数组成的数字串,为了便于 Internet 用户使用,IP 地址经常被写成十进制的形式。将 32 位二进制数分为 4 部分,每部分包括 8 位二进制数,中间使用符号"."分隔,每部分可取值 0～255,IP 地址的这种表示法叫做"点分十进制表示法"。例如 190.96.0.96 就是一个有效的 IP 地址。

子网掩码是一个 32 位二进制数,它不能单独存在,必须结合 IP 地址一起使用。子网掩码将给定的 IP 地址划分成网络地址和主机地址两部分。这是通过将子网掩码与给定的 IP 地址作"与"运算实现的。

通常将 IP 地址分为以下几类:

(1) A 类地址

A 类地址用第一组数字表示网络地址,第一字节以"0"开头,后面三组数字代表网络上的主机地址,A 类地址通常分配给规模特别大的网络使用。A 类地址的表示范围为 1.0.0.0～126.255.255.255,默认网络掩码为 255.0.0.0。

(2) B 类地址

B 类地址用前面二组数字表示网络地址,第一字节以"10"开头,后面两组数字代表网络上的主机地址。B 类地址通常分配给一般的中型网络使用。B 类地址的表示范围为 128.0.0.0～191.255.255.255,默认网络掩码为 255.255.0.0。

(3) C 类地址

C 类地址用前三组数字表示网络地址,第一字节以 110 开头,第四组数字代表网络上的主机地址。C 类地址通常分配给小型网络,如一般的局域网和校园网,它可连接的主机数量是最少的。C 类地址的表示范围为 192.0.0.0～223.255.255.255,默认网络掩码为 255.255.255.0。

D 类地址和 E 类地址用途比较特殊,D 类地址不分网络地址和主机地址,第一字节以 1110 开头,它是一个专门保留的地址。它并不指向特定的网络,目前这一类地址被用在多点广播中。多点广播地址用来一次寻址一组计算机,它标识共享同一协议的一组计算机。E 类地址保留给将来使用。

E 类地址也不分网络地址和主机地址,它的第一字节以 11110 开头。E 类地址保留,仅作为 Internet 的实验和开发之用。

全"0"的 IP 地址(0.0.0.0)对应于当前主机,全"1"的 IP 地址(255.255.255.255)是当前子网的广播地址。

在 Internet 中,一台计算机可以有一个或多个 IP 地址,就像一个人可以有多个通信地址一样,但两台或多台计算机却不能共用一个 IP 地址。若有两台计算机的 IP 地址相同,则会引起异常现象,无论哪台计算机都将无法正常工作。

3. 域名

以数字串形式表示的 IP 地址，缺乏直观性，难以记忆。为了解决这一问题，引入了英文字符形式的域名来标识 Internet 中结点的地址，域名可以看作是 IP 地址的"英文版"。Internet 通过域名服务器(Domain Name Server)把用户输入的便于记忆的英文域名地址翻译成难记的 IP 地址，实现结点 IP 地址与域名的一一对应。

域名由圆点分开的几部分构成，每个组成部分称为子域名。域名采用的是层次结构，从右向左看，各个子域名范围从大到小，分别表明不同国家或地区的名称、组织类型、组织名称、分组织名称和计算机名称等。

一般格式如下：计算机名.组织机构名.网络名.顶层域名

例如，www.tsinghua.edu.cn，其中 cn 代表中国(China)，edu 代表教育网(Education)，tsinghua 代表清华大学，www 代表全球网(或称万维网，World Wide Web)，整个域名合起来就代表中国教育网上的清华大学站点。

顶层域名通常用于表示建立网络的组织机构或网络所属的地区或国家。常见的顶层域名及含义如表 5.1 所示。

表 5.1 顶层域名及含义

顶层域名	含义	顶层域名	含义
com	商业机构	cn	中国
edu	教育部门	hk	中国香港
gov	政府机关	us	美国
net	网络管理部门	jp	日本
org	非盈利性组织	uk	英国
mil	军队系统		

4. DNS

DNS(Domain Name System)就是进行域名解析的服务系统。在 Internet 上域名与 IP 地址之间是一一对应的。域名虽然便于人们记忆，但计算机只识别 IP 地址。域名与 IP 地址之间的转换工作称为域名解析，域名解析需要由专门的域名解析服务器来完成，而运行 DNS 系统的计算机则称为 DNS 服务器。

5. 统一资源定位符

统一资源定位符(Uniform Resource Locator，URL)也被称为网页地址，是用于完整描述 Internet 上和其他资源地址的一种标识方法。Internet 上的每一个网页都具有一个唯一的名称标识，通常称为 URL 地址。这种地址可以是本地磁盘，也可以是局域网上地的某一台计算机，更多的是 Internet 上的站点。简单地说，URL 就是 Web 地址，俗称"网址"。在浏览器地址栏中输入一个 URL 地址，便可以进入一个指定的站点页面。

URL 以协议规范(如"http://")开头，后跟特定的网络站点域名以及可选的端口号、网页文件路径、参数等内容。URL 的最后部分指明站点类型，如 com 是商业站点，edu 是教育站点，gov 是政府部门的站点。

例如，http://www.sina.com 代表新浪主页的 URL。

5.2.4 网上资源与服务

通过 Internet，人们可以进行信息检索、收发电子邮件、和朋友远程聊天、在网上采购物品等，Internet 为人们的学习和生活提供了极大的便利。下面简单介绍几个常用的资源和服务。

1. WWW 浏览

WWW 是 World Wide Web(环球信息网)的缩写，也可以简称为 Web，中文名字为“万维网”。从技术角度上说，环球信息网是 Internet 上那些支持超文本传输协议 HTTP (HyperText Transport Protocol)的客户机与服务器的集合，通过它可以存取世界各地的超媒体文件，内容包括文字、图形、声音、动画、资料库以及各式各样的软件。

在 Internet 上，每个 Web 站点都可以通过超级链接连接其他 Web 站点。用户通过 Web 浏览器访问 WWW 站点上的网页，并通过网页中的超级链接进一步访问其他网页或网站，实现在 Internet 中的畅游。

目前，常用的 Web 浏览器有 Microsoft 公司的 Internet Explorer(简称 IE 浏览器)、Netscape 公司的 Navigator。

2. 收发电子邮件

电子邮件也称为 E-mail，即通过电子通信系统进行信件的书写、发送和接收，是互联网上最受欢迎的信息服务之一。通过电子邮件系统，用户可以在几秒钟之内把电子邮件发送到世界上任何地理位置的其他用户的电子邮箱中。这些电子邮件通常只支持文本形式，但图像和声音等形式的数据可以通过附件文件的形式被携带。

要使用电子邮件服务，首先要向邮件服务提供商申请一个属于自己的电子邮箱。电子邮箱地址的格式为：用户名@电子邮件服务器域名。比如，在“新浪网”免费电子邮件服务器上有一个名为 tom 的用户，则该用户的电子邮件地址为 tom@ sina. com。该地址在全球是惟一的，可以用来标识该用户的身份。在用户申请了电子邮箱之后，便可以用它来接收或发送电子邮件。电子邮件服务通常采用简单邮件传输协议(SMTP)和 POP3 协议。

3. 文件传输 FTP

文件传输是 Internet 上提供的一种远程文件交换的信息服务功能，它采用 FTP(File Transfer Protocol)协议实现在 Internet 上的两台计算机之间的文件复制。

通常将提供 FTP 服务的计算机称为 FTP 服务器，一般将 FTP 服务器上的文件传输到用户计算机上的过程称为下载(Download)，而将用户计算机上的文件传输到 FTP 服务器上的过程称为上传(Upload)。

在 Windows 中的 IE 浏览器只支持文件下载功能。要上传文件，通常需借助于专用的 FTP 客户端程序。

4. 信息检索

信息检索又称信息查询，是指利用网络搜索工具在 Internet 中找到自己所需的资料。信息检索的过程一般是访问搜索引擎网站，通过在搜索引擎中输入要查找信息的关键词来找到相关的网页，并在相关网页中查找自己需要的信息。在 Internet 上有无数的信息资源服务网站可供检索，内容覆盖各个领域，如网络百科全书、网络图书馆、网络学术期刊等。

5. 远程登录 Telnet

Telnet 协议是 TCP/IP 协议族中的一员，是 Internet 远程登录服务的标准协议和主要方式。用户在本地计算机上使用 Telnet 程序连接到服务器，可以在 Telnet 程序中输入命令，这些命令会在服务器上运行，就像直接在服务器的控制台上输入一样，这样就实现了在本地控制远程服务器的功能。要使用 Telnet，必须事先在服务器中注册账户，用账户名和密码来登录服务器。Telnet 是常用的远程控制 Web 服务器及访问 BBS 的方法。

6. 电子公告牌系统 BBS

电子公告牌系统(Bulletin Board System，BBS)是 Internet 上一种公共电子白板，提供分门别类的讨论区，注册用户可以发表自己的观点。早期的 BBS 是基于文字的字符界面，只支持 Telnet 访问。而目前基于 Web 形式的 BBS 系统已经普及，它支持 Telnet 访问，也支持 Web 访问。

7. IP 电话

IP 电话(Voice over Internet Protocol，VoIP)又名网络电话，是一种通过 Internet 网络传送语音的新型的电话通信技术。利于 VoIP 技术，可以实现计算机与计算机之间、计算机与电话机之间及电话机与电话机之间的语音通话。由于在 Internet 上传递的是数字化的语音分组，有效利用了通信线路，实现了语音与数据的综合传送，所以 IP 电话成本低廉，能以较低的资费拨打国内、国际长途。

8. 即时通信 IM

即时通信(Instant Message，IM)俗称网络聊天或 ICQ(I seek you 读音的简写)，是一种 Internet 上的即时通信服务，允许两人或多人使用网络即时地传递文字、文件、语音及视频的交流方式。国际上应用最为普遍的聊天工具是 MSN Messenger，国内用户使用最多的聊天工具是腾讯公司的 QQ。

9. 电子商务

电子商务(Electronic Commerce)通常指在全球各地广泛的商品贸易活动中，在互联网开放的环境下，基于浏览器/服务器应用方式，贸易双方不谋面地进行网上购物、网上交易和在线电子支付等各种商务、贸易、金融及相关综合服务活动的一种新型商业运营模式。一般采用两种商务形式：企业对企业和企业对消费者。随着 Internet 使用人数的增多，利用 Internet 进行网络购物并以银行卡付款的消费方式正在逐渐流行，电子商务网站也层出不穷，如 eBay、Amazon、淘宝网等都是比较著名的电子商务网站。

5.3 Internet 的应用

Internet 是一个覆盖全球的网络，称为国际互联网。通过它可以浏览网页、收发电子邮件、进行信息搜索并下载相关信息等。

5.3.1 用 Internet Explorer 浏览网页

浏览器是一个用于网页查看的应用程序软件，常用的有 IE 浏览器、Navigator 浏览器、Firefox 浏览器等。IE 浏览器是 Internet Explorer 的简称，是 Microsoft 公司开发的用于 Web 浏览的专用浏览器软件，这里介绍 Internet Explorer 7.0 浏览器。

1. Internet Explorer 7.0 窗口简介

通过开始【菜单】、桌面图标，或快速启动栏启动 Internet Explorer 7.0，打开浏览器窗口，如图 5.9 所示。

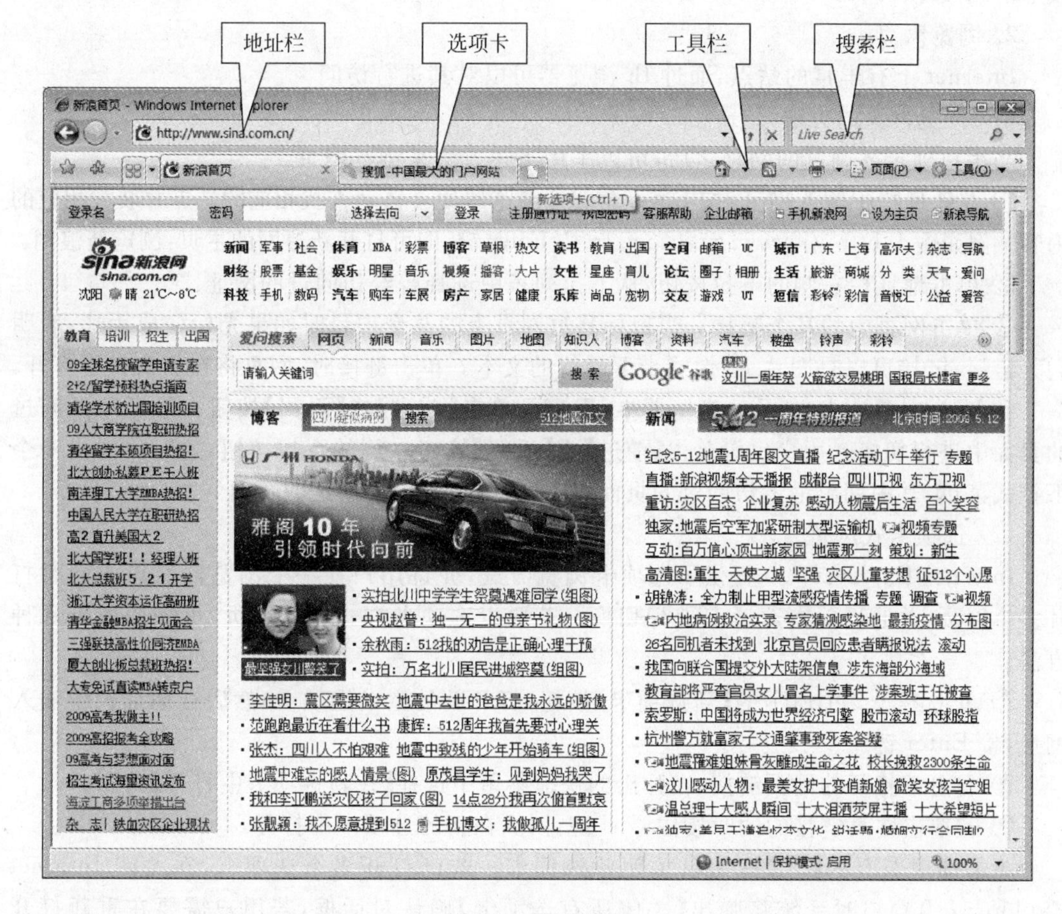

图 5.9　IE 浏览器

在 IE 浏览器窗口中，用户可利用工具栏上的按钮来完成一些常见的操作。以下是几个常用按钮的功能：

(1) 返回。查看访问过的网页中的最后一页，也就是前一个打开过的网页。

(2) 前进。查看在单击“返回”按钮前查看的网页，也就是下一个打开过的网页。

(3) 停止。停止下载当前正在访问的网页，已下载完的网页部分不会消失。

(4) 刷新。重新访问当前的网页，如果此时网页有内容更新，可立即观看到。

(5) 主页。打开默认的主页，用户可以单击其后的下拉按钮更改主页。

(6) 搜索。用于搜索与输入内容相匹配的网页。默认的搜索引擎为 Live Search，可以根据需要设置搜索引擎，如设置为“百度”或“谷歌”等。

(7) 收藏中心。用于查看收藏夹、源和历史记录。

(8) 添加到收藏夹。用于向收藏夹添加当前网页的网址或收藏夹的整理。

(9) 历史记录 历史记录。可通过它打开以前浏览过的网站。

(10) 新选项卡。单击此按钮,打开新的空白选项卡。

(11) 快速导航选项卡。仅在打开多个网页时显示。单击此按钮,显示所有打开选项卡的缩微图。

2. 浏览网页

Internet 上有丰富的站点,通过 IE 浏览器可以对其进行访问。

(1) 浏览网页的方法

当用户确定欲浏览的网址之后,可以采用下述方法来浏览网页。

① 在地址栏中输入网址,按 Enter 键,IE 浏览器便会自动查找相应的站点并装载相应的内容。例如输入 http://www.sina.com.cn 按 Enter 键,即可打开新浪网的主页,浏览新浪网。

② 单击地址栏右侧的下拉按钮,从下拉列表中选择曾经访问过的网址。

③ 单击网页中的某个链接。当鼠标移过网页上的某个项目时如果光标变成手形,表明它是链接,链接可以是图片、图像或带下划线的文本。单击链接时,网页将在新窗口中打开。

在 Internet Explorer 7.0 浏览器中,用户可单击【前进】或【返回】按钮在最近所访问过的页面中进行切换。用户也可单击【前进】或【返回】按钮右侧的下拉按钮,这时将弹出一个下拉式菜单,其中列出最近访问过的页面,从中选择可进入到指定的页面。

(2) 选项卡式浏览

Internet Explorer 7.0 提供了选项卡浏览方式,允许用户在一个浏览器窗口中同时打开多个网页,并通过单击选项卡进行切换。若要以选项卡方式浏览网页,可采用如下几种方法:

① 单击图 5.9 中所示的【新选项卡】按钮,打开新的空白选项卡,然后在地址栏中输入网址,按 Enter 键。

② 右击欲打开的网页链接,在弹出的快捷菜单中选择【在新选项卡中打开】命令。

③ 若单击网页链接的同时按住 Ctrl 键,网页在新的选项卡中打开。

单击选项卡上的【×】按钮可关闭此选项卡。若已打开多个选项卡,在关闭 Internet Explorer 7.0 窗口时系统将弹出【关闭所有选项卡】确认对话框,若用户需要在重新打开 Internet Explorer 7.0 时恢复所有这些选项卡,则应选中【下次使用 Internet Explorer 时打开这些选项卡】选项,单击【关闭选项卡】按钮,关闭所有选项卡。

Internet Explorer 7.0 提供了缩微图功能,方便用户快速查看相应的网页。以选项卡方式打开多个网页时,单击【快速导航选项卡】按钮,显示每个网页的缩微图,如图 5.10 所示,单击相应的缩微图可快速打开网页。

3. 设置浏览器

在 Internet Explorer 7.0 浏览器中,用户可以对浏览器进行设置以满足需要。

(1) 显示 Internet Explorer 7.0 浏览器中的菜单栏

默认情况下 Internet Explorer 7.0 浏览器窗口不显示菜单栏,可以通过右击选项卡空白处或单击 工具(O) 按钮,在弹出的菜单中选择【菜单栏】命令将菜单栏显示出来,如图 5.9 所示。

(2) 设置默认主页

单击 工具(O) 按钮或菜单栏中的【工具】命令,在弹出的菜单中选择【Internet 选项】,打开【Internet 选项】对话框,如图 5.11 所示。在【主页】文本框中输入默认主页的网址,单击【确定】按钮。

图 5.10　缩微图

主页网址可以使用如 http://www.sina.com.cn 这样的综合网站，如图 5.9 所示，也可以采用像 http://www.baidu.com 这样的搜索引擎。

(3) 设置历史记录

Internet Explorer 7.0 浏览器默认自动记录 20 天内访问的所有网页，用户可根据需要进行设置。在如图 5.11 所示对话框中，单击【浏览历史记录】区域的【设置】按钮，打开如图 5.12 所示的【Internet 临时文件和历史记录设置】对话框，在【历史记录】组中可以看到【网页保留在历史记录中的天数】默认值为 20 天，用户可以根据需要重新设置。

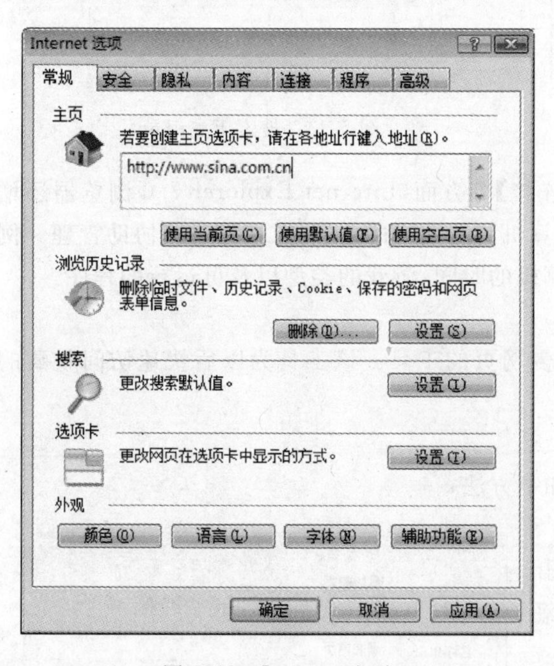

图 5.11　Internet 选项

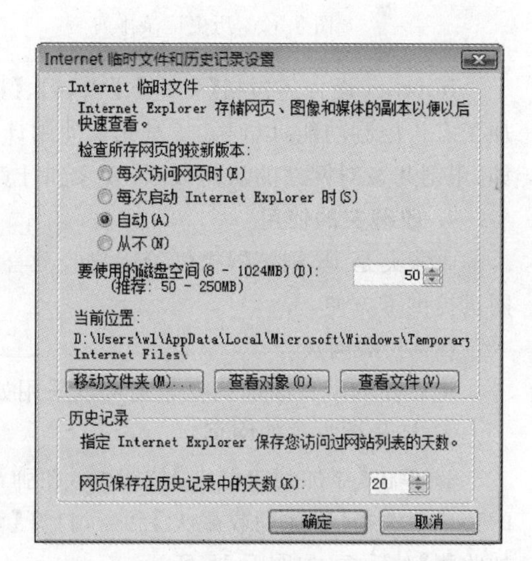

图 5.12　Internet 历史记录

使用 Internet Explorer 7.0 浏览器浏览网页时，浏览器会自动记录下用户访问过的网页的 URL 并保存在【历史记录】中，以便用户再次访问。单击【收藏中心】按钮，选择【历史记录】命令，如图 5.13 所示，用户可以查看访问过的网站信息，若想再次查看某个网站只需单击网址名称即可。

历史记录默认是按照时间顺序排列的，用户可以根据需要改变历史记录的排列顺序。单击 历史记录 右侧的下拉按钮，可以看到如图 5.13 所示的菜单中显示的排列方式。

用户需要在历史记录中查找网页时，可以单击【历史记录】下列按钮，在弹出的下拉列表中选择【搜索历史记录】命令，进入如图 5.14 所示对话框。在【搜索】文本框中输入搜索关键字，如 cctv，单击【立即搜索】按钮，搜索结果显示在下方的空白区域。

图 5.13　历史记录排列

图 5.14　搜索历史记录

Internet 设置还包括【安全】、【内容】、【连接】等方面，Internet Explorer 7.0 浏览器还增加了家长控制功能，以便家长对儿童使用计算机访问网络的内容、方式等进行协助管理。例如，限制儿童对网站的访问权限、登录到计算机的时间、游戏的类型以及可运行的程序。

4. 收藏夹的使用

收藏夹是 IE 浏览器提供给用户收藏喜爱网页的工具。该工具为以后快速访问收藏的网页提供了方便。

(1) 收藏网页

将喜爱的网页添加到收藏夹可以采用如下方法：

① 打开欲收藏的网页。

② 单击【添加到收藏夹】按钮，在弹出的菜单中选择【添加到收藏夹】命令，打开【添加收藏】对话框，如图 5.15 所示。

③ 在【名称】文本框中输入收藏网页的新名称，也可保持默认的名称，单击【添加】按钮，完成网页收藏。

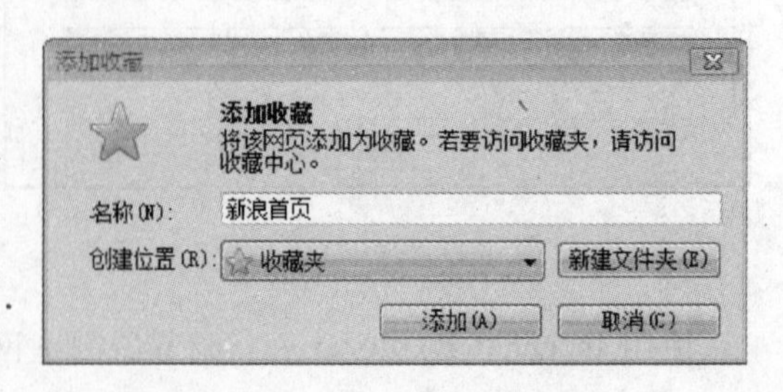

图 5.15　添加收藏

④ 为了分类保存收藏的网页，可以单击图 5.15 中【收藏夹】按钮右侧的下拉按钮，选择网页收藏的位置，也可以单击【新建文件夹】按钮创建新的文件夹。

(2) 浏览收藏夹

如果需要访问收藏夹里收藏的网页，可单击工具栏上的【收藏中心】按钮，在下拉列表中单击收藏夹按钮，下拉列表中会显示已收藏的网页名称及子收藏夹，单击要访问的网页即可。

(3) 整理收藏夹

收藏夹中内容过多会影响收藏夹的使用，因此要经常对收藏夹进行整理，删除不需要的网页、对网页进行移动或重新命名等。

单击【添加到收藏夹】按钮，在弹出的菜单中选择【整理收藏夹】命令，打开【整理收藏夹】对话框，如图 5.16 所示，选择要整理的网页，单击【移动】、【重命名】或【删除】按钮，执行对应的整理操作。

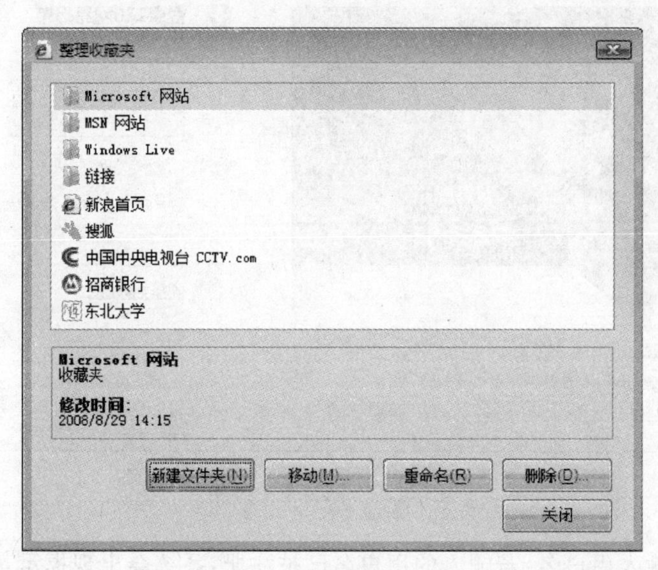

图 5.16 整理收藏夹

5. 全屏显示 Internet Explorer

为了看到网页上更多的内容，用户可以将 Internet Explorer 7.0 放大至全屏幕。单击工具栏的 工具(O) 下拉按钮，在弹出的菜单中选择【全屏显示】命令，便可以在全屏模式下查看网页了。此时除了页面本身，其他的边框、菜单栏都隐藏了起来。

若要取消全屏幕方式，可以将鼠标移到屏幕顶部，地址栏及工具栏等会重新出现。单击窗口最右边的还原按钮，即可取消全屏幕方式，恢复到正常状态。

反复按下键盘上的 F11 键，也可以在全屏与正常窗口间切换 IE。

5.3.2 电子邮件 E-mail

电子邮件是 Internet 上应用最广泛的服务，通过电子邮件用户可以非常迅速地与世界各地的朋友进行交流。这些电子邮件本身通常是文本形式，但其所支持的附件功能，使得用户可以与朋友分享任何格式的文件，如图像、声音等。

1. 邮箱申请

在网络上收发电子邮件，首先要申请一个电子邮箱。目前新浪、搜狐、雅虎、网易等各大网站都提供有免费的电子邮箱。下面以网易为例，介绍电子邮箱的申请方法。

(1) 在 Internet Explorer 7.0 的地址栏，输入网址 http://www.126.com，打开网易的免费邮箱网页，如图 5.17 所示。单击右下部的【立即注册】按钮，进入如图 5.18 所示的邮箱申请界面。

图 5.17 网易免费邮箱

(2) 按要求输入用户名，若输入的用户名已被注册，系统会出现提示。

(3) 接下来按照系统提示输入各类信息，注意要记住输入的用户名和密码，以备将来登录邮箱时使用。

(4) 选中【我已阅读并接受“服务条款”】复选框，单击【创建账号】按钮，便可成功申请电子邮箱。如图 5.19 所示为申请成功的提示信息。

2. 编辑发送邮件

电子邮箱申请成功后，用户可以在图 5.17 所示网页中输入用户名和密码，登录 126 免费邮箱。在页面的左上部，单击 写信 按钮，打开如图 5.20 所示邮件编辑界面。

在相应的区域输入收件人邮箱地址、邮件主题及邮件内容后，单击【发送】按钮即可发送邮件。如果在邮件中需要携带文件，单击【添加附件】超链接，在打开的对话框中选中需要的文件后单击【打开】按钮。待附件添加成功后，单击【发送】按钮即可以将文件和信同时发送。

邮件在发送的同时自动被保存到【已发送】文件夹中，以后需要此邮件时单击【已发送】按钮，即可找到该邮件。

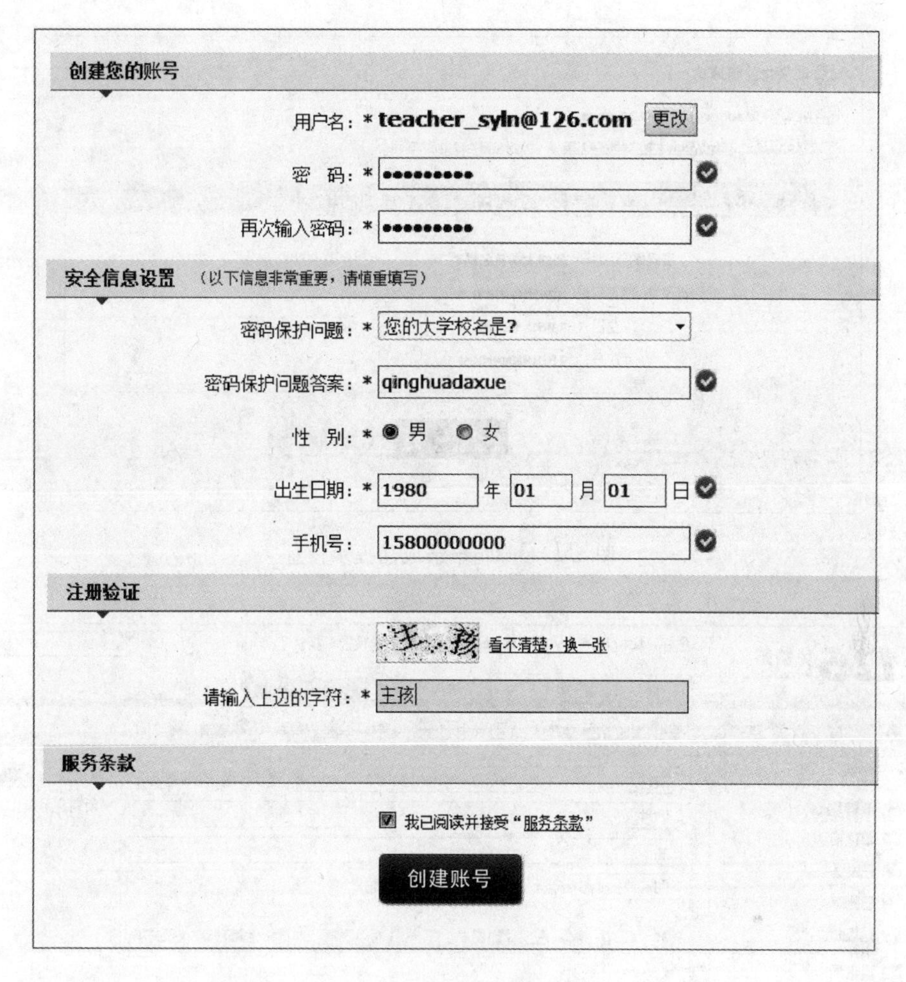

图 5.18　申请电子邮箱

3. 接收邮件

电子邮箱不仅能够发送邮件，还可以接收电子邮件。在登录电子邮箱后单击【收件箱】超链接，再单击需要查看的邮件就可以打开收到的邮件，如图 5.21 所示。

对收到的邮件还可以进行转发、回复。为了安全起见，对陌生人的电子邮件不要随意打开，可以选择拒收或直接删除。

4. 电子邮件的管理

电子邮箱使用时间较长后，邮箱中会积攒下大量无用邮件，可以将邮箱中无保留价值的邮件删除以释放更多的空间。

(1) 邮件删除

在收件箱的邮件列表中，选中邮件前的复选框，如图 5.22 所示，单击【删除】按钮即可将选中的邮件删除。删除的邮件从收件箱中被移动到邮箱的【已删除】文件夹中，7 天后自动删除。如是误操作，可以先单击【已删除】超链接，进入【已删除】文件夹，选中误删除的邮件，单击【移动到】下拉按钮，选择收件箱，将【已删除】文件夹中的邮件重新移回到收件箱中。

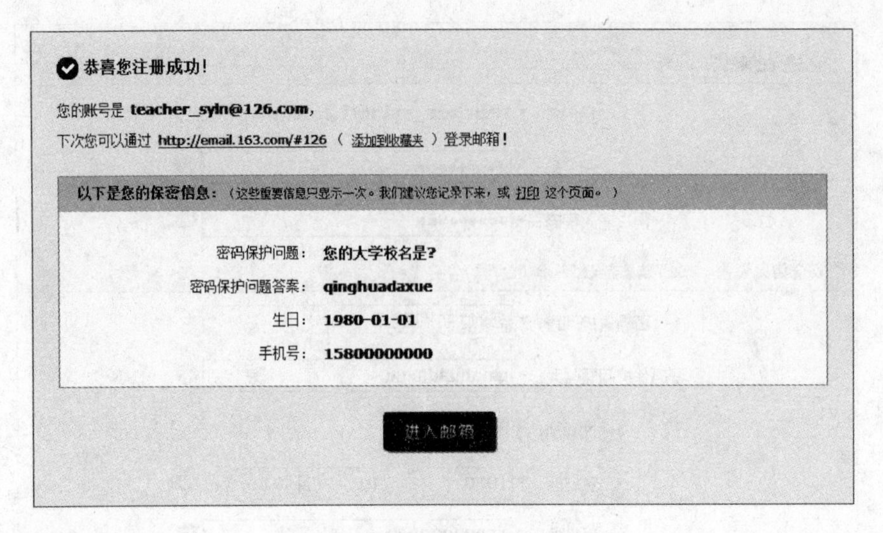

图 5.19　邮箱申请成功提示信息

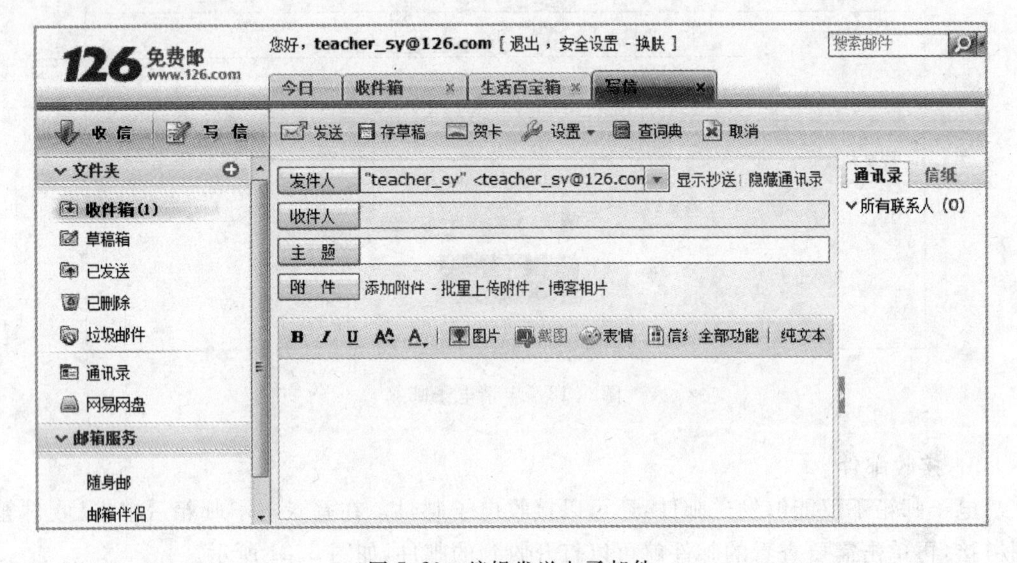

图 5.20　编辑发送电子邮件

（2）邮件移动

有些邮件需要长期保存，这时可以通过单击【移动】按钮将其移动到指定文件夹中，如果必要，还可以通过单击【文件夹】右侧的⊕按钮在邮箱中创建新的文件夹来保存这些邮件。

5.3.3　网络资源的搜索与下载

随着 Internet 规模的不断扩张，网上可供使用的资源越来越多，用户可以通过搜索引擎迅速找到自己所需要的资源，必要时还可以把它们下载到本地使用。

1. 网络资源的搜索

要想在庞大的网络中找到所需的信息，通常需要使用搜索引擎。搜索引擎是一个能按用户输入的要求对 Internet 中的资源进行搜索并把搜索结果提供给用户的网站系统，它可以对网页、网站、图像、音乐等进行搜索定位。常用的搜索引擎有“百度”和 Google 等。下面以使用“百度”进行搜索为例，介绍搜索引擎的使用。

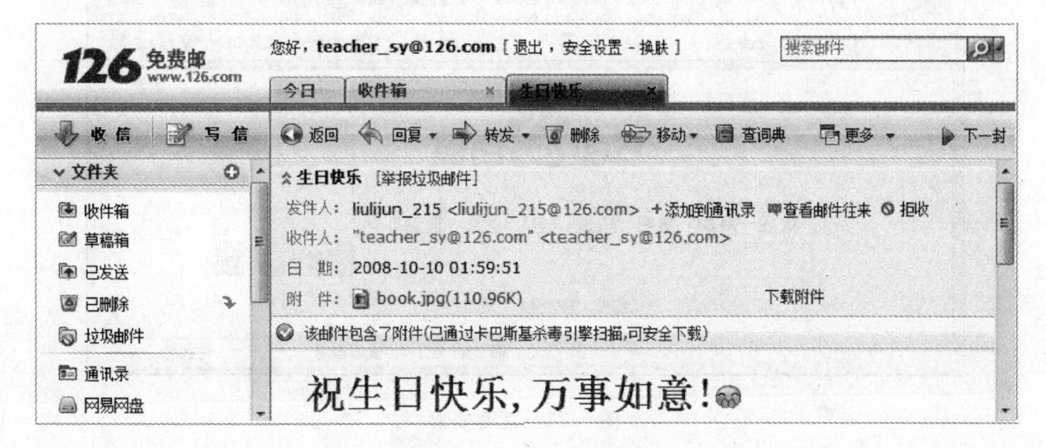

图 5.21　接收电子邮件

图 5.22　收件箱

在浏览器地址栏中输入 http://www.baidu.com，打开百度搜索引擎主页，如图 5.23 所示。这里可以对新闻、网页、MP3、图片、视频等进行搜索。

搜索时首先选择查找类别，如图片、网页等，然后在下面的文本框中输入要搜索内容的关键字，单击【百度一下】按钮，片刻后便可以看到查找到的相关网页。

搜索到的内容与输入的关键字关系非常密切，当找到的内容不太符合要求时，可更换不同的搜索关键字重试。若找到的内容太多，不便于使用，可输入多个关键字，缩小搜索范围。输入多个词语进行搜索时，不同字词之间用一个空格隔开，这样可以获得更精确的搜索结果。例如输入关键字“武侠小说 金庸”时，搜索的是含有“金庸”字样的“武侠小说”。在百度查询时不需要使用符号 AND 或“+”，百度会在多个以空格隔开的词语之间自动添加“+”。百度还支持“-”功能，用于有目的地删除某些无关网页，但减号之前必须留一个空格。例如要搜寻关于“武侠小说”，但不含“金庸”的资料，可使用如下搜索关键字：“武侠小说 -金庸”，这样便可以在检索时将金庸小说排除在外。

图 5.23 百度搜索

音乐搜索功能是百度搜索引擎的一个特色，它可以在每天更新的数十亿中文网页中提取包含音乐网页的链接，从而建立起庞大的歌曲链接库，如图 5.24 所示为显示音乐的各种分类，可以通过歌手名、歌曲名等方法找到需要的歌曲，甚至可以通过搜索歌词找到歌曲。

图 5.24 百度搜索音乐界面

百度还可以通过【知道】功能，在网上搜索一些问题的答案。通过单击【更多】，还可以进一步搜索更多信息。

单击【高级】超链接，可以对搜索条件进行设置，如图 5.25 所示。可以设置的条件包括限定要搜索的网页的时间、搜索网页语言、文档格式、关键词位置等，还可以限定被搜索的网站，进行站内搜索，必要时还可以对搜索关键字起作用的方式进行设置。

Bai du 百度 高级搜索 百度首页

搜索结果	包含以下全部的关键词	百度一下
	包含以下的完整关键词	
	包含以下任意一个关键词	
	不包括以下关键词	
搜索结果显示条数	选择搜索结果显示的条数	每页显示10条
时间	限定要搜索的网页的时间是	全部时间
语言	搜索网页语言是	全部语言 仅在简体中文中 仅在繁体中文中
文档格式	搜索网页格式是	所有网页和文件
关键词位置	查询关键词位于	网页的任何地方 仅网页的标题中 仅在网页的URL中
站内搜索	限定要搜索指定的网站是	例如: baidu.com

图 5.25 百度高级搜索

2. 文件下载

网络上提供了丰富的资源可以让用户免费下载并使用，如华军软件园提供了下载工具、聊天工具、视频播放软件等实用工具软件，新浪游戏、17173 等游戏网站提供了游戏程序，土豆网、新浪视频等提供了电影、电视剧视频，百度、视听天空等提供音乐供用户下载。

下面以在华军软件园【联络聊天】中的【腾讯 QQ】软件为例说明下载软件的方法。

(1) 单击图 5.26 中【腾讯 QQ】的链接，打开腾讯 QQ 软件的下载页面。

图 5.26 常用工具下载

(2) 在腾讯 QQ 软件的下载页面中单击任意的下载链接，弹出如图 5.27 所示【文件下载】对话框。

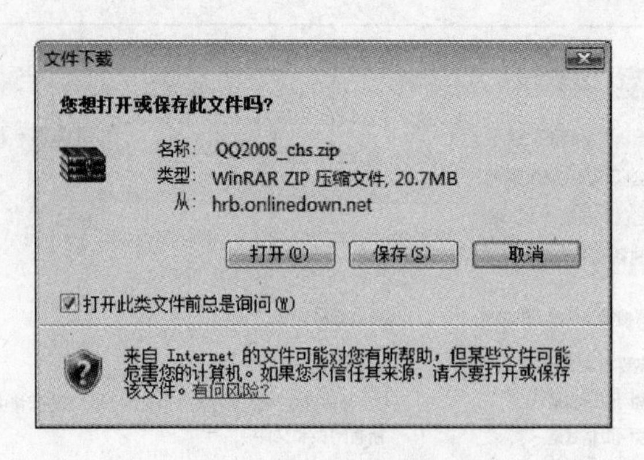

图 5.27 【文件下载】对话框

(3) 单击【保存】按钮，在打开的【另存为】对话框中选择文件保存位置，单击【保存】按钮，开始文件下载。

可以使用百度搜索引擎搜索需要下载的软件。例如需要下载 WinRAR 解压缩软件，可以在百度搜索引擎中搜索 WinRAR，找到后进行下载。

由于 IE 浏览器本身不支持断点续传功能，文件下载过程中如果出现网络连接故障，正在进行的下载操作将被迫中断，若想使用此文件，则必须重新开始下载。因此下载较大文件时，通常使用专用的下载工具进行下载，如 FlashGet、迅雷等。这些下载工具支持断点续传功能，即使网络出现故障，也不必重新下载，只需在网络连接恢复时继续下载即可。

第 6 章 常用工具软件

工具软件一般是指除系统软件、大型商业应用软件之外的一些小软件。多数工具软件是共享软件、免费软件或软件厂商开发的小型商业软件,这些软件比较小、功能相对单一,但是能为计算机用户解决特定的问题。

6.1 病毒防治软件

计算机网络的迅速发展,为计算机病毒提供了更方便、快捷的传播途径,使得计算机病毒的破坏性越来越强。为了保证系统的安全性,人们开发研制了各种病毒防治软件,以便有效地控制计算机病毒的破坏和传播。

6.1.1 计算机病毒

1. 计算机病毒的概念

计算机病毒,是编制者在计算机程序中插入的破坏计算机功能或毁坏数据,影响计算机使用,并能自我复制的一组计算机指令或程序代码。

2. 计算机病毒的特点

计算机病毒之所以被称为"病毒",主要是由于它有类似自然界病毒的某些特征。

(1) 传染性。计算机病毒在一定条件下可以自我复制,并使之成为一个新的传染源,这是病毒的最基本特征。

(2) 破坏性。病毒在触发条件满足时,对计算机系统的文件、资源等运行进行破坏。

(3) 隐蔽性。指病毒的存在、传染和对数据的破坏过程不易为计算机操作人员发现,计算机病毒通常是依附于其他文件而存在的;

(4) 触发性。指病毒的发作一般都需要一个激发条件,可以是日期、时间、特定程序的运行或程序的运行次数等,如 CIH 病毒就定于每个月的 26 日发作。

3. 常见计算机病毒

计算机病毒的种类繁多,每天都有新的计算机病毒产生。像蠕虫病毒、特洛伊木马病毒等都是比较常见的计算机病毒。

1) 蠕虫病毒

蠕虫病毒是一种常见的计算机病毒。它通常是利用系统或应用程序的漏洞来实施攻击和破坏活动。之所以命名为"蠕虫",是因为最初当这种病毒发作时会在屏幕上出现一条类似虫子的东西,胡乱吞吃屏幕上的字母并将其变形。蠕虫病毒是自包含的程序,它能传播它自身功能的拷贝或它的某些部分到其他的计算机系统中。与一般病毒不同,蠕虫不需要将其自身附着到宿主程序，它是一种独立的智能程序体。

“熊猫烧香”病毒就是一种蠕虫病毒。被感染的用户系统中所有.exe可执行文件全部被改成“熊猫烧香”图案，电脑中毒后可能会出现蓝屏、频繁重启以及系统硬盘中数据文件被破坏等现象。同时，该病毒的某些变种可以通过局域网进行传播，进而感染局域网内所有计算机系统，最终导致企业局域网瘫痪，无法正常使用。通过电子邮件传播，是近年来病毒作者常用的方式之一，像“恶鹰”、“网络天空”等都是危害巨大的邮件蠕虫病毒。这样的病毒往往会频繁大量的出现变种，用户中毒后往往会造成数据丢失、个人信息失窃、系统运行变慢等。

2）木马病毒

木马病毒是目前比较流行的病毒，与蠕虫病毒不同，它不会自我繁殖，也不去感染其他文件，它通过对自身的伪装来吸引用户下载或执行，从而向施种木马者提供打开被种者计算机的门户，使施种者可以任意毁坏、窃取被种者的文件，甚至远程操控被种者的计算机。木马通常有两个可执行程序：一个是客户端，即控制端，另一个是服务端，即被控制端。木马的服务端一旦运行并被控制端连接，其控制端将享有服务端的大部分操作权限，例如给计算机增加口令，浏览、移动、复制、删除文件，修改注册表，更改计算机配置等。

常见木马病毒有网络游戏木马和网络银行木马等。网络游戏木马通常采用记录用户键盘输入等方法获取用户的账号和密码。窃取到的信息一般通过发送电子邮件或向远程脚本程序提交的方式发送给木马作者。网络银行木马是针对网上交易系统编写的木马病毒，其目的是盗取用户的卡号、密码，甚至安全证书。此类木马种类数量虽然比网络游戏木马少，但它的危害更加直接，受害用户的损失更加惨重。例如2004年的“网银大盗”病毒、2005年的“新网银大盗”病毒都是网络银行病毒。

“蝗虫军团”木马下载器是一种破坏性非常严重的木马病毒，该木马一旦被执行，会在瞬间下载上百个木马，就像蝗灾来袭时那样铺天盖地，这些木马以“集群作战”的方式，从各个途径彻底破坏用户计算机的安全防护体系。

6.1.2 防治病毒软件简介

病毒防治软件分为两类，一是防止病毒侵入计算机的软件，在病毒还没有进入计算机系统前就被隔离在外面；另一类是用来查杀病毒的软件，对已经进入计算机系统的病毒进行搜索并清除。

防病毒类软件主要指病毒防火墙，它位于计算机和所连接的网络之间。在安装了防火墙的计算机上，流入流出此计算机的所有网络通信均需经过防火墙，这样能够过滤掉一些来自网络的攻击，起到保护作用。操作系统本身有自己的防火墙，另外有些专业的反病毒公司像卡巴斯基、瑞星、金山等也生产相应的防火墙软件。

查杀病毒类软件是对已经侵入计算机的病毒进行扫描，对扫描到的病毒和威胁进行处理，修复被病毒破坏的文件。卡巴斯基、瑞星、金山毒霸、Norton都是较常用的病毒查杀软件。

最好将防火墙软件和杀毒软件结合起来使用。

6.1.3 卡巴斯基全功能安全软件2009

1. 卡巴斯基病毒防治软件简介

卡巴斯基原名Kaspersky Anti-Virus，是由俄罗斯Kaspersky Lab推出的防病毒软件。

卡巴斯基是目前流行的防病毒软件。卡巴斯基 7.0 版本之前的软件仅限于病毒查杀，卡巴斯基互联网安全套装是带防火墙功能的反病毒软件，2008 年推出卡巴斯基全功能安全软件 2009。卡巴斯基全功能安全软件 2009 是一套全新的安全解决方案，可以完全保护计算机免受病毒、蠕虫、木马和其他恶意程序的危害。

2. 卡巴斯基 2009 的界面

默认情况下，开机后系统会自动启动卡巴斯基 2009，在任务栏的通知区域显示图标，通过单击此图标打开如图 6.1 所示的卡巴斯基全功能安全软件 2009 主程序窗口，此窗口也可以通过开始菜单来打开。

图 6.1 卡巴斯基杀毒软件

卡巴斯基全功能安全软件 2009 主程序窗口可以分为三个区域：上部为计算机当前保护状态表示区，下部则以类似选项卡的方式提供各个功能的选择及操作。该区域的左半部是功能选择区，用于程序功能的选择；右半部是具体内容的显示及操作区，用于显示所选中选项卡的内容。另外一些按钮和超链接用于执行辅助性的操作。

1）保护状态表示区

计算机有 3 种可能的当前保护状态，分别用红、黄、绿三种颜色表示。

绿色表示计算机的保护处于安全级别。

黄色表示计算机存在风险，保护级别已经减小。

红色表示计算机存在严重安全问题，应立刻加以解决。

2）功能选择区

功能选择区域列出了该软件的 4 组常用功能：【保护】、【扫描】、【更新】和【许可】。

【保护】：用于显示并设置各个保护组件。也允许执行一些与此保护功能相关的操作。保护模块包括反恶意程序、系统安全、在线安全和内容过滤4部分。

【扫描】：扫描计算机文件系统里的任何对象，提供了完全扫描和快速扫描两种扫描方式。

【更新】：用来定时更新数据库和应用程序模块。

【许可】：授予可以使用卡巴斯基杀毒软件的功能，允许更新程序组件，续费延长许可期限。

3）具体内容显示及操作区

该区域显示了所选择程序的功能及用来配置该功能的设置等。图6.1中显示【保护】的所有功能模块及其所包含的全部子功能模块。其中前面有【√】表示已启动此项功能，前面有【×】表示未启动此项功能。

窗口的右下角显示卡巴斯基防病毒软件目前的工作状态，包括数据库状态、检测到的风险、连接网络及受控程序数量等。

3. 卡巴斯基2009的使用

卡巴斯基全功能安全软件2009简单易用，只需在界面中单击相应文字链接或按钮，即可完成相应的操作。

1）扫描

扫描是反病毒软件最重要的功能，用户可以选择手动扫描，也可根据设置进行自动扫描。选择手动扫描时单击图6.1卡巴斯基界面中【扫描】项，进入扫描界面，如图6.2所示。

图6.2 扫描

在这里选择扫描范围，可根据需要选择全部磁盘或只选中某一磁盘，还可以添加其他的项目，然后单击【开始扫描】按钮，可看到杀毒软件开始对选定范围进行扫描。这里选择 C、F、G 三个本地磁盘进行扫描。

若扫描期间发现病毒，根据预先设置自动进行相应的病毒清除处理。扫描完成后，可以选择【检测到的威胁】和【报告】按钮查看扫描结果，图 6.3 所示是选择【报告】按钮看到的结果。报告中显示检测的文件总数、检测到的各种威胁以及相应的处理结果。

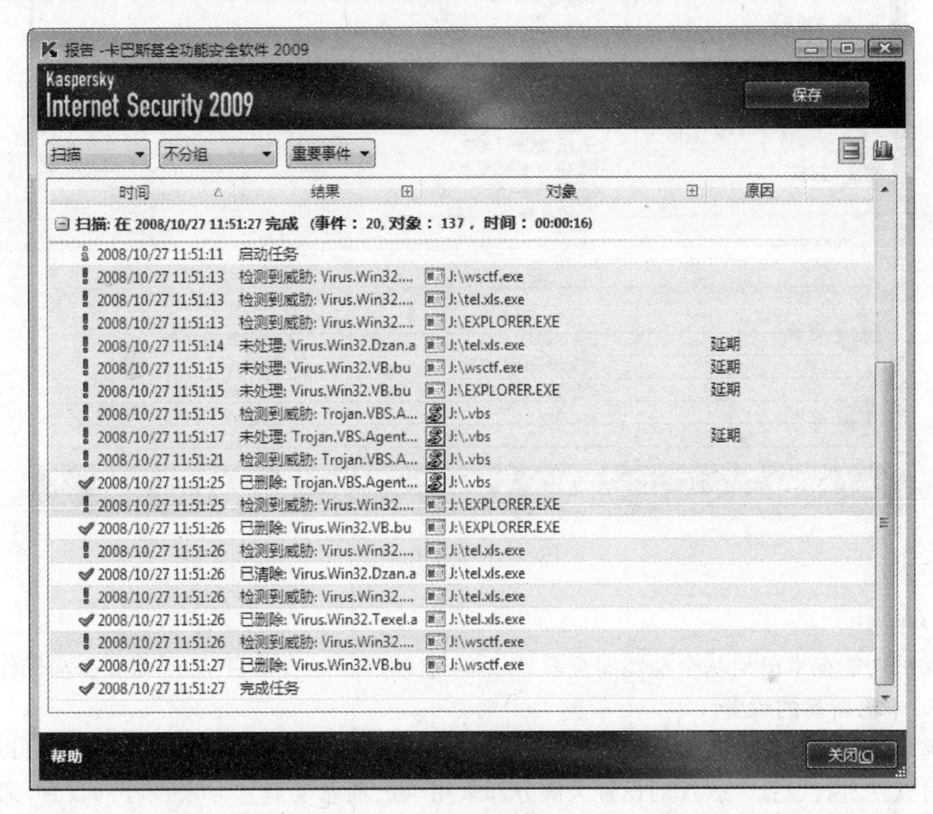

图 6.3　报告

卡巴斯基杀毒软件提供两种扫描方式，完全扫描和快速扫描，二者扫描范围不同。完全扫描根据用户选择范围将扫描选中的系统对象，默认时扫描系统内存、启动对象、系统备份、电子邮件数据库、硬件驱动程序、移动存储介质和网络驱动器，如图 6.4 所示。完全扫描需要很长时间，因此不经常使用。快速扫描只扫描操作系统启动时加载的对象，包括系统内存、启动对象和磁盘引导扇区，扫描时间较少。用户可以根据需要选择适当的扫描方式，通常情况下不需要修改扫描范围，直接单击【开始扫描】按钮即可。

2）更新

每天都会出现数百种新的计算机病毒，针对这些新病毒，计算机病毒专家每天都要更新病毒数据库，这样防病毒软件才能有效地防止病毒的破坏。

更新病毒数据库通常根据默认设置自动进行，必要时也可进行手动更新。单击图 6.1 中的【更新】选项，然后单击【开始更新】按钮即可完成病毒数据库的手动更新。

图 6.4　完全扫描

3）保护

保护功能在卡巴斯基全功能安全软件 2009 启动时已经自动启动，不需要手动操作。

4. 卡巴斯基的设置

为了更好地保护计算机系统的安全，充分发挥卡巴斯基的病毒防治功能，用户可以根据需要对软件进行设置。软件的设置大部分都采用卡巴斯基实验室专家推荐的设置，通常用户只对检测到威胁后的处理方式和运行模式进行设置。

1）设置检测到威胁后处理方式

一旦检测到威胁对象，卡巴斯基全功能安全软件 2009 会按照事先设置进行处理。单击图 6.4 中【自动选择操作】，弹出图 6.5 所示菜单。在这里可以看到默认处理方法是先尝试清除病毒，如果无法清除病毒则删除对象。

图 6.5　检测到威胁处理方式

也可设置其他的处理方法，如图 6.5 所示将清除和删除选项都取消，只对检测到威胁进行信息提示。或只选择清除或删除中的一项都是允许的处理方法。

2) 设置扫描运行模式

卡巴斯基通过运行模式,可以创建扫描任务的计划。如果希望扫描任务能在方便的时候进行,则选择【计划】中的【手动】项。若希望扫描定期运行,则根据计划来创建一个扫描任务进度表。创建方法如下:

(1) 在图 6.2 所示界面中,单击【设置】按钮,打开设置对话框。

(2) 在设置对话框中再单击【设置】按钮,打开扫描设置对话框。

(3) 选择【运行模式】选项卡,如图 6.6 所示。在这里可以看到运行模式,可选择【手动】或【计划】选项,如果选择计划则需要进行计划设置。

(4) 设置扫描计划时,可以设置指定的时间周期,也可以在应用程序启动时或在更新后。还可以指定白天或夜晚的具体时间进行扫描,图 6.6 中设置每天 12:00 进行自动扫描。

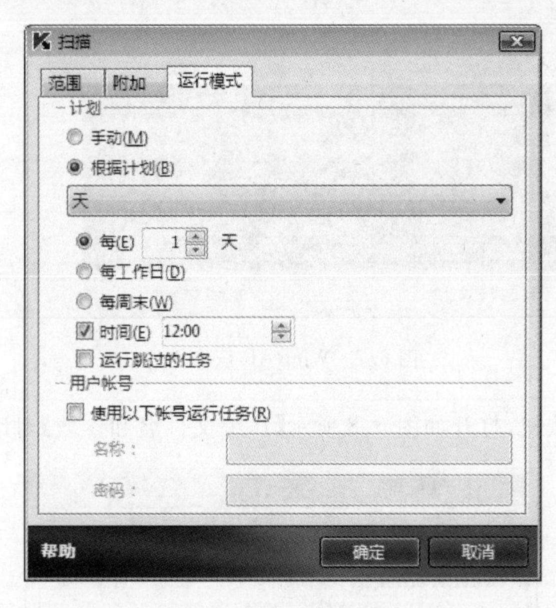

图 6.6 运行模式设置

更新模块运行模式的设置与扫描模块运行模式的设置基本相同,可以参照扫描运行模式进行设置。

6.2 文件压缩/解压缩软件

目前从网上下载的软件大部分都是压缩文件,需要使用解压缩软件先解压后才能使用;另外在使用电子邮件附加文件功能发送多个文件时,最好也能事先对附加文件进行压缩打包处理,这样不仅能减轻网络的负荷,更能省时省力。目前常用压缩/解压缩软件有 WinRAR、WinZip、WinAce 等,WinRAR 是现在最流行的压缩/解压缩工具,解压缩从网上下载的 RAR、ZIP 等类型的压缩文件,并且可以新建 RAR、ZIP 格式的压缩文件,这里介绍的版本为 WinRAR 3.80 Final 官方简体中文版。

6.2.1 使用 WinRAR 压缩文件

使用 WinRAR 软件压缩文件，不仅可以将容量较大的文件压缩，使其便于 Internet 传输和备份保存，还可以有效地节省磁盘空间。

1. 文件压缩

(1) 双击桌面 WinRAR 快捷方式或使用【开始】菜单，启动 WinRAR 软件。

(2) 在地址栏中选择文件夹，找到需要压缩的文件并选中，如图 6.7 所示。

图 6.7 WinRAR 压缩文件

(3) 单击【添加】按钮，打开如图 6.8 所示【压缩文件名和参数】对话框。

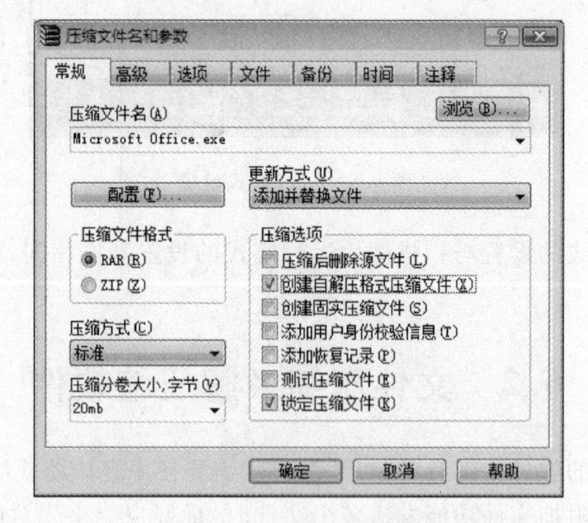

图 6.8 【压缩文件名和参数】对话框

(4) 在该对话框中输入压缩文件名称，选择压缩选项，单击【确定】按钮完成文件压缩。

在压缩选项中选择【锁定压缩文件】项，这样生成的压缩文件是不能用 WinRAR 来修改的，可以锁定重要的压缩文件以防止它们被意外的更改。

如果需要预知压缩的文件在压缩之后会有多大，首先选择要压缩的文件，然后单击工具栏上的【信息】按钮，在打开的对话框中，单击【信息】选项卡中的【估计】按钮，WinRAR 会给出压缩率、压缩包大小和压缩估计时间等数据，这对于压缩比较大的文件或文件夹非常有用。

2. 使用鼠标右键快速压缩文件

这是使用最多的压缩方式。选中要压缩的文件，然后单击右键在弹出快捷菜单中选择【添加到压缩文件】命令，弹出图 6.8 所示的【压缩文件名和参数】对话框，进行相应设置后单击【确定】按钮即可压缩文件。

3. 文件加密压缩

有些重要的文件或保密的文件可以使用 WinRAR 压缩软件在压缩文件的同时进行加密处理，具体方法如下：

(1) 启动 WinRAR，选中需要压缩的文件。

(2) 在 WinRAR 中选择【文件】菜单下的【设置默认密码】命令，进行密码设置。

(3) 把已经加密的文件压缩起来，这样加密的压缩文件在解压缩时需要输入密码。

4. 文件分割压缩

如果需要压缩的文件较大时，可以利用 WinRAR 轻松分割文件，在分割的同时将文件进行压缩。在图 6.8 所示对话框中单击【压缩分卷大小，字节】下拉列表框，从中选择或输入分割大小，然后单击【确定】按钮，WinRAR 将会按照分割大小生成分割压缩包，此处每个压缩包的大小为 20MB。解压分割压缩的文件时，只需双击任意一个分割压缩文件，就可以全部解压缩。

5. 创建自解压文件

自解压文件是压缩文件的一种，它可以不用借助任何压缩工具，只需双击该文件就可以自动执行解压缩，因此叫做自解压文件。同压缩文件相比，自解压的压缩文件体积要大于普通的压缩文件，它的优点是可以在没有安装压缩软件的情况下打开压缩文件，自解压文件通常是.exe 扩展名的文件。

创建自解压文件只需在图 6.8 所示的【压缩文件名和参数】对话框中选中【创建自解压格式压缩文件】选项，然后单击【确定】按钮即生成自加压文件。

6.2.2 使用 WinRAR 解压缩文件

要使用压缩文件，必须先将其还原成可以处理或执行的文件格式。具体操作方法如下：

(1) 双击要解压的文件，启动 WinRAR 解压缩软件，如图 6.9 所示。

图 6.9 WinRAR 软件主界面

(2) 单击工具栏的【解压到】按钮，打开如图 6.10 所示【解压路径和选项】对话框。

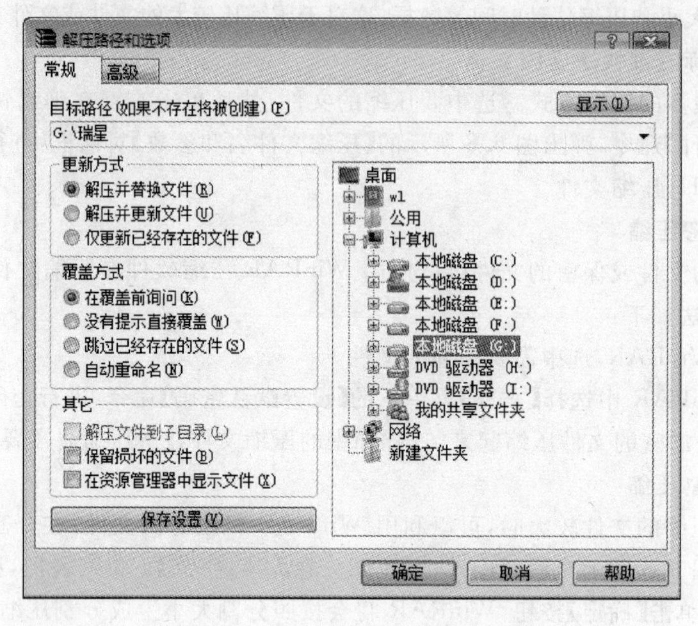

图 6.10 【解压路径和选项】对话框

(3) 在该对话框中输入文件解压后的目标文件夹，选择更新方式和覆盖方式，然后单击【确定】按钮，程序自动解压到目标文件夹。

使用压缩工具，不但可以节省磁盘空间，而且可以更方便用户管理文件，更有利于文件的传输和保存。

6.3 图像浏览软件

图像是多媒体产品中使用最多的素材，具有直观、便于理解的特点，图像的处理需要有专门的图像处理软件。ACDSee 是目前最为流行的图片处理软件，本节将介绍 ACDSee 10。ACDSee 10 广泛应用于图片的获取、管理、浏览、优化等功能，可以处理 50 多种常用多媒体格式文件，能快速、高质量地浏览图片，配以内置的音频播放器，可以播放出精彩幻灯片。ACDSee 不仅能处理如 MPEG 之类常用的视频文件，还是一个功能强大的图片编辑工具，可以轻松地批量处理数码影像。

6.3.1 图片浏览

浏览图片是 ACDSee 最基本功能，提供了几种浏览图片的方式，操作方法也非常简单，一次可以浏览一个或多个图片文件。

双击欲浏览的图片，打开 ACDSee 10 应用程序。单击工具栏的 浏览 按钮，进入图片浏览方式，如图 6.11 中所示是图片浏览方式。浏览窗口中有【文件夹】窗格、【预览】窗格、【整理】窗格、文件列表窗格等，可以方便地浏览、查看、编辑及管理相片与媒体文件。

图 6.11 ACDSee 10 图片浏览方式

1. 使用文件夹窗格浏览图片

文件夹窗格显示计算机中全部文件夹的目录树，通过在文件夹窗格中选择一个或多个文件夹，可以在文件列表窗格中显示它们的内容。

可以使用文件夹窗格为经常使用的文件或文件夹创建快捷方式，这样就可以在收藏夹窗格中快速访问特定的文件，不必再去搜索。

2. 按照类别、评级、自动类别或分类浏览图片

整理窗格显示包括类别、评级、自动类别以及特殊分类的列表，可以轻松选择类别、评级、自动类别以及特殊分类的组合。

如图 6.11 所示在整理窗格的评级中选择 1 级，在类别中选择地点，这样在文件列表窗格中显示评级是 1 级，类别是地点的图片。若图片没有设置类别和级别，可右击图片文件，在弹出的快捷菜单中进行设置。

图像与媒体文件显示在文件列表窗格中，但并不改变文件的位置，类别、评级、自动类别以及特殊分类都与文件位置无关。

3. 按日期浏览图片

通过日历窗格，可根据与每个文件关联的日期来浏览图像。日历窗格包含事件、年份、月份、日期视图。在日历窗格中可以单击任何日期来显示同该日期关联的文件的列表。

在菜单栏中单击【视图】→【日历】项，选择日历窗格，在日历窗格中选择年份视图，这时有图片创建的年份变成黑体，如图 6.12 所示。选中需要的年份，相应年份创建的文件在文件列表窗格显示。

6.3.2 查看图片

在图片浏览方式下，双击任意一个小图片，进入图片查看方式，如图 6.13 所示。若需要连续查看多个图片，可以使用 按钮向前或向后翻看图片。

图 6.12　按日期浏览图片

图 6.13　图片查看

查看图片过程中，如图片大小不合适，可以使用按钮进行缩放处理，也可单击按钮，在弹出的菜单中选择【适合图像】命令，将图像一步调整到合适大小。查看时单击按钮，可以将图片设置为桌面墙纸。

查看图片时还可以单击按钮，自动播放图片，每个图像的显示时间可以根据需要进行设置。在菜单栏中单击【视图】→【自动播放】→【选项】项，在打开的【自动播放】对话框中设置延迟时间和播放顺序，根据需要自动播放图片。自动播放主要用于图片展示、产品介绍、作品欣赏等场合。

6.3.3 图片编辑

ACDSee 不仅可以浏览图片，而且还能够对图片进行编辑处理。单击图 6.13 中的 按钮，进入图 6.14 所示的图片编辑窗口。

图像编辑包括图像调整大小、旋转图像、修复图片、调整颜色、添加文本等内容，通过编辑，使图像效果更好。

1. 在图片上添加文本

有些需要长期保存的图片或有纪念意义的图片需要添加一些文字说明，方便日后或他人对图片的理解。

在图 6.14 中单击【编辑面板：主菜单】中的 添加文本 按钮，进入如图 6.15 所示的界面。在文本框中输入要添加的文字，调整字体、大小、颜色及一些特殊效果，单击【确定】按钮完成文本的添加，在图片上可以清楚看到添加文字。

图 6.14 图片编辑

2. 图片的裁剪

有些情况下需要选择图片的一部分，这时可以使用裁剪工具来删除图像上不想要的部分，或是将图像画布缩减到特定的尺寸。

在图 6.14 中单击【编辑面板：主菜单】中的 裁剪 按钮，进入图 6.16 所示的裁剪界面。用光标来调整裁剪的区域和大小或在宽度和高度处选择适当的大小，再调整裁剪的位置，单击【完成】按钮，返回上一级界面，单击 按钮可将裁剪的图像另存为新文件。

使用 ACDSee 软件不仅可以浏览、查看、编辑图片，还可管理图片文件，实现图片文件的导入导出，转换图片文件的格式等。

图 6.15 添加文字

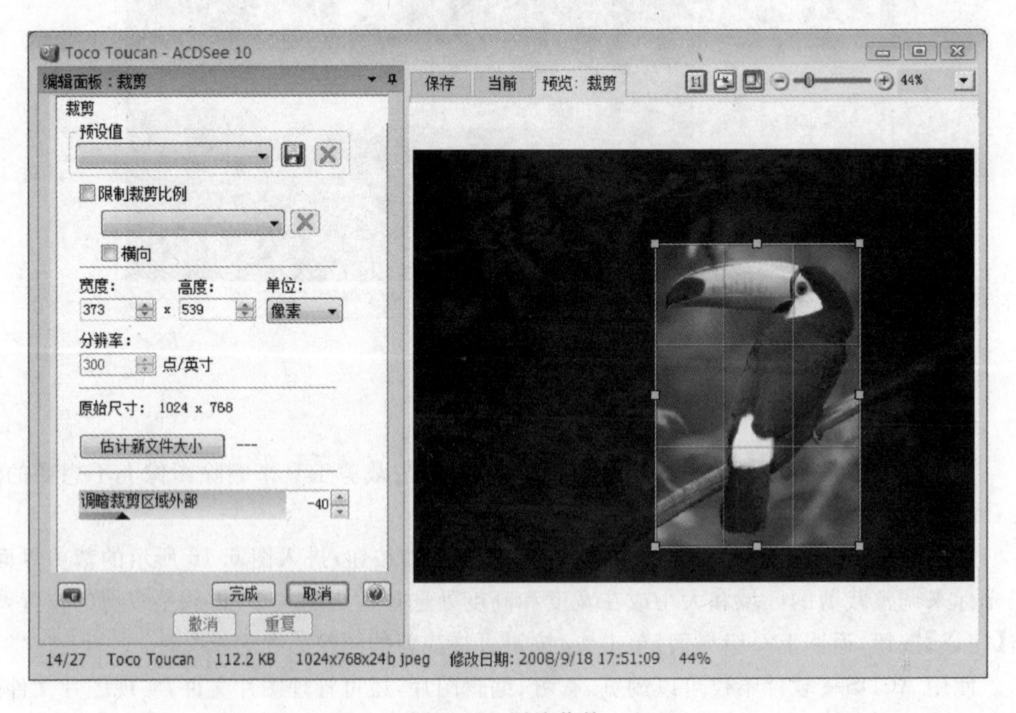

图 6.16 图片裁剪

6.4 文字翻译软件

随着互联网的快速发展,使得国际间的交流越来越广泛,语言成了无法逾越的鸿沟,严重阻碍了国际间的交流。金山词霸是面向互联网翻译的专用工具软件,适用于个人用户的免费翻译软件,这里介绍谷歌金山词霸 2008。该版本由谷歌和金山合作开发,继承金山词霸的取词、查词等经典功能,并新增全文翻译、网页翻译和流行词查询功能的网络词典,支持中、日、英语言查询,并收录 30 万单词纯正真人发音。

6.4.1 使用金山词霸查询单词

词典功能作为金山词霸的核心功能,具有智能索引、查词条、查词组、模糊查词、变形识别、拼写近似词等功能。

1. 查询字词

金山词霸查询中英文字词十分简便,解释和翻译准确、全面,且给出例句,还能实现中英文互译。

双击桌面快捷方式启动金山词霸,如图 6.17 所示是金山词霸主界面。在文本框中输入英文单词,单击【查词】按钮,即可显示所查询字词的中文解释;如果在文本框中输入中文字词,单击【查词】按钮,可看到所查询字词的英文解释。单击🔊按钮可以听到所查询字词的读音,单击 按钮可以将单词添加到【我的生词本】,以便背单词时使用。单击【例句】按钮可以看到和所查询单词相关的例句,默认十个例句,可以根据需要重新设置。

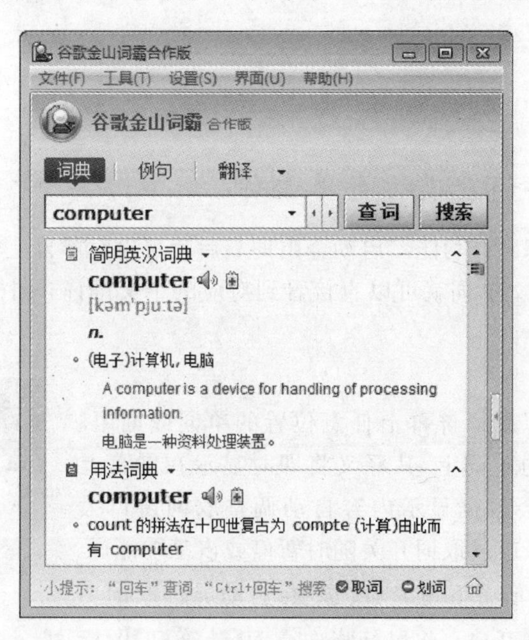

图 6.17 金山词霸查词

智能索引能跟随已输入的字母,同步在索引词典中搜寻最匹配的词条并显示出来,辅以简明解释,可快速找到想要输入的单词,自动补全。

2. 模糊查询

在输入查询时可能会忘记单词的完整拼写，这时可以利用模糊查询通配符“*”和“?”进行模糊查询。“*”可以代替零到多个字母，“?”仅代表一个字母。当忘记单词中的某个字母可以用“?”来代替，此时目录栏会列出所有符合条件的单词；如果仅记起单词的开头或结尾的几个字母，那么可以用“*”代替另外的字母来进行模糊查询。如图 6.18 所示，只输入单词开头的三个字母然后输入“*”，这时以这三个字母开头的单词都显示在窗口中，鼠标指向的单词显示单词释义，单击相应的单词，可以得到图 6.17 所示单词的详细解释。

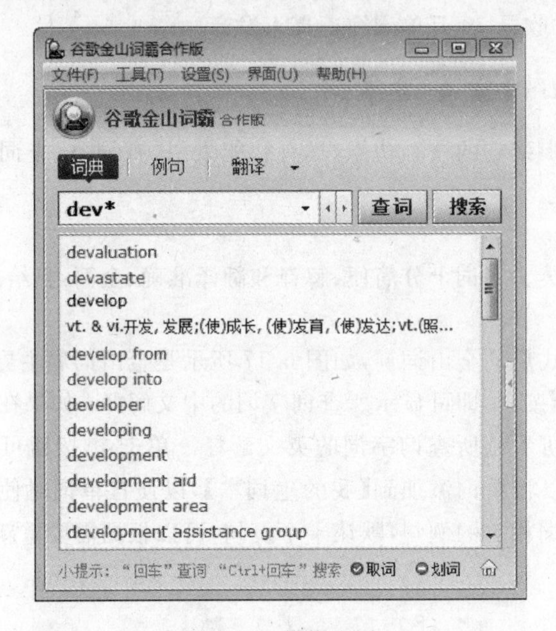

图 6.18 模糊查词

6.4.2 使用金山词霸进行屏幕翻译

金山词霸具有屏幕翻译功能。启动金山词霸后就可以对屏幕上任意位置的文字进行翻译，只要将鼠标指向英文单词就可以直接看到对应的中文翻译；同样鼠标指向中文字词可以看到对应的英文翻译。

1. 屏幕取词

屏幕取词功能可以翻译屏幕上任意位置的单词或词组。将鼠标移至需要查询的单词上，其释义将即时显示在屏幕上的浮动窗口中。程序会根据显示内容自动调整取词窗口大小、文本行数等，用户可通过取词开关随时暂停或恢复功能。

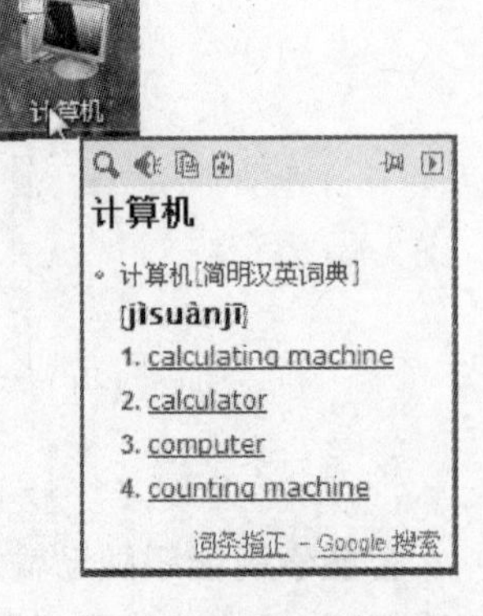

图 6.19 屏幕取词

单击图 6.17 中屏幕右下角 取词 选项，启动屏幕取词功能， 取词 显示取词功能开启。将鼠标指向桌面【计算机】图标的文字，可以看到相应的解释，如图 6.19 所示。单击 按钮可以将词条固定在桌面，单击 按钮可以将词条的内容复制，单击 按钮可以查词典。

2. 划词翻译

划词翻译和屏幕取词一样，是一种快速翻译功能。在阅读网页、邮件或聊天时需要快速翻译句子、段落，用鼠标选中一段文字，就会在光标旁边出现划词翻译窗口，给出所选中文字的翻译结果。可以在划词翻译窗口中调整翻译语言方向，并单击【翻译】按钮，以得到合适的结果。

单击图 6.17 中屏幕右下角 划词 选项，启动划词功能， 划词 显示划词功能开启。选中需要翻译的文字，可以看到相应的翻译，如图 6.20 所示。单击 按钮可以将词条固定在桌面，单击 按钮可以将词条的内容复制。

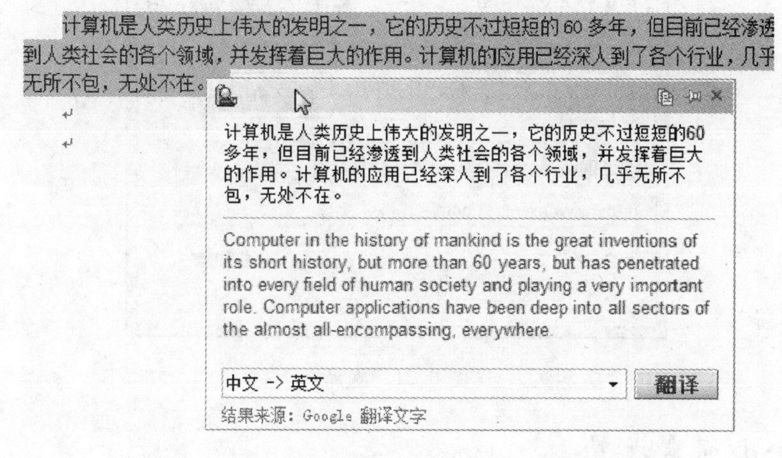

图 6.20　划词

6.4.3　使用金山词霸翻译和搜索

金山词霸不但能够进行中英文翻译，还可以通过金山词霸在网上搜索到所需要的中英文句子。

1. 翻译

翻译功能包括翻译文字和翻译网页，翻译界面如图 6.21 所示。

(1) 翻译文字

在原文框中输入要翻译的文字，选择翻译语言方向，单击【翻译】按钮，稍后译文会显示在译文框内。

(2) 翻译网页

在网址框中输入要翻译网页的网址，选择翻译方向【中文→英文】，单击【翻译】按钮，这时会打开已被翻译的网页。若想要看到原始网页，可以单击网页中的【查看原始网页】超链接，原始网页也被打开，可以将两个网页对照看。

2. 搜索

金山词霸具有例句搜索功能，可以输入中文或英文词句，通过金山词霸在网上搜索到最匹配的双语例句。

在图 6.17 所示窗口中选择【例句】，然后在文本框中输入需要翻译的英文句子，单击【搜索】按钮，用户可以在金山词霸搜索结果中找到所需的翻译。

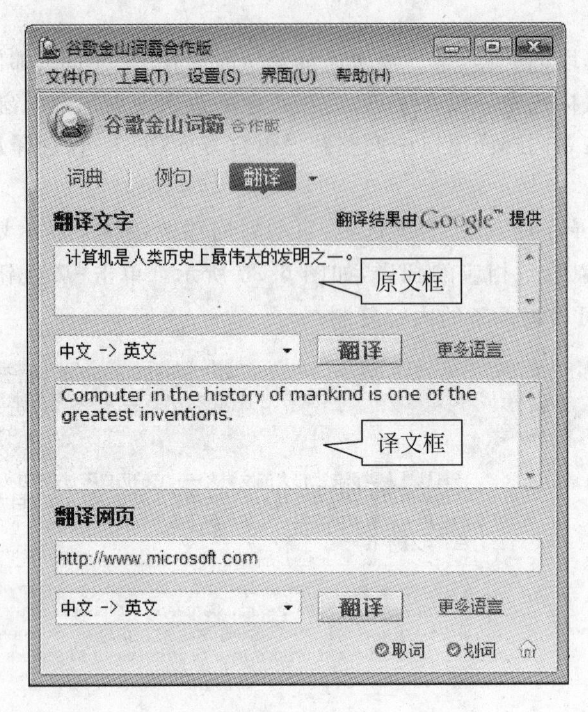

图 6.21　翻译

6.4.4　金山词霸设置

为了更好地使用金山词霸，可以根据需求设置金山词霸，下面以词典和语音为例说明设置方法。

1. 词典管理

金山词霸查询字词、例句都是在词典中进行的，因此词典的选择非常重要。金山词霸提供了十多种权威的网络词典，用户可以根据需要选择词典。

单击【设置】→【词典管理】命令，打开【词典管理】对话框，如图 6.22 所示。左侧显示目前使用的词典，右侧显示备用词典，可以通过添加和移除按钮来添加和移除词典，并可调整词典的排列顺序，以达到最佳使用效果。

2. 语音设置

金山词霸内含全球领先的 TTS 全程化语言技术，可以设置语音朗读的音量、音调、语速等，还可以选择即时发音的类型。

(1) 单击【设置】→【软件设置】命令，打开【软件设置】对话框，在【软件设置】对话框中选择语音，如图 6.23 所示。

(2) 选择即时发音类型，图 6.23 中选择了查词、查句和取词三项内容。

(3) 将音量、音调、速度调整到合适位置，输入测试文本，单击【测试】按钮进行测试。

(4) 若对测试结果满意，单击【确定】按钮，完成语音设置。

使用金山词霸不仅可以查找词义，还可以学习单词的准确发音。另外还提供了【金山词霸生词本】和【金山迷你背单词】等小工具，非常适合学习。

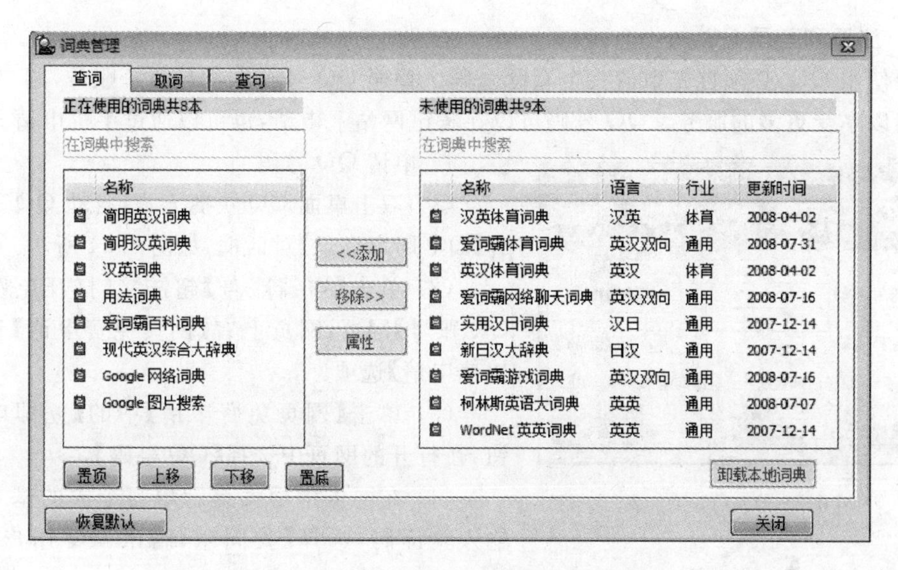

图 6.22 【词典管理】对话框

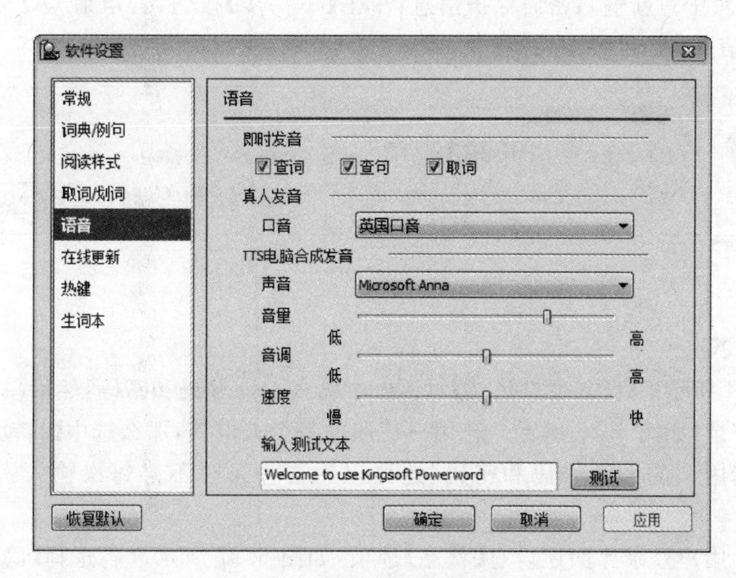

图 6.23 【软件设置】对话框

6.5 网上通讯

在网络与人们生活结合越来越紧密的今天，网络通信也自然地走进了人们的生活。网络通信成为一种时尚，可以在网络上聊天、发送各种信息。

6.5.1 网络聊天工具 QQ

QQ 是深圳腾讯公司开发的一种国内最流行的中文网络聊天工具，是一款基于 Internet 的即时通信软件，支持在线进行文字、语音和视频聊天，还可以进行文件传送，玩网络游戏或发送手机短信等。本节介绍的版本是 QQ2008。

1. 注册和登录 QQ

要使用 QQ,必须首先申请一个 QQ 号码。普通 QQ 号码本身是免费账号,用户可以后期付费以享受更多的服务。QQ 号码可以在腾讯网站上申请,也可以通过手机申请。

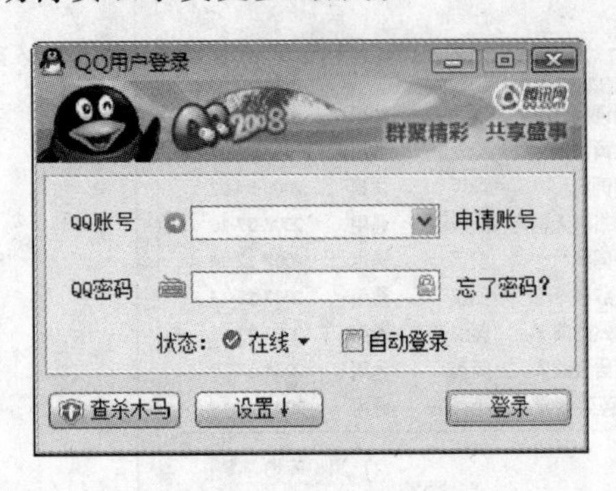

图 6.24 QQ 用户登录

1) 申请 QQ 号码

(1) 双击桌面 QQ 快捷方式,启动 QQ 软件,打开【QQ 用户登录】对话框,如图 6.24 所示。

(2) 单击【申请账号】超链接,打开免费【申请 QQ 账号】网页,网页上有【网页免费申请】和【手机快速申请】选项。

(3) 单击【网页免费申请】中的【立即申请】按钮,在打开的网页中选择【QQ 号码】。

(4) 在网页中根据提示填写个人的基本信息,输入验证码,选择【我同意《腾讯 QQ 用户服务条款》】,最后单击【下一步】按钮。

(5) 在网页中重新输入密码保护信息,单击【下一步】按钮,若申请 QQ 号码成功,显示图 6.25 所示信息。

图 6.25 QQ 号码申请成功

2) 登录 QQ

在图 6.24 所示的【QQ 用户登录】对话框中输入 QQ 号码和密码,然后单击【登录】按钮即可以成功登录,如图 6.26 所示。若用户使用的是个人电脑,那么选中【自动登录】项后,该计算机将存储用户的 QQ 号码和密码,这样以后再登录时不必每次输入密码,方便用户使用。

腾讯 QQ 用户登录界面还设有【状态】选项,如图 6.27 所示。若选择【隐身】登录,其他用户不知道该用户是否上线,这样可以免受打扰。

2. 添加好友

首次登录进入 QQ 窗口时,只有自己的名字出现在【我的好友】组中,要与网络中的朋友进行交流,必须首先添加好友。添加方法如下:

(1) 单击图 6.26 中的 查找 按钮,弹出图 6.28 所示对话框。

(2) 选中【精确查找】选项,输入对方账号,然后单击【查找】按钮,这时弹出图 6.29 所示对话框,在对话框中可以看到简要的好友信息。

(3) 单击【加为好友】按钮,若对方不需要身份验证,会弹出图 6.30 确认对话框。选择【我的好友】分组,选中【允许对方加我为好友】选项,单击【确定】按钮,添加成功,如图 6.31 所示,这样双方互为好友。

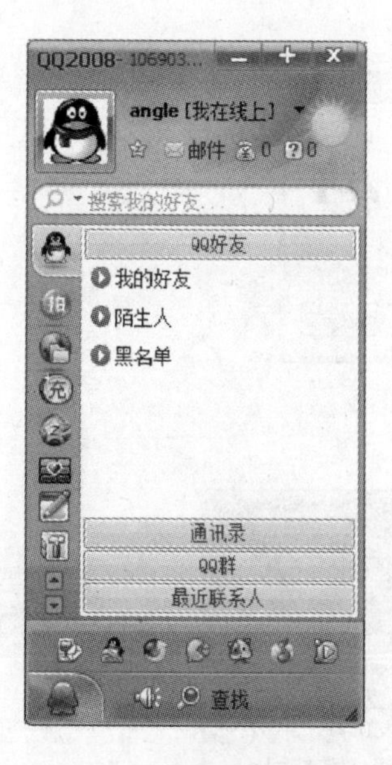

图 6.26　QQ 登录成功

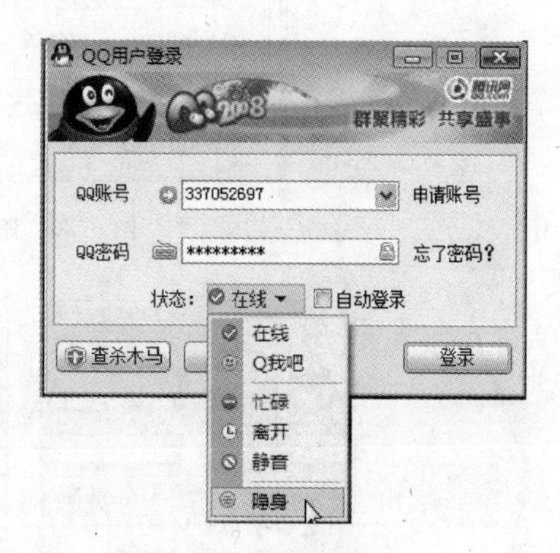

图 6.27　选择在线状态

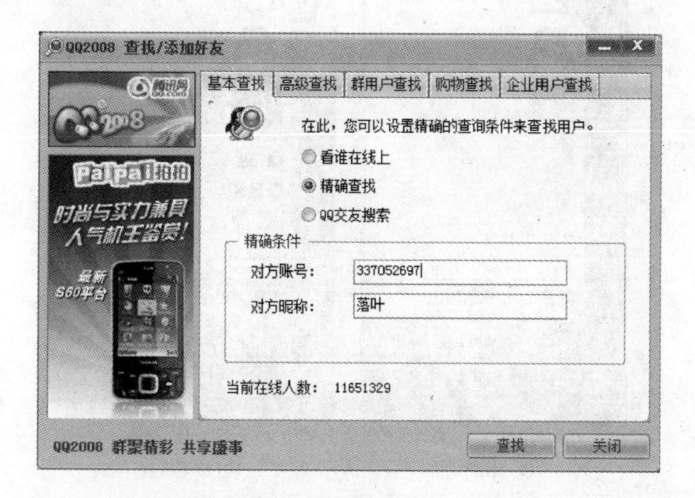

图 6.28　查找好友

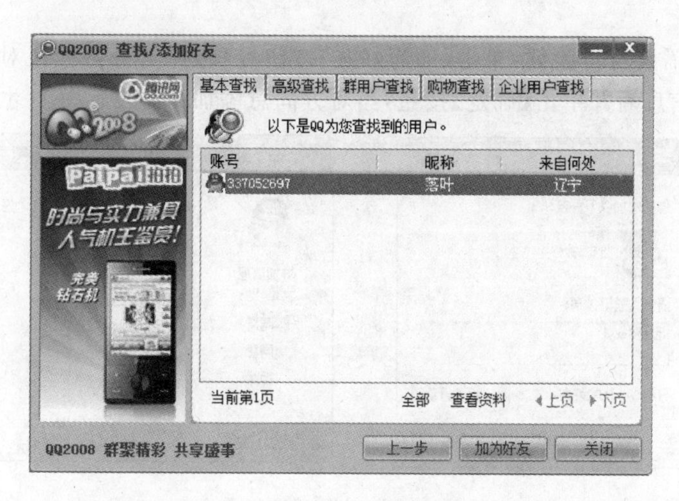

图 6.29　显示好友信息

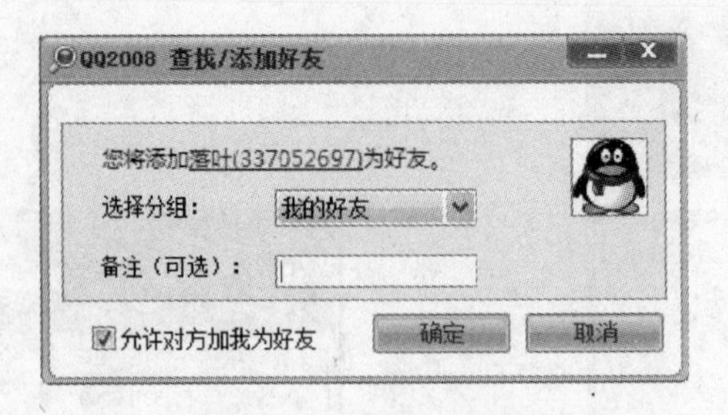

图 6.30　添加好友

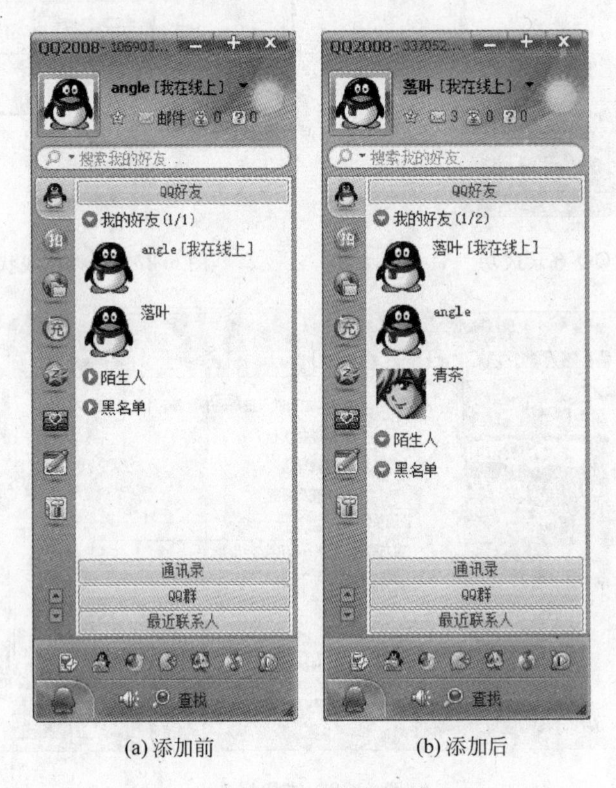

(a) 添加前　　(b) 添加后

图 6.31　好友添加成功

(4) 若对方需要身份验证，单击【加为好友】按钮后，将弹出身份验证对话框，如图 6.32 所示，输入验证信息后并单击【确定】按钮，当对方同意添加为好友后好友才添加成功。

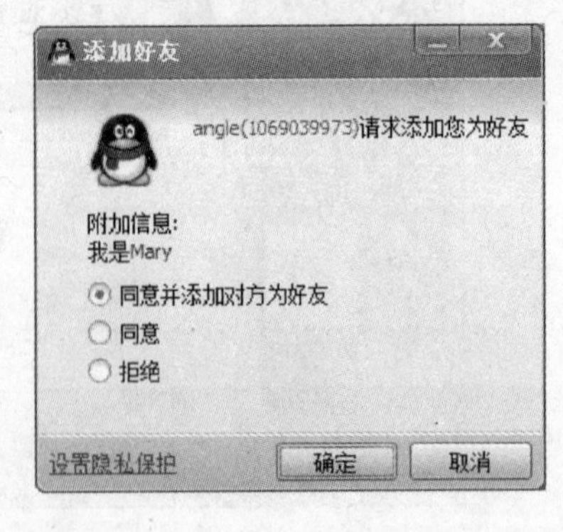

图 6.32　输入验证信息

3. 在线聊天

在 QQ 中添加好友信息后，就可以在网上和好友以收发文字信息等方式聊天。选择聊天好友时请注意，灰色头像表示好友目前不在线，彩色头像表示好友在线，聊天方法如下：

(1) 双击要聊天好友的头像，打开聊天窗口，如图 6.33 所示。

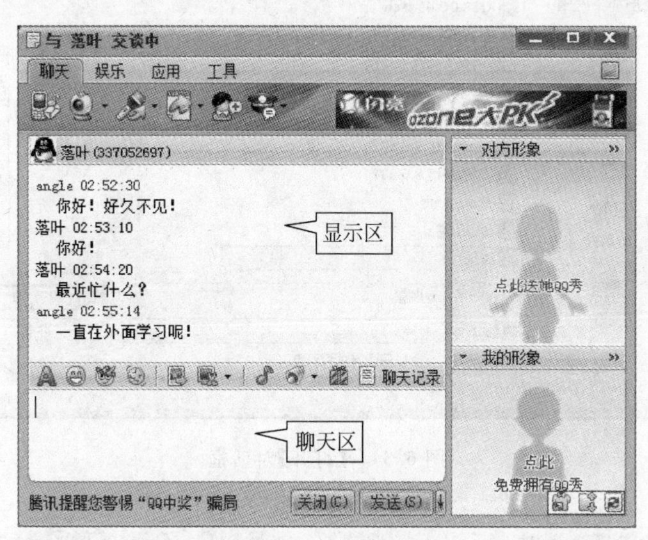

图 6.33 与好友聊天

(2) 在聊天区输入文字，然后单击【发送】按钮即可将信息发送给对方。如果需要还可以进行字体、字号等设置。

(3) 对方回复后，会有提示音，同时回复信息自动出现在显示区。图 6.33 中昵称下面是聊天的内容，自己昵称下面是你本人发送的信息，对方昵称下面是回复的信息。

(4) 聊天时不仅可以发送文字，还可以单击 按钮选择一个表情进行发送。如果是会员，可以发送魔法表情。

(5) 如果有其他好友与你聊天，会有提示音，好友头像会闪动，并且任务栏通知区的 闪动。

4. 传送文件

使用 QQ 除了可以进行聊天外，还可以相互之间传送文件。使用 QQ 传送文件比使用电子邮件更加及时，无论好友是否在线均可以发送文件，好友不在线可以选择离线发送文件。

(1) 单击图 6.33 中 后的下拉按钮，在弹出的菜单中选择【直接发送】命令，弹出【打开】对话框，如图 6.34 所示。

(2) 选择要发送的文件，单击【打开】按钮返回聊天窗口。

(3) 系统开始向对方发出传送请求，对方同意接收后窗口右侧出现【发送文件】窗格，显示传送速度和进度等信息，如图 6.35 所示。

(4) 文件传送完毕，聊天窗口中出现【文件已经发送完毕】提示信息。

(5) 如果选择离线发送文件，文件上传至服务器。待对方上线后，提示对方接收文件，对方可以选择接收或拒收文件。

图 6.34 【打开】对话框

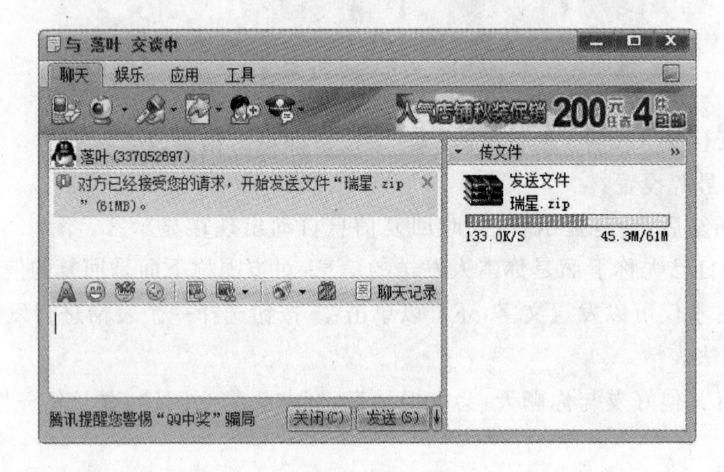

图 6.35 传送文件

5. 视频聊天

若聊天双方都安装了视频摄像头和耳麦，不仅可以进行语音聊天，还可以进行视频聊天，这样双方可以实时视听到对方的视频影像及声音。

在图 6.33 所示聊天窗口中单击 按钮右侧的下拉按钮，在弹出的下拉菜单中选择【超级视频】命令，系统向对方发出视频聊天请求，对方接受请求后，在聊天窗口右上方的【视频聊天】窗格中会显示对方的影像，右下方显示自己的影像，这样就可以开始视频聊天了，如图 6.36 所示。

将图 6.36 中所示的【开启语音】选中，就可以通过语音进行视频聊天，像可视电话一样方便，并且不需要任何费用。

除了聊天外，QQ 还提供了邮箱、娱乐等多种功能，用户可使用“群”进行多人交流。使用 QQ 可以方便、实用、高效地和朋友联系。

图 6.36　视频聊天

6.5.2　飞信 Fetion2008

飞信是中国移动提供的可同时在电脑和手机上使用，能实现消息、短信、语音等多种沟通方式的综合通信服务。飞信可通过 PC 客户端、手机客户端或 WAP 方式登录，也可用普通短信方式与各客户端上的联系人沟通。通过飞信可以免费发短信，打电话也更便宜，无论通过手机或计算机都可以随时随地聊天。

1. 飞信注册

飞信只适用于中国移动客户，只要使用中国移动电话的客户均可使用飞信功能。飞信在使用之前必须首先注册，然后才能使用。

双击桌面上飞信图标启动飞信，打开图 6.37 所示登录对话框，点击【注册新用户】超链接，弹出【飞信注册向导】对话框，如图 6.38 所示。使用【飞信注册向导】注册新用户。

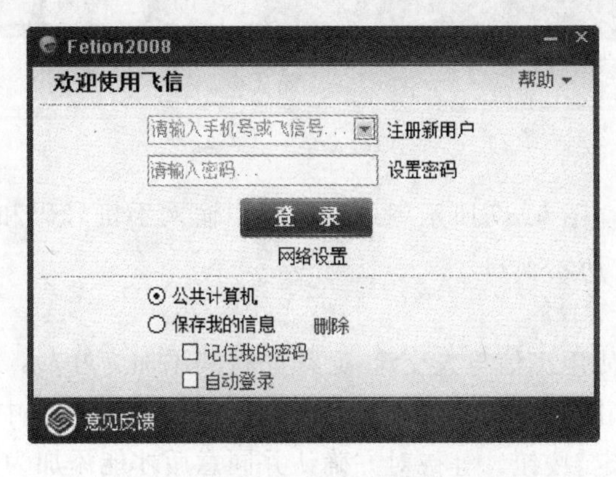

图 6.37　用户登录

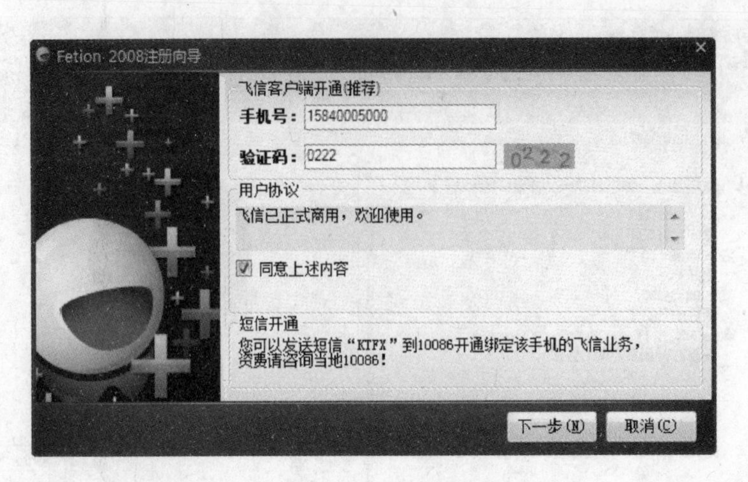

图 6.38　用户注册

(1) 在图 6.38 所示对话框中输入中国移动电话号码和验证码，选择【同意上述内容】选项，单击【下一步】按钮。

(2) 进入图 6.39 所示对话框，同时飞信将短信验证码发送到手机，用户需将收到的短信验证码输入到【短信验证码】文本框中，然后输入密码，单击【下一步】按钮，注册成功。

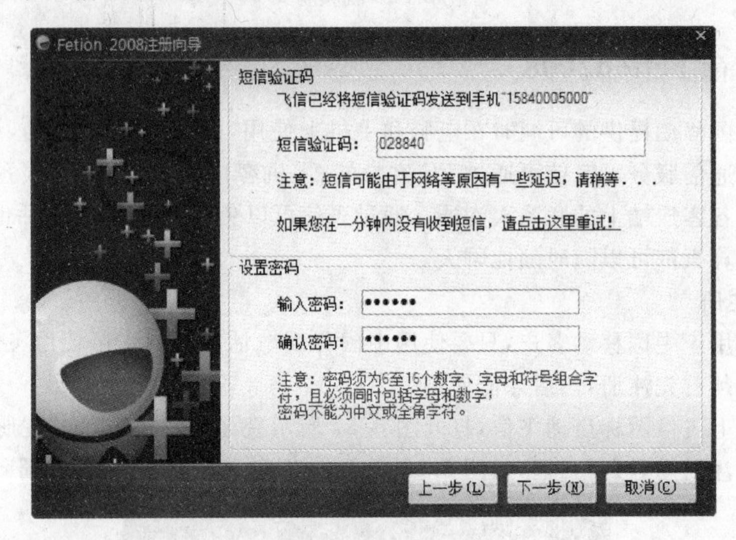

图 6.39　输入密码

2. 飞信登录

飞信注册成功后，在图 6.37 所示登录对话框中输入手机号码和密码，单击【登录】按钮进行登录，打开图 6.40 所示窗口。

3. 添加好友

登录飞信后，要想使用飞信与人交流，必须先将其添加为好友。

单击[图标]按钮，打开图 6.41 所示【添加好友】对话框，在对话框中输入对方手机号码、昵称，选择分组，单击【确定】按钮。等待对方确认并同意后才能添加为好友。

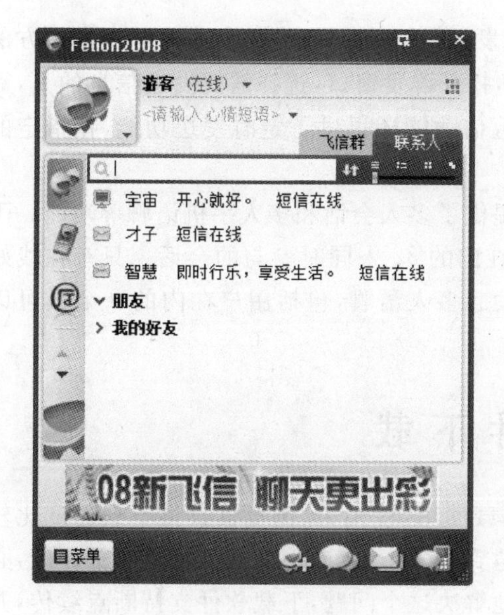

图 6.40 成功登录

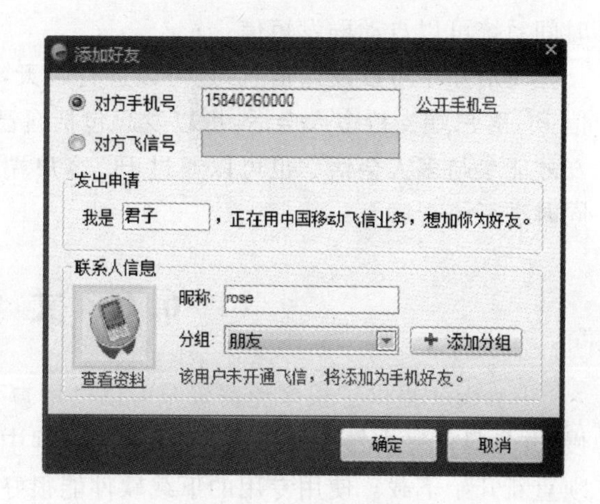

图 6.41 添加好友

4. 使用飞信发信息

飞信最主要功能就是发信息，双击欲发信息的好友，打开图 6.42 所示信息发送窗口。将信息内容写在信息发送区，单击 发送 按钮即可将信息发出。如果对方在线上，在飞信中可收到信息；如果对方不在线上，可在手机中收到短信。

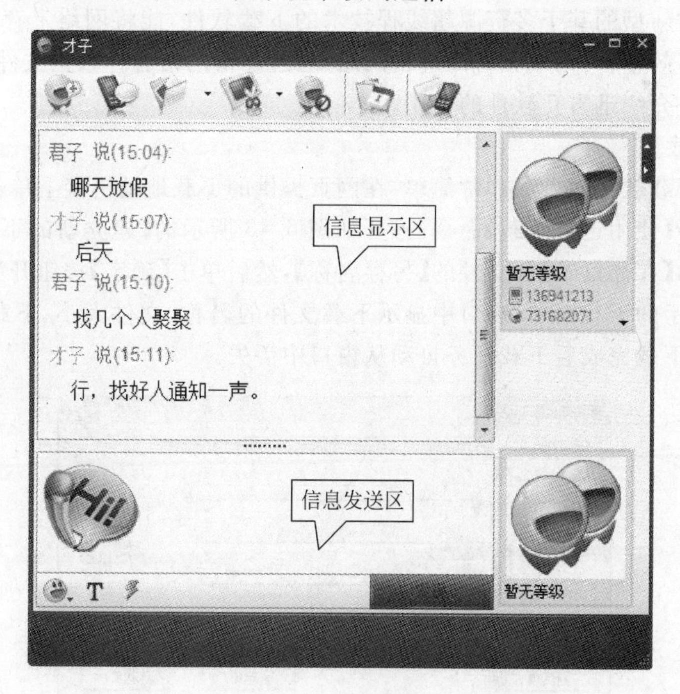

图 6.42 飞信聊天

飞信提供了群发短信功能，可以同时给多人发短信，只要不超过 32 人即可。这种方法适合用来发送通知。在图 6.42 中单击按钮，打开群发窗口，选择需要发送信息的人，写完信息后单击【发送】按钮即可发送信息。群发短信功能还提供了定时发送功能，在指定的时间系统可以自动群发短信。

飞信除了可以发送信息，还可以进行聊天，提供了多人会话和多人手机语聊等功能。飞信 PC 客户端支持多人会话，可以发起包括自己在内的 32 人同时参与的会话。只有在线好友才能参与多人会话。也可以通过 PC 客户端发起多人语聊，包括用户在内的 8 个人可以同时进行语音聊天。

6.6 文件下载

Internet 提供了很多免费资源可以供用户下载使用，使用 IE 浏览器直接下载速度比较慢，并且只能一次性完全下载，如果下载过程中遇到意外中断，前面下载的文件全部作废，必须重新开始下载。使用专用的下载软件能很好地解决这个问题，下载软件支持断点续传，并且提供了多线程下载，极大地提高了下载速度。

目前下载软件有很多种，常用的有迅雷、FlashGet、BitComet 等，其中比较典型的是迅雷和 BitComet，下面以迅雷和 BitComet 为例说明下载软件的使用方法。

6.6.1 使用迅雷下载

迅雷是一款新型的基于多资源超线程技术的下载软件，能将网络上存在的服务器和计算机资源进行有效整合，构成独特的迅雷网络，通过迅雷网络各种数据文件能够以最快速度进行传递。本节介绍迅雷 5 软件的使用。

1. 文件下载

使用迅雷下载软件的方法非常简单，在网页提供的下载地址链接上单击右键，在弹出的快捷菜单中选择【使用迅雷下载】命令，打开如图 6.43 所示的【建立新的下载任务】对话框。修改下载文件的【存储目录】和文件的【另存名称】，然后单击【确定】按钮开始文件下载，同时打开图 6.44 所示的下载窗口，窗口中显示下载文件的名称、文件大小、下载进度、速度及剩余时间等信息，下载完成后下载任务自动从窗口中消失。

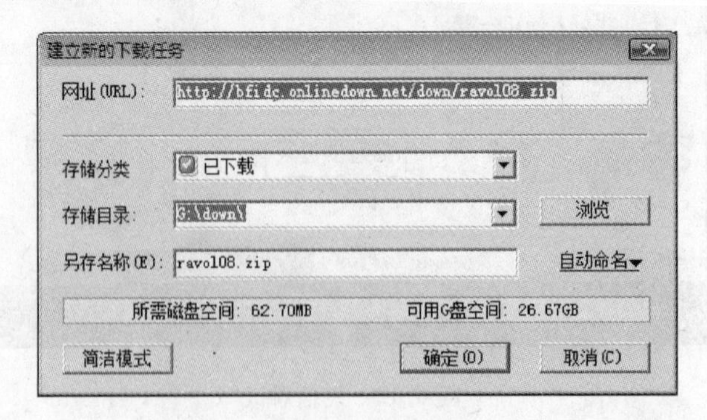

图 6.43 建立迅雷下载任务

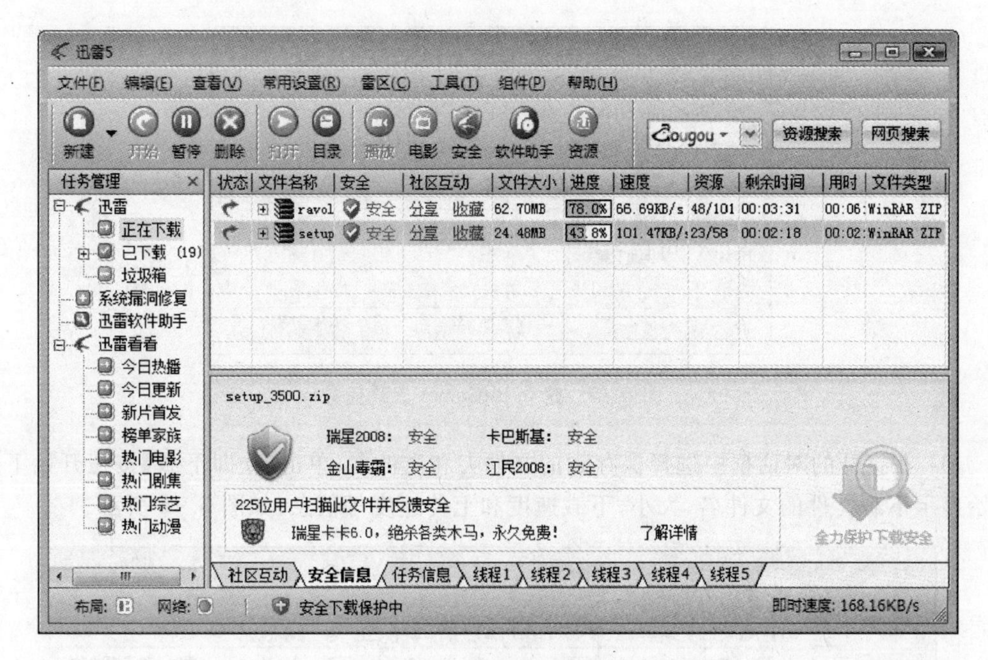

图 6.44　迅雷下载显示

使用迅雷可以同时下载多个文件，一般同时下载五个文件，然后自动按照排列顺序依次下载其他文件。若需要改变文件下载顺序，可以右击文件，在弹出的快捷菜单中选择【上移到顶部】或【下移到底部】命令，也可在【编辑】菜单中选择【上移】和【下移】命令改变文件排列顺序。

2. 下载管理

迅雷不仅可以下载文件，还可以对下载中或完成下载的文件进行管理。如果需要中途暂停下载，可以单击图 6.44 中的按钮，停止程序的下载；继续下载时只需要单击按钮，开始下载；如果不需要下载文件，可以单击按钮删除下载任务。对于已经完成下载的文件，可直接在迅雷中打开或在相应的文件夹打开。

6.6.2　使用 BitComet 下载

BitComet 是基于 BitTorrent 协议的高效下载软件，中文名称“比特流”。BitComet 不像迅雷和 FlashGet 那样只有一个发送源，而是具有多个发送源，每个下载的人同时也在上传，使大家都处于同步传送状态，因此下载的人越多速度越快。BitComet 通常用来下载热门电影或流行游戏等文件比较大、下载人数多的文件。

1. 文件下载

使用 BitComet 下载文件与使用迅雷下载方法基本相同，只是寻找文件的方法稍微复杂一些，具体方法如下：

(1) 下载之前首先在网上寻找 Torrent 文件，通常称为种子，要选择种子数量比较多的链接进行下载，这样下载速度快一些。

(2) 单击右键在弹出的快捷菜单中选择【使用 BitComet 下载】命令，打开图 6.45 所示对话框。

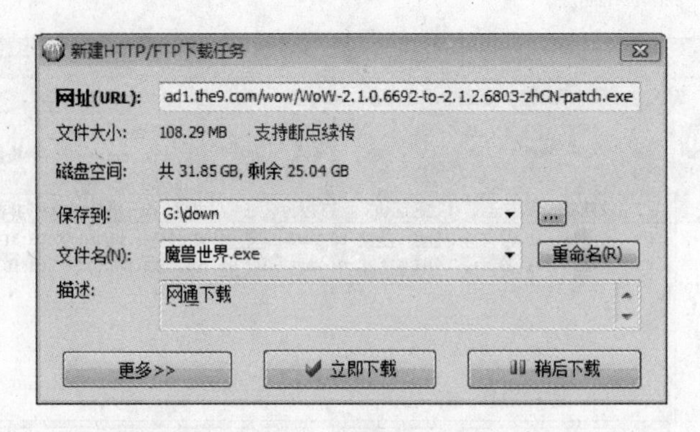

图 6.45　建立 BitComet 下载任务

(3) 在打开的对话框中选择保存到的文件夹和文件名，单击【立即下载】按钮开始下载，开始显示下载文件的文件名、大小、下载速度和上传速度等信息，如图 6.46 所示。

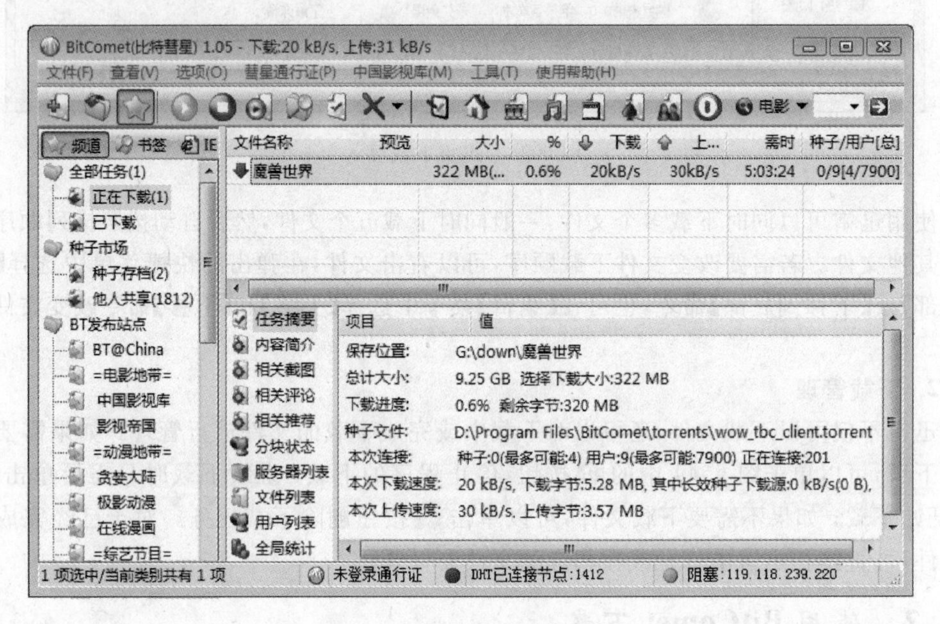

图 6.46　BitComet 下载显示

刚开始下载时，可能会出现 0 个下载者和 0 个种子，这时只要耐心等待一段时间，就会发现下载者逐渐增加，种子也有可能出现，下载速度会逐步加快。

2. 设置 BitComet 的上传速度

每一个客户使用 BitComet 下载的同时，也为其他下载用户提供上传数据。若上传速度过大，就会直接影响文件的下载速度，这时应该设置上传速度，避免软件过度上传。

在图 6.46 所示界面的菜单栏中选择【选项】→【选项】命令，打开图 6.47 所示【选项】对话框，这时【全局最大下载速率】和【全局最大上传速率】都处于无限制状态，在这里将【全局最大上传速率】设置为 50KB/s，保证下载速度不受影响。

使用下载工具下载软件，可以实现断点续传功能，这使下载变得非常随意，不必考虑时间的限制，非常方便。

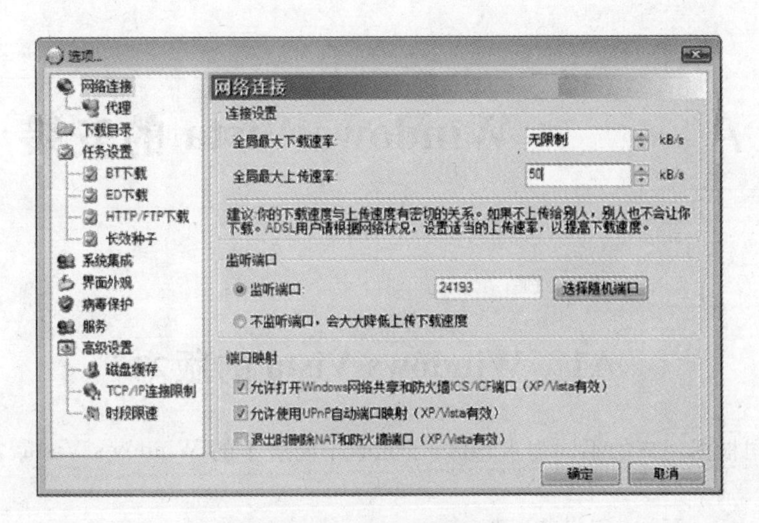
选项...
网络连接
代理
下载目录
任务设置
BT下载
ED下载
HTTP/FTP下载
长效种子
系统集成
界面外观
病毒保护
服务
高级设置
磁盘缓存
TCP/IP连接限制
时段限速
网络连接
连接设置
全局最大下载速率:
无限制
kB/s
全局最大上传速率:
50
kB/s
建议:你的下载速度与上传速度有密切的关系。如果不上传给别人，别人也不会让你下载。ADSL用户请根据网络状况，设置适当的上传速率，以提高下载速度。
监听端口
监听端口:
24193
选择随机端口
不监听端口，会大大降低上传下载速度
端口映射
允许打开Windows网络共享和防火墙ICS/ICF端口（XP/Vista有效）
允许使用UPnP自动端口映射（XP/Vista有效）
退出时删除NAT和防火墙端口（XP/Vista有效）
确定
取消

图 6.47　下载选项设置

附录A Windows Vista 的安装

A1 Windows Vista 的版本

微软公司根据用户的不同需求，开发了几个不同版本的 Windows Vista，常用的有以下4个版本。

(1) Windows Vista 家庭普通版

Windows Vista 家庭普通版(Windows Vista Home Basic)适用于具有最基本需求的家庭。如果仅希望使用计算机完成如浏览 Internet，使用电子邮件或查看照片等任务，则家庭普通版是当之无愧的正确选择。

(2) Windows Vista 家庭高级版

Windows Vista 家庭高级版(Windows Vista Home Premium)具有 Windows 媒体中心功能，使用户能够更加轻松地欣赏数码照片、电视、电影及音乐。它所提供的即时桌面搜索功能可以浏览所有的文档、电子邮件、照片和其他文件，另外提供了全新级别的安全性和可靠性，是台式机和笔记本首选版本。

(3) Windows Vista 商业版

Windows Vista 商业版(Windows Vista Business)是第一款专门为满足小型企业需要所设计的 Windows 操作系统。无论企业的规模如何，Windows Vista 商业版都将有助于降低计算机管理成本，提高了安全性能和工作效率。

(4) Windows Vista 旗舰版

Windows Vista 旗舰版(Windows Vista Ultimate)包括了 Windows Vista 所有版本的全部功能。它提供了企业级安全性能和顶级的家庭数字娱乐体验，该版本是 Windows Vista 中功能最强大的版本。

A2 Windows Vista 的硬件要求

相对于以前的 Windows 操作系统，Windows Vista 对硬件的要求大大提高了，Windows Vista 对硬件的最低配置要求如下所示：

(1) 至少 800MHz 的处理器。

(2) 512MB 系统内存。

(3) 至少具有 15GB 可用空间的 20GB 硬盘。

(4) 需要支持 DirectX10.0 版本的显卡、带有 2.0 定点着色和 2.0 像素着色，还有大于 128MB 的显存才可以获得较好的显示效果和使用某些特有功能。

(5) DVD 光驱。

A3 安装 Windows Vista

Windows Vista 提供了两种安装方式，即升级安装和自定义安装。自定义安装代表安装一个全新的 Windows Vista；升级安装代表从现有的操作系统升级，保留原有操作系统的用户配置信息和软件配置信息。

安装 Windows Vista 系统时需要先将 Windows Vista 系统盘放入光驱中，将计算机设置为光驱启动，开始安装 Windows Vista 系统。操作步骤如下：

(1) 安装程序启动后，弹出【安装 Windows】对话框，如图 A.1 所示，单击【现在安装】按钮开始安装过程。

图 A.1 Windows Vista 安装

(2) 安装开始后，进入到【键入产品密钥进行激活】界面，如图 A.2 所示，输入 25 位产品密钥，取消【联机时自动激活 Windows】复选框，单击【下一步】按钮。

(3) 在版本选择中选择 Windows 安装版本，通常选择安装 Windows Vista Ultimate，这个版本包括所有版本的全部功能，如图 A.3 所示，单击【下一步】按钮。

(4) 阅读协议后选中【我接受许可条款】复选框，如图 A.4 所示，单击【下一步】按钮。

(5) 在安装类型选择界面，单击【自定义(高级)】按钮，选择安装全新的 Windows Vista，如图 A.5 所示。

(6) 在驱动器选择界面中，如果想对磁盘进行分区、格式化等操作，可以单击【驱动器选项(高级)】按钮进行相应操作，如图 A.6 所示。选择安装磁盘分区，单击【下一步】按钮，安装程序将自动完成剩余操作。

(7) Windows 系统自动复制文件并配置系统设置，在此过程中会有数次重新启动，重新启动后进入【完成安装】阶段，如图 A.7 所示。

图 A.2　产品密钥窗口

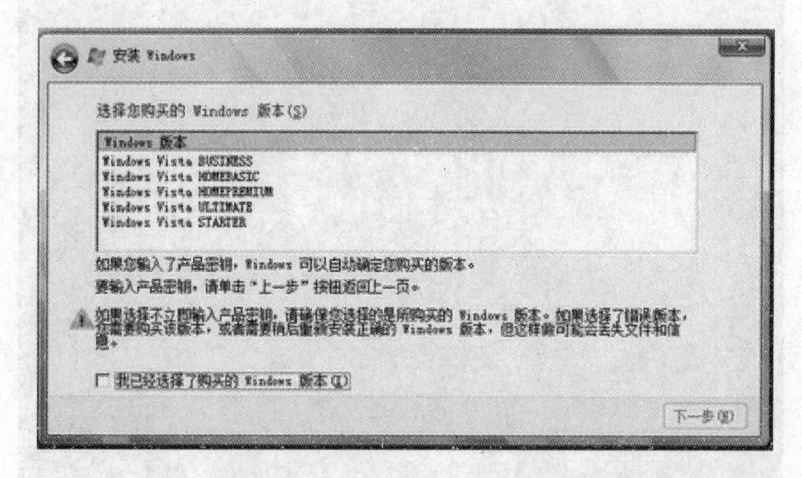

图 A.3　选择 Windows Vista 版本

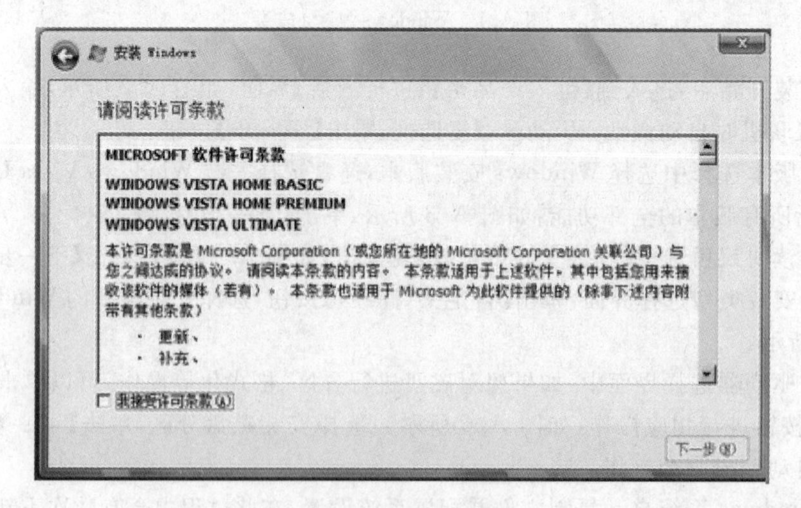

图 A.4　协议许可窗口

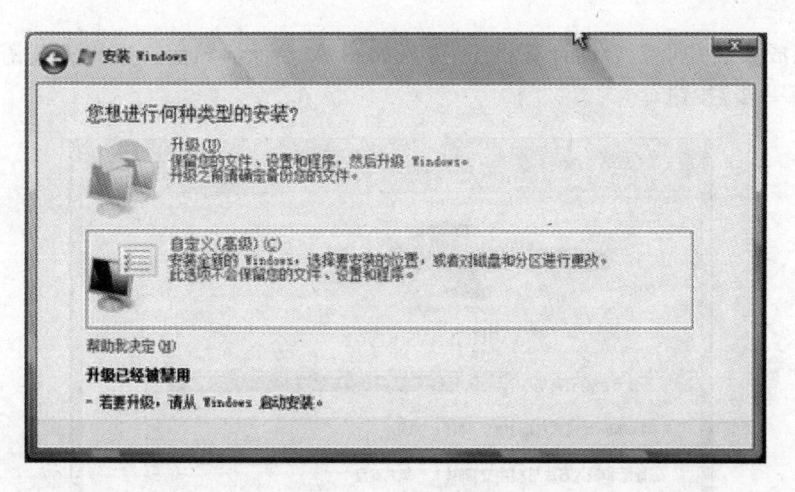

图 A.5 安装类型选择

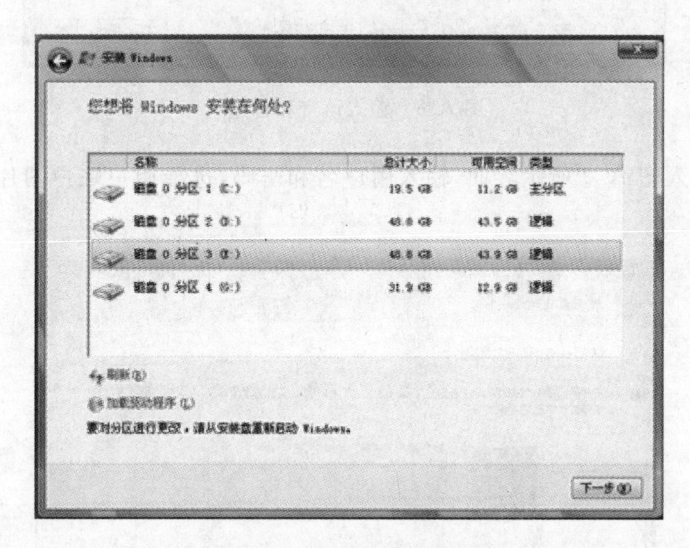

图 A.6 驱动器选择

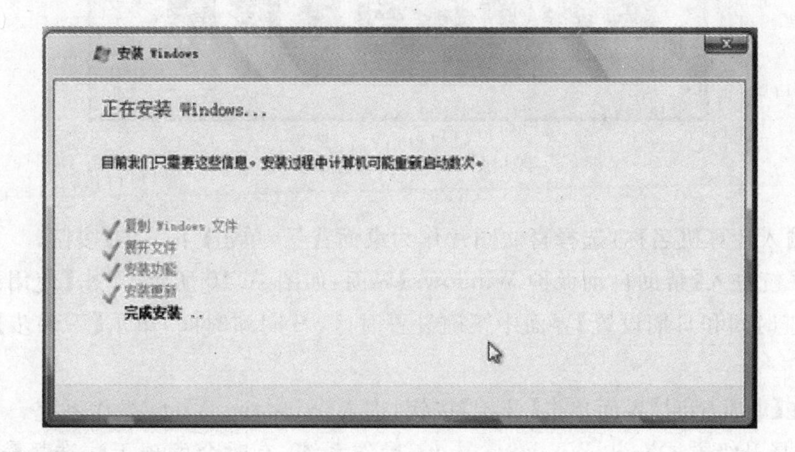

图 A.7 正在进行安装

(8) 完成安装并重新启动计算机后，进入如图 A.8 所示界面。选择安装语言和相应选项，单击【下一步】按钮。

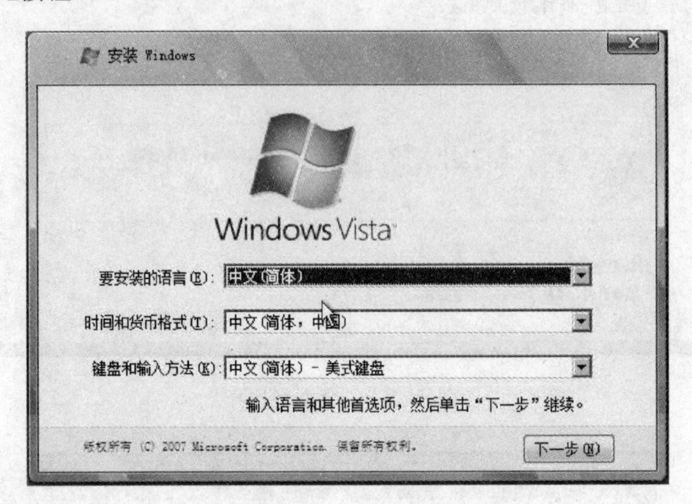

图 A.8　输入语言和首选项

(9) 系统进入图 A.9 所示界面，输入用户名和密码，选择用户账户图片，单击【下一步】按钮。

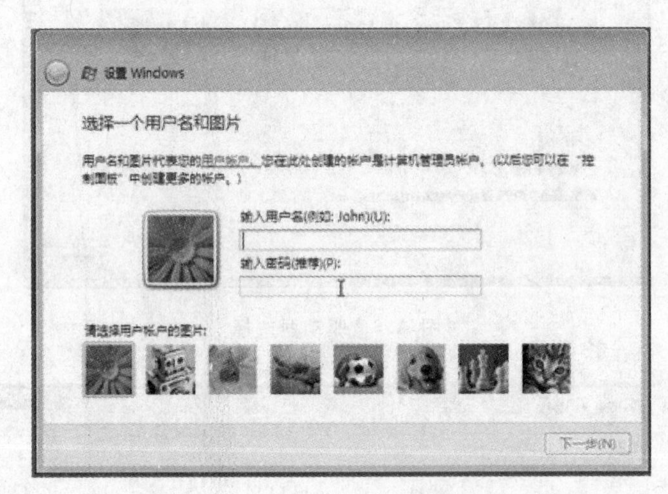

图 A.9　设置用户

(10) 输入计算机名称，选择喜欢图片作为桌面背景，单击【下一步】按钮。

(11) 系统进入【帮助自动保护 Windows】界面，如图 A.10 所示，单击【使用推荐设置】，在打开【复查时间和日期设置】界面中正确设置时区、日期和时间，单击【下一步】按钮，完成系统设置。

(12) 在【非常感谢】界面单击【开始】按钮，进入 Windows Vista 操作系统。

若想选择升级方式安装 Windows Vista 操作系统，有时会发现无法选择【升级】选项，图 A.5 界面中显示【升级已经被禁用】，原因是安装原系统的硬盘分区是 FAT32 格式，解决方法是将原分区转换成 NTFS 格式。转换完成后重新启动 Vista 的安装程序即可完成升级安装。

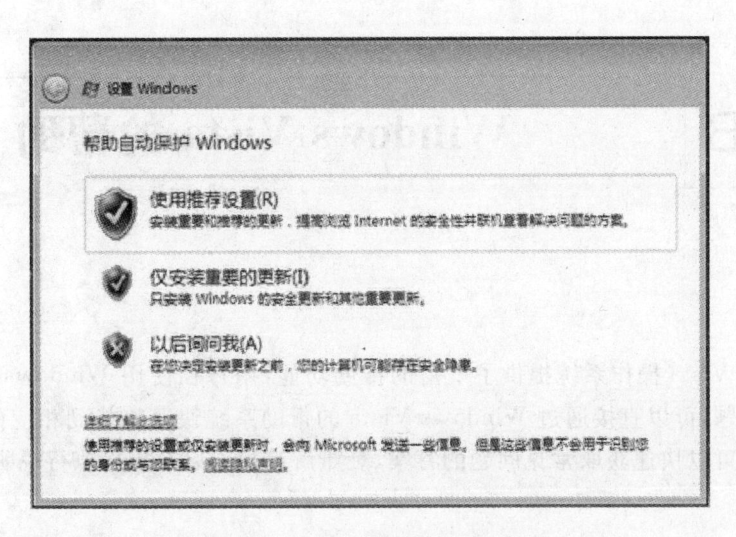

图 A.10　操作系统保护选项

若想安装双系统，例如在 Windows XP 基础上安装 Windows Vista 操作系统，可以在 Windows XP 启动后，使用光驱进行安装，这样计算机中就有双系统，启动时默认优先启动 Windows Vista，必要时可以改变启动顺序。

附录 B　Windows Vista 的帮助

Windows Vista 操作系统提供了丰富的帮助功能，用户在使用 Windows Vista 过程中遇到的各种问题，可以直接通过 Windows Vista 的帮助系统快速查找到相应的帮助和支持信息。在这里可以快速获取常见问题的答案、疑难解答提示以及操作执行说明。

B1　启动【帮助和支持】

如果要使用帮助，只需单击【开始】按钮，打开【开始】菜单，如图 B.1 所示，执行【帮助和支持】命令即可打开图 B.2 所示的【Windows 帮助和支持】窗口。或在 Windows Vista 界面中按键盘上的 F1 键，也可以打开该窗口。

图 B.1　使用【开始】菜单启动【帮助和支持】

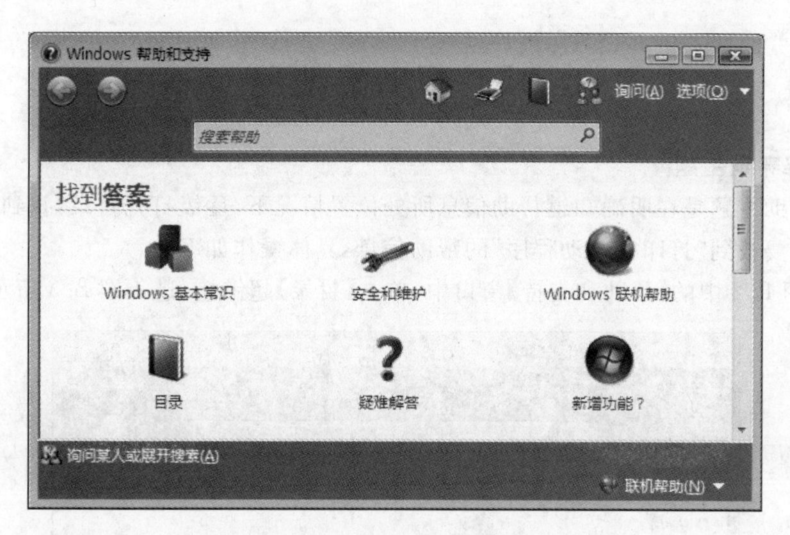

图 B.2 【Windows 帮助和支持】窗口

B2 【帮助和支持】的内容

为使用户可以更方便地找到需要的内容，Windows Vista 对帮助和支持进行了分类，下面对各类内容进行简单介绍。

1. Windows 基本常识

Windows 基本常识中介绍了个人计算机和 Windows 操作系统。无论是计算机入门者还是使用 Windows 以前版本有经验的用户，这些都有助于顺利使用计算机。基本常识中包括了计算机的组成、鼠标和键盘的使用，更多的是对 Windows Vista 的基本应用的介绍。

2. 目录

目录是 Windows Vista 所有内容的总和，在这里可全面地学习 Windows Vista，选择目录逐级展开，找到相关的内容。

3. 安全和维护

安全和维护介绍了 Windows Vista 在计算机安全方面的一些工具，如包括防火墙设置、Windows 更新、反恶意软件设置、家长控制和用户账户控制设置等内容。

4. 疑难解答

疑难解答是针对 Windows Vista 中常见问题的帮助指南，可以查看到遇到网络连接、Internet、硬件和驱动程序等几方面故障时的解决方法。

5. Windows 联机帮助

Windows 联机帮助是使用微软公司网站上提供的帮助内容，包含 Windows Vista 的全部内容，有些内容还提供了视频帮助。

6. 新增功能

新增功能主要介绍 Windows Vista 中的新功能，有些内容还提供了视频帮助。

B3 帮助的使用

1. 选择帮助主题

选择帮助主题是在明确知道帮助信息所处位置情况下，逐级打开目录，找到帮助信息的方法。例如要找到“打印机驱动程序”的帮助信息，具体操作如下：

① 在图 B.2 中的【帮助和支持】窗口中，单击【目录】超链接，进入图 B.3 所示目录界面。

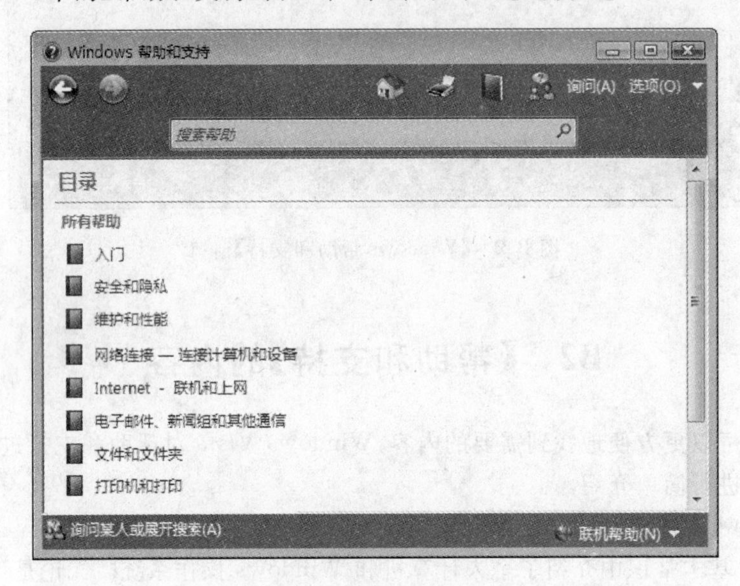

图 B.3 【目录】超链接

② 单击【打印机和打印】超链接，进入图 B.4 所示【打印机和打印】界面。

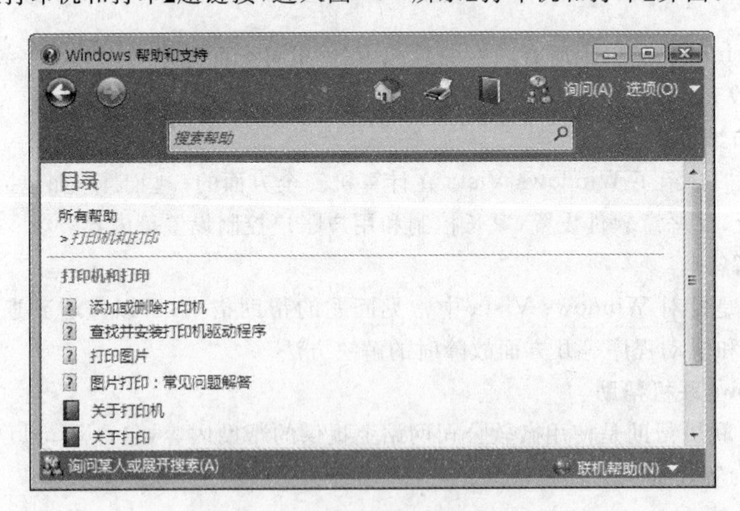

图 B.4 【打印机和打印】超链接

③ 单击【查找并安装打印机驱动程序】超链接，进入【查找并安装打印机驱动程序】界面，如图 B.5 所示。在这里可以看到关于此项内容的具体帮助信息。

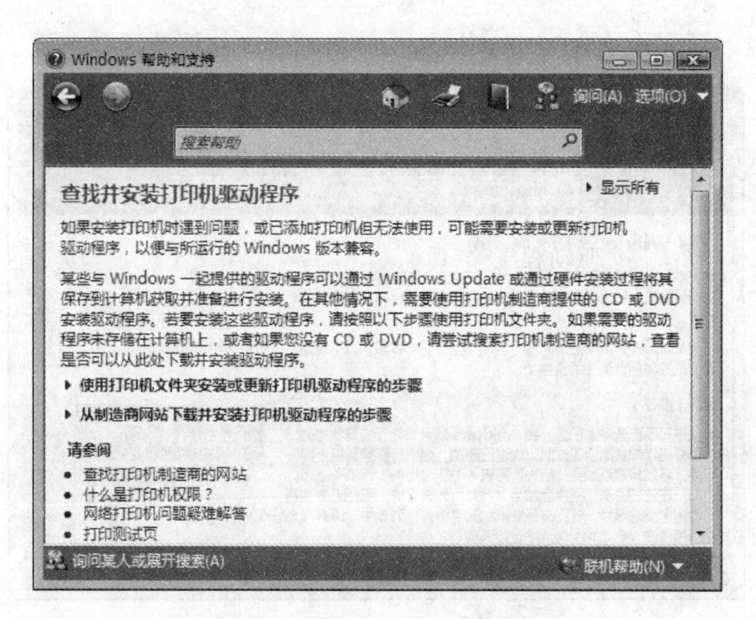

图 B.5　查找并安装打印机驱动程序

2. 搜索帮助主题

搜索帮助主题是在不知道帮助信息所处具体位置情况下，在图 B.2 所示的【帮助和支持】窗口中直接输入帮助主题进行搜索的方法。例如想搜索“Windows 防火墙”的信息，具体操作如下：

① 在图 B.1 中窗口的【搜索帮助】文本框中输入“Windows 防火墙”，在右下角的下拉菜单中选择【联机帮助】，按 Enter 键，进入图 B.6 所示搜索窗口。

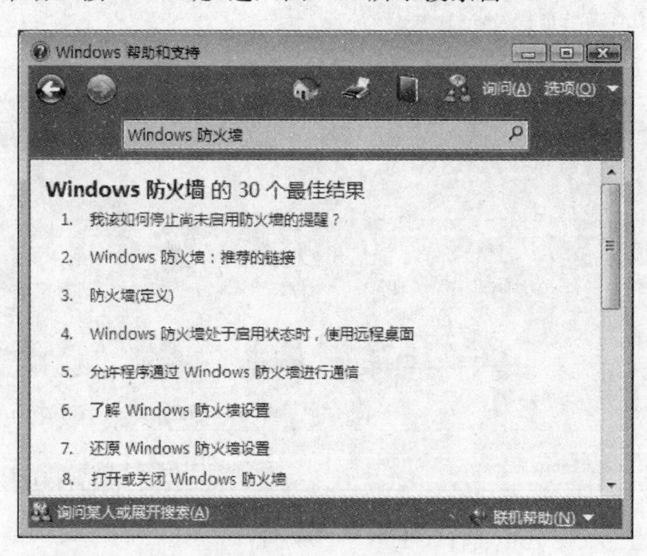

图 B.6　搜索窗口

② 搜索窗口中显示了 30 个主题，浏览 30 个关于防火墙的搜索结果，单击选择其中最想了解的内容，例如选择【8. 打开或关闭 Windows 防火墙】，在图 B.7 中可以看到关于防火

墙的相关内容。

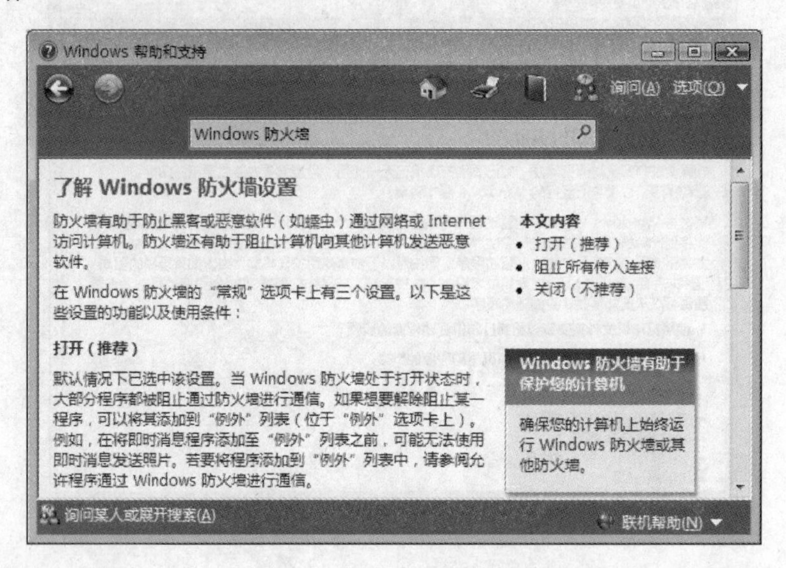

图 B.7　Windows 防火墙

使用此方法时，输入的搜索关键字不宜过长，最好是一个单词。如果需要输入多个词共同搜索，词与词之间用空格隔开。若找不到合适结果，修改关键字重新搜索。

③ 使用联机帮助

联机帮助是使用微软公司 Windows 帮助网站上提供的帮助信息，在图 B.2 所示的窗口中单击【联机帮助】超链接，打开如图 B.8 所示联机帮助网页。

图 B.8　联机帮助

在网页中列出了多项内容，单击相应的超链接可以得到帮助信息。若想查看打印机的帮助信息，只需单击打印机超链接，打开打印机帮助信息网页，如图 B.9 所示。单击感兴趣的超链接获得帮助信息。

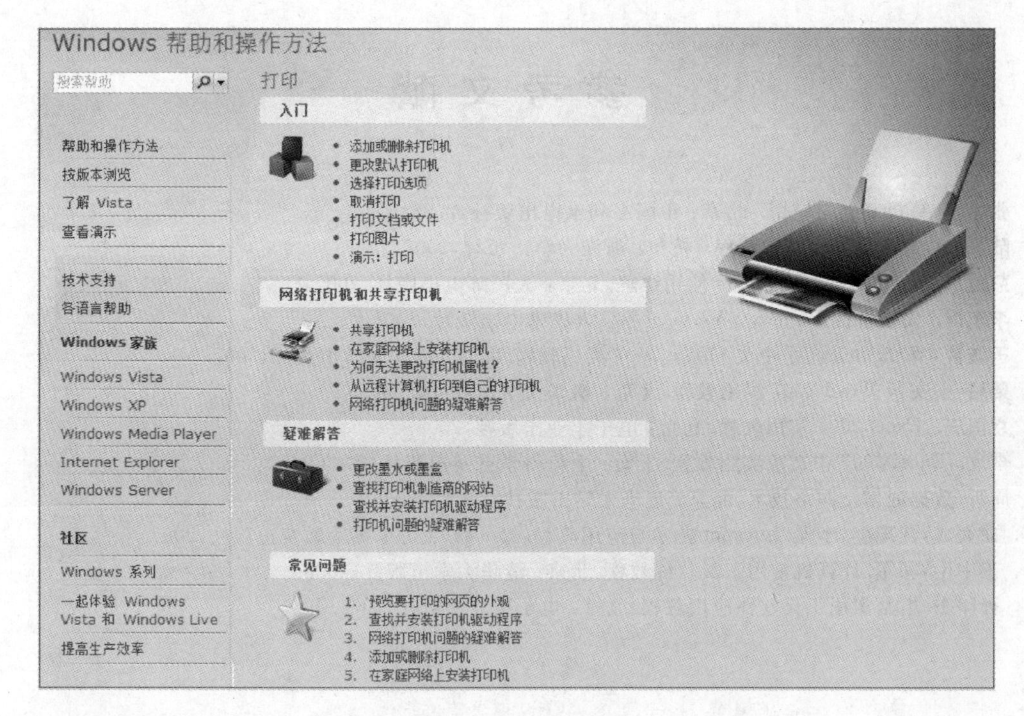

图 B.9　打印帮助信息

如果图 B.8 中没有列出所需要的帮助内容，可以在【帮助】搜索文本框中输入帮助的主题进行搜索，例如在搜索文本框中输入“边栏”按 Enter 键，搜索结果如图 B.10 所示。

图 B.10　【边栏】搜索结果

参 考 文 献

1. 张宇. 计算机基础与应用. 北京：中国水利水电出版社，2008.
2. 陆汉权. 大学计算机基础教程. 杭州：浙江大学出版社，2007.
3. 彭爱华，刘晖. Windows Vista 使用详解. 北京：人民邮电出版社，2007.
4. 李东博. 完全掌握 Windows Vista. 北京：人民邮电出版社，2008.
5. 王诚群，罗沙. 办公高手中文 Office 2007 实用教程. 北京：清华大学出版社，2007.
6. 柴靖. 中文版 Word 2007 实用教程. 北京：清华大学出版社，2007.
7. 袁国庆. Excel 2007 实用教程. 北京：电子工业出版社，2008.
8. 李玫. Excel 2007 中文版实用教程. 上海：上海科学普及出版社，2009.
9. 周昕. 数据通信及网络技术. 北京：清华大学出版社，2004.
10. 曲大成，江瑞生，李侃. Internet 技术与应用教程. 第 3 版. 北京：高等教育出版社，2007.
11. 王中生，郭军. 计算机常用工具软件教程. 北京：清华大学出版社，2008.
12. 孙印杰. 电脑实用工具软件应用教程. 北京：电子工业出版社，2008.

相关课程教材推荐

ISBN	书　名	定价(元)
9787302185413	大学计算机基础教程(Windows Vista・Office 2007)	29.00
9787302156857	计算机应用基础	24.00
9787302153160	信息处理技术基础教程	33.00
9787302200628	信息检索与分析利用(第2版)	23.00
9787302183013	IT行业英语	32.00
9787302177104	C++语言程序设计教程	26.00
9787302176855	C程序设计实例教程	25.00
9787302173267	C程序设计基础	25.00
9787302168133	C语言程序设计教程	29.00
9787302132684	Visual Basic程序设计基础	26.00
9787302130161	大学计算机网络公共基础教程	27.50
9787302174936	软件测试技术基础	19.80
9787302155409	数据库技术——设计与应用实例	23.00
9787302193852	数字图像处理与图像通信	31.00
9787302197157	网络工程实践指导教程	33.00
9787302158783	微机原理与接口技术	33.00
9787302174585	汇编语言程序设计	21.00
9787302150572	网页设计与制作	26.00
9787302185635	网页设计与制作实例教程	28.00
9787302194422	Flash8动画基础案例教程	22.00
9787302152200	计算机组装与维护教程	25.00
9787302191094	毕业设计(论文)指导手册(信息技术卷)	20.00

以上教材样书可以免费赠送给授课教师，如果需要，请发电子邮件与我们联系。

教学资源支持

敬爱的教师：

感谢您一直以来对清华版计算机教材的支持和爱护。为了配合本课程的教学需要，本教材配有配套的电子教案(素材)，有需求的教师可以与我们联系，我们将向使用本教材进行教学的教师免费赠送电子教案(素材)，希望有助于教学活动的开展。

相关信息请拨打电话010-62776969或发送电子邮件至liangying@tup.tsinghua.edu.cn咨询，也可以到清华大学出版社主页(http://www.tup.com.cn或http://www.tup.tsinghua.edu.cn)上查询和下载。

如果您在使用本教材的过程中遇到了什么问题，或者有相关教材出版计划，也请您发邮件或来信告诉我们，以便我们更好为您服务。

地址：北京市海淀区双清路学研大厦A-708　　计算机与信息分社 梁颖　收
邮编：100084　　电子邮件：liangying@tup.tsinghua.edu.cn
电话：010-62770175-4505　　邮购电话：010-62786544